普通高等教育土建学科专业"十二五"规划教材
高等学校土木工程学科专业指导委员会规划教材
（按高等学校土木工程本科指导性专业规范编写）

土力学

王成华　主编
高大钊　主审

中国建筑工业出版社

图书在版编目(CIP)数据

土力学/王成华主编. —北京：中国建筑工业出版社，
2012.12

普通高等教育土建学科专业"十二五"规划教材. 高等
学校土木工程学科专业指导委员会规划教材.(按高等学
校土木工程本科指导性专业规范编写)

ISBN 978-7-112-14923-0

Ⅰ. ①土… Ⅱ. ①王… Ⅲ. ①土力学-高等学校-教材
Ⅳ. ①TU43

中国版本图书馆 CIP 数据核字(2012)第 279910 号

普通高等教育土建学科专业"十二五"规划教材
高等学校土木工程学科专业指导委员会规划教材
(按高等学校土木工程本科指导性专业规范编写)

土 力 学

王成华　主编

高大钊　主审

*

中国建筑工业出版社出版、发行(北京西郊百万庄)
各地新华书店、建筑书店经销
北京天成排版公司制版
北京市书林印刷有限公司印刷

*

开本：787×1092毫米　1/16　印张：20　字数：500 千字
2012 年 12 月第一版　2015 年 9 月第二次印刷
定价：**39. 00** 元(赠送课件)
ISBN 978-7-112-14923-0
(23002)

本书是根据我国高等学校土木工程学科专业指导委员会制定的《高等学校土木工程本科指导性专业规范》，参考诸多国内外著名大学土木工程专业及相关专业的教学大纲，结合长期教学与工程设计的经验，遵循强调土力学基本概念、基本原理和基本设计方法，扩展专业知识面的原则，根据国家最新颁布的《建筑地基基础设计规范》GB 50007—2011 等全新设计规范编写的。

　　本书内容除第 1 章绪论外，可分为两大部分：第一部分(第 2～6 章)主要介绍了土的物理力学性质与分类、土的渗透与渗流、地基应力分析、地基变形分析及土的强度特性等内容；第二部分(第 7～10 章)重点介绍了土力学的三大传统课题即挡土结构及其土压力、地基承载力理论、土坡稳定分析以及土的动力特性等内容。

　　本书具有基本概念严谨、基本原理和方法清晰简明、内容编排层次和顺序更合理、知识体系完整、内容丰富、适应范围广泛等特点，适于从本科到专科等不同类别和层次以及不同地区的土木工程专业及相近专业的土力学课程教学要求。本书亦可作为土木工程、水利工程、交通工程以及矿业工程等中的勘察、设计、施工技术人员和报考土木工程、水利工程等专业硕士研究生的参考书。

　　为更好地支持本课程的教学，本书作者制作了多媒体教学课件，有需要的授课老师可以发送邮件至 jiangongkejian@163.com 索取。

　　责任编辑：王　跃　吉万旺

　　责任设计：陈　旭

　　责任校对：张　颖　赵　颖

本系列教材编审委员会名单

主　　任： 李国强

常务副主任： 何若全

副　主　任： 沈元勤　高延伟

委　　员：（按拼音排序）

白国良　房贞政　高延伟　顾祥林　何若全　黄　勇
李国强　李远富　刘　凡　刘伟庆　祁　皑　沈元勤
王　燕　王　跃　熊海贝　阎　石　张永兴　周新刚
朱彦鹏

组织单位： 高等学校土木工程学科专业指导委员会
　　　　　　中国建筑工业出版社

出 版 说 明

　　从 2007 年开始高校土木工程学科专业教学指导委员会对全国土木工程专业的教学现状的调研结果显示，2000 年至今，全国的土木工程教育情况发生了很大变化，主要表现在：一是教学规模不断扩大。据统计，目前我国有超过 300余所院校开设了土木工程专业，但是约有一半是 2000 年以后才开设此专业的，大众化教育面临许多新的形势和任务；二是学生的就业岗位发生了很大变化，土木工程专业本科毕业生中 90%以上在施工、监理、管理等部门就业，在高等院校、研究设计单位工作的大学生越来越少；三是由于用人单位性质不同、规模不同、毕业生岗位不同，多样化人才的需求愈加明显。《土木工程指导性专业规范》（以下简称《规范》）就是在这种背景下开展研究制定的。

　　《规范》按照规范性与多样性相结合的原则、拓宽专业口径的原则、规范内容最小化的原则和核心内容最低标准的原则，对专业基础课提出了明确要求。2009 年 12 月高校土木工程学科专业教学指导委员会和中国建筑工业出版社在厦门召开了《规范》研究及配套教材规划会议，会上成立了以参与《规范》编制的专家为主要成员的系列教材编审委员会。此后，通过在全国范围内开展的主编征集工作，确定了 20 门专业基础课教材的主编，主编均参与了《规范》的研制，他们都是各自学校的学科带头人和教学负责人，都具有丰富的教学经验和教材编写经历。2010 年 4 月又在烟台召开了系列规划教材编写工作会议，进一步明确了本系列规划教材的定位和编写原则：规划教材的内容满足建筑工程、道路桥梁工程、地下工程和铁道工程四个主要方向的需要；满足应用型人才培养要求，注重工程背景和工程案例的引入；编写方式具有时代特征，以学生为主体，注意 90 后学生的思维习惯、学习方式和特点；注意系列教材之间尽量不出现不必要的重复等编写原则。为保证教材质量，系列教材编审委员会还邀请了本领域知名教授对每本教材进行审稿，对教材是否符合《规范》思想，定位是否准确，是否采用新规范、新技术、新材料，以及内容安排、文字叙述等是否合理进行全方位审读。

　　本系列规划教材是贯彻《规范》精神、延续教学改革成果的最好实践，具有很好的社会效益和影响，住房和城乡建设部已经确定本系列规划教材为《普通高等教育土建学科专业"十二五"规划教材》。在本系列规划教材的编写过程中得到了住房和城乡建设部人事司及主编所在学校和学院的大力支持，在此一并表示感谢。希望使用本系列规划教材的广大读者提出宝贵意见和建议，以便我们在重印再版及规划和出版专业课教材时得以改进和完善。

高等学校土木工程学科专业指导委员会

中国建筑工业出版社

2011 年 6 月

前　　言

本书是根据我国高等学校土木工程学科专业指导委员会制定的《高等学校土木工程本科指导性专业规范》，参考诸多重点大学土木工程专业的教学大纲，遵循强调土力学基本概念、基本原理和基本设计方法、扩展专业知识面的原则，结合长期教学与工程设计的经验、根据国家最新颁布的《建筑地基基础设计规范》GB 50007—2011等全新设计规范编写的。

本书内容除第1章绪论外，可分为两大部分：第一部分（第2～6章）主要介绍了土的物理力学性质与分类、土的渗透与渗流、地基应力分析、地基变形分析及土的强度特性等内容；第二部分（第7～10章）重点介绍了土力学的三大传统课题，即挡土结构及其土压力、地基承载力理论、土坡稳定分析以及土的动力特性等内容。

本书是在总结和参考国内外诸多教材建设经验及相关院校国家与省部级精品课程、重点建设课程的教学经验基础上编写的。本书的编写主要遵循以下几方面原则：

（1）强调基本概念、基本原理与和基本方法。本书力图准确阐述土力学中的基本概念和基本原理，使学生在理解和掌握基本原理的基础上掌握土力学的基本计算与实验方法。为了达到突出重点、兼顾全面的目的，对比较庞杂、冗余的部分尽量削枝强干，使理论体系更趋紧凑，便于理解。

（2）针对当代学生的思维特点，调整了一些传统教材的内容。本书与以往多数土建类的土力学教材相比，在内容上强化了相似内容或方法的对比，更便于学生学习了解这些内容。

（3）结合当前工程形势和特点，加强了地下水在土力学问题中的地位和作用，如增加渗流分析与强化饱和土中渗透力系的分析等，以使学生能对在较复杂水力环境下的工程实践问题加以重视；本书增加了有关土的动力特性等方面内容，使学生对于后续教学内容如动力机器基础、地基基础抗震及地基基础动力检测等工程中的土动力学问题有初步的认识基础。

（4）适当反映我国有关规范编制建设的成果。本书根据国家新颁布的《建筑地基基础设计规范》等最新设计规范的编写，在涉及规范处，力图反映我国设计规范在基本原则和基本规定方面内容的变化及其与土力学概念与原理的相辅相成关系。

（5）内容层次分明、适应多层次教学要求。本书在章、节乃至小节的划分上，力求层次分明，使各部分内容既相互联系又相对独立，便于从本科到专科等不同类别、不同层次的土木工程专业及相近专业的教学内容的取舍。

（6）适当地吸收国内外土力学比较成熟的新内容。本书充分考虑了土力学学科发展新方向和水平，努力反映成熟的新成果与观点，以使教学适应我国21世纪工程建设发展趋势。

本书的主要特点是：

（1）基本概念严谨，基本原理和方法清晰简明，强调实践环节；

（2）内容编排顺序优化，层次合理，知识主线清晰；

（3）章节划分详细，便于按照学时数灵活精选教学内容；

（4）知识体系完整、内容丰富适应范围广泛；

（5）吸收土力学学科的新成果，反映土力学的发展趋势。

本书由天津大学王成华教授任主编，同济大学高大钊教授主审，各章编写单位及编写人如下：

第1章：王成华　天津大学建筑工程学院

第2章：黄占芳　山东理工大学建筑工程学院

第3章：宗金辉　河北工业大学土木工程学院

第4章：范孟华　河南大学土木建筑学院

第5章：赵俭斌　沈阳建筑大学岩土工程研究院

第6章：刘双菊　天津城市建设学院土木工程系

第7章：徐日庆　浙江大学建筑工程学院

第8章：程丽红　东华理工大学土木与环境工程学院

第9章：王成华　天津大学建筑工程学院

第10章：雷华阳　天津大学建筑工程学院

限于编者的水平，本书不当之处在所难免，恳请读者批评指正。

编者

2012 年 9 月

目　录

第1章

绪 论

本章知识点

1. 了解土的一般特性与土的生成过程问题;
2. 了解土力学的学科特点;
3. 了解土力学的简要历史与发展趋势;
4. 掌握土力学课程的主要学习内容;
5. 了解和逐步掌握一些土力学的研究与学习方法。

1.1 土的工程概念

1.1.1 土的一般特性

土是各类岩石经长期地质应力作用风化后的产物,是由各种岩石碎块和矿物颗粒组成的松散集合体。土体是由一定的材料组成,具有一定的结构,赋存于一定地质环境中的地质体。作为一种松散介质,土体具有不同于一般理想刚体和连续固体的特性——碎散性、孔隙性和多相性。土的颗粒之间有许多孔隙,孔隙中存在水和气体。土一般为三相系,即由土颗粒、水和空气所组成。当土体处于饱水状态或干燥状态时,则为二相系,即仅有土颗粒和水或土颗粒和空气。土颗粒之间的联系微弱,有的甚至没有联结。因此,土的上述特性决定了其较大的渗透性和压缩性以及较小的抗剪强度。在小范围内,可以近似地将土体视为均质的各向同性介质;但在大范围内,由于土体在形成过程中及形成以后,受内外地质作用,可形成各种不连续面,使土体表现出非均质性和各向异性的特点。

1.1.2 土体工程问题

土体与工程建筑的关系十分密切,自然界中的土被广泛用作各种工程建筑物的地基。一般土木工程建筑或修建在地表,或埋置于岩土之中。此外,土作为建筑材料可用来修筑堤坝、路基以及其他土工建筑物。因此,作为建筑地基、建筑介质或建筑材料的地壳表层土体是土力学的研究对象。

建筑物修建以后,地表土层中的应力状态、水文地质条件和土的性质将有所改变,因而产生一些土工问题,如地基的变形和失稳、路堤和土坡滑动、土石坝渗漏和渗透变形等。任何土工问题都是在地表土层中产生和演化的，土体的性质是决定工程活动与地质环境相互制约形式和规模的条件。因此，研究同建筑物有密切关系的地表土层的工程地质特征和力学性质，有非常重要的意义。土力学不仅研究土体当前的性状，也要分析其性质的形成条件，并结合自然条件和建筑物修建后对土体的影响，分析并预测土体性质的可能变化，提出有关的工程措施，以满足各类工程建筑的要求。

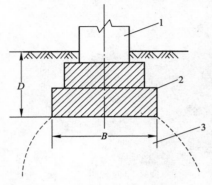

图 1-1 上部结构、地基与基础示意图
1—上部结构；2—基础；3—地基

图 1-1 表示了上部结构、基础和地基三者的关系。由于建筑物的修建，使一定范围内地层的应力状态发生变化，这一范围内的地层称为地基。因此，地基就是承担建筑物荷重的土体或岩体。与地基接触的建筑物下部结构称为基础。一般建筑物由上部结构和基础两部分组成。建筑物的上部结构荷载通过具有一定埋深的基础传递扩散到土中间去。基础一般埋在地面以下，起着承上启下传递荷载的作用。

地基土在自重作用下一般是处于稳定状态的，变形已完成。但由于施加了外部荷载，土体内部应力状态发生变化，地基产生新的变形。研究地基基础的目的就是为工程设计中确定基础底面压力，为使其满足承载力和变形要求提供理论依据。

许多建筑物的地基基础事故，均涉及土力学的理论问题。一旦发生这样的事故，补救是非常困难的。例如，苏州名胜虎丘塔共七层，高 47.5m，底层直径 13.7m，呈八角形，全为砖砌。在建筑艺术风格上有独特的创意，被国务院确定为全国重点文物保护单位。原来塔倾斜严重，塔顶偏离中心线 2.31m。经勘探发现，该塔位于倾斜基岩上，覆盖层一边深 3.8m，另一边为 5.8m。由于在一千余年前建造该塔时，没有采用扩大基础，直接将塔身置于地基上，造成了不均匀沉降，引起塔身倾斜，危及安全；后经对地基基础进行处理，解决了其过大不均匀沉降问题。

图 1-2 为加拿大某谷仓地基滑动破坏的实例。该谷仓由 65 个圆柱形筒仓组成，高 31m，底面长 59.4m。其下为钢筋混凝土筏形基础，厚 2m。谷仓自重 200MN，装谷 270MN 后，发现谷仓明显失稳，24h 内西端下沉 8.8m，东端上抬 1.5m，整体倾斜 26°53′。事后进行勘查分析，发现基底之下为厚十余米的淤泥质软黏土层。地基的极限承载力为 251kPa，而谷仓的基底压力已超过 300kPa，从而造成地基的整体滑动破坏。基础底面以下一部分土体滑动，向侧面挤出，使东端地面隆起。为了处理这一事故，在地基中做了 70 多个支承于深 16m 基岩上的混凝土墩，使用了 88 个 50kN 的千斤顶和支承系统，才把仓体逐渐纠正过来，然而谷仓位置比原来降低了 4m。国内外类似上述地基事故的实例很多。大量事故充分说明，对土力学理论缺乏研究，对地基基础处理不当，将会造成巨大的经济损失，必须引以为戒。

土坡就是具有倾斜坡面的土体，土坡可分为天然土坡与人工土坡。天然

图 1-2　加拿大特郎斯康谷仓地基破坏事故

土坡是由于地质作用自然形成的土坡，如天然河道的土坡、山坡堆积的坡积层等；人工土坡是由人工开挖或回填而形成的土坡，如坝、防波堤、公路及铁路的路堤、人工开挖的引河、基坑等。土坡的简单外形和各部位的名称如图 1-3 所示。

由于土坡表面倾斜，土体内部某个面上的滑动力超过土体抵抗滑动的能力，就会发生滑坡。在有关土坡问题的设计中，必须对土坡进行稳定分析，以保证土坡有足够的稳定性。

土坡失稳塌滑常危及财产和生命安全。在矿山、水利、交通等部门都涉及大量的土坡稳定问题，因此，正确认识、合理设计和适当治理土坡，才能把土坡失稳造成的灾害降到最低限度。

在土木、水利及交通等工程中常见的挡土结构物或称挡土墙（如图 1-4 所示），如支撑土坡的挡土墙、堤岸挡土墙、地下室侧墙和拱桥桥台等，其作用都是用来挡住墙后的填土并承受来自填土的侧向压力即土压力。

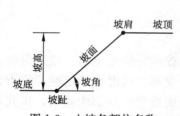

图 1-3　土坡各部位名称

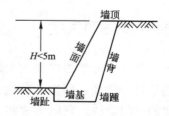

图 1-4　一种挡土墙结构

挡土墙作为维护土坡稳定的主要措施，其工作性状主要取于挡土墙上的土压力等荷载条件。工程设计必须保证挡土结构物在墙受到周边土压力等荷载作用下能正常发挥功能，且维持自身的稳定性。

除上述地基基础、土坡和挡土结构外，还有地下厂房、地下管线等工程都以土体为工程环境或对象，都需要认识土的工程特性，运用土力学知识来解决土体的受力、变形和稳定性问题。

特别需要重视的是，在土木、水利工程中进行地基或土工建筑物的设计计算都不可避免地会遇到地下水问题，赋存于土体中的地下水势必会对土体的力学性质产生很大的影响，由此引发各种各样的工程问题，这就涉及土力学中的一个重要课题——土的渗透性。图1-5所示为土木、水利工程中常见的渗流问题。

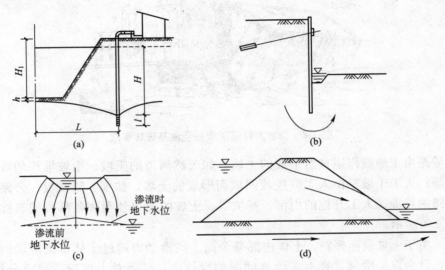

图1-5 土木、水利工程中典型渗流问题
(a)基坑降水渗流；(b)基坑排水渗流；(c)渠道渗流；(d)坝身和坝基中的渗流

水在土体中的渗流，一方面会引起水头损失或基坑积水，影响工程效益和进度；另一方面将引起土体变形，改变构筑物或地基的稳定条件，直接影响工程安全，甚者还会酿成破坏事故。此外，土的渗透性的强弱，对土体的变形、强度以及工程施工都有非常重要的影响，因此，研究土的渗透性规律及其与工程的关系具有重要意义。

1.2 土力学的学科性质

土力学是运用力学知识和土工测试技术，研究土的生成、组成、密度或软硬状态等物理性质，研究土的应力、变形、强度和稳定性等静力、动力性状和规律的一门学科。它以力学和工程地质学的知识为基础，研究与工程建筑有关的土的变形和强度特性，并据此计算土体的固结与稳定，为各项专门工程服务。

土的生成机制，在根本上决定了土的基本物理力学特性，也决定了土力学的特点。土从大类上可以分成颗粒间互不联结、完全松散的无黏性土和颗粒间虽有联结，但联结强度远小于颗粒本身强度的黏性土。土的最主要特点是它的碎散性和三相组成，这是它在变形、强度等力学性质上都与连续固体介质有根本不同的内在原因。

所以，仅靠材料力学、弹性力学和塑性力学等连续介质力学知识尚不能描述土体在受力后所表现的性状及由此所引起的工程问题。因此，土力学就是利用上述力学的基本知识辅之以描述碎散体特性（压缩性、渗透性、粒间接触强度特性）的理论所建立的一门独立的学科，是岩土力学的重要组成部分。土力学的研究目标在于通过研究土的应力、变形、强度和稳定性等规律，解决与土的物理力学性质以及与此有关的工程问题。

土力学是属于工程力学范畴的科学，是运用力学原理同时考虑到土作为分散系特征来求得量的关系，其力学计算模型必须建立在现场勘察和实测土的计算参数（即工程地质性质指标）的基础上。因此，土力学也是一门理论性和实践性很强的学科。

1.3 土力学发展简史

人类自远古以来就广泛利用土作为建筑地基和建筑材料。"水来土挡"，就是中国古代劳动人民用土防御洪水的写照。古代许多伟大建筑，如中国的长城、大运河、桥梁、宫殿庙宇和世界上著名的建筑物，如比萨斜塔、埃及金字塔等的修建，都需要有丰富的土的知识和在它上面建造建筑物的经验。但是，由于社会生产力和技术条件的限制，使这一阶段经过了很长时间。直到 18 世纪中叶，对土的力学性质的认识还停留在经验积累的感性认识阶段。

1.3.1 古代土力学研究

土力学的研究始于 18 世纪工业革命时期，由于工业发展的需要，建筑的规模扩大了。大量建筑物的兴建尤其是铁路的修筑出现了一系列路基问题，促使人们对土进行研究，把已积累的经验进行理论解释。1773 年，法国库仑（C. A. Coulomb）创立了著名的砂土抗剪强度公式，提出了计算挡土墙土压力的滑动楔体理论。1856 年，法国工程师达西（H. Darcy）研究了砂土的透水性，创立了砂土渗透性的达西公式。1869 年，英国朗肯（W. J. M. Rankine）又从不同途径提出了挡土墙土压力理论，对后来土体强度理论的发展起了很大的作用。此外，1885 年，法国布辛内斯克（J. Boussinesq）求得了弹性半空间在竖向集中力作用下的应力和变形理论解答，这些解答至今还是土力学研究土体受力和变形的重要基础理论。这些古典理论，对土力学的发展起到了极大的推进作用，至今仍不失其理论和实用价值。这一阶段人们在以往实践经验的基础上，从不同角度作了探索，在理论上有了突破，但是大部分是某些局部问题的单独突破，还不能形成统一理论以建立独立的学科。

1.3.2 现代土力学沿革

从 20 世纪 20 年代起，对土的研究有了迅速发展，发表了许多有关土力学理论和应用研究方面的系统性成果。如 1920 年法国普朗特尔（L. Prandtl）发表了地基滑动面的数学公式。1916 年由瑞典皮特森（K. E. Petterson）提出、后经瑞典费列纽斯（W. Fellenius）及美国泰勒（D. W. Taylor）进一步改进的边坡稳定性分析的圆弧滑动法。

太沙基（K. Terzaghi）系统地归纳和总结了以往在这一领域的成就，并于 1925 年发表了第一本内容较全面的著作——《土力学》。在这本书中，太沙基比较系统地论述了若干重要的土力学问题，提出了土力学理论中最重要的理论——著名的饱和土的有效应力原理。他阐明了土工试验和力学计算之间的关系，其中用于计算沉降的方法一直沿用至今，被认为是一种有效的方法。这本比较系统、完整的科学著作的出现，带动了各国学者对本学科各个方面的探索。从此，土力学作为独立的科学而取得不断的进展。因此，太沙基被公认为土力学的奠基人。

其后直到 20 世纪 50～60 年代，土力学的研究基本上是对原有理论与试验的充实与完善。例如，计算边坡稳定的简单圆弧滑动法最初是一种不考虑条间力的简化方法，1955 年毕肖普（A. W. Bishop）提出了考虑分条间竖向力，应用有效强度指标的比较精确的方法。20 世纪 50 年代后期，詹布（N. Janbu）与 摩根斯坦（N. R. Morgenstern）相继提出了不仅可考虑条间作用力，而且滑动面可取任意形状的土坡稳定计算方法，可以说这些方法已发展到较完善的程度。在强度理论与强度试验方法方面，发展了摩尔—库仑极限平衡条件，对土的破坏准则、应力路线、影响因素等作了多方面的研究，尤其对抗剪强度的有效应力原理做了深入细致的研究，并用测孔隙水应力的三轴仪做了全面的验证。在土压力与地基承载力理论方面，索科洛夫斯基（В. В. Соколовский）等人将古典塑性理论引进土力学领域并进行了多方面的研究，发表了专著《散体静力学》。土的基本特性、有效应力原理、固结理论、变形理论、土动力特性、流变学在土力学中的进一步研究、完善与应用是这一阶段研究的中心问题。太沙基、泰勒、崔托维奇（Н. А. Цытович）、斯开普敦（A. W. Skempton）、毕肖普等在这方面都做出了有效成绩；在这一阶段中，中国陈宗基、黄文熙在土力学方面也有很好的研究成果。总的看来，上述这些工作基本上是对以古典弹塑性理论为基础的"古典土力学"的发展和完善；也就是假设土符合理想弹性体和理想塑性体的应力应变条件。

古典弹塑性理论并不完全符合土的实际情况，因而也不能满足重型、高大、高精密建筑工程的需要。过去由于没有现代化的计算手段，所以非线性理论的发展受到了限制。随着电子计算机的出现和新计算技术的高速发展，使土力学的研究进入了一个全新的阶段，即不是将土作为理想弹塑性体，而是作为土本身来研究的新阶段。早在 1936 年伦度立克（L. Rendulic）就发现了一般固体材料所没有的土的剪胀性，并认识到土的应力—应变关系是非线性的，并具有加工硬化与加工软化的性质。杜拉克（D. C. Drucker）于 1957 年提出的加工硬化塑性理论，对土的应力应变规律方面的研究起了很大的推动作用。许多学者提出各种应力应变模型，如邓肯（J. M. Duncan）与张金荣

(C. Y. Chang)在 20 世纪 70 年代初期提出了著名的 Duncan—Chang 模型、剑桥模型以及中国南京水利科学研究院模型、清华模型等。这些模型都是对土的非线性应力—应变规律提出的数学描述。但是，由于土的复杂性，这些描述还没有取得统一的认识。目前的研究还着重于新的非线性应力—应变关系，即应力—应变模型的建立，并以此为基础建立新的理论。通过进一步的研究，一定会对土的应力—应变关系提出更符合土的实际情况的模型，从而摆脱古典弹塑性理论，建立新的土力学理论。

1.3.3　中国土力学研究

土力学与其他技术科学一样，是人类长期生产实践的产物。由于生产的发展和生活的需要，中华民族很早就广泛利用土作为建筑物的地基和建筑材料。中国西安半坡村新石器时代遗址中发现的土台和石础，就是古代的地基基础。这就是古代"堂高三尺、茅茨土阶"（语见《韩非子》）建筑的地基基础形式。历代修建的无数建筑物都出色地体现了中国古代劳动人民在地基基础工程方面的水平。

"水来土挡"是中国自古以来用土防御洪水的真实写照。公元前 2 世纪所修建的万里长城，以及随后修建的南北大运河、黄河大堤等，都需要有丰富的土的知识。

隋朝石工李春所修赵州石拱桥，不仅因其建筑和结构设计的成就而著称于世，就论其地基基础的处理也是颇为合理的。他把桥台砌置于密实粗砂层上，一千三百多年来估计沉降仅约几厘米。现在验算其基底压力约 500～600kPa，这与以现代土力学理论方法给出的承载力值很接近。

根据宋代古籍《梦溪笔谈》和《皇朝类苑》的记载，北宋初著名木工喻皓（公元 989 年）在建造开封开宝寺木塔时，考虑到当地多西北风，预见塔基土质不均会引起不均匀沉降，便特意使建于饱和土上的塔身稍向西北倾斜，设想在风力的长期断续作用下可以渐趋复正。由此可见，古人在实践中早已试图解决建筑物地基的沉降问题了，对地基土的变形问题已有了相当成熟的经验。

中国木桩基础的使用，由来已久。郑州的隋朝超化寺是在淤泥中打进木桩形成塔基的（《法苑珠林》第 51 卷）。杭州湾的五代大海塘工程也采用了木桩和石板承台。在人工地基方面，秦代在修筑驰道时，就已采用了"稳以金堆"的路基压实方法，至今还采用的灰土垫层、石灰桩、瓦渣垫层、砂垫层等，都是中国自古已有的传统地基处理方法。此外，北宋李诫所著《营造法式》记载了古代地基基础的某些具体做法。

中国一些宏伟的宫殿庙宇，由于坚实的地基基础，历经数千载至今仍巍然屹立。可见古代劳动人民已积累了丰富的土力学知识。但是，由于社会生产力和技术条件的限制，中国古代土力学的系统理论研究缺乏，知识仍停留在经验积累的感性认识阶段。

中华人民共和国成立以来，随着大规模经济建设的发展，中国的土力学研究得到了迅速发展。中国学者对土力学理论也做出了重大贡献。黄文熙教授是新中国研究土力学最早的学者，早在 20 世纪 50 年代，他就提出了非均质地基的应力分布和考虑侧向变形的沉降计算方法，研制出了第一台振动三轴仪，用振动三轴试验探讨了饱和砂土地基和土坝的抗液化稳定问题。中国陈宗基提出了黏性土的流变模式及次固结理论，已为后来电子显微镜的观测结果所证实，研究成果引起了国际土力学家的重视。

从 1958 年至 2011 年，中国土木工程学会已召开过共十一届全国土力学及岩土工程学术会议以及不可胜数的各类专业学术会议，极大地推动了土力学学科的发展，使得中国土力学理论的发展向着世界先进水平迈进。

1.3.4　当代土力学发展

从 1936 年至 2012 年已召开过 18 届国际土力学与岩土工程学术会议。从 1957 年第四届国际土力学和基础工程会议以来，由于电子技术的高速发展，有了现代化的计算技术和测试手段，使土力学的研究领域逐渐扩大，在传统土力学的基础上建立起新的土力学理论。从过去的线性弹性应力—应变关系发展为非线性应力—应变关系，提出了各种应力应变模型，如非线性弹性理论的 Duncan 模型、弹塑性理论的剑桥模型以及各种黏弹性理论模型等，使土的本构关系逐渐符合实际，并将土的变形和强度问题统一起来考虑。在土工试验方面，制造了真三轴仪、大型三轴仪、流变仪、振动三轴仪等新型仪器，使室内试验更好地模拟原位应力状态、固结条件及应力路线。原位测试技术也不断完善和普及，如动力和静力触探仪、十字板剪切仪、旁压仪等均已广泛使用，测试手段由人工记录读数，发展为传感器测量、数据自动采集，并采用电子计算机处理，电子计算机的应用和新计算技术的渗入，使现代土力学进入了一个全新的发展阶段。

当代土力学发展的主要方向是：

（1）室内和原位测试技术和仪器设备的研究，如大型高温高压与渗流等耦合三轴仪的研制等。积极引进和发展现代测试技术，使试验结果更符合实际。

（2）土的本构关系的研究。将应力与应变问题统一起来考虑，研究应力应变关系的非线性问题。本构关系指土的应力、应变、强度和时间的关系，描述这类关系的数学表达式称为数学模型或简称模型。

（3）与先进计算分析技术相结合。利用统计数学方法处理试验数据，探求统计规律。数值模拟技术、人工智能及非确定性分析方法在土力学领域中的应用越来越深入和广泛。

（4）模型试验和现场观测。其结果是验证理论计算和实际工程设计正确性的有力手段，是建立和修正土的本构模型的重要依据。

（5）加强土力学的基础性研究，宏观和微观研究相结合。注意工程地质学与力学的结合，运用数学、力学、物理、化学等学科的最新理论成果来研究土的力学特性的本质。

1.4　土力学基本内容与特点

1.4.1　土力学基本内容

土力学主要内容包括：（1）土的生成与组成及物理性质与土的工程分类；（2）在建筑物荷重及土自重作用下土体中的应力；（3）土的渗透性和渗流分析；（4）土的压缩性和地基变形计算；（5）土的强度理论；（6）挡土墙土压力理论；（7）地基极限承载力理论；（8）土坡稳定分析方法；（9）土的动力特性等等。其中，土的有效应力原理、应力分析理论、渗透固结理论和强度破坏理论是土力学的基本理论，而地基变形计算、地基承载力计算、土坡稳定性验算和土压力计算是与工程实践直接相关的应用课题。

1.4.2　土力学的特点

土力学的特点在于它首先是一门工程力学。因此，注重对土体自然物理现象的观察和描述是土力学的重要特点。土作为自然历史的产物，它的许多性质是人们无法预先控制的，如土的成层规律性和均匀性决定于土的自然地理环境和历史条件，无法像一般建筑材料如混凝土、钢材等那样可根据生产条件对其性质做出规定。因此，客观地认识和评价土的基本特性尤其是它区别于其他受力材料的性质，是合理地引入和运用其他学科知识的出发点和目标。

土的三相性、碎散性和不均匀性等基本特性导致了它具有其他材料所没有的特性。而且，自然的土层，因不同地点土的这些特性又往往有差异。因此，土力学目前还不是一门纯粹的理论力学，要很确切地模拟和概括土体的受力条件、施工过程以及环境的影响等，还存在许多的困难。它对许多问题的认识还依赖于土工测试技术，要通过试验观测并做合理简化来实现。

1.5　土力学研究与学习方法

土力学还是一门比较年轻的学科，再加上土的复杂性，所以对许多较复杂情况需要做近似处理，因而应用土力学理论去解决实际问题时常有较多的适应性问题。土力学是土木工程专业和水利工程专业的一门专业基础课程，它是定量分析评价工程地质问题和进行岩土工程设计计算的重要理论基础之一。由于研究对象或课题的复杂性，土力学涉及许多方面内容，十分复杂，引用其他学科的知识较多，因而要求较广泛的先修学科知识，如弹性力学、材料力学等。

1.5.1　土力学研究方法

土力学的研究应该注意以下三个方面问题：

（1）土力学的研究必须注意实践性。除运用一般力学原理外，还要重视专门的土工试验技术的应用。根据室内和原位试验获得的物理力学指标和各种参数来研究土的工程性质。土的变形、固结和强度理论，就是在这些试验研究的基础上建立和发展起来的。

（2）土力学的研究必须注意工程实用性。必须考虑建筑物本身的结构特点和使用要求。各种建筑物因设计要求不同，对土体变形和稳定性的要求也有很大差别。应从工程实际出发，对具体工程项目的地基土体和建筑土料规定具体的土工试验项目和试验方法，运用土力学的理论指导地基基础的设计计算和施工，以解决实际工程问题。

（3）土力学是一门计算与试验相结合的学科。数学、力学是建立土力学计算理论和方法的重要基础。土力学与理论力学有所不同，不能用纯数学、力学的观点研究，必须根据实际的地质调查、现场和室内的试验资料来进行分析研究，然后才能对研究所得的资料进行力学计算。电子计算机技术和新的计算技术的飞速发展，为土力学理论计算提供了重要手段。

1.5.2 土力学学习方法

土力学作为一门专业基础课程，必须注意掌握其合理有效的学习方法。只有深入掌握了土的基本特性，才能掌握好土力学的基本概念和理论。学习土力学一般应注意运用的几种基本方法：

（1）注意根据本课程的特点，牢固而准确掌握土的三相性、碎散性等基本概念。土的三相性是理解和掌握土的其他物理力学特性的基础。

（2）注意土力学所引用的其他学科理论，如一般连续力学基本原理本身的基本假定和适用范围。分析土力学在利用这些理论解决土的力学问题时又新增了什么假定以及这些新的假定与实际问题相符合的程度如何，从而能够应用这些基本概念和原理去搞清楚土力学中的原理、定理和方法的来龙去脉，理清研究问题的思路。

（3）注意在土力学中土所具有的区别于其他材料的特性。应该了解土力学是通过什么方法发现以及用什么物理概念或公式去描述土区别于其他材料特性的。

（4）注意综合利用土性知识和土力学理论解决地基实际问题。学习中即使是做练习题，也应注意习题中给定的条件在实际工程中会具体怎样体现和改变这些条件可能导致什么工程的后果。

（5）在学习土力学过程中，要善于转变对问题求解的思维方式。在土力学中，许多问题的解答都有必要的简化假定，因而必然带来一定的误差；对同一问题的求解，往往会因为假定不同，因而方法不同、结果不同。用习惯于高等数学求唯一解的思维方式往往不适于解决土的工程力学问题，要逐渐接受和掌握多种方法求解一个问题，对多种解答做出综合评判的思维方式。

（6）土力学问题除试验部分外，多是根据土的基本力学性质，应用数学及力学计算，得出最后使用结果。学习这一部分时应避免陷于单纯的理论推导，而忽略了推导中引用的条件和假设，只有这样才能正确地将理论应用于工程实际。

1.5.3 学习土力学的基本要求

在本课程的学习过程中，要特别注意土的性质，理论联系实际，抓住重点，掌握原理，搞清概念，学会设计、计算和应用。对有关本科专业学生学习本课程的基本要求如下：

（1）牢固掌握有效应力原理的本质及其在土力学中认识和土体变形、渗流与破坏方面问题中的重要作用和意义；

（2）重点掌握土体应力分析理论、渗透分析理论、固结理论和抗剪强度理论；能应用这些基本理论解释土的受力、变形和破坏的现象，能初步解决一些工程实际问题。

（3）了解土的物理力学指标测试的基本原理和方法，掌握土体变形与强度指标的测定方法及在工程实践中的应用。

思考题

1-1 土、地基与基础的基本概念是什么？土有哪些基本特性？

1-2 土力学首先是一门工程力学，与你学过的其他力学相比，有何主要差异？

1-3 试简要说明说明土力学的发展概况。

1-4 学习土力学一般应注意运用哪几种基本方法？

第2章
土的物理性质及工程分类

本章知识点

> 1. 了解土的生成、物质组成过程;
> 2. 掌握定性、定量描述土物质组成的方法,包括土的三相组成、土的三相指标、土的结构构造、黏性土的界限含水量、砂土的密实度;
> 3. 了解土的工程分类方法及标准。

2.1 土的生成与特性

2.1.1 土的生成

地球表面 $30\sim80km$ 厚的范围是地壳,地壳中原来整体坚硬的岩石,经风化、剥蚀、搬运、沉积,形成固体矿物、流体水和气体的集合体称为土。

不同的风化作用,形成不同性质的土,风化作用有下列三种:

1. 物理风化

岩石受风、霜、雨、雪的侵蚀,温度、湿度变化,不均匀膨胀与收缩,使岩石产生裂隙,崩解为碎块。这种风化作用,只改变颗粒的大小与形状,不改变岩石成分,称为物理风化。由物理风化生成的为粗颗粒土,如块碎石、卵石、砾石和砂土等,呈松散状态,总称无黏性土。

2. 化学风化

化学风化是指岩体碎屑与水、氧气、二氧化碳及各种水溶液相互作用的过程。这种作用使岩石碎屑发生化学变化,改变了原来组成矿物的成分,产生一种新的成分——次生矿物,土的颗粒变得很细,具粘结力,如黏土、粉质黏土,总称为黏性土。

3. 生物风化

由动、植物和人类活动对岩体的破坏,称生物风化。例如:长在岩石缝隙中的树,因树根伸展使岩石缝隙扩展开裂,而人们开采矿山及石材、修铁路打隧道、劈山修公路等活动形成的土,其矿物成分没有变化。

2.1.2 土的结构

1. 定义

土的结构是指土粒(或团粒)的大小、形状、互相排列及联结的特征。

2. 种类

土的结构是在成土的过程中逐渐形成的,它反映了土的成分、成因和年代对土的工程性质的影响。土的结构按其颗粒的排列和联结可分为图2-1所示的三种基本类型。

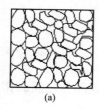 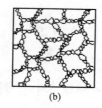 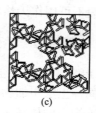

(a)   (b)   (c)

图2-1　土的结构的基本类型
(a)单粒结构;(b)蜂窝结构;(c)絮状结构

(1)单粒结构

单粒结构(图2-1a)是无黏性土的基本组成形式。其特点是土粒间没有联结存在,或联结非常微弱,可以忽略不计。疏松状态的单粒结构在荷载作用下,特别在振动荷载作用下会趋向密实,土粒移向更稳定的位置,同时产生较大的变形;密实状态的单粒结构在剪应力作用下会发生剪胀,即体积膨胀,密度变松。单粒结构的紧密程度取决于矿物成分、颗粒形状、粒度成分及级配的均匀程度。片状矿物颗粒组成的砂土最为疏松,浑圆的颗粒组成的土比带棱角的容易趋向密实。土粒的级配愈不均匀,结构愈紧密。

(2)蜂窝状结构

蜂窝状结构(图2-1b)是以粉粒(0.075～0.005mm)为主的土的结构特征。粒径在0.075～0.005mm左右的土粒在水中沉积时,基本上是单个颗粒下沉,在下沉过程中,碰上已沉积的土粒时,如土粒间的引力相对自重而言已经足够地大,则此颗粒就停留在最初的接触位置上不再下沉,形成大孔隙的蜂窝状结构。

(3)絮状结构

絮状结构(图2-1c)是黏土颗粒特有的结构特征。悬浮在水中的黏土颗粒当介质发生变化时,土粒互相聚合,以边对面、面对面的接触方式(如图2-2)形成絮状物下沉,沉积为大孔隙的絮状结构。

土的结构形成以后,当外界条件变化时,土的结构会发生变化。例如,土层在上覆土层作用下压密固结时,结构会趋于更紧密的排列;卸载时土体的膨胀(如钻探取土时土样的膨胀或基坑开挖时基底的隆起)会松动土的结构;

(a)   (b)

图2-2　黏粒的接触方式
(a)边对面;(b)面对面

13

当土层失水干缩或介质变化时，盐类结晶胶结能增强土粒间的联结；在外力作用下(如施工时对土的扰动或切应力的长期作用)会弱化土的结构，破坏土粒原来的排列方式和土粒间的联结，使絮状结构变为平行的重塑结构，降低土的强度，增大压缩性。因此，在取土试验或施工过程中都必须尽量减少对土的扰动，避免破坏土的原状结构。

3. 工程性质

上述三种结构中，以密实的单粒结构土的工程性质最好，蜂窝结构其次，絮状结构最差。后两种结构土，如因扰动破坏天然结构，则强度低、压缩性大，一般不可用作天然地基。

2.1.3　土的构造

1. 定义

在同一土层中的物质成分和颗粒大小等都相近的各部分之间的相互关系的特征称为土的构造。

2. 种类

土的构造常见的有下列几种：

(1) 层状构造。土层由不同颜色、不同粒径的土组成层理，平原地区的层理通常为水平方向。土的构造最主要特征就是成层性，即层理构造，它是在土的形成过程中，由于不同阶段沉积的物质成分、颗粒大小或颜色不同，而沿竖向呈现的成层特征，常见的有水平层理构造和交错层理构造。层状构造是细粒土的一个重要特征。

(2) 分散构造。土层中土粒分布均匀，性质相近，如砂、卵石层为分散构造。

(3) 结核状构造。在细粒土中掺有细颗粒或各种结核，如含礓石的粉质黏土、含砾石的冰债黏土等均属结核状构造，其工程性质取决于细粒土部分。

(4) 裂隙状构造。土体中有很多不连续的小裂隙，有的硬塑与坚硬状态的黏土为此种构造。土的裂隙性是土的构造的另一特征，如黄土的柱状裂隙，裂隙的存在大大降低土体的强度和稳定性，增大透水性，对工程不利。这些构造特征都造成土的不均匀性。裂隙导致土的强度低、渗透性高、工程性质差。此外，也应注意到土中有无包裹物(如腐殖质、贝壳、结核体等)以及天然或人为的孔洞存在。

2.1.4　黏性土的灵敏度和触变性

天然状态下的黏粒土通常都具有一定的结构性，当受到外来因素的扰动时，土粒间的胶结物质以及土粒、离子、水分子所组成的平衡体系受到破坏，土的强度降低压缩性增大。土的结构性对强度的影响，一般用灵敏度来衡量。土的灵敏度是以原状土的强度与同一土经重塑(指在含水量不变条件下使土的结构彻底破坏)后的强度之比来表示的。重塑试样与原状试样具有相同的尺寸、密度和含水量。测定强度常用方法有无侧限抗压强度试验和十字板抗剪强度试验，对于饱和黏性土的灵敏度 S_t 可按下式计算：

$$S_t = q_u/q_u'$$

(2-1)

式中　q_u——原状试样的无侧限抗压强度(kPa)；

　　　q_u'——重塑试样的无侧限抗压强度(kPa)。

根据灵敏度可将饱和黏性土分为：低灵敏度($1 < S_t \leqslant 2$)、中灵敏度($2 < S_t \leqslant 4$)和高灵敏度($S_t > 4$)三类。土的灵敏度愈高，其结构性愈强，受扰动后土的强度降低就愈多。所以在基础施工中应注意保护黏性土基槽，尽量减少对土结构的扰动。

饱和黏性土的结构受到扰动，导致强度降低，但当扰动停止后，土的强度又随时间而逐渐增大。黏性土的这种抗剪强度随时间恢复的胶体化学性质称为土的触变性。例如在黏性土中打桩时，桩侧土的结构受到破坏而强度降低，但在停止打桩以后，土的强度渐渐恢复，桩的承载力逐渐增加，这就是受土的触变性影响的结果。

2.1.5　土的工程特性

土与其他连续介质材料相比，具有下列三个显著的工程特性：

1. 压缩性大

反映压缩性高低的指标如弹性模量 E(土称变形模量)随材料性质不同而有极大的差别，例如：钢筋的弹性模量 $E_1 = 2.1 \times 10^5$ MPa；C20 混凝土的弹性模量 $E_2 = 2.6 \times 10^4$ MPa；卵石的弹性模量 $E_3 = 40 \sim 50$ MPa；饱和细砂的弹性模量 $E_4 = 8 \sim 16$ MPa。当应力与材料厚度相同时，卵石的压缩性为钢材压缩性的数千倍；饱和细砂的压缩性为 C20 混凝土压缩性的数千倍，这足以证明土的压缩性极高。很湿或很软的黏性土往往比饱和细砂的压缩性还要高很多。

2. 强度低

在工程上主要关心的是土的抗剪强度，无黏性土的强度来源于土粒表面滑动的摩擦和颗粒间的咬合摩擦；黏性土的强度除了摩擦力外，还有黏聚力。无论摩擦力还是黏聚力，均远远小于建筑材料本身的强度。因此，土的强度比其他建筑材料(如钢材、混凝土等)都低得多。

3. 透水性大

由于土体中固体矿物颗粒之间具有许多透水的孔隙，因此土的透水性较木材、混凝土都大，尤其是粗颗粒的卵石和砂土，其透水性更大。

上述土的三个工程特性与工程设计和施工关系密切，需高度重视。

2.1.6　土的生成与工程特性的关系

土的生成和沉积环境及条件不同，其工程性质往往相差悬殊，下面分别加以说明。

1. 搬运、沉积条件

通常流水搬运沉积的土优于风力搬运沉积的土。例如：北京西郊八宝山一带地基为卵石层，它是永定河冲积层，工程性质非常好。此地带卵石层范

15

围很大，长、宽可达数千米，可作混凝土骨料之用；是经多年暴雨冲刷和冻融而形成，可作良好的天然地基。

陕北榆林、靖边县一带，地表普遍有一层粉细砂，是由内蒙古毛乌素沙漠，经风力搬运沉积下来的风积层。这种粉细砂很松散，工程性质差。这种风积层一踩一个脚印，很疏松，不能作为天然地基。

2. 沉积年代

通常沉积年代越长，土的工程性质越好。例如：第四纪晚更新世 Q_3 及其以前沉积的黏性土，称老黏性土，这种土密度大，强度高，压缩性低，为良好的天然地基。

第四纪全新世 Q_4 沉积的黏性土，为常见的黏性土，它的工程性质好坏需要通过试验与分析确定。

至于沉积年代短的新近沉积黏性土，如在湖、塘、沟、谷与河漫滩及三角洲新近沉积土以及五年以内人工新填土，强度低，压缩性高，工程性质不良。

3. 沉积的自然地理环境

我国地域辽阔，全国各地的地形高低、气候冷热、雨量多少相差很悬殊。这些自然地理环境不同所生成的土的工程性质差异也很大。例如：沿海地区的上海、天津滨海新区、连云港、温州等地存在着深厚的淤泥与淤泥质软弱土，西北地区的甘肃、陕西、山西等地大面积的湿陷性黄土，西南云南、贵州、广西一带的红黏土，湖北、云南、广西、贵州、四川等省区的膨胀土以及高寒地区的多年冻土，都有特殊的工程性质。

2.2 土的三相组成

土由固体矿物、液体水和气体三部分组成，称为土的三相组成。土中的固体矿物构成骨架，骨架之间贯穿着孔隙，孔隙中充填着水和空气。同一地点的土体，它的三相组成不是固定不变的，而是随着环境的变化而变化，例如天气的晴雨、季节变化、温度高低、地下水的升降以及建造建筑物施加的荷重等等，都会引起土体三相比例的变化。土体三相比例不同，土的状态和工程性质也不相同。例如：

固体＋气体(液体＝0)为干土，此时黏土呈坚硬状态。

固体＋液体＋气体为湿土，此时黏土多为可塑状态。

固体＋液体(气体＝0)为饱和土，此时松散的粉细砂或粉土遇强烈地震，可能产生液化，使工程遭受破坏；黏土地基受建筑荷载作用发生沉降，有时需几十年才能稳定。

由此可见，研究土的各项工程性质，首先从最基本的组成土的三相(即固相、液相和气相)本身开始研究。

2.2.1 土的固体颗粒

土的三相组成中，土的固体颗粒是主体，是决定土的工程性质的主要成分。

1. 土粒的矿物成分

土粒中的矿物成分分为三类：

（1）原生矿物

由岩石经物理风化而成，其成分与母岩相同。包括：单矿物颗粒——一个颗粒为单一的矿物，如常见的石英、长石、云母、角闪石与辉石等，砂土即为单矿物颗粒；多矿物颗粒——一个颗粒中包含多种矿物，如巨粒土的漂石、卵石和粗粒土的砾石往往为多矿物颗粒。

（2）次生矿物

母岩岩屑经化学风化，改变原来的化学成分，成为一种很细小的新矿物，主要是黏土矿物，其粒径 $d < 0.002\text{mm}$，肉眼看不清，用电子显微镜观察为鳞片状。

黏土矿物的微观结构，由两种原子层（晶片）构成：一种是出 Si-O 四面体构成的硅氧晶片；另一种由 Al-OH 八面体构成的铝氢氧晶片（如图 2-3 所示）。因这两种晶片结合的情况不同，形成三种黏土矿物，如图 2-4 所示。

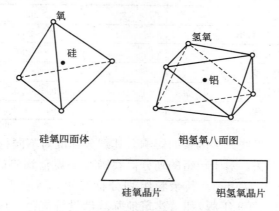

图 2-3　黏土矿物的晶片示意图

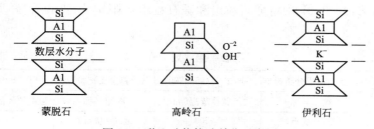

图 2-4　黏土矿物构造单位示意图

蒙脱石——两结构单元之间没有氢键，联结弱，水分子可以进入两晶片之间。因此，蒙脱石亲水性最大，具有剧烈的吸水膨胀、失水收缩的特性。

伊利石——又称水云母，部分 Si-O 四面体中的 Si 被 Al、Fe 所取代，损失的原子价由阳离子 K 补偿。因此，晶格层组之间具有结合力，亲水性低于蒙脱石。

高岭石——晶片之间有氢键，联结力较强，晶片之间距离不易改变，水分子不能进入。因此，高岭石亲水性最小。

次生矿物除了上述黏土矿物外，还有次生二氧化硅、难溶盐等。

（3）腐殖质

如果土中腐殖质含量多，使土的压缩性增大。对有机质含量大于 3%～5%的土应加以注明，不宜作为填筑材料。

2. 土的粒度成分（颗粒级配）

天然土是由大小不同的颗粒组成的，土粒的大小称为粒度。工程上常用不同粒径颗粒的相对含量来描述土的颗粒组成情况，这种指标称为粒度成分。

（1）土的粒组划分

工程上常把大小相近的土粒合并为组，称为粒组。粒组间的分界线是人为划分的，划分时应使粒组界限与粒组性质的变化相适应，并按一定的比例递减关系划分粒组的界限值。对粒组的划分，我国《岩土工程勘察规范》GB 50021—2001（2009 年版）划分标准可参见表 2-1。

粒组划分标准（GB 50021—2001）　　　　　　　　表 2-1

粒组名称	粒组粒径范围(mm)
漂石(块石)粒组	>200
卵石(碎石)粒组	20～200
砾石粒组	2～20
砂粒粒组	0.075～2
粉粒粒组	0.005～0.075
黏粒粒组	<0.005

由于粒组间分界线人为因素的影响，其划分标准与不同行业的工程特点、设计经验及习惯有关，对于粒组的划分，我国有关规范均将砂粒粒组与粉粒粒组的界限划为 0.075mm。其余粒组划分标准中，《岩土工程勘察规范》GB 50021—2001（2009 年版）和《建筑地基基础设计规范》GB 50007—2011相同，但《土的工程分类标准》GB/T 50145—2007 和《公路土工试验规程》JTG E40—2007 中将卵石粒组和砾石粒组界限定为 60mm，详见表 2-2所示。

粒　组　划　分　　　　　　　　　　表 2-2

粒组统称	《土的工程分类标准》GB/T 50145—2007		《公路土工试验规程》(JTG E40—2007)	
	粒组名称	粒组粒径范围(mm)	粒组名称	粒组粒径范围(mm)
巨粒	漂石(块石)	>200	漂石(块石)	>200
	卵石(碎石)	200～60	卵石(小块石)	200～60
粗粒			粗砾	60～20
			中砾	20～5
			细砾	5～2
	粗砾	60～20	粗砂	2～0.5
	细砾	20～2	中砂	0.5～0.25
	砂砾	2～0.075	细砂	0.25～0.074
细粒	粉粒	0.075～0.005	粉粒	0.074～0.002
	黏粒	<0.005	黏粒	<0.002

(2）粒度成分及其表示方法

土的粒度成分是指土中各种不同粒组的相对含量（以干土质量的百分比表示），可用以描述土中不同粒径土粒的分布特征。粒度成分也称为颗粒级配。

土的粒度成分的表示方法有表格法、累积曲线法等。

1）表格法：以列表形式直接表达各粒组的相对含量。它用于粒度成分的分类十分方便。例如，表2-3给出3种土样的粒度成分分析结果。

粒度成分分析结果　　　　　　　　　　　　表2-3

粒组(mm)	土样 a	土样 b	土样 c
10～5	—	25.0	—
5～2	3.1	20.0	—
2～1	6.0	12.3	—
1～0.5	16.4	8.0	—
0.5～0.25	41.5	6.2	—
0.25～0.10	26.0	4.9	8.0
0.10～0.075	9.0	4.6	14.4
0.075～0.01	—	8.1	37.6
0.01～0.005	—	4.2	11.1
0.005～0.001	—	5.2	18.9
<0.002	—	1.5	10.0

2）累计曲线法：是一种图示的方法，通常用半对数纸绘制，横坐标（按对数比例尺）表示某一粒径，纵坐标表示小于某一粒径的土粒的百分含量。表2-3中的三种土的累计曲线如图2-5所示。

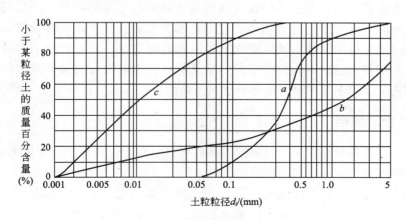

图2-5　土的累计曲线

在累计曲线上，可确定两个描述土的级配的指标：

不均匀系数

$$C_u = \frac{d_{60}}{d_{10}} \tag{2-2}$$

曲率系数

$$C_s = \frac{d_{30}^2}{d_{60}d_{10}}$$

(2-3)

式中　d_{10}、d_{30}、d_{60}——分别相当于累计百分含量为 10%、30% 和 60% 的粒径，d_{10} 称为有效粒径，d_{60} 称为限制粒径，d_{30} 称为平均粒径。

不均匀系数 C_u 反映粒径曲线坡度的陡缓，表明土粒大小的不均匀程度，是反映土粒组成不均匀程度的参数。工程上常把 $C_u \leqslant 5$ 的土称为匀粒土；反之 $C_u > 5$ 的土则称为非匀粒土。

曲率系数 C_s 反映粒径分布曲线的整体形状及细粒含量，反映土的粒径级配累计曲线的斜率是否连续的指标系数。研究指出：$C_s < 1.0$ 的土往往级配不连续，细粒含量大于 30%；$C_s > 3$ 的土也是不连续，细粒含量小于 30%；故 $C_s = 1 \sim 3$ 时土粒大小级配的连续性较好。所以，在工程中，对粗粒土级配是否良好的判定规定如下：

① 良好级配的材料。一般来说，多数累积曲线呈凹面朝上的形式，坡度较缓，粒径级配连续，粒径曲线分布范围表现为平滑。同时满足 $C_u > 5$ 及 $C_s = 1 \sim 3$ 的条件。

② 不良级配的材料。这类材料颗粒较均匀，曲线陡，分布范围狭窄。不能同时满足 $C_u > 5$ 及 $C_s = 1 \sim 3$ 的条件。

（3）粒度成分测定方法

对于粗粒土可以采用筛分法，而对于细粒土（粒径小于 0.075mm）则必须用沉降分析法测定其粒度成分。筛分法是用一套不同孔径的标准筛把各种粒组分离出来的方法。沉降分析法是根据土粒在悬液中沉降的速度与粒径的平方成正比的司笃克斯公式来确定各粒组相对含量的方法。但实际上，土粒并不是球形颗粒，因此用上述公式计算的并不是实际土粒的尺寸，而是与实际土粒有相同沉降速度的理想球体的直径，称为水力直径。用沉降分析法测定土的粒度成分可用两种方法，即比重计法和移液管法。比重计是测定液体密度的一种仪器，对于不均匀的液体，从比重计读出的密度只表示浮泡形心处的液体密度。用上述两种方法都可求出土粒的粒径和累计百分含量。

2.2.2　土的液相

土的液相是指存在于土孔隙中的水。按照水与土粒相互作用程度的强弱，可将土中水分为结合水和自由水两大类。

结合水是指受电分子吸引力吸附于土粒表面的土中水，这种电分子吸引力高达几千到几万个大气压，使水分子和土粒表面牢固地粘结在一起。

由于土粒表面一般带有负电荷，围绕土粒形成电场，在土粒电场范围内的水分子和水溶液中的阳离子（如 Na^+、Ca^{2+}、Al^{3+} 等）一起吸附在土粒表面。因为水分子是极性分子（氢原子端显正电荷，氧原子端显负电荷），它被土粒表面电荷或水溶液中离子电荷的吸引而定向排列（如图 2-6 所示）。

土粒周围水溶液中的阳离子，一方面受到土粒所形成电场的静电引力作用，另一方面又受到布朗运动（热运动）的扩散力作用。在最靠近土粒表面处，静电引力最强，把水化离子和极性水分子牢固地吸附在颗粒表面上形成固定层。在固定层外围，静电引力比较小，因此水化离子和极性水分子的活动性比在固定层中大些，形成扩散层。固定层和扩散层中所含的阳离子（反离子）与土粒表面负电荷一起构成双电层（如图 2-6 所示）。

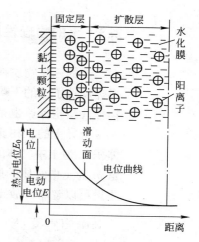

图 2-6　黏土表面的扩散双电层

水溶液中的反离子（阳离子）原子价愈高，它与土粒之间的静电引力愈强，则扩散层厚度愈薄。在实践中可以利用这种原理来改良土质，例如用三价及二价离子（如 Ca^{2+}、Al^{3+}、Mg^{2+}、Fe^{3+}）处理黏土，使得它的扩散层变薄，从而增加土的稳定性，减少膨胀性，提高土的强度；有时，可用含一价离子的盐溶液处理黏土，使扩散层增厚，而大大降低土的透水性。

从上述双电层的概念可知，反离子层中的结合水分子和交换离子愈靠近土粒表面，则排列得愈紧密和整齐，活动性愈小。因而，结合水又可分为强结合水和弱结合水。强结合水在最靠近土颗粒表面处，水分子和水化离子排列得非常紧密，以致其密度大于 $1~g/cm^3$，并有过冷现象，即温度降到零度以下不发生冻结的现象。在距离土粒表面较远地方的结合水称为弱结合水，由于引力降低，弱结合水的水分子的排列不如强结合水紧密，弱结合水可能从较厚水膜或浓度较低处缓慢地迁移到较薄的水膜或浓度较高处，亦即可从一个土粒迁移到另一个土粒，这种运动与重力无关，这层不能传递静水压力的水定义为弱结合水。

自由水包括毛细水和自由水。毛细水不仅受到重力的作用，还受到表面张力的支配，能沿着土的细孔隙从潜水面上升到一定的高度。这种毛细上升对于公路路基土的干湿状态及建筑物的防潮有重要影响。重力水在重力或压力差作用下能在土中渗流，对于土颗粒和结构物都有浮力作用，在土力学计算中应当考虑这种渗流及浮力的作用力。

2.2.3　土的气相

土的气相是指充填在土的孔隙中的气体，包括与大气连通的和不连通的两类。

与大气连通的气体对土的工程性质没有多大的影响，它的成分与空气相似，当土受到外力作用时，这种气体很快从孔隙中挤出；但是密闭的气体对土的工程性质有很大的影响，密闭气体的成分可能是空气、水汽或天然气。在压力作用下这种气体可被压缩或溶解于水中，而当压力减小时，气泡会恢复原状或重新游离出来。含气体的土称为非饱和土，非饱和土的工程性质研究已成为土力学的一个新分支。

2.3　土的物理性质指标

　　土的三相物质在体积和质量上的比例关系称为三相比例指标。三相比例指标反映了土的干燥与潮湿、疏松与紧密，是评价土的工程性质的最基本的物理性质指标，也是工程地质勘察报告中不可缺少的基本内容。

　　推导土的三相比例指标时可采用图 2-7 所示的三相图。图 2-7(c) 中土样的体积 V 为土中气体的体积 V_a，水的体积 V_w 和土粒的体积 V_s 之和；土样的质量 m 为土中气体的质量 m_a、水的质量 m_w 和土粒的质量 m_s 之和；由于气体的质量可以忽略，故土样的质量 m 可用水和土粒质量之和 $(m_w + m_s)$ 表示。

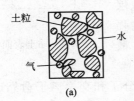

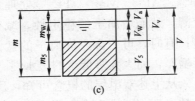

图 2-7　土的三相图
(a)实际土体；(b)土的三相图；(c)各相的质量与体积

　　三相比例指标可分为两类，一类是试验指标；另一类是换算指标。

2.3.1　试验指标

　　通过试验测定的指标有土的密度、土粒密度和含水量。

　　1. 土的密度 ρ

　　土的密度是单位体积土所含的质量。设土的体积为 V，质量为 m，则土的密度 ρ 可由下式表示：

$$\rho = \frac{m}{V} \tag{2-4a}$$

　　土的密度常用环刀法测定。采用环刀切取试样，将两端削平后用天平称量得到环刀内土的质量为 m（扣除环刀自身质量），已知环刀内腔体积为 V，按式 (2-4a) 即可得到土的密度，其单位是 g/cm^3，一般土的密度为 $1.60 \sim 2.20 g/cm^3$。

　　当采用国际单位制计算重力 W 时，由土的质量产生的单位体积的重力称为重力密度 γ，简称重度（单位为 kN/m^3），即

$$\gamma = \rho g \approx 10\rho \tag{2-4b}$$

　　对天然土体，求得的密度称为天然密度，相应的重度称为天然重度。

　　2. 土粒密度 ρ_s

　　土粒密度是干土粒的质量与其体积之比，即

$$\rho_s = \frac{m_s}{V_s} \tag{2-5}$$

　　其值可由比重试验求得，将煮沸经冷却的蒸馏水注入比重瓶，然后把充

分研磨分散的质量为 m 的土颗粒烘干后装入该比重瓶中，测得土粒排开水的体积 V_s；按式(2-5)即可得到土粒的密度。

3. 土粒相对密度 d_s

土粒相对密度是指土粒的质量与4℃时同体积水的质量之比，其值与土粒密度相同，但没有单位，在用作土的三相指标计算时必须乘以水的密度值才能平衡量纲。

土粒密度主要取决于土矿物成分，不同土类的土粒密度变化幅度不大。没有实测的情况下可按经验值选用，参见表2-4。

土粒相对密度经验值　　　　　　　　表 2-4

土的类别	砂土	砂质粉土	黏质粉土	粉质黏土	黏土
土粒相对密度 d_s	2.65~2.69	2.70	2.71	2.72~2.73	2.74~2.76

4. 土的含水量 w

土的含水量是土中水的质量 m_w 与固体（土粒）质量 m_s 之比，由下式表示：

$$w=\frac{m_w}{m_s}\times100\%　　　　　　　　　　(2-6)$$

含水量通常以百分数表示。含水量常用烘干法测定，将土样在温度105~110℃下烘到恒重时所失去的水分质量与达到恒重后干土质量的比值。

含水量是描述土的干湿程度的重要指标。土的天然含水量变化范围很大，砂土通常不超过40%，黏性土多在10%~80%，但是近代沉积的松软黏性土的天然含水量可达到100%以上。如在三江平原沼泽地带泥炭层土壤中的饱和含水量在500%~800%，高者可达900%。

2.3.2　换算指标

除了上述三个试验指标之外，还有六个可以计算求得的指标，称为换算指标，包括土的干密度（干重度）、饱和密度（饱和重度）、有效重度、孔隙比、孔隙率和饱和度。

1. 干密度 ρ_d

干密度是土的固相质量 m_s 与土的总体积 V 之比，可由下式表示：

$$\rho_d=\frac{m_s}{V}　　　　　　　　　　(2-7)$$

干密度的单位是 g/cm³。土的干密度越大，土越密实，强度就越高，水稳定性也好。干密度常用作填土密实度的施工控制指标。

2. 土的饱和密度 ρ_{sat}

土的饱和密度是当土的孔隙中全部为水所充满时的密度，即全部充满孔隙的水的质量 m_w 与固相质量 m_s 之和与土的总体积 V 之比，由下式表示：

$$\rho_{sat}=\frac{m_s+m_w}{V}　　　　　　　　　　(2-8)$$

土的饱和密度的单位是 g/cm³。当用干密度或饱和密度计算重力时，也应乘以 g 变换为干重度或饱和重度。

23

24

3. 有效重度 γ'

有效重度是扣除浮力以后的固相重力与土的总体积之比（又称为浮重度），由下式表示：

$$\gamma' = \frac{W_s - V_s \gamma_w}{V} = \gamma_{sat} = \gamma_w \tag{2-9}$$

式中　γ_w——水的重度，纯水在 4℃时的重度等于 9.81kN/m³，在工程上常取为 10kN/m³。在计算地下水位以下土层的自重应力时应当用有效重度。

4. 土的孔隙比 e

土的孔隙比是孔隙的体积 V_v 与固相体积 V_s 之比，以小数计，由下式表示：

$$e = \frac{V_v}{V_s} \tag{2-10}$$

孔隙比常用来评价土的紧密程度，或从孔隙比的变化推算土的压密程度。

5. 土的孔隙率 n

土的孔隙率是孔隙的体积 V_v 与土的总体积 V 之比，即

$$n = \frac{V_v}{V} \times 100\% \tag{2-11}$$

6. 土的饱和度 S_r

土的饱和度是指孔隙中水的体积 V_w 与孔隙体积 V_v 之比，常用百分数表示，即

$$S_r = \frac{V_w}{V_v} \times 100\% \tag{2-12}$$

2.3.3　三相指标之间的换算关系

在三相比例指标中，三个试验指标是基本指标，通过试验指标，所有三相比例指标之间可以建立相互换算关系，具体的换算公式可查阅表 2-5。

土的三相比例指标换算公式　　　　　　　　　　表 2-5

换算指标	与试验指标的换算公式	与其他指标的换算公式	单位	常见的数值范围
孔隙比	$e = \frac{\rho_s(1+w)g}{\gamma} - 1$	$e = \frac{\rho_s g}{\gamma_d} - 1$ $e = \frac{w \rho_s g}{S_r \gamma_w}$		黏性土和粉土 0.40~1.20 砂土 0.5~0.9
饱和重度	$\gamma_{sat} = \frac{\gamma(\rho_s g - \gamma_w)}{\gamma_s(1+w)} + \gamma_w$	$\gamma_{sat} = \frac{\rho_s g + e\gamma_w}{1+e}$ $\gamma_{sat} = \gamma' + \gamma_w$	kN/m³	18~23kN/m³
饱和度	$S_r = \frac{\gamma \rho_s g w}{\gamma_w [\rho_s g(1+w) - \gamma]}$	$S_r = \frac{\rho_s g w}{\gamma_w e}$		(0~100)%
干重度	$\gamma_d = \frac{\gamma}{1+w}$	$\gamma_d = \frac{\rho_s g}{1+e}$	kN/m³	13~18kN/m³
孔隙率	$n = 1 - \frac{\gamma}{\rho_s g(1+w)}$	$n = \frac{e}{1+e}$		砂土 0.30~0.90
有效重度		$\gamma' = \gamma_{sat} - \gamma_w$ $\gamma' = \frac{\rho_s g - \gamma_w}{1+e}$	kN/m³	8~13kN/m³

下面通过一个例题的解答来进一步理解三相指标之间的换算关系：

【例题 2-1】 已知土的 $\gamma=18\mathrm{kN/m^3}$，$\rho_\mathrm{s}=2.7\mathrm{g/cm^3}$ 和 $w=12\%$，求 e、S_r 和 γ_d。

【解】 设土的体积等于 1，则土的重力为 $W=\rho V=18\mathrm{kN}$。

已知土粒的重力 W_s 与水的重力 W_w 之和等于土的重力 W，即 $W=W_\mathrm{s}+W_\mathrm{w}$。水的重力 W_w 与土的重力 W_s 之比等于含水量 w，则 $W_\mathrm{w}=w\times W_\mathrm{s}=0.12W_\mathrm{s}$，由此求得土粒的重力 $W_\mathrm{s}=15\mathrm{kN}$。土粒体积 V_s 可由土粒的密度 ρ_s 和土粒的重力 W_s 求得，其值为 $0.55\mathrm{m^3}$，孔隙的体积 V_v 则为 $0.45\mathrm{m^3}$，水的体积 V_w 由水的重度 γ_w 和水的重力 W_w 求得，其值为 $0.18\mathrm{m^3}$。

根据三相指标定义可计算孔隙比 e 饱和度 S_r 和干重度 γ_d 的数值：

$$e=\frac{V_\mathrm{v}}{V_\mathrm{s}}=\frac{0.45}{0.55}=0.82$$

$$S_\mathrm{r}=\frac{V_\mathrm{w}}{V_\mathrm{v}}=\frac{0.18}{0.45}\times100\%=40\%$$

$$\gamma_\mathrm{d}=\frac{W_\mathrm{s}}{V}=\frac{15.0}{1.0}=15.0\mathrm{kN/m^3}$$

在实际工程计算中一般是先导出相应的换算公式，然后直接用换算公式计算。

2.4 土的物理状态指标

2.4.1 黏性土的状态与界限含水量

1. 黏性土的状态

随着含水量的改变，黏性土将经历不同的物理状态。当含水量很大时，土是一种黏滞流动的液体即泥浆，称为流动状态；随着含水量逐渐减少，黏滞流动的特点渐渐消失而显示出塑性（所谓塑性就是指可以塑成任何形状而不发生裂缝，并在外力解除以后能保持已有的形状而不恢复原状的性质），称为可塑状态；当含水量继续减少时，则发现土的可塑性逐渐消失，从可塑状态变为半固体状态。如果同时测定含水量减少过程中的体积变化，则可发现土的体积随着含水量的减少而减小，但当含水量很小的时候，土的体积却不再随含水量的减少而减小了，这种状态称为固体状态。土体积和稠度状态随含水量的变化关系如图 2-8 所示。

2. 界限含水量

黏性土从一种状态变到另一种状态的含水量分界点称为界限含水量。流动状态与可塑状态间的分界含水量称为液限 w_L；可塑状态与半固体状态间的分界含水量称为塑限 w_P；半固体状态与固体状态间的分界含水量称为缩限 w_s。

缩限 w_s 一般利用收缩试验绘制土样含水量与垂直收缩变形关系曲线来确定，同时还可求出体缩率或线缩率，计算土的收缩系数，为胀缩土的综合评

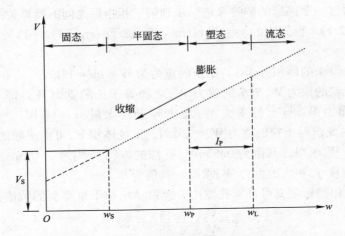

图 2-8　土体积和稠度状态随含水量的变化关系

价提供依据。

　　塑限 w_P 和液限 w_L 在国际上称为阿太堡(A. Atterberg)界限，来源于农业土壤学，后来被应用于土木工程。土的界限含水量与土粒组成、矿物成分、土粒表面吸附阳离子等性质有关，其大小反映了这些因素的综合影响，因而对黏性土的分类和工程特性评价具有重要意义。

　　塑限 w_P 是用搓条法测定的。把塑性状态的土在毛玻璃板上用手搓条，在缓慢的、单方向的搓动过程中土膏内的水分渐渐蒸发，如搓到土条的直径为 3mm 左右时断裂为若干段，则此时的含水量即为塑限 w_P。

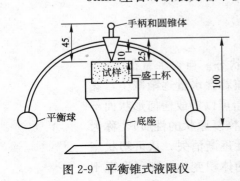

图 2-9　平衡锥式液限仪

　　液限 w_L 可采用平衡锥式液限仪(图 2-9)测定。平衡锥重为 76g，锥角为 30°。试验时使平衡锥在自重作用下沉入土体，当达到规定的沉入深度时土样的含水量即为液限 w_L。

　　液限试验规定的沉入深度根据试验标准的不同有两种规定，《建筑地基基础设计规范》GB 50007—2011 和《岩土工程勘察规范》GB 50021—2001(2009 年版)采用的深度为 10mm；而《土的分类标准》GBJ 145—90 采用的沉入深度则为 17mm。

按两种标准得到的液限值显然是不相同的，后一种液限值大于前一种液限值。

　　目前在液限与塑限的测定中，根据平衡圆锥沉入深度与液限、塑限的对应关系，还可采取液限塑限联合测定法，其试验操作步骤请查阅附录中的液限塑限联合测定法试验。

　　3. 塑性指数与液性指数

　　(1) 塑性指数

　　可塑性是黏性土区别于砂土的重要特征。可塑性的大小用土处在塑性状态的含水量变化范围来衡量，从液限到塑限含水量的变化范围愈大，土的可塑性愈好。这个范围称为塑性指数 I_P，即

$$I_P = w_L - w_P \qquad (2\text{-}13)$$

塑性指数习惯上用不带百分号的数值表示。研究资料表明，塑性指数与土的黏粒含量（<0.005mm）之间近似地呈直线关系，它综合地反映了黏土的物质组成。塑性指数是黏土的最基本、最重要的物理指标之一，广泛应用于土的分类和评价。我国《建筑地基基础设计规范》GB 50007—2011 就利用了土的塑性指数作为黏性土分类的指标。

（2）液性指数

液性指数 I_L 是表示天然含水量与界限含水量相对关系的指标，其表达式为：

$$I_L = \frac{w - w_P}{w_L - w_P} \qquad (2\text{-}14)$$

可塑状态的土的液性指数在 0～1 之间，液性指数越大，表示土越软；液性指数大于 1 的土处于流动状态；小于 0 的土则处于固体状态或半固体状态。

黏性土的状态可根据液性指数 I_L 分为坚硬、硬塑、可塑、软塑和流塑，《建筑地基基础设计规范》GB 50007—2011 的划分标准见表 2-6 所示。

按液性指数值确定黏性土状态 表 2-6

I_L值	$I_L \leqslant 0$	$0 < I_L \leqslant 0.25$	$0.25 < I_L \leqslant 0.75$	$0.75 < I_L \leqslant 1.0$	$1.0 < I_L$
状态	坚硬	硬塑	可塑	软塑	流塑

【例题 2-2】 已知某黏性土的土粒密度 $\rho_s = 27.5 \text{g/cm}^3$，液限为 40%，塑限为 22%，饱和度为 0.98，孔隙比为 1.15，试计算塑性指数、液性指数及确定黏性土的状态。

【解】 塑性指数、土的含水量及液性指数可由下式求得：

$$I_P = w_L - w_P = 40 - 22 = 18$$

$$w = \frac{e\gamma_w S_r}{\gamma_s} = \frac{1.15 \times 10 \times 0.98}{27.5} = 41\%$$

$$I_L = \frac{w - w_P}{w_L - w_P} = \frac{0.41 - 0.22}{0.40 - 0.22} = 1.06$$

因 $I_L > 1$，故此黏性土为流塑状态。

2.4.2 砂土的密实度

砂土的密实度对其工程性质具有重要的影响。密实的砂土具有较高的强度和较低的压缩性，是良好的建筑物地基；但松散的砂土，尤其是饱和的松散砂土，不仅强度低，且水稳定性很差，容易产生流砂、液化等工程事故。对砂土评价的主要问题是正确地划分其密实度。确定砂土密实度主要有以下三种方法。

1. 孔隙比

《岩土工程勘察规范》GB 50021—2001（2009 年版）用孔隙比 e 的大小划分砂土的密实度最为简单，可按砂土的类别和孔隙比将砂土划分为密实、中密、稍密和疏松四种密实状态，见表 2-7。

27

按孔隙比划分砂土密实度　　　　　　　　表 2-7

密实度 土的名称	密实	中密	稍密	疏松
砾砂、粗砂、中砂	$e<0.60$	$0.60\leqslant e\leqslant0.75$	$0.75<e\leqslant0.85$	$e>0.85$
细砂、粉砂	$e<0.70$	$0.70\leqslant e\leqslant0.85$	$0.85<e\leqslant0.95$	$e>0.95$

　　砂土的密实程度不完全取决于孔隙比，而在很大程度上还取决于土的级配情况。粒径级配不同的砂土即使具有相同的孔隙比，但由于颗粒大小不同，颗粒排列不同，所处的密实状态也会不同。为了同时考虑孔隙比和级配的影响，引入砂土相对密实度的概念。

　　2. 砂土相对密实度

　　当砂土处于最密实状态时，其孔隙比称为最小孔隙比；而砂土处于最疏松状态时的孔隙比则称为最大孔隙比。有关试验标准中规定了一定的方法测定砂土的最小孔隙比和最大孔隙比，然后可按下式计算砂土的相对密实度：

$$D_{\mathrm{r}}=\frac{e_{\max}-e}{e_{\max}-e_{\min}}\qquad(2\text{-}15)$$

　　从式(2-15)可以看出，当砂土的天然孔隙比接近于最小孔隙比时，相对密实度 D_{r} 接近于 1，表明砂土接近于最密实的状态；而当天然孔隙比接近于最大孔隙比时则表明砂土处于最松散的状态，其相对密实度接近于 0。根据砂土的相对密实度可以按表 2-8 将砂土划分为密实、中密、和松散三种密实度。

砂土密实度划分标准　　　　　　　　表 2-8

密实度	密实	中密	松散
相对密实度 D_{r}	1.0～0.67	0.67～0.33	0.33～0

　　从理论上讲，用相对密实度划分砂土的密实度是比较合理的。但由于测定砂土的最大孔隙比和最小孔隙比试验方法的缺陷，实验结果常有较大的出入；同时也由于很难在地下水位以下的砂层中取得原状砂样，砂土的天然孔隙比很难准确的测定，这就使相对密实度的应用受到限制。

　　3. 标准贯入试验

　　在工程实践中通常用标准贯入击数来划分砂土的密实度。标准贯入试验是用规定的锤质量(63.5kg)和落距(76cm)把标准贯入器(带有刃口的对开管，外径 50mm，内径 35mm)打入土中，记录贯入一定深度(30cm)所需的锤击数 N 值的原位测试方法。标准贯入试验的贯入锤击数反映了土层的松密和软硬程度，是一种简便的测试手段。《建筑地基基础设计规范》GB 50007—2011 规定砂土的密实度应根据标准贯入锤击数按表 2-9 的规定划分为密实、中密、稍密和松散四种状态。

密实度	密实	中密	稍密	松散
标准贯入锤击数 N	$N > 30$	$30 \geqslant N > 15$	$15 \geqslant N > 10$	$N \leqslant 10$

2.5　土的压实原理

　　土体能够通过振动、夯实和碾压等方法调整土粒排列，进而增加密实度的性质称为土的压实性。

　　研究击实性质的试验称为击实试验。击实试验所用的主要设备是击实仪，基本部分是击实筒和击实锤，前者是用来盛装制备土样，后者对土样施以夯实功能，如图 2-10 所示。试验时将含水量为一定值的土样分层装入击实筒内，每铺一层后都用击实锤按规定的落距锤击一定次数，然后由击实筒的体积和筒内被击实土的总重力计算出被击实土的湿密度 ρ。已知被击实的土中取样测定其含水量 w，由下式计算出击实土样的干密度 ρ_d。

$$\rho_d = \frac{\rho}{1+w} \tag{2-16}$$

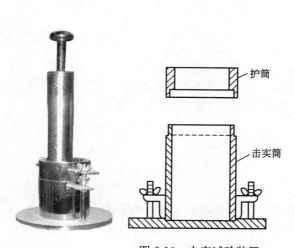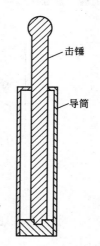

图 2-10　击实试验装置

　　土的干密度 ρ_d 是反映土的密实度的重要指标，它与土的含水量、压实能量和填土的性质等有关。将同一种土配置成不同含水量的土样后进行室内击实试验，可以获得如图 2-11 所示的含水量 w 与干密度 ρ_d 之间的关系曲线，称为击实曲线。

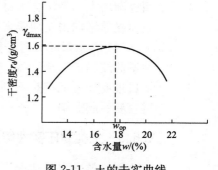

2.5.1　击实曲线的特性及含水量的影响

　　土的含水量是影响填土压实性的主要因素之一。在低含水量时，水被土颗粒吸附在土粒表面，

图 2-11　土的击实曲线

土颗粒因无毛细管作用而互相联结很弱，土粒在受到夯击等冲击作用下容易分散而难于获得较高的密实度。在高含水量时，土中多余的水分在夯击时很难快速排出而在土孔隙中形成水团，削弱了土颗粒间的联结，使土粒润滑而变得易于移动，夯击或碾压时容易出现类似弹性变形的"橡皮土"现象，失去夯击效果。

图 2-11 中的击实曲线表明，存在一个含水量可使填土的干密度达到最大值，产生最好的击实效果。将这种在一定夯击能量下填土最易压实并获得最大密实度的含水量称作土的最优含水量（或最佳含水量），用 w_{op} 表示。在最优含水量下得到的干密度称作填土的最大干密度，用 d_{max} 表示。土的最优含水量 w_{op} 通常采用室内标准击实试验确定，若采用土的塑限值含水量 w_P 间接确定，一般可取 $w_{op} = w_P + 2\%$。

2.5.2　击实功能对压实特性的影响

实验室中的击实功能是用击数来反映的，对同一种土，压实功能小，则能达到的最大干密度也小，最优含水量大；压实功能大，则能达到的最大干密度也大，最优含水量小，用同一种土料在不同含水量下分别用不同的击数进行击实试验，就能得到一组随击数而异的含水量与干密度关系曲线，如图 2-12 所示。

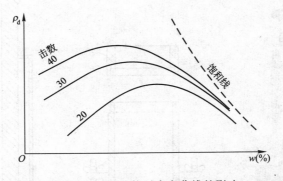

图 2-12　压实功能对击实曲线的影响

从图中可以看出：

（1）土料的最大干密度和最优含水量不是常数。最大干密度随击数的增加而逐渐增大，最优含水量则逐渐减小。但是这种增大或减小的速率是递减的，因而光靠增加击实功能来提高土的干密度是有一定限度的。

（2）含水量较低时击数的影响显著。当含水量较高时，含水量与干密度的关系曲线趋近于饱和线，也就是说，这时提高击实功能是无效的。填料的含水量过高和过低都是不利的，过高会恶化土体的力学性质，过低则填土遇水后容易引起湿陷。

2.5.3　土类对压实性能的影响

同样的含水量情况下，黏性土的黏粒含量越高或塑性指数越大，越难于压实；对于无黏性土，含水量对压实性的影响没有像黏性土那样敏感，其击实曲线与黏性土是不同的，在含水量较大时得到较高的干密度。因此在无黏性土的实际填筑中，同时需要不断洒水使其在较高含水量下压实。无黏性土的填筑标准，通常是用相对密实度来控制的，一般不进行击实试验。另外，土的颗粒级配对压实效果也影响颇大，级配良好的土易于压实，反之则不易压实。

2.6 土的工程分类

2.6.1 土的工程分类原则

土的工程分类是把不同的土分别安排到各个具有相近性质的组合中去，其目的是为了人们有可能根据同类土已知的性质去评价其工程特性，或为工程师提供一个可供采用的描述与评价土的方法。通常对建筑地基可分成岩石、碎石土、砂土、粉土、黏性土五大类。

2.6.2 土的工程分类方法

目前，我国土的工程分类方法主要分为两大类：建筑工程系统分类体系和工程材料系统分类体系。前者侧重把土作为建筑地基和环境，研究对象为原状土。例如：《建筑地基基础设计规范》GB 50007—2011 及《岩土工程勘察规范》GB 50021—2001(2009 版)中地基土的分类方法。后者侧重把土作为建筑材料，用于路堤、土坝和填土地基工程。研究对象为扰动土，例如：《土的工程分类标准》GB/T 50145—2007 和《公路土工试验规程》JTG E40—2007 土的工程分类。下面依据《建筑地基基础设计规范》GB 50007—2011 及《岩土工程勘察规范》GB 50021—2001(2009 版)对土进行工程分类。

1. 岩石的分类

岩石(基岩)是指颗粒间牢固联结，形成整体或具有节理、裂隙的岩体。它作为建筑场地和建筑地基可按下列原则分类：

(1) 按成因分为岩浆岩、沉积岩和变质岩。

(2) 根据坚固性即未风化岩石的饱和单轴极限抗压强度 q 分为硬质岩石($q \geqslant 30MPa$)和软质岩石($q < 30MPa$)。

(3) 根据风化程度分为微风化、中等风化和强风化。

(4) 按软化系数 K_R 分为软化岩石和不软化岩石。K_R 为饱和状态与风干状态的岩石单轴极限抗压强度之比，$K_R < 0.75$ 为软化岩石，$K_R > 0.75$ 为不软化岩石。

2. 碎石土

碎石土是指粒径大于 2mm 的颗粒含量超过总质量的 50% 的土，按粒径和颗粒形状可进一步划分为漂石、块石、卵石、碎石、圆砾和角砾，具体划分见表 2-10。

碎 石 土 的 分 类　　　　　　**表 2-10**

土的名称	颗粒形状	粒组含量
漂石 块石	圆形及亚圆形为主 棱角形为主	粒径大于 200mm 的颗粒超过全重 50%
卵石 碎石	圆形及亚圆形为主 棱角形为主	粒径大于 20mm 的颗粒超过全重 50%
圆砾 角砾	圆形及亚圆形为主 棱角形为主	粒径大于 2mm 的颗粒超过全重 50%

注：定名时应根据颗粒级配由大到小以最先符合者确定。

　　碎石土的密实度一般用定性的方法由野外描述确定，卵石的密实度可按超重型动力触探的锤击数划分。

　　3. 砂土

　　砂土是指粒径大于 2mm 的颗粒含量不超过总质量的 50% 且粒径大于 0.075mm 的颗粒含量超过总质量的 50% 的土。砂土可再划分为 5 个亚类，即砾砂、粗砂、中砂、细砂和粉砂，具体划分见表 2-11。

砂 土 的 分 类　　　　　　**表 2-11**

土的名称	粒 组 含 量
砾砂	粒径大于 2mm 的颗粒超过全重 25%～50%
粗砂	粒径大于 0.5mm 的颗粒超过全重 50%
中砂	粒径大于 0.25mm 的颗粒超过全重 50%
细砂	粒径大于 0.075mm 的颗粒超过全重 85%
粉砂	粒径大于 0.075mm 的颗粒超过全重 50%

注：定名时应根据颗粒级配由大到小以最先符合者确定。

　　4. 粉土

　　粉土是指粒径大于 0.075mm 的颗粒含量不超过总质量的 50%，且塑性指数 I_P 小于或等于 10 的土。粉土是介于砂土和黏性土之间的过渡性土类，它具有砂土和黏性土的某些特征。根据黏粒含量可以将粉土再划分为砂质粉土和黏质粉土，如在《土的工程分类标准》GB/T 50145—2007 中的分类，其具体划分见表 2-12。

粉土亚类的划分　　　　　　**表 2-12**

土的名称	黏 粒 含 量
砂质粉土	粒径小于 0.005mm 的颗粒含量小于等于总质量的 10%
黏质粉土	粒径小于 0.005mm 的颗粒含量超过总质量的 10%

　　5. 黏性土

　　黏性土是指塑性指数大于 10 的土。根据塑性指数大小，黏性土可再划分为粉质黏土和黏土两个亚类，当 $10 < I_P \leqslant 17$ 时为粉质黏土，当 $I_P > 17$ 时为黏土。

6. 特殊土

特殊土是指在特定地理环境或人为条件下形成的特殊性质的土。它的分布一般具有明显的区域性。特殊土包括软土、人工填土、湿陷性土、红黏土、膨胀土、多年冻土、混合土、盐渍土、污染土等。下面介绍其定义、特征和分类。

（1）软土

软土是指沿海的滨海相、三角洲相、溺谷相、内陆平原或山区的河流相、湖泊相、沼泽相等主要由细粒土组成的孔隙比大（一般大于1）、天然含水量高（接近或大于液限）、压缩性高（$a_{1-2}>0.5\text{MPa}^{-1}$）和强度低的土层，包括淤泥、淤泥质黏性土、淤泥质粉土等。多数还具有高灵敏度的结构性。

淤泥和淤泥质土是工程建设中经常会遇到的软土。在静水或缓慢的流水环境中沉积，并经生物化学作用形成，其天然含水量大于液限，天然孔隙比大于等于1.5的黏性土，称为淤泥；当天然孔隙比小于1.5但大于等于1.0时称为淤泥质土。当土的有机质含量大于6%时称为有机质土，大于60%时则称泥炭。

泥炭是在潮湿和缺氧环境中未经充分分解的植物遗体堆积而成的一种有机质土，呈深褐色至黑色。其含水量极高，压缩性很大，且不均匀。泥炭往往以夹层构造存在于一般黏性土层中，对工程十分不利，必须引起足够重视。

（2）人工填土

人工填土是指由人类活动而堆填的土，其物质成分较杂，均匀性较差。根据其物质组成和堆填方式，人工填土可分为素填土、杂填土和冲填土三类。各类填土应根据下列特征予以区别：

① 素填土是由碎石、砂或粉土、黏性土等一种或几种材料组成的填土，其中不含杂质或含杂质很少。按主要组成物质分为碎石素填土、砂性素填土、粉性素填土及黏性素填土。经分层压实后则称为压实填土。

② 杂填土是由含大量建筑垃圾、工业废料或生活垃圾等杂物的填土，按其组成物质成分和特征分为建筑垃圾土、工业废料土及生活垃圾土。

③ 冲填土是由水力冲填泥砂形成的填土。

在工程建设中所遇到的人工填土，往往各地都不一样。在历代古都的人工填土，一般都保留有人类活动的遗物或古建筑的碎砖瓦砾（俗称房渣土），其分布范围可能很广，也可能只限于堵塞的渠道、古井或古墓。山区建设和新城市建设所遇到的人工填土，其填积年限不会太久，山区厂矿建设中，由于平整场地而埋积起来的填土层常是新的（未经压实的）素填土，城市的市区所遇到的人工填土不少是炉渣、建筑垃圾及生活垃圾等杂填土。

（3）湿陷性土

湿陷性土是指土体在一定压力下受水浸湿时产生湿陷变形量达到一定数值的土。湿陷变形量按野外浸水载荷试验在200kPa压力下的附加变形量确定，当附加变形量与载荷板宽度之比大于0.015时为湿陷性土。湿陷性土有湿陷性黄土、干旱和半干旱地区的具有崩解性的碎石土和砂土等。

(4) 红黏土

红黏土是指碳酸盐岩系出露的岩石，经红土化作用形成并覆盖于基岩上的棕红、褐黄等色的高塑性黏土。其液限一般大于 50%，上硬下软，具明显的收缩性，裂隙发育、经坡积、洪积再搬运后仍保留红黏土基本特征，液限大于 45% 且小于 50% 的土称为次生红黏土。我国的红黏土以贵州、云南、广西等省区最为典型，且分布较广。

(5) 膨胀土

膨胀土一般是指黏粒成分主要由亲水性黏土矿物（以蒙脱石和伊里石为主）所组成的黏性土，在环境的温度和湿度变化时，可产生强烈的胀缩变形，具有吸水膨胀、失水收缩的特性。已有的建筑经验证明，当土中水分聚集时，土体膨胀，可能对与其接触的建筑物产生强烈的膨胀上抬压力而导致建筑物的破坏；土中水分减少时，土体收缩并可使土体产生程度不同的裂隙，导致其自身强度的降低或消失。

岩体中含有大量的亲水性黏土矿物成分，在湿温影响下产生强烈的胀缩变形，称为膨胀岩石。

膨胀岩土一般分布在二级及二级以上的阶地、山前丘陵和盆地边缘。地形特征在山地表现为低丘缓坡，在平原地带表现为地面龟裂、沟槽、无直立边坡。

膨胀岩土在风干时出现大量的微裂隙，具有光滑面挤压擦痕且有滑腻感。呈坚硬、硬塑状态的土体易沿微裂隙面散裂，当其遇水时则软化。膨胀土一般呈灰白、灰绿、灰黄、棕红、褐黄等颜色。

膨胀岩土分布地区易发生浅层滑坡、地裂、新开挖的基槽及路堑边坡坍塌等不良地质现象。

(6) 多年冻土

多年冻土是指土的温度等于或低于 0℃，含有固态水且这种状态在自然界连续保持三年或三年以上的土。当自然条件改变时，产生冻胀、融陷、热融滑塌等特殊不良地质现象及发生物理力学性质的改变。

(7) 混合土

混合土主要由级配不连续的黏粒、粉粒、砾粒和巨粒组组成。当碎石土中的粉土或黏性土的质量大于 25% 时，称为 I 类混合土，当粉土或黏性土中碎石土的质量大于 25% 时，称为 II 类混合土。

(8) 盐渍土

盐渍土是指易溶盐含量大于 0.5%，且具有吸湿、松胀等特性的土。盐渍土按含盐性质可分为氯盐渍土、亚氯盐渍土、硫酸盐渍土、亚硫酸盐渍土、碱性盐渍土等，按含盐量可分为弱盐渍土、中盐渍土、强盐渍土和超盐渍土。

(9) 污染土

污染土是指由于外来的致污物质侵入土体而改变了原生性状的土。污染土的定名可在土的原分类定名前冠以"污染"两字，如污染中砂、污染黏土等。

【例题 2-3】　某完全饱和的土样含水量为 30%，液限为 29%，塑限为 17%，试按塑性指数分类法定名，并确定其状态。

【解】 求塑性指数 I_P 为：

$$I_p = w_L - w_p = 29 - 17 = 12$$

液性指数 I_L 为：

$$I_L = \frac{w - w_p}{w_L - w_p} = \frac{30 - 17}{29 - 17} = 1.08$$

根据定名标准该土样应为粉质黏土，其状态为流塑状态。

思考题

2-1 试比较土中各类水的特征，并分析它们对土的工程性质的影响。

2-2 何谓土粒粒组？土粒六大粒组划分标准是什么？各规范规定为何有差异？

2-3 在土的三相比例指标中，哪些指标是直接测定的？其余指标的导出思路主要是什么？

2-4 在推导物理性质指标时，为何可以设 $V_s = 1$？

2-5 比较孔隙比和相对密实度这两个指标作为砂土密实度评价指标的优缺点。

2-6 比较几种无黏性土，孔隙比越小者一定越密实吗？

2-7 塑性指数的定义和物理意义是什么？I_P 大小与土颗粒的粗细有何关系？I_P 大的土具有哪些特点？

2-8 既然可以用含水量表示土中含水的多少，为什么还要引入液性指数来评价黏性土的软硬程度？

2-9 在土类定名时，无黏性土与黏性土各主要依据什么指标？

习题

2-1 试证明以下关系式：

(1) $\gamma_d = \dfrac{\gamma_s}{1+e}$

(2) $S_r = \dfrac{w\gamma_s}{e\gamma_w}$

2-2 已知土样的试验数据为：土的重度 19.0kN/m³，土粒密度 2.71g/cm³，土的干重度为 14.5kN/m³，求土样的含水量、孔隙比和饱和度。

2-3 土样试验数据见表 2-13，求表内空白项的值。

习题 2-3 的数据　　　　　　　　　　表 2-13

土样号	γ (kN/m³)	γ_s (kN/m³)	γ_d (kN/m³)	w (%)	e	n	S_r	体积 (cm³)	土的重力(N) 湿	土的重力(N) 干
1		26.5		34		0.48		—	—	—
2	17.3	27.1			0.73			—		
3	19.0	27.1	14.5						0.19	0.145
4		26.5					1.00	86.2	1.62	

2-4 已知某土样试验数据为：含水量 31%，液限 38%，塑限 20%，求该土样的塑性指数、液性指数并确定其状态和名称。

2-5 已知甲、乙两土样物理性质指标见表 2-14。

习题 2-5 表 表 2-14

土样	$w_L(\%)$	$w_P(\%)$	$w(\%)$	d_s	s_r
甲	32	20	37	2.72	1.0
乙	23	16	27	2.66	1.0

判断下列说法的正误：

(1) 甲比乙具有更多的黏粒；

(2) 甲比乙具有更大的密度；

(3) 甲比乙具有更大的干密度；

(4) 甲比乙具有更大的孔隙比。

第3章
土的渗透性及渗流

本章知识点

1. 掌握水头、测管水头、水力梯度的概念；
2. 掌握水在土中渗透的基本规律——达西定律及适用范围；
3. 熟悉渗透系数的测定方法及影响因素，特别是层状地基的等效渗透系数的确定方法；
4. 能够应用平面渗流流网确定测管水头、孔隙水压力、水力梯度、渗透速度和渗透流量等渗流要素；
5. 掌握渗透力的计算方法，并能正确确定渗透变形类型。了解渗流工程问题的处理措施。

3.1 概述

3.1.1 问题的提出

在土木、水利工程中进行地基或土工建筑物的设计计算都不可避免地会遇到地下水问题，赋存于土体中的地下水势必会对土体的力学性质产生很大的影响，由此引发各种各样的工程问题，这就涉及土力学中的一个重要课题——土的渗透性。土体的渗透性与其强度和变形有着密切的相互关系，它们构成了土力学所研究土体的三个主要力学性质。土是一种三相组成且具有连续孔隙的多孔介质，其孔隙在空间互相连通。在饱和土中，水充满整个孔隙，当土中不同位置的水存在能量差时，土中水就会从能量高的位置向能量低的位置流动，这种现象称为渗流。土体具有被水等液体透过的性质称为土的渗透性或透水性。这里所说的水指的是重力水。实际上，所有类似于土的多孔介质都具有渗透性，因此，多孔介质中流体的运移成为了很多学科的研究对象。例如，土的渗透性在土木工程、水利工程、水文地质、石油化工等许多行业部门，都有着广泛的应用领域。图3-1所示为土木、水利工程中常见的渗流问题。

归纳起来，对土渗透性的研究主要包括下述三个方面：

（1）渗流量估算问题：在土木、水利工程施工时，一般都需计算涌水量，以配置排水设备和进行支挡结构的设计计算。如基坑开挖或施工围堰时的渗

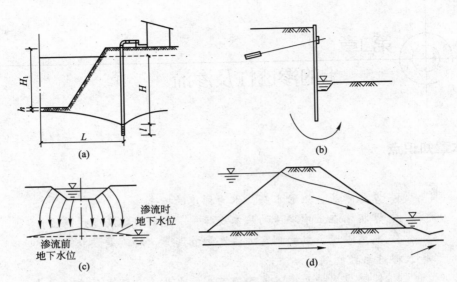

图 3-1　土木、水利工程中典型渗流问题

(a)基坑降水渗流；(b)基坑排水渗流；(c)渠道渗流；(d)坝身和坝基中的渗流

水量及排水量计算；土堤坝身、坝基土中渗水量；水井的供水量或抽水量等。

（2）渗透破坏问题：水在土中流动时，渗流对土颗粒施加作用力即渗透力。当渗流的流速较大时，水流拖曳土体的渗透力将增大，渗透力的增大将导致土颗粒或土体的移动，这时土体就会产生渗透变形，甚至渗透破坏，如基底隆起、堤坝失稳、边坡破坏等现象，并可能危及建筑物或周围设施的安全。近年来高层建筑基坑失稳事故和许多水工建筑物的破坏有不少就是由渗透破坏引起的。

（3）渗流控制问题：在土工渗流问题中，通常都要求评判其渗透稳定性，当渗流量或渗透变形不满足设计要求时，就应采取合理的工程措施进行渗流控制。

综上所述，水在土体中的渗流，一方面会引起水头损失或基坑积水，影响工程效益和进度；另一方面将引起土体变形，改变构筑物或地基的稳定条件，直接影响工程安全，更有甚者还会酿成破坏事故。此外，土的渗透性的强弱，对土体的固结、强度以及工程施工都有非常重要的影响，因此研究土的渗透性规律及其与工程的关系具有重要意义。由于非饱和土的渗透性较复杂，工程实用性较小，本章主要介绍饱和土的渗透性及渗流规律、平面渗流及流网简介、渗透破坏与渗流控制。

3.1.2　基本概念

除以上介绍的渗流和渗透性两个基本概念以外，本章涉及的其他几个主要的基本概念如下：

（1）地下水

广义地下水：是指埋藏在地面以下岩土孔隙中的水；狭义地下水：指的

是潜水面以下的重力水，也就是通常所说的地下水。

（2）稳定渗流、非稳定渗流

稳定渗流：在渗流过程中，土体内各点水头（可用来表示水相对能量大小）和边界条件不随时间变化。

非稳定渗流：由于在渗流过程中水头和流量边界条件随时间变化，造成渗流状态是时间的函数。

（3）层流、紊流

层流：液体质点作有条不紊的运动，彼此不互相混掺的形态称为层流。

紊流：液体质点作不规则运动、互相混掺、轨迹曲折混乱的形态叫做紊流。

（4）雷诺数

雷诺数：表征液流惯性力与黏滞力相对大小，可用以判别流动形态的无因次数，记作 Re。雷诺数的表达式为：$Re = \dfrac{\rho v L}{\mu}$，式中 ρ 和 μ 分别为液体的密度、动力黏滞系数；v、L 为流动的特征速度和特征长度。雷诺数小时，黏性效应在整个流场中起主要作用，流动为层流。雷诺数大时，紊动和混掺起决定作用，流动为紊流。

3.2 达西定律

3.2.1 伯努利方程和水力梯度

1. 总水头计算

水在土中流动时，除了满足连续性原理外，还应满足能量守恒原理，即应满足伯努利方程。如果忽略摩擦引起的能量损失，则流动过程中的总能量表示为：

$$E = mgz + mg\,\frac{u}{\gamma_w} + \frac{1}{2}mv^2 \tag{3-1}$$

即总能量表示为位置势能、压力势能与动能之和。

单位重量水流的能量可用水头来表示水流动中的能量大小，即伯努利方程表示如下：

$$h = z + \frac{u}{\gamma_w} + \frac{v^2}{2g} = 常量 \tag{3-2}$$

式中　E——渗流过程中的总能量；

　　　m——水质点质量；

　　　z——位置水头，指定点相对于基准面的高度，代表单位重量的液体从基准面算起所具有的位置势能（如图 3-2 所示）；

　　　u——指定点孔隙水压力；

　　　γ_w——水的重度；

　　　v——流速；

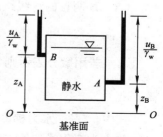

图 3-2　渗流中的位置
水头和压力水头

g——重力加速度；

$\dfrac{u}{\gamma_{\mathrm{w}}}$——压力水头，水压力所能引起的自由水面的升高，表示单位重量液

体所具有的压力势能（如图 3-2 所示）；

$\dfrac{v^2}{2g}$——流速水头，表示水具有的动能；

h——总水头，表示单位重量水流的能量。

由于土中的渗流阻力较大，一般来说多为层流，水的流速很小，因而流

速水头 $\dfrac{v^2}{2g}$ 很小，所以在工程分析中可以忽略不计。则渗流中总水头可简化为

下式：

$$h = z + \frac{u}{\gamma_{\mathrm{w}}} = 常量 \tag{3-3}$$

上式也称测管水头，是渗流的总驱动能。水头的大小随选取的基准面不同而不同，但是最关心的不是水头而是水头差，是水头差使水流从高水头处流向低水头处。

图 3-3 表示在饱和土体中 A、B 两点，总水头分别为：

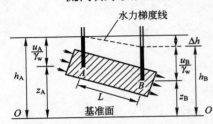

图 3-3　土中不同位置水头及水的流动

$$h_{\mathrm{A}} = z_{\mathrm{A}} + \frac{u_{\mathrm{A}}}{\gamma_{\mathrm{w}}} + \frac{v_{\mathrm{A}}^2}{2g}$$

$$h_{\mathrm{B}} = z_{\mathrm{B}} + \frac{u_{\mathrm{B}}}{\gamma_{\mathrm{w}}} + \frac{v_{\mathrm{B}}^2}{2g}$$

若水在 A、B 两点的总水头相等，即 $h_{\mathrm{A}} = h_{\mathrm{B}}$，则渗流不会发生，水流也就不会从 A 点流向 B 点。

但由于土对水有黏滞阻力，所以水在土体中流动的过程必定会产生能量损失，造成 A、B 两点的总水头不同，由伯努利方程可得它们之间有如下关系：

$$h_{\mathrm{A}} = h_{\mathrm{B}} + \Delta h \tag{3-4}$$

也就是说水流在从 A 点流向 B 点的过程中，产生了 Δh 的能量损失。或者说，A、B 两点之所以能有渗流发生，是因为它们两者之间有总水头差，所以才会发生从总水头高的 A 点向总水头低的 B 点流动。

2. 水力梯度

需要注意的是，A、B 两点间的水头损失 Δh 实际上是在它的渗流长度 L（A、B 两点的直线距离）上发生的，那么单位渗流长度上的水头损失为：

$$i = \frac{\Delta h}{L} \tag{3-5}$$

若用微分表示则为：

$$i = \lim_{\Delta \to 0} \frac{\Delta h}{\Delta L} = \frac{\mathrm{d}h}{\mathrm{d}L} \tag{3-6}$$

式中　i——水力梯度，其物理意义为单位渗流长度上总的水头损失，并指向总水头变化最快的方向。水力梯度 i 是渗流分析中非常重要的一个物理量。

【例题 3-1】　某渗透试验装置如图 3-4 所示，土样上、中、下各取一个截

面，分别为 a—a、b—b 和 c—c，土样上下端水位如图
所示。试分别求出：

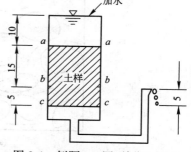

(1)各截面的位置水头、压力水头和总水头；

(2)a—a 和 c—c 截面之间的水头损失和水力梯度。

【解】 取 c—c 为基准面：

① 对于 a—a 截面，位置水头 $z_a = 5 + 15 = 20\text{cm}$，
压力水头 $h_{ua} = 10\text{cm}$。

图 3-4 例题 3-1 图（单位：cm）

则总水头为：

$$h_a = z_a + h_{ua} = 20 + 10 = 30\text{cm}$$

② 对于 c—c 截面，位置水头 $z_c = 0\text{cm}$，压力水头 $h_{uc} = 5\text{cm}$。

则总水头为：

$$h_c = z_c + h_{uc} = 0 + 5 = 5\text{cm}$$

③ a—a 和 c—c 截面之间的水头损失和水力梯度。

土样在 a—a 截面和 c—c 截面总的水头损失为：

$$\Delta h_{ac} = h_a - h_c = 30 - 5 = 25\text{cm}$$

则水力梯度为：

$$i = \frac{\Delta h}{L_{ac}} = \frac{25}{20} = 1.25$$

④ 对于 b—b 截面：

位置水头 $z_b = 5\text{cm}$。

总水头为：

$$h_b = h_a - iL_{ab} = 30 - 1.25 \times 15 = 11.25\text{cm}$$

压力水头为：

$$h_{ub} = h_b - z_b = 11.25 - 5 = 6.25\text{cm}$$

3.2.2 达西定律

1. 达西定律和渗透系数

土体中孔隙的形状和大小是极不规则的，因而水在土体孔隙中的渗透是
一个十分复杂的过程，由于土体中的孔隙一般非常微小，形成的水的流动通
道曲折（如图 3-5a），造成渗流过程中土颗粒与水之间的黏滞阻力很大，流速
缓慢，其流动状态大多属于层流，可以近似认为水质点作有条不紊的运动，
彼此不相掺混（如图 3-5b）。

为了得到流量和水头损失之间的关系，法国工程师达西（H. Darcy）于
1852～1855 年间在垂直圆管中进行了砂土的透水性试验，试验装置如图 3-6
所示，通过试验得出了层流条件下，土中水渗透速度与能量（水头）损失之间
关系的渗流规律，于 1856 年发表了他的定律，即达西定律。

达西试验装置是一个上端开口的直立圆筒，下部放碎石，碎石上放一块
多孔滤板 c，滤板上面放置砂土试样，其截面积为 A，长度为 L。筒的侧壁装
有两支测压管，分别设置在土样上下两端的过水断面处 1、2。水由上端进水

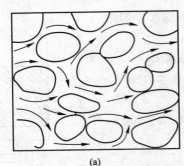
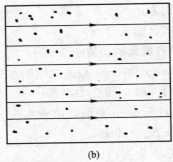

图 3-5　水在土体中的流动状态

(a)水在土体中的实际运移线路；(b)水在土体中的近似运移线路

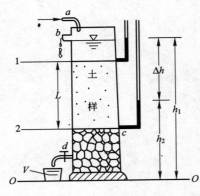

图 3-6　达西渗透试验装置

管 a 注入圆筒，并以溢水管 b 保持筒内为恒定水位。透过土样的水从装有控制阀门 d 的弯管流入容器 V 中。

当筒的上部水面保持恒定以后，通过砂土的渗流是恒定流，测压管中的水面将恒定不变。取图中 0—0 面为基准面，h_1、h_2 分别为 1、2 断面处的测压管水头，经过砂样渗流长度 L 后的水头损失即水头差为 $\Delta h = h_1 - h_2$。

达西的研究结果证明渗流量 Q 除了与圆筒断面积 A 成正比外，还正比于水头损失 $\Delta h = h_1 - h_2$，反比于渗流长度 L，且与土的透水性质有关。引入决定于砂土渗透性质的常数 k，则达西定律可表示为：

$$Q = k \frac{A(h_1 - h_2)}{L} \tag{3-7}$$

或写成

$$v = \frac{Q}{A} = k \frac{(h_1 - h_2)}{L} = ki \tag{3-8}$$

式中　Q——单位渗水量(cm^3/s)；

　　　v——断面平均渗透速度(cm/s 或 m/d)；

　　　i——水力梯度，表示单位渗流长度上的水头损失 $\dfrac{\Delta h}{L}$；

　　　k——反映土的透水性的比例系数，称为土的渗透系数。

渗透系数的大小表示水流过土体的难易程度，一般来说砂土的 k 值大，黏土的 k 值小。它相当于水力梯度 $i = 1$ 时的渗透速度，故其量纲与渗透速度相同，均为 cm/s 或 m/d。

式(3-7)或式(3-8)即为达西定律表达式，达西定律表明在层流状态的渗流中，渗透速度 v 与水力梯度 i 的一次方成正比，如图 3-7 所示，所以达西定律又称为线性渗透定律。

若土体各向渗透系数不同，即表现为渗透系数各向异性，则达西定律的微分形式表示为：

$$v = ki = k \frac{\mathrm{d}h}{\mathrm{d}n} \tag{3-9}$$

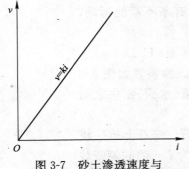

图 3-7　砂土渗透速度与
水力梯度的关系

$$i = \frac{\mathrm{d}h}{\mathrm{d}n} = \mathrm{grad}h \tag{3-10}$$

$$v_x = k_x \frac{\mathrm{d}h}{\mathrm{d}x}, \quad v_y = k_y \frac{\mathrm{d}h}{\mathrm{d}y}, \quad v_z = k_z \frac{\mathrm{d}h}{\mathrm{d}z} \tag{3-11}$$

达西定律的矢量形式：

$$\vec{v} = v_x \vec{i} + v_y \vec{j} + v_z \vec{k} \tag{3-12}$$

2. 达西定律讨论及其适用范围

（1）达西定律的讨论

达西定律反映了能量转化与守恒，v 与 i 的一次方成正比。

当 k 一定时，v 增大，水头差增大，表明单位渗透路径上被转化成热能的机械能损失越多，即 v 与机械能的损失成正比关系。当 v 一定时，k 越小，水头差越大，即 k 与机械能的损失成反比关系。

需要说明的是，以上达西定律的表达式，采用了以下的基本假定：

1）在土样断面内，不仅包含孔隙，还包含土颗粒，而只有在土颗粒间的孔隙才会有水的流动，而且，沿着土样长度方向，不同断面的孔隙大小和分布是不同的，所以式(3-8)中的渗透速度 v 并不是土孔隙中水的实际平均流速。在公式推导中采用的是土样的整个断面积，其中包括了土粒骨架所占的部分面积在内，故真实的过水断面积 A_r 应小于整个断面积 A，从而实际平均流速 v_r 应大于 v，一般称 v 为假想平均流速。v 与 v_r 的关系可通过水流连续原理得到：

$$Q = vA = v_r A_r \tag{3-13}$$

若均质砂土的孔隙率为 n，则 $A_r = nA$，即得

$$v_r = \frac{vA}{nA} = \frac{v}{n} \tag{3-14}$$

由于水在土中沿孔隙流动的实际路径十分复杂，v_r 也并非渗透的真实流速。要想真正确定某一具体位置的真实流速，无论理论分析或实验方法都很难做到，后面所说的渗透速度均指这种假想平均流速。

2）水的实际渗流路径是十分弯曲的，比土试样大很多，具体的路径长度也无法测得。达西定律中的水力梯度是按照土试样长度计算的平均水力梯度，而不是局部的真正水力梯度。

（2）达西定律的适用范围

达西定律描述的是层流状态下渗透速度与水头损失关系的规律，即渗透速度 v 与水力梯度 i 呈线性关系只适用于层流范围，所以它的应用受到一定水力条件的限制。

许多研究者都曾指出，随着渗透速度的增大，达西定律即渗透速度与水力梯度 i 之间的线性关系便不再成立。由于地下水沿着弯弯曲曲的途径运动，并且在不断地改变它的运动速度、加速度和流动方向。这种变动有时是很剧烈的，因而产生惯性力的影响，使水流不再服从达西定律。当地下水运动速度较小时，这种惯性力的影响是不大的，黏滞力占优势，液体服从达西定律。

43

44

随着速度的增加，惯性力也相应地增大了。当惯性力占优势时，由于惯性力与速度的平方成正比，达西定律就不再适用了。

对于岩土工程中的绝大多数渗流问题，包括砂土或一般黏土，由于土的孔隙非常微小，在多数情况下水在孔隙中流动时的黏滞阻力很大，造成水的流速很慢，渗流均属层流范围。下列两种情况可认为超出达西定律的适用范围。

一种情况是对于黏性很强的密实黏土，由于结合水具有较大的黏滞阻力，因此，只有当水力梯度达到某一数值，克服了结合的黏滞阻力以后，才能发生渗透，如图 3-8(a)所示。一开始发生渗透时的水力梯度称为黏性土的初始水力梯度。一些试验资料表明，当水力梯度超过初始水力梯度后，渗透速度与水力梯度的规律还会偏离达西定律而呈非线性关系，如图 3-8(b)中的实线所示。为了实用方便，常用图中的虚直线来描述密实黏土的渗透速度与水力梯度的关系，并以下式表示：

$$v = k(i - i_0) \tag{3-15}$$

式中　i_0——黏性土初始水力梯度，表示突破结合水阻力形成渗流所需的能量，是达西定律适用的下限。

另一种情况是在纯砾石以上很粗的粗粒土，如堆石坝及堆石排水体等裂隙介质中，只有在小的水力梯度下，渗透速度与水力梯度才呈线性关系。在水力梯度较大时，水在土中的流动即进入紊流状态，则呈非线性关系，达西定律不再适用，如图 3-8(c)所示。对于层流和紊流的界限，即达西定律适用上限，目前没有明确的方法确定。有些学者主张用雷诺数 Re 进行判断。

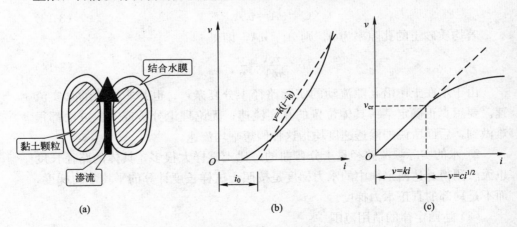

图 3-8　渗透速度与水力梯度的关系
(a)结合水膜的影响；(b)密实黏土；(c)砾石

$Re < 5$，层流，适用，地下水低速运动，黏滞力占优势；

$5 < Re < 200$，层流，不适用，地下水流速增大，为过渡带，由黏滞力占优势的层流转变为以惯性力占优势的层流运动；

$Re > 200$，紊流，不适用。

(3) 关于初始水力梯度

在层流状态下，渗透速度 v 与水力梯度 i 的一次方成正比，并与土的性质有关，即达西定律。但是在低压力梯度条件下，一些黏土的渗透特征偏离了达西定律，渗透速度 v 与水力梯度 i 并非线性关系，而且在低于某一值时，渗流不会发生。这是因为初始水力梯度的存在使得在低压力梯度下，土的有效渗透性发生了下降。

研究发现，水在黏性土中的渗透有其特殊性质。由于黏性土的土粒微小，所含的水分多以结合水存在，土粒为强结合水和弱结合水所包裹。结合水膜占据了土体内部的过水通道，如图 3-8(a) 所示，所以自由水的渗透只能在不为结合水所占据的那部分孔隙中发生。如果黏性土的孔隙全为结合水充满，因结合水的存在，使得水的渗透过程复杂化。这是因为结合水和自由水具有完全不同的性质所造成的，黏性土颗粒在水介质中表现出的带电性，在其周围形成电场，水分子受颗粒表面电场力吸引而围在土颗粒四周，不传递静水压力也不能任意流动的水为结合水。由于结合水与土颗粒之间有静电吸引作用，因而结合水具有黏滞性，结合水层越厚黏滞性越大。为使黏性土中的水开始渗流，必须克服充满黏性土孔隙的结合水层的黏滞阻力。

从图 3-9 所示根据砂土和黏性土渗透试验所绘制的 v-i 曲线可以看到，砂土中只要存在产生水力梯度便开始发生渗流，而黏性土当水力梯度未达到一定的 i_0 时并无渗透现象发生，只有当水力梯度超过 i_0 值时才发生渗流。这个界限水力梯度 i_0 称为初始水力梯度。黏性土中渗流之所以存在初始水力梯度正是为了克服结合水的黏滞性阻力，初始水力梯度是用以克服结合水膜阻力的。$i = i_0$ 是达西定律的下限。当水力梯度大于初始水力梯度 i_0 后，黏性土中渗流速度与有效水力梯度 $(i - i_0)$ 成正比，则达西定律可修改为：

$$v(z, t) = 0 \quad i(z, t) \leqslant i_0 \tag{3-16}$$

$$v(z, t) = ki\left(1 - \frac{i_0}{i}\right) \quad i(z, t) > i_0 \tag{3-17}$$

需要指出的是，对于黏性土渗流的初始水力梯度问题，不同学者认识并不一致。除了前面的两种观点外，还有学者认为，渗流速度 v 与水力梯度 i 的关系曲线通过原点且凸向 i 轴，在 i 较小时，不符合达西定律。当 i 较大时，v-i 曲线为一直线，符合达西定律，见图 3-10(a)。初始水力梯度 i_0 是向直线过渡的拐点。黏性土的渗透系数 k 与 i_0 都是变量，随 i 变化而不同。

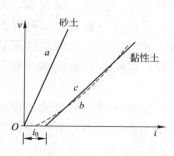

图 3-9　考虑初始水力
　　　梯度 v-i 关系

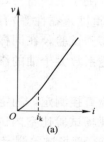

(a)

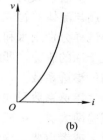

(b)

图 3-10　不同学者给出的渗透曲线

还有观点认为，$v-i$ 曲线过原点，如图 3-10(b) 所示，$v-i$ 线始终为向 i 轴凸的曲线，无初始水力梯度 i_0，不符合达西定律，k 是一变量。

1976 年在前苏联乌克兰的基辅召开的第三届渗流问题国际会议上，与会专家就认为黏性土渗流过程仍可按达西定律直接确定，没有初始水力梯度问题。考虑到在初始水力梯度问题上尚存在争议，所以后面章节里均未涉及初始水力梯度。

【例题 3-2】 试验装置中装有两种土样，土样 1 位于土样 2 的上部，如图 3-11 所示。长度都是 $L_1=L_2=20$cm，总水头损失 $\Delta h=30$cm，土样 1 渗透系数为 $k_1=0.03$cm/s，土样 2 水力梯度为 $i_2=0.5$。求土样 2 的渗透系数 k_2 和土样 1 的水力梯度 i_1。

【解】

两层土的水头损失之和等于总水头损失：

$$\Delta h=\Delta h_1+\Delta h_2=30\text{cm}$$

根据水力梯度的概念，有 $i_2=\dfrac{\Delta h_2}{L_2}=0.5$，由 $L_2=20$cm，得：

$$\Delta h_2=10\text{cm}, \quad \Delta h_1=\Delta h-\Delta h_2=30-10=20\text{cm}$$

则土样 1 的水力梯度：

$$i_1=\frac{\Delta h_1}{L_1}=\frac{20}{20}=1$$

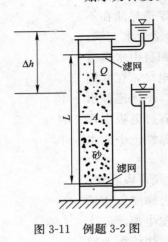

图 3-11 例题 3-2 图

由于水在土样 1 和土样 2 中渗流时的速度相同，故 $v=k_1i_1=k_2i_2$

得

$$k_2=\frac{k_1i_1}{i_2}=\frac{0.03\times1}{0.5}=0.06\text{cm/s}$$

3.3 渗透系数及其确定方法

3.3.1 渗透系数的测定方法

渗透系数 k 是一个重要的水文地质参数，也是渗流计算时必须用到的一个基本参数，是反映土渗透能力的定量指标，数值上等于水力梯度 $i=1$ 时的渗透速度。

渗透系数的大小不仅取决于土的特性，如颗粒大小、形状、排列等，而且还与流体的物理性质（如重度、黏性等）有关。如果在同一装置中对同样的土试样分别用水和油进行渗透试验，在同样的水头差作用下，水的流速明显大于油的流速，即水的渗透系数大于油的渗透系数，说明不同的流体具有不同的渗透系数。

渗透系数只能通过试验直接测定，测定方法可分为室内渗透试验和现场试验两大类。一般来讲，现场试验比室内试验的结果准确可靠，有条件的情况下或者重要工程都需要进行现场试验测定渗透系数。

1. 实验室测定方法

室内测定土渗透系数的仪器和方法较多，大体可分为常水头法和变水头法两种。

常水头法主要适用于透水性强的砂性土，在整个试验过程中，压力水头保持不变，其试验装置如图 3-12 所示。

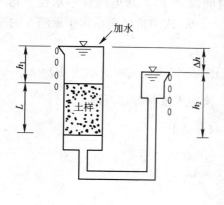

图 3-12　常水头渗透试验装置

设土样的渗流长度为 L，截面积为 A，试验时的常水头差为 Δh，这三者在试验前可以直接量测或控制。试验开始时，水自上而下流经土样，待渗流稳定后用量筒和秒表测得在某一时段 t 内经过试样的渗水量 Q，同时读得两点水头差 Δh，由达西定律得：

$$Q=qt=kiAt=k\frac{\Delta h}{L}At \tag{3-18}$$

渗透系数为：

$$k=\frac{QL}{\Delta hAt} \tag{3-19}$$

对于黏性土，由于其渗透系数很小，流经土样的水量很少，难以直接准确量测。因此，改用变水头法。变水头法是在整个试验过程中，水头是随着时间而变化的，其试验装置如图 3-13 所示。

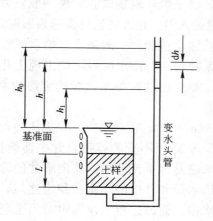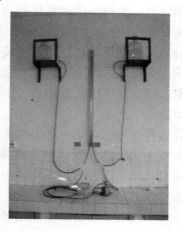

图 3-13　室内变水头渗透试验装置

土试样的一端与细玻璃管相接，在试验过程中量测某一时段内细玻璃管中水位的变化，就可根据达西定律，求得土的渗透系数。

设细玻璃管的内截面积为 a，试验开始时水头为 h_0，经过时间 t 后降为 h_1，水头差为 h。土样长度为 L，在时间段 dt 内，细玻璃管中水位下落 dh，则在时段 dt 内经过细管的流水量 $dQ = -adh$（式中负号表示渗水量随 h 的减小而增加）。

根据达西定律，在时段 dt 内流经土样的渗水量又可表示为 $dQ = k\dfrac{h}{L}Adt$

根据同一时间内经过土样的流入、流出水量相等，可得：

$$-adh = k\frac{h}{L}Adt$$

则

$$dt = -\frac{aLdh}{kAh}$$

将上式两边积分得：

$$\int_{t_0}^{t_1} dt = -\int_{h_0}^{h_1} \frac{aL}{kA}\frac{dh}{h}$$

即可得到土的渗透系数：

$$k = \frac{aL}{A(t_1 - t_0)}\ln\frac{h_0}{h_1} \tag{3-20}$$

如用常用对数表示，则上式可写成：

$$k = \frac{2.3aL}{A(t_1 - t_0)}\lg\frac{h_0}{h_1} \tag{3-21}$$

式(3-20)和式(3-21)中的 a、L、A 为已知，试验时只要测得时刻 t_0、t_1 及对应的水位 h_0、h_1，就可求出渗透系数 k。

2. 现场测定方法

室内测定渗透系数比较节省费用，而且试验设备简单，不需大量人力，比较容易操作。但是，粗颗粒土或成层土，在室内试验时不易取得原状土样，而且小土样不能反映天然土层的结构性。所以进行现场试验更符合实际土层的渗透情况，测得的结果也比较可靠。但是野外现场试验规模一般较大，费用较高，耗时较长，而且需要一定数量的人力。在现场进行渗透系数测定时，常用的方法是现场井孔抽水试验或井孔注水试验。一般来说，抽水试验可能使土中细粒土发生潜蚀，测定的渗透系数偏高。注水试验可能出现土孔隙阻塞现象，测定的渗透系数偏低。下面主要介绍通过抽水试验确定渗透系数 k 值的方法。

现场井孔抽水试验示意图如图 3-14(a)所示。在现场打一口无压井，并在距井中心不同距离处设置两个观测井。然后以不变的速率自井中连续抽水，同时通过观测井观察水位变化。假定水流是水平流动的，流向水井的渗流过水断面应是一系列的同心圆柱面。待出水量和井中的动水位稳定之后，可根据单位时间内的抽水量和不同位置的水位，通过达西定律即可求出土层的平均渗透系数 k。若测得的抽水量为 Q，观测孔距井轴线的距离分别为 r_1、r_2，

孔内的水位高度为 h_1、h_2。现围绕井轴取一过水断面如图 3-14(b)。该断面距井中心距离为 r，水面高度为 h，则过水断面积为 $A = 2\pi r h$。

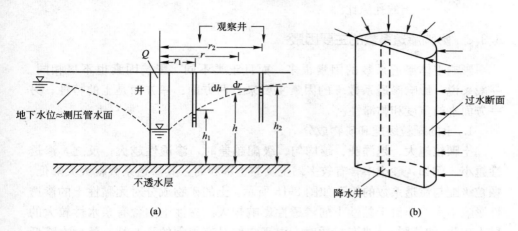

图 3-14　抽水试验及过水断面

假设该过水断面上各处水力梯度为常数，且等于地下水位线在该处的梯度时，则

$$i = \frac{dh}{dr}$$

根据达西定律，单位时间自井内抽出的水量即单位渗水量 Q 为：

$$Q = kiA = k\frac{dh}{dr}2\pi rh, \quad Q\frac{dr}{r} = 2\pi kh\,dh$$

两边进行积分 $Q\int_{r_1}^{r_2} \frac{dr}{r} = 2\pi k\int_{h_1}^{h_2} h\,dh$，得：

$$Q\ln\frac{r_2}{r_1} = \pi k(h_2^2 - h_1^2)$$

故得土的渗透系数为：

$$k = \frac{2.3Q}{\pi(h_2^2 - h_1^2)}\lg\frac{r_2}{r_1} \tag{3-22}$$

3. 经验估算法

工程实践及试验表明，土的渗透系数大小与颗粒粒径(尤其有效粒径)、土的孔隙比(或孔隙率)和水的黏滞系数等有关。据此一些学者提出了估算渗透系数的经验公式。如哈臣(A. Hazen)1911 年提出用有效粒径 d_{10} 计算较均匀砂土的公式：

$$k = C_H(0.7 + 0.03T)d_{10}^2 \quad \text{(适用于中等密实砂)} \tag{3-23a}$$

$$k = 100d_{10}^2 \quad \text{(适于土的有效粒径 0.1~3mm 的松砂)} \tag{3-23b}$$

式中　C_H——哈臣常数，50~150；

　　　T——水温(℃)；

　　　d_{10}——土的有效粒径(mm)。

太沙基 1955 年提出的考虑土体孔隙比 e 的经验公式：

$$k = 2d_{10}^2 e^2 \quad (\text{适用于砂性土}) \tag{3-24}$$

式中　d_{10}——土的有效粒径（mm）；

　　　　e——土的孔隙比。

3.3.2　影响渗透系数的主要因素

影响土体渗透系数的因素很多，而且土类不同，影响因素也不尽相同。一般来说，影响渗透系数 k 的因素主要来自两方面：一方面是土的特性；另一方面水的重度和黏滞性。

1. 土的颗粒级配和矿物成分

土颗粒越大、越浑圆、越均匀、级配越差时，渗透性越大；反之，渗透性越小。例如，砂土中含有较多黏土及黏土颗粒时，其渗透系数就大大降低。颗粒级配与渗透系数的关系如图 3-15 所示。土的矿物成分对无黏性土的渗透性影响不大，但对于黏性土的渗透性影响较大。黏性土中含有亲水性较大的黏土矿物（如蒙脱石）或有机质时，由于它们具有很大的膨胀性，就大大降低了土的渗透性，含有大量有机质的淤泥几乎是不透水的。

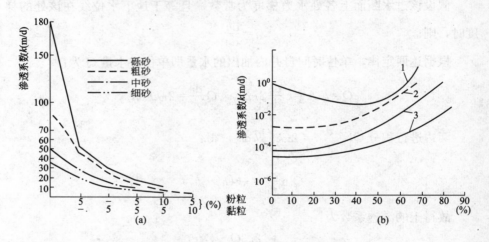

图 3-15　颗粒级配与渗透系数的关系

(a)粉料及黏料对 k 的影响；(b)含砾量与渗透系统的关系

1—密云砂砾料；2—昌平碎石土；3—毛家村砾石土

2. 孔隙比对渗透系数的影响

由 $e = \dfrac{V_v}{V_s}$ 可知，孔隙比 e 越大，V_v 越大，渗透系数越大。而孔隙比的影响，主要决定于土体中的孔隙体积，而孔隙体积又决定于孔隙的直径大小，决定于土粒的颗粒大小和级配。某些土的孔隙比（率）与渗透系数的关系如图 3-16 所示。

3. 结合水膜厚度

黏性土中若土粒的结合水膜厚度较厚时，会阻塞土的孔隙，降低土的渗透性。

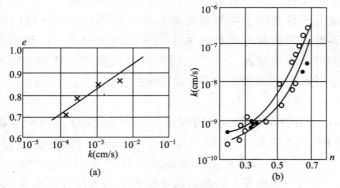

图 3-16　孔隙比(率)与渗透系数的关系
(a)无黏性土；(b)黏性土

4. 土的结构构造

天然土层通常是各向异性的，在渗透性方面往往也是如此。如黄土具有竖直方向的大孔隙，所以竖直方向的渗透系数要比水平方向大得多。层状黏土常夹有薄的粉砂层，它在水平方向的渗透系数要比竖直方向大得多。细粒土在天然状态下具有复杂结构，结构一旦扰动，原有的过水通道的形状、大小及其分布就会全都改变，因而 k 值也就不同。扰动土样与击实土样的 k 值通常均比同一密度原状土样的 k 值小。

5. 土中气体

当土中存在封闭气泡时，会阻塞水的渗透，从而降低了土的渗透性。这种密闭气泡有时是由溶解于水中的气体分离而形成的，故土的含水量也影响土的渗透系数。

6. 水的黏滞度

水在土中的渗透速度与水的重度及黏滞度有关，而这两个数值又与温度有关。一般水的重度随温度变化很小，可略去不计。但水的黏滞系数随温度的升高而降低，从而增加了水的渗透性。

为了准确测定土的渗透系数，必须消除各种因素的影响，尽量保持其原始状态。几种土的渗透系数参考值如表 3-1 所示。

几种土的渗透系统　　　　　　　　表 3-1

土类名称	渗透系统 k(cm/s)	渗透性
纯砾	$>10^{-1}$	高渗透性
砂、砾混合物	$10^{-3}\sim10^{-1}$	中渗透性
极细砂	$10^{-5}\sim10^{-3}$	低渗透性
粉土、砂与黏土混合物	$10^{-7}\sim10^{-5}$	极低渗透性
黏土	$<10^{-7}$	几乎不透水

3.3.3　成层土的等效渗透系数

天然地基往往由渗透性不同的土层所组成，有时彼此渗透系数相差很大，宏观上具有非均质性。为了计算方便，按照一定的等效原则，把几个实际土层等效成厚度等于各实际土层厚度之和的单一土层，单一土层的渗透系数即为等效渗透系数。等效渗透系数的大小与水流的流向有关。对于与土层层面平行和垂直的简单渗流情况，当各土层的渗透系数和厚度为已知时，即可求出整个土层与层面平行和垂直的等效渗透系数。

1. 水平渗流情况

图 3-17(a) 为在渗流场中截取的渗流长度为 l，宽度为 B 的渗流区域，各土层的水平向渗透系数分别为 k_1、k_2、k_3……，厚度分别为 H_1、H_2、H_3……，总厚度为 H。若通过各土层的渗流量为 Δq_1、Δq_2、Δq_3……。由于各土层左右两端水头均相等，因此，各土层的水力梯度亦应相等，即

$$i_1 = i_2 = i_3 = \cdots = i \tag{3-25}$$

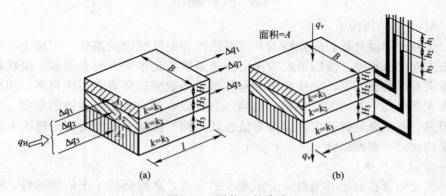

图 3-17　层状土的渗流

根据达西定律，各层土渗流量可表示为：

$$\Delta q_1 = k_1 i_1 H_1 B = k_1 i H_1 B \tag{3-26a}$$

$$\Delta q_2 = k_2 i_2 H_2 B = k_2 i H_2 B \tag{3-26b}$$

$$\Delta q_3 = k_3 i_3 H_3 B = k_3 i H_3 B \tag{3-26c}$$

现假设有一厚度为 H 的单一土层，其厚度等于各层土厚度之和，即 $H = \Sigma H_i$，通过它的总渗流量等于各层土渗流量之和，即

$$q_H = \Delta q_1 + \Delta q_2 + \Delta q_3 + \cdots = \Sigma \Delta q_i \tag{3-27}$$

根据达西定律，对于假想单一土层，总渗流量可表示为：

$$q_H = k_x i H B \tag{3-28}$$

式中　k_x——土层水平渗透系数；

　　　i——土层的水力梯度。

将式(3-26a)～式(3-26c)和式(3-28)代入式(3-27)后可得：

$$k_x i H B = \sum_{i=1}^{n} k_i i H_i B \tag{3-29}$$

则沿水平方向的等效渗透系数为：

$$k_x = \frac{1}{H} \sum_{i=1}^{n} k_i H_i \tag{3-30}$$

由式(3-29)可以看出，在水平渗流情况下，等效渗透系数是各层土渗透系数按厚度加权的平均值。对于成层土，如果各土层厚度大致相等，而渗透系数相差悬殊时，水平等效渗透系数主要取决于渗透系数最大的土层。

2. 垂直渗流情况

对于垂直的渗流情况，如图 3-17(b)所示，设通过各土层的渗流量为 q_1、q_2、$q_3 \cdots q_n$，根据水流连续原理，通过各土层的渗流量必相等，即

$$q_1 = q_2 = q_3 = \cdots = q_n \tag{3-31}$$

垂直渗流时，流经各层土产生的水头损失各不相同。设通过各土层的水头损失为 h_i，水力梯度为 $i_i = \dfrac{h_i}{H_i}$，通过任一土层渗流量为：

$$q_i = k_i \frac{h_i}{H_i} A \tag{3-32}$$

$$h_i = \frac{q_i H_i}{k_i A} \tag{3-33}$$

式中　A——渗流断面积；

其他符号意义同前述。

现假设均匀土层，其厚度为各层土厚度之和 $H = \Sigma H_i$，在水头差 $h = \Sigma h_i$ 作用下，渗流量 $q_v = q_1 = q_2 = q_3 = \cdots = q_n$。则该均匀土层的垂直渗透系数即为垂直渗流时的等效渗透系数 k_z。

由达西定律通过假想均匀土层的总渗流量为：

$$q_v = k_z \frac{h}{H} A \tag{3-34}$$

$$h = \frac{q_v H}{k_z A} \tag{3-35}$$

式中　k_z——与层面垂直的土层平均渗透系数；

由式(3-33)、式(3-35)及 $h = \Sigma h_i$ 可得：

$$\frac{q_v H}{k_z A} = \sum_{i=1}^{n} \frac{q_i H_i}{k_i A} \tag{3-36}$$

则得垂直渗流的等效渗透系数：

$$k_z = \frac{H}{\sum\limits_{i=1}^{n} \dfrac{H_i}{k_i}} \tag{3-37}$$

由式(3-37)可以看出，在垂直渗流情况下，竖向等效渗透系数将取决于渗透系数最小的土层。因此，成层土水平方向等效渗透系数 k_x 总大于竖向等效渗透系数 k_z。

【例题 3-3】　有一粉土层，厚为 1.8m，但有一厚度为 15cm 的水平砂夹层。已知粉土渗透系数 $k_1 = 2.5 \times 10^{-4}$ cm/s，砂土渗透系数 $k_2 = 6.5 \times 10^{-2}$ cm/s。假设它们本身的渗透性都是各向同性的，求这一复合土层的水平和垂直等效渗透系数。

【解】　先求水平等效渗透系数，由式(3-30)可直接求出，即

$$k_H = \frac{k_1 H_1 + k_2 H_2}{H_1 + H_2} = \frac{(180-15) \times 2.5 + 15 \times 650}{(180-15) + 15} \times 10^{-4} = 5.65 \times 10^{-3} \, \text{cm/s}$$

再计算竖向等效渗透系数，由式(3-37)可得：

$$k_V = \frac{H_1 + H_2}{H_1/k_1 + H_2/k_2} = \frac{(180-15) + 15}{(180-15)/2.5 + 15/650} \times 10^{-4} = 2.37 \times 10^{-3} \, \text{cm/s}$$

可见，薄砂夹层的存在对于竖向渗透系数几乎没有影响，可以忽略。但厚度仅为 15cm 的砂夹层大大增加了土层的水平等效渗透系数，增加到没有砂夹层的 22.6 倍。在基坑开挖时，是否挖穿强透水层，基坑的涌水量相差极大，应十分注意。

3.4　平面渗流及流网

前面所讲渗流属简单边界条件下的一维渗流，只要土体的渗透系数和厚度以及两端的水头或水头差为已知，可用达西定律进行渗流计算。但实际工程中遇到的渗流问题(如图 3-18)，边界条件复杂，水流形态往往是二维或三维的，土体内的流动特性每点均不相同，不能再视为一维渗流。这时达西定律需要用微分形式表达，然后根据边界条件进行求解。在实际工程中经常涉及渗流问题的常见构筑物如坝基、闸基及带挡墙(或板桩)的基坑等，这类构筑物有一个共同的特点是轴线长度远大于其横截面尺寸，因而可以认为渗流仅发生在横断面内(严格地说，只有当轴向长度为无限长时才能成立)。因此对这类问题只要研究任一横断面的渗流特性，也就掌握了整个渗流场的渗流情况，这种渗流称为平面渗流或二维渗流。本节将简要介绍平面渗流方程及流网的有关内容。

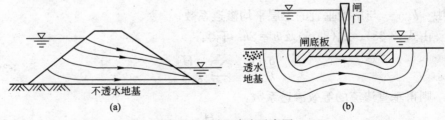

图 3-18　平面渗流示意图
(a)土坝渗流；(b)闸基渗流

3.4.1　平面渗流的基本微分方程

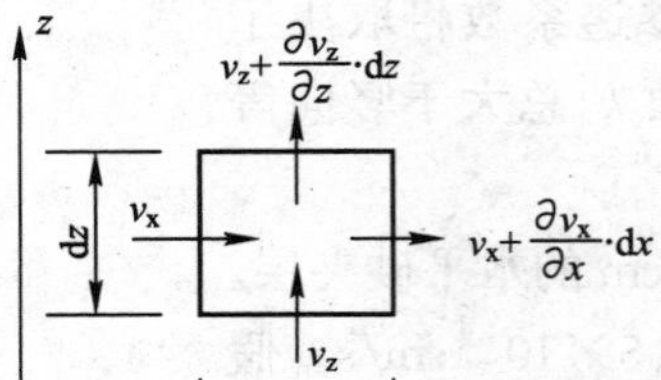

如前所述，当渗流场中水头及流速等渗流要素不随时间改变时，这种渗流称为稳定渗流。对于平面渗流问题，可从稳定渗流场中任意点 A 取一微元体，面积为 $\text{d}x\text{d}z$，厚度 $\text{d}y=1$，在 x、z 方向的流速为 v_x、v_z，如图 3-19 所示。

单位时间流入这个微元体的水量为 $\text{d}q_e$，则

图 3-19　微元平面渗流连续条件

$$\text{d}q_e = v_x \text{d}z \cdot 1 + v_z \text{d}x \cdot 1$$

单位时间流出这个微元体的水量为 dq_0，则

$$dq_0 = \left(v_x + \frac{\partial v_x}{\partial x}dx\right)dz \cdot 1 + \left(v_z + \frac{\partial v_z}{\partial z}dz\right)dx \cdot 1$$

假定水体不可压缩，则根据水流连续原理，单位时间内流入和流出微元体的水量应相等，即

$$dq_e = dq_0$$

从而得出

$$\frac{\partial v_x}{\partial x} + \frac{\partial v_z}{\partial z} = 0 \tag{3-38}$$

式(3-38)即为平面渗流连续方程。

对于各向异性土，根据达西定律，且不考虑初始水力梯度，有

$$v_x = k_x i_x = k_x \frac{\partial h}{\partial x} \tag{3-39a}$$

$$v_z = k_z i_z = k_z \frac{\partial h}{\partial z} \tag{3-39b}$$

式中　k_x、k_z——分别为 x 和 z 方向的渗透系数；

$\qquad h$——测管水头。

将式(3-39a)、式(3-39b)代入式(3-38)得出：

$$\frac{\partial v_x}{\partial x} + \frac{\partial v_z}{\partial z} = \frac{\partial}{\partial x}\left(k_x \frac{\partial h}{\partial x}\right) + \frac{\partial}{\partial z}\left(k_z \frac{\partial h}{\partial z}\right) = k_x \frac{\partial^2 h}{\partial x^2} + k_z \frac{\partial^2 h}{\partial z^2} = 0 \tag{3-39c}$$

对于各向同性的均质土，$k_x = k_z$，则上式简化为

$$\frac{\partial^2 h}{\partial x^2} + \frac{\partial^2 h}{\partial z^2} = 0 \tag{3-40}$$

式(3-40)即为著名的拉普拉斯(Laplace)方程，也是平面稳定渗流的基本方程式。该方程描述了对于符合达西定律的不可压缩均匀介质内的稳定渗流场测管水头 h 的分布规律。通过求解一定边界条件下的拉普拉斯方程，即可求得该条件下的渗流场。

满足拉普拉斯方程的解是两个共轭函数，即势函数 $\Phi(x, z)$ 和流函数 $\Psi(x, z)$。它们的图形是彼此正交的曲线簇。就渗流而言，一组曲线称为等势线，在任一条等势线上各点的势能是相等的，或者说，在同一条等势线上的测管水头都是同高的。另一组曲线称为流线，它们的切线代表渗流的方向。必须指出，只有满足边界条件的流线和等势线才是方程式 $\frac{\partial^2 h}{\partial x^2} + \frac{\partial^2 h}{\partial z^2} = 0$ 的正确解答。

3.4.2　边界条件及方程的解法

前面描述渗流的偏微分方程具有多解性，为了能从它们全部的解中选出一个满足某个具体问题的定解，就必须加上一些附加条件，这些附加条件就是通常所说的定解条件。

定解条件包括边界条件和初始条件。对于稳定渗流问题只需要其边界条件即可求解。

边界条件指渗流区域几何边界上的水力性质。又可分为第一类边界条件和第二类边界条件。

（1）第一类边界条件，又称为给定水头边界。

当渗流区域的某一部分边界（如 Γ_1）上的水头为已知时，边界条件为：

$$h(x, \ y, \ z, \ t)\big|_{\Gamma_1} = \Phi(x, \ y, \ z, \ t) \tag{3-41}$$

应当注意，给定水头边界不是定水头边界，两者要分开。定水头边界是指在边界上的水头函数 h 或势函数 Φ 是不随时间变化的，是个常数。

（2）第二类边界条件，又称为给定流量边界。

当渗流区域的某一部分边界（如 Γ_2）上的法向流速已知时，边界条件为：

$$k\,\frac{\partial h}{\partial n}\bigg|_{\Gamma_2} = q(x, \ y, \ z, \ t) \tag{3-42}$$

式中　n——Γ_2 的外法线方向；

　　　q——Γ_2 的侧向补给量。

最常见的这类边界为隔水边界，此时 $q=0$。在介质各向同性的条件下，上式简化为：

$$\frac{\partial h}{\partial n}\bigg|_{\Gamma_2} = 0 \tag{3-43}$$

（3）自由面（浸润面）边界条件。

在自由面（Γ_3）上有：

$$\frac{\partial H}{\partial n}\bigg|_{\Gamma_3} = 0 \tag{3-44}$$

$$H(x, \ y, \ z, \ t)\big|_{\Gamma_3} = z(x, \ y, \ t) \tag{3-45}$$

下面以土坝渗流为例具体说明如何确定边界条件，如图 3-20 所示。

$$H=\begin{cases} H_1 & \text{在 } AB \text{ 上} \\ H_2 & \text{在 } DC \text{ 上} \\ z_1 & \text{在 } AE \text{ 上} \\ z_2 & \text{在 } ED \text{ 上} \\ \dfrac{\partial H}{\partial n}=0 & \text{在 } AE,\ BC \text{ 上} \end{cases}$$

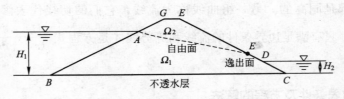

图 3-20　渗流区域和边界示意图

3.4.3　流网的绘制与应用

前述拉普拉斯方程，只有在一些简单的边界条件下才可以求得其解析解。但对于大多数实际工程而言，边界条件非常复杂，求其解析解非常困难。早期通常用电比拟试验法求解，这种方法是利用电场来模拟渗流场，简便、直观，可以用于二维问题和三维问题。近年来随着数值计算的发展，越来越多采用有限元、有限差分、边界元法等求解各种渗流问题。而流网法（图解法）因其简便快捷，力学概念明确，解题直观且具有足够的精度，可分析较复杂断面的渗流问题，因此也是一种有效的解决渗流问题的方法，这里简要介绍流网法。

1. 流网的概念

图 3-21 为一混凝土坝下面透水地基的渗流情况，所有的水头损失都发生在 1—A 和 D—11 线间的坝基土体中，坝基中的渗流应满足拉普拉斯方程。左侧 1—A 线水头相等，为 6.0m，右侧 D—11 线水头为 1.0m，总水头损失为 $\Delta H = 5.0$m。标号为 1、2、3…11 的线是根据下述原则得到的：第一，对于每一条线上的各点，测压管水头相等；第二，相邻各线之间的水头差相等，为 $\Delta h_i = \dfrac{\Delta H}{N}$（$\Delta H$ 为总水头差，N 为划分的区域数），在图 3-21 中 $N = 10$。将编号 1~11 的线称为等势线，即在每一条等势线上各点的水头完全相等。

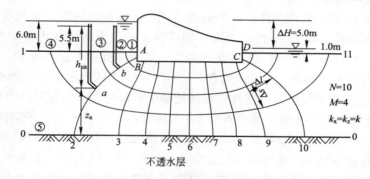

图 3-21　混凝土坝基流网

再用标号为②、③、④的曲线把坝基分成 $M = 4$ 个水流通道或流槽，要求每个流槽中的流量都是 Δq，即流槽的流量相同。我们把②、③、④线及代表坝底部轮廓的①线和不透水边界⑤线称为流线。渗流中流线的概念和水力学中的概念是完全一致的，流线应是一根处处和渗流速度矢量相切的曲线。因此，流线簇就代表渗流区内每一个点的水流方向。

由于水流在流经两条等势线的过程中梯度等于相应的水头损失和距离的比值，即 $\dfrac{\Delta H_i}{\Delta l}$，而且梯度方向是水头变化最大或者能量变化最大的方向，所以此方向也就是水流方向。根据数学知识可知，水力梯度方向应指向等势线法线方向。所以，根据上述内容可知在各向同性土体中，等势线与流线是相互垂直的。这些在各向同性土体中由等势线和流线构成的正交曲线网格称为流网。

2. 流网绘制原则和方法

（1）流网性质及绘制原则

1）在各向同性土体中，流线与等势线处处垂直，流网为正交网格；

2) 在均质各向同性土体中，流网中每一网格的边长比为常数，即图 3-21 中，$\Delta l / \Delta s =$ const。通常情况下，为了应用方便，取 $\Delta l / \Delta s = 1$，流网为曲边正方形；

3) 各个流槽的渗流量相等；

4) 由于不透水边界上不会有水穿过，则 $\partial h / \partial z = 0$，所以不透水边界必是流线，且等势线必与其正交，如图 3-21 中的 0—0 线；

5) 静水位下的入水边界和出水边界上的水头都是常数，即等水头边界，如图 3-21 所示。入水边界 1—A 上各点水头均为 6.0m，出水边界 D—11 线各点水头均为 1.0m，所以它们必是等势线，且与流线垂直；

6) 相邻等势线之间的水头损失相等。

由以上这些特征可知，流网中等势线越密的部位，水力梯度越大，流线越密的部位流速越大。图 3-21 为基坑开挖过程中稳定渗流场等势线分布及相应位置的水力梯度分布的数值模拟结果，可以看出等势线密集处水力梯度很大。

（2）流网绘制方法

以图 3-21 所示的坝基渗流场为例进行说明。绘制流网时，首先需要知道水头的边界条件，取 0—0 线基准面，则该面上的位置水头就为零，很明显，图中的 1—A、D—11 分别都是一条等势线，如果在此两处设测压管，这时压力水头和位置水头的和，即总水头在 1—A 和 D—11 压力水头分别是 6.0m 和 1.0m。因为线 6 在均质各向同性的渗透地基中近似相当于左右对称的对称面，所以，线 6 是一条等势线，其水头是 1—A 线和 D—11 线水头的平均值 6.0 + 1.0/2 = 3.5m。另外，如果 0—0 线以下是不透水层，那么 0—0 线必是一条流线，由于坝体不透水，坝体的下部轮廓线 A—B—C—D 也是一条流线。

以上根据边界条件和绘制原则，确定了等势线和流线的边界条件，其坝基的流网是左右对称的。然后，按照边界趋势大致绘制几条流线，再根据正交原则按照正方形网格绘制等势线。如果流线的间隔画的小，那么等势线的间隔也必然要画小（间隔越小精度越高）。经过反复修改调整，直到满足要求为止。

3. 流网的应用

根据绘制的流网，可定量求得渗流场中各点的测管水头、水力梯度、渗透速度和渗流量。现以图 3-21 为例进行说明。

（1）测管水头

根据流网的绘制原则可知任意两相邻等势线的水头差相等，则相邻两等势线水头差 Δh 为：

$$\Delta h = \frac{\Delta H}{N} \tag{3-46}$$

式中　ΔH——上下游总的水头差；

　　　　N——等势线划分的区域数。

对本例，$\Delta H = 5$m，$N = 10$，所以相邻等势线水头差均为 $\Delta h = 0.5$m。然

后根据所求点位置与上游入水边界(等势线)中间间隔的区域数,可以求出其测管水头。例如图3-21的a点位于从上游开始的第二条等势线上,则其测管水头h_a应比上游降低一个$\Delta h = 0.5$m,所以a点的测管水头应为$h_a = 6.0 - 0.5 = 5.5$m。如所求点位置不在等势线上,则可以通过内插求其测管水头。

(2) 孔隙水压力

由上述求得流场中任意一点的测管水头h后,根据$h = z + \dfrac{u}{\gamma_w}$,可得$u = (h - z)\gamma_w$。

需要注意,在图3-21中,虽然a、b两点测管水头相等,但是由于它们位置水头不同,所以孔隙水压力并不相等,即$h_{ua} \neq h_{ub}$。

(3) 水力梯度

流网中任意网格的水力梯度为$i = \dfrac{\Delta h}{\Delta l}$,$\Delta l$为流线的平均长度。同样可以看出,网格越密的位置,水力梯度越大。在图3-21中,水流逸出处C—D段网格密集,水力梯度很大。

(4) 渗流量

如取垂直于图3-21方向上的宽度为1,则任意两流线间的单宽流量为:

$$\Delta q = v \Delta s1 = k \frac{\Delta h}{\Delta l} \cdot \Delta s \tag{3-47}$$

由于网格接近正方向,$\Delta l = \Delta s$,所以

$$\Delta q = k \Delta h \tag{3-48}$$

通过流网M个流槽的总的单宽流量:

$$q = \Sigma \Delta q = M \Delta q = M k \Delta h \tag{3-49}$$

【例题 3-4】 在图3-22中,$H_1 = 11$m,$H_2 = 2$m,板桩的入土深度是5m,地基土的渗透系数是5×10^{-4} cm/s,土粒相对密度$d_s = 2.69$,孔隙率$n = 39\%$。

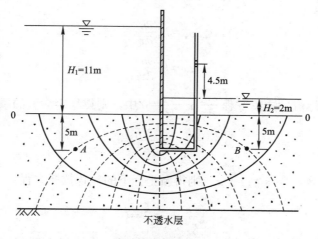

图 3-22　例题 3-4 图

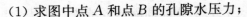

60

(1) 求图中点 A 和点 B 的孔隙水压力;

(2) 求单位板桩宽 $B=1$m 的透水量。

【解】 (1) 在图 3-22 中,等势线划分区域数 $N_d=10$,流槽数 $N_f=5$。取 0—0 面为基准面,则总水头差为:

$$H_1-H_2=11-2=9\text{m}$$

则每个网格的水头损失为:

$$\Delta h=\frac{H_1-H_2}{10}=\frac{9}{10}=0.9\text{m}$$

A、B 两点的水头分别为:

$$h_A=11-0.9=10.1\text{m}, \quad h_B=2+0.9=2.9\text{m}$$

由 $h=\dfrac{u}{\gamma_w}+z$ 得 A、B 两点孔隙水压力分别为:

$$u_A=(h_A-z_A)\gamma_w=[10.1-(-5)]\times9.8=148\text{kPa}$$

$$u_B=(h_B-z_B)\gamma_w=[2.9-(-5)]\times9.8=77.4\text{kPa}$$

$$q=k\frac{(H_1-H_2)}{N_d}\cdot N_f B=0.432\times\frac{9}{10}\times5\times1=1.944\text{m}^3/\text{d}$$

(2) 已知渗透系数 $k=5\times10^{-4}$cm/s$=0.432$m/d,根据公式 $\Delta q=k\Delta h$ 和 $q=M\Delta q$,可求得单位板宽透水量。

3.4.4　非均质土中的渗流

前面所讲都是均质土体中的渗流,但实际土体都不大可能是均质的,大多数天然沉积土层是由渗透系数不同的几层土所组成,宏观上具有非均质性,而且每层土又都在不同程度上呈各向异性,有时水平向渗透系数 k_x 与竖向渗透系数 k_z 相差很多,这就造成了非均质土的渗流比均质土要复杂得多。下面主要讲述地下水在成层土和各向异性土中的渗透规律。

1. 各向异性土中的渗流

对各向异性土,其水平方向渗透系数 k_x 和竖向渗透系数 k_z 不同,所以渗流速度分别为:

$$v_x=k_x\frac{\partial h}{\partial x} \tag{3-50a}$$

$$v_z=k_z\frac{\partial h}{\partial x} \tag{3-50b}$$

代入平面渗流的连续方程 $\dfrac{\partial v_x}{\partial x}+\dfrac{\partial v_z}{\partial z}=0$ 中,则得稳定渗流的微分方程:

$$k_x\frac{\partial^2 h}{\partial x^2}+k_z\frac{\partial^2 h}{\partial z^2}=0 \tag{3-51}$$

作坐标变换,令 $x'=\sqrt{\dfrac{k_z}{k_x}}x$,则得新坐标下的拉普拉斯方程:

$$\frac{\partial^2 h}{\partial x'^2}+\frac{\partial^2 h}{\partial z^2}=0 \tag{3-52}$$

因此,可以把各向异性土层视为各向同性情况来绘制流网,这样在 (x',y)

坐标系中流线与等势线是正交的，但在$(x，y)$坐标系中流线与等势线不是正交的，如图3-23所示。在绘制各向异性土流网时，可先按式(3-53)绘制各向同性土体的正交流网，然后把流网的水平坐标乘以$\sqrt{\dfrac{k_x}{k_z}}$，即可得各向异性土的实际流网。

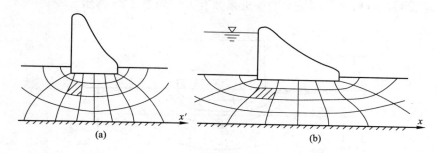

图3-23　各向异性土渗流场的转换

(a)转化流网；(b)实际流网

把各向异性土体渗流场转化为各向同性渗流场后，其等效平均渗透系数为：

$$k=\sqrt{k_x \cdot k_z} \tag{3-53}$$

在图3-23(a)中的网格(图中阴影部分，设网格沿流向平均长度为Δl，宽度为Δs)流量为$\Delta q=k\dfrac{\Delta s}{\Delta l}\Delta h$，而通过图3-23(b)对应网格(阴影部分)流量，由于网格长度为$\Delta l\sqrt{k_x/k_z}$，则$\Delta q=k_x\dfrac{\Delta s}{\Delta l\sqrt{k_x/k_z}}\Delta h=\sqrt{k_xk_z}\dfrac{\Delta s}{\Delta l}\Delta h$。

由以上两式相等得各向异性土转化为各向同性土的等效平均渗透系数为$k=\sqrt{k_xk_z}$。

2. 成层土中的渗流

渗流经过两种渗透系数不同的土层时，流线会在界面产生折射，这种现象称为界面的水流折射定律。根据水流连续性条件，当水流斜向由一种介质进入另一种介质时，在一种土层中，渗流流网画成正方形，到第二种土中就变成矩形，如图3-24所示。

对稳定渗流，两种土层界面两侧的任意两条流线之间的通道流量是相等的，故有

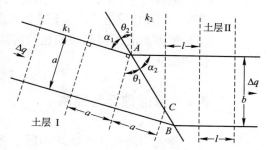

图3-24　通过不同土层中渗流折射现象

$$\Delta q=ak_1\frac{\Delta h}{a}=bk_2\frac{\Delta h}{l}$$

式中　Δh——两等势线间水头差；

$\quad\quad a$——土层Ⅰ网格流线平均长度；

$\quad\quad l$——土层Ⅱ网格流线平均长度。

由上式可得$\dfrac{k_1}{k_2}=\dfrac{b}{l}$，由图三角关系可得$AB=\dfrac{a}{\sin\alpha_1}=\dfrac{b}{\sin\alpha_2}$，$AC=\dfrac{a}{\cos\alpha_1}=$

$\dfrac{l}{\cos\alpha_2}$，故有：

$$\frac{k_1}{k_2}=\frac{b}{l}=\frac{\tan\alpha_2}{\tan\alpha_1} \tag{3-54}$$

式中　α_1、α_2——分别为两侧流线与分界面的夹角。

这表明，折射角与两层土的渗透系数有关，如图 3-25 所示。

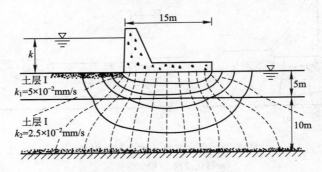

图 3-25　坝基土层中渗流折射

分析上式可以的出以下结论：

（1）若 $k_1=k_2$，则 $\alpha_1=\alpha_2$，表明在均质介质中水流不发生折射。

（2）若 $k_1\neq k_2$，且 k_1、k_2 均不为 0，若 $\alpha_1=90°$，则 $\alpha_2=90°$，表明水流垂直通过界面时水流不发生折射。

（3）若 $k_1\neq k_2$，且 k_1、k_2 均不为 0，若 $\alpha_1=0°$，则 $\alpha_2=0°$，表明水流平行于界面时水流不发生折射。

（4）当水流斜向通过界面时，介质的渗透系数越大，α 值也越大，流线也越靠近界面。介质相差越大，两角的差值也越大。

如果成层土的每一土层都是各向同性的，由于在每一土层中，等势线和流线正交，所以成层土中，在土层交界面上，等势线也会产生偏转，如图 3-25 所示。

根据水流折射原理和达西定律，可以帮助分析成层土中流场的水动力条件的变化。

3.5　渗透破坏与控制

渗流引起的渗透破坏问题主要有两大类：一是由于渗透力的作用，使土体颗粒流失或局部土体产生移动，导致土体变形甚至失稳；二是由于渗流作用，使水压力或浮力发生变化，导致土体或结构物失稳。前者主要表现为流砂和管涌，后者则表现为岸坡滑动或挡土墙等构筑物整体失稳。下面主要分析流砂和管涌现象。

3.5.1　渗透力和临界水力梯度

1. 渗透力

水在土中流动的过程中将受到土阻力的作用，从而引起水头损失，从作用力与反作用力的原理可知，水流动过程中必定同时对土颗粒施加压力和切向拖曳力，导致土体中的应力与变形发生变化。这种渗透水流对单位体积土颗粒产生的作用力称为渗透力或动水力，用 j 来表示，它是渗流方向的压力差和渗流方向切向力的合力，如图 3-26 所示。

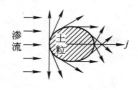

图 3-26　土颗粒的渗透力

在许多基坑工程、水工建筑物及土坝中，渗透力的大小是影响工程安全的重要因素之一。实际工程中，由此会引发基坑失稳、流土、管涌、地面沉降，使工程施工中断，更严重的还会对基坑周围的建筑物、地下管线和其他市政设施产生影响。因此，在进行工程设计与施工时，对渗透力可能给地基土稳定性带来的不良后果应该具有足够的重视。

在图 3-27 所示试验装置中，设土样的截面积 $A=1$，长度为 L。土样上下两端各安装一个测压管，相对于 0—0 基准面的高度分别为 h_1 和 h_2。如果 $h_1=h_2$，则土样中无渗流产生。现将左侧贮水器提高，使土样两侧产生水头差 Δh，即使 $h_1>h_2$。由于存在水头差，土样中产生向上的渗流。Δh 为渗流过程中的能量损失，之所以有能量损失，是因为土体对水流有黏滞阻力作用。下面对土体受力进行分析，求解其渗透力的大小。

对土样假想将土骨架和水分开来取隔离体，如图 3-28 所示。取假想水柱作为隔离体，作用在其上的力有：

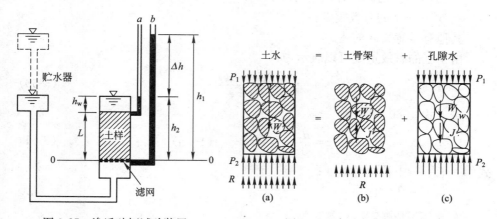

图 3-27　渗透破坏试验装置　　　图 3-28　渗透力分析隔离体

（1）水柱重力 W_w 为土中水重力和土粒浮力的反力（等于土粒同体积的水重）之和，即：

$$W_w = V_v \gamma_w + V_s \gamma_w = V \gamma_w = LA \gamma_w \tag{3-55}$$

（2）水柱上下两端面的边界水压力为 $\gamma_w h_w$ 和 $\gamma_w h_1$；

（3）土柱内土粒对水流的阻力，其大小应与渗流力相等，方向相反。设单位土体内土粒对水流阻力为 j'，则总阻力为 $j'LA=j'L$，方向竖直向下。

现考虑假想水柱隔离体（图 3-28c）的平衡条件，可得：

$$\gamma_w h_w A + W_w + j'LA = \gamma_w h_1 A \tag{3-56}$$

$$j' = \frac{\gamma_w(h_1 - h_w - L)}{L} = \frac{\gamma_w \Delta h}{L} = \gamma_w i \tag{3-57}$$

得到

$$j = j' = \gamma_w i \tag{3-58}$$

从式(3-58)可知,渗流力是一种体积力,存在于渗流场的所有颗粒上,量纲与 γ_w 相同。渗流力的大小和水力梯度成正比,其方向与渗流方向一致。

2. 临界水力梯度

在图 3-27 的试验装置中,若土样两侧水头差 Δh 逐渐增大,使得作用在土体中的渗流力也逐渐增大。由于渗流方向向上,所以当 Δh 增大到某一数值,向上的渗流力克服了向下的重力时,土体就要发生浮起或受到破坏。将这种在向上的渗流力作用下,粒间作用力为零时,颗粒群发生悬浮、移动的现象称为流砂现象,或流土现象。使土开始发生流土现象时的水力梯度称为临界水力梯度 i_{cr}。显然,渗流力 J 等于土的有效重量 W' 时,土处于产生流砂的临界状态,因此临界水力梯度 i_{cr} 推导如下:

取图 3-28(b)的土骨架为隔离体,研究其平衡状态。当发生流土时,土骨架重力 W' 和向上的渗透力 J 相等,则 $W' - J = 0$,$\gamma' L - jL = 0$,$\gamma' = j = \gamma_w i_{cr}$,即

$$i_{cr} = \frac{\gamma'}{\gamma_w} \tag{3-59}$$

式中　W'——土粒的有效重量;

J——渗透力,方向竖直向上;

γ'——土的有效重度;

其他符号意义同前述。

由于土的有效重度可以表示为:

$$\gamma' = \frac{(d_s - 1)\gamma_w}{1 + e} \tag{3-60}$$

带入式(3-60)中,则

$$i_{cr} = \frac{d_s - 1}{1 + e} = (d_s - 1)(1 - n) \tag{3-61}$$

式中　d_s——土粒相对密度;

e——孔隙比;

n——孔隙率。

由式(3-60)、式(3-61)可以看出,土体的临界水力梯度取决于土的物理性质。

上面讨论的是渗透力和重力方向相反时的情况,当渗透力超过上覆土的有效重量时,会发生破坏。当渗透力方向和重力方向一致时,渗流力能够使得土体压密,对稳定有利,如图 3-29(a)所示。在工程建设中可利用这个原理进行降水预压技术加固土体,特别是在基坑开挖中必然要进行降水,降水过程也就是降水预压加固地基的过程。

在图 3-29(b)的四个点中,1 点(入渗处)渗流力与重力方向一致,渗流力促使土体压密;2 点、3 点,渗流力与重力方向正交,对稳定不利;4 点(逸出处)重力方向相反,对稳定特别不利,所以一般来说,逸出处最容易发生破坏。

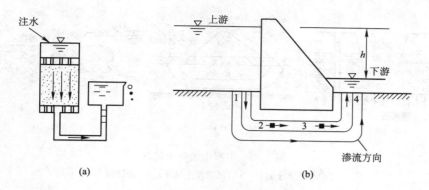

图 3-29　渗透力对土体的作用

(a)向下渗流；(b)坝基不同位置渗透力

3.5.2　渗透破坏

当水力梯度超过某一界限值后，土中的渗流会把部分土体或土颗粒冲出、带走，导致局部土体发生位移，位移达到一定程度，土体将发生失稳破坏，这种现象称为渗透破坏或渗透变形。

1. 渗透破坏的类型

渗流所引起的变形(稳定)问题一般可归结为两类：

一类是土体的局部稳定问题。这是由于渗透水流将土体中的细颗粒冲出、带走或局部土体产生移动，导致土体变形而引起的渗透变形。

另一类是整体稳定问题。这是在渗流作用下，整个土体发生滑动或坍塌。

渗透破坏主要有两种形式，即流土与管涌。渗流将表层土局部范围土体带走的现象称为流土；渗流中土体粗粒土之间的细小颗粒被冲出的现象称为管涌。

根据渗透破坏的机理，可产生渗透变形必须具备其内外因素：外因是渗透力大小和工程因素，它们是产生渗透变形的必要条件；内因则是地质条件和土体结构，称之为充分条件。只有当土具备充分必要条件时，才发生渗透破坏。

(1) 流土

当渗流方向与土重力方向相反时，渗透力的作用将使土体重力减小，当单位渗透力 j 等于土体的单位有效重力 γ' 时，土体处于流土的临界状态。如果水力梯度继续增大，土中的单位渗透力将大于土的单位有效重力(有效重度)，表层局部范围内的土体或颗粒群同时发生悬浮、移动的现象，如图 3-30 所示为几种典型的流土破坏形式。其中，图 3-30(a)中基坑由于开挖卸荷造成上覆土重量减小，开挖面和地下水头差增大，造成下部砂层的承压水突然顶起基底黏土层形成流土(在基坑工程中称为突涌)破坏；图 3-30(b)中堤坝渗透性较大的无黏性土层水头损失小，水头损失主要集中在下游坝脚逸出处，当水力梯度超过临界水力梯度时，造成流土破坏；图 3-30(c)是河堤下游黏土下部流砂涌出现象，同样是由于水头损失主要集中于渗透系数较小的黏土层，当 $i > i_{cr}$ 时，会发生流土破坏。任何类型的土，只要水力梯度达到一定的大小，都可发生流土破坏。

65

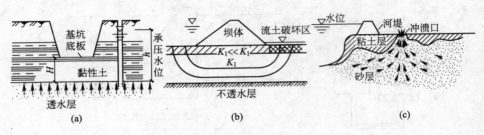

图 3-30　工程中的流土破坏

(a)基坑流土破坏；(b)堤坝流土破坏；(c)流砂涌出

流土一般发生在渗流的逸出处，因此只要将渗流逸出处的水力梯度，即逸出梯度 i 求出，就可判别流土的可能性。

当 $i < i_{cr}$，则土体处于稳定状态；当 $i = i_{cr}$，则土体处于临界状态；当 $i > i_{cr}$ 则土体处于流土状态。

黏性土中，渗透力的作用往往使渗流逸出处某一范围内的土体出现表面隆起变形，如图 3-31 所示基坑底部土体的隆起。而在粉砂、细砂及粉土等黏聚性差的细粒土中，水力梯度达到一定值后，渗流逸出处出现表面隆起变形的同时，还可能出现渗流水流夹带泥土向外涌出的砂沸现象，致使地基破坏，工程上将这种流土现象称为流砂。

为了使地基具有一定的可靠度，工程中将临界水力梯度 i_{cr} 除以安全系数 F_s 作为容许水力梯度 $[i]$，设计时渗流逸出处的水力梯度 i 应满足如下要求：

$$i \leqslant [i] = \frac{i_{cr}}{F_s} \tag{3-62}$$

对流土安全性进行评价时，F_s 一般可取 2.0～2.5。渗流逸出处的水力梯度 i 可以通过相应流网单元的平均水力梯度来计算。

(2) 管涌

在渗透水流作用下，土中的细颗粒在粗颗粒形成的孔隙中移动，随着细粒土的流失，渗流通道越来越大，使得渗透速度不断增加，造成较粗的颗粒也相继被水流逐渐带走，最终导致土体内形成贯通的渗流管道，如图 3-32 所示，造成土体塌陷，这种现象称为管涌。可见，管涌破坏一般有个时间发展过程，是一种渐进性质的破坏。管涌发生在一定级配的无黏性土中，发生的部位可能在渗流逸出处，也可能在土体内部。

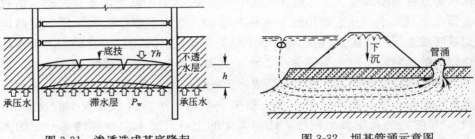

图 3-31　渗透造成基底隆起　　　　　图 3-32　坝基管涌示意图

土是否发生管涌，首先取决于土的性质，要有足够多的粗颗粒形成大于细粒直径的孔隙。一般黏性土只会发生流土，不会发生管涌。管涌多发生在砂性土中，其特征是颗粒大小差别较大，往往缺少某种粒径，孔隙直径大且相互连通。

无黏性土产生管涌必须具备两个条件：

1）几何条件：土中粗颗粒所构成的孔隙直径必须大于细颗粒的直径，这是必要条件。对于不均匀系数 $C_u \leqslant 10$ 的较均匀土，因为粒径相差不多，形成的孔隙比颗粒直径小，所以颗粒不可能在孔隙中运动，不可能发生管涌。一般不均匀系数 $C_u > 10$ 的土才可能发生管涌，也可能发生流土，这主要取决于土的级配情况和细粒含量。对于缺乏中间粒径，级配不连续的土，渗透性主要取决于细料含量。所谓细料含量是指级配曲线水平段以下的粒径，如图 3-33 曲线①中点 b 以下的粒径。当细料含量在 25% 以下时，细料填不满粗料孔隙，能够发生管涌；当细料含量在 35% 以上时，细料能够填满粗料孔隙，渗透变形属于流土型；在 25%～35% 之间时，属于过渡型。

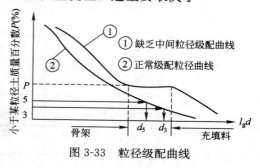

① 缺乏中间粒径级配曲线
② 正常级配粒径曲线

图 3-33　粒径级配曲线

对于级配连续的不均匀土，如图 3-33 曲线②，骨架与填充料的分界线不明显。有的学者提出用土孔隙平均直径 D_0 与最细部分的颗粒粒径 d 相比较，来判断渗透变形的类型。孔隙平均直径 D_0 的经验公式

$$D_0 = 0.25 d_{20} \tag{3-63}$$

式中　d_{20}——小于该粒径的土质量占总质量的 20%。

试验资料表明，当土中小于土孔隙平均直径的细颗粒占 5% 以上时，即 $D_0 > d_5$ 时，破坏属于管涌型；如果小于 D_0 细粒含量小于 3%，即 $D_0 < d_3$ 时，呈现流土型破坏。

所以对于无黏性土能否发生何种类型的渗透破坏，可以用表 3-2 所列准则判断。

管涌判断准则　　　　　　表 3-2

级配		孔隙及细粒	判定
较均匀土($C_u \leqslant 10$)		粗颗粒形成的孔隙小于细颗粒	非管涌土
不均匀土($C_u > 10$)	不连续	细粒含量>35%	非管涌土
		细粒含量<25%	管涌土
		细粒含量=25%～35%	过渡型土
	连续 $d_0=0.25d_{20}$	$d_0<d_3$	非管涌土
		$d_0>d_5$	管涌土
		$d_0=d_3-d_5$	过渡型土

67

2）水力条件：渗透力能够带动细颗粒在孔隙间移动是发生管涌的水力条

件，可用管涌的水力梯度来表示。管涌土的临界水力梯度可通过公式计算，但其计算至今尚未成熟。也可以通过试验来测定，试验时除了根据肉眼观察细土粒的移动来判断管涌外，还可借助于水力梯度 i 与流速 v 之间的变化来判断管涌是否出现。对于重大工程，应尽量由试验确定。

3）管涌型土临界水力梯度的试验资料。

① 临界水力梯度与不均匀系数的关系。

土的临界水力梯度与不均匀系数的关系曲线如图 3-34 所示，按不均匀系数可以把土划分为流土型、过渡型和管涌型三类。由图可见，土的不均匀系数越大，临界水力梯度越小。

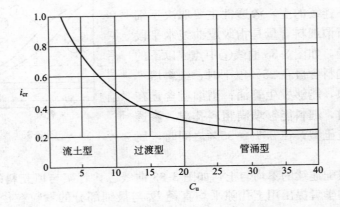

图 3-34 临界水力梯度与不均匀系数的关系

② 临界水力梯度与细料含量的关系。

当土的级配不连续时，土的渗透变形性主要取决于细料的含量，或者说取决于细料充填粗料孔隙的程度，临界水力梯度 i_{cr} 与细料含量 p 的关系曲线如图 3-35 所示。

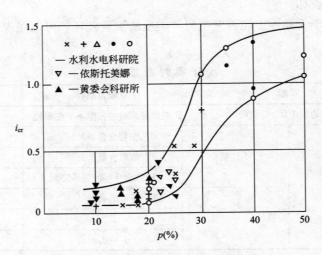

图 3-35 临界水力梯度与细料含量的关系

当细料填不满粗料的孔隙时，细料容易被渗透水流带走这种土属于管涌土。

当细料含量增大并足以填满粗料孔隙时，粗细料组成一整体，共同抵抗渗透变形，其抗渗能力加强，这种土属于流土型土。

③ 临界水力梯度与渗透系数的关系。

无黏性土的渗透性与渗透变形特性有着直接的关系，关系曲线如图 3-36 所示。对于不均匀土，如果透水性强，渗透系数就大，抵抗渗透变形的能力差。如果透水性弱，渗透系数就小，抵抗渗透变形的能力则强。一般说来，渗透系数越大，则临界水力梯度越小。

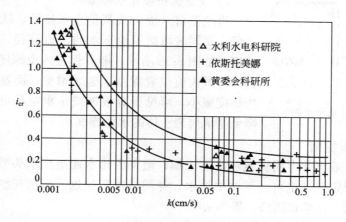

图 3-36　临界水力梯度与渗透系数的关系

【例题 3-5】　某土坝地基土的土粒相对密度 $d_s = 2.68$，孔隙比 $e = 0.82$，下游渗流出口处经计算水力梯度 $i = 0.2$，若取安全系数 $F_s = 2.5$，试问该土坝地基出口处土体是否会发生流土破坏。

【解】　临界水力梯度为：

$$i_{cr} = \frac{d_s - 1}{1 + e} = \frac{2.68 - 1}{1 + 0.82} = 0.92$$

容许水力梯度：

$$[i] = \frac{i_{cr}}{F_s} = \frac{0.92}{2.5} = 0.37$$

由于实际水力梯度 $i < [i]$，故土坝地基出口处土体不会发生流土破坏。

2. 渗透变形的防治措施

防治流土的关键在于控制渗流逸出处的水力梯度，基本措施是确保实际的逸出梯度不超过容许梯度。

（1）基坑开挖防渗措施

1）工程降水

可采用明沟排水和井点降水的方法人工降低基坑内外地下水位，如图 3-37 所示。

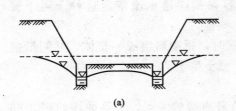 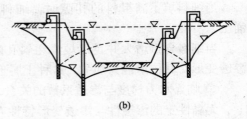

图 3-37 工程降水示意图
(a)明沟排水；(b)多级井点降水

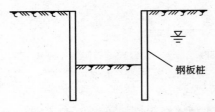

图 3-38 设置板桩止水示意图

2）设置板桩或止水帷幕

沿坑壁打入板桩或其他止水帷幕，既可以加固坑壁，又同时增加了地下水的渗流路径，减小水力梯度，如图 3-38 所示。随着板桩入土深度增加，水力梯度最大值位置深度也随之增加，而基坑周围水力梯度减小，可见设置板桩或止水帷幕可以有效地降低基坑周边土体的水力梯度。

3）水下挖掘

在基坑或沉井中用机械在水下挖掘，避免因排水而造成水头差。为了增加土体的稳定性，也可向基坑中注水，并同时进行挖掘。基坑开挖防渗措施还有冻结法、化学加固法、爆炸法等。

（2）水工建筑物渗流处理措施

水工建筑物的防渗措施一般以"上堵下疏"为原则，上游截渗、延长渗径，下游通畅渗透水流，减小渗透压力，防止渗透变形。

1）垂直防渗帷幕

混凝土防渗墙、帷幕灌浆、板桩等都属于垂直截渗，如图 3-39 所示。根据需要，止水帷幕可以完全切断透水层，也可以不完全切断透水层，做成悬挂式止水帷幕。

2）设置水平铺盖

上游设置水平铺盖，延长水流渗透路径，降低下游逸出梯度，如图 3-40所示。

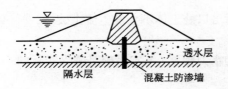 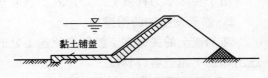

图 3-39 垂直防渗示意图　　　　图 3-40 水平铺盖防渗示意图

3）设置反滤层

在水工建筑物下游设置反滤层，既可通畅水流，又起到保护土体、防止细粒流失而产生渗透变形，如图 3-41 所示。

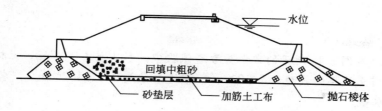

图 3-41　反滤层防渗示意图

4）排水减压

为减小下游渗透压力，常常在水工建筑物下游设置减压井或深挖排水槽，穿透渗透性小的黏土层，降低作用在黏土层地面的渗透压力，如图 3-42 所示。

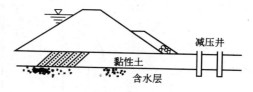

图 3-42　减压井防渗示意图

防止管涌一般可从以下两方面采取措施：

（1）改变水力条件，降低土层内部和渗流逸出处的渗透梯度，如上游做防渗铺盖或打板桩等；

（2）改变几何条件，在渗流逸出部位铺设反滤层或透水盖重，也是防止管涌破坏的有效措施。

思考题

3-1　说明达西定律的意义及其应用范围。

3-2　实验室内测定渗透系数的方法有几种？它们分别适用于什么情况？

3-3　根据达西定律计算出的流速和土中水的实际流速是否相同？为什么？

3-4　渗透变形有几种形式？它们各自具有什么特征？

3-5　边界已定的均质地基中，流网形状与土的渗透系数有关吗？为什么？

3-6　什么叫渗透力，其大小和方向如何确定？

3-7　在进行渗透试验时，为什么要求土样充分饱和，如果未充分饱和，在试验中将会出现什么现象？测出的渗透系数是偏大还是偏小，试分析造成这些结果的原因。

3-8　在实验室做常水头或变水头渗透试验和在现场做抽水或注水试验均可测得土的渗透数，这几种方法有何区别？各适用于什么条件？

3-9　渗透力是怎样引起渗透变形的？在工程上会有什么危害？防治渗透破坏的工程措施有哪些？

3-10　暴雨过后，正在开挖的基坑坑底有很多积水，这时如果马上抽取坑底积水，是否能出现渗透破坏？试分析其原因。

3-11　发生管涌和流土的机理与条件是什么？与土的类别和性质有什么关系？

思　考　题

习题

3-1 在图 3-43 所示的常水头渗透试验中，水头差 $h=15\mathrm{cm}$，土样长 $l=25\mathrm{cm}$。若土试样的截面积是 $120\mathrm{cm}^2$，渗透系数是 $2.5\times10^{-2}\mathrm{cm/s}$，求 10s 内土的透水量。

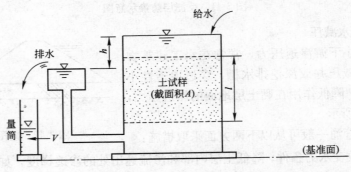

图 3-43 习题 3-1 图

3-2 一原状土样进行变水头试验，如图 3-44 所示，土样截面积为 $A=30\mathrm{cm}^2$，长度为 $l=4\mathrm{cm}$，水头管截面积为 $0.3\mathrm{cm}^2$，观测开始水头为 $h_1=12\mathrm{cm}$，终了水头为 $h_2=6\mathrm{cm}$，经历时间为 5min，试验水温为 10℃，试计算渗透系数 k。

3-3 如图 3-45 所示，某挖方工程在 12m 厚的饱和黏土中进行。黏土层下为砂层，砂层下测压管水位在砂层顶面以上 10m，开挖深度为 8m，试计算为保持基坑不发生流土(安全系数取 $F_s=2.0$)黏土顶面水头 h 至少需要多大?

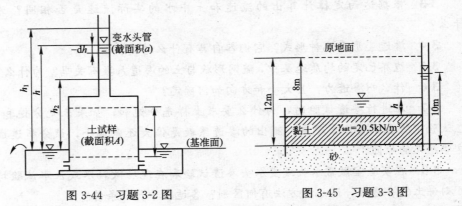

图 3-44 习题 3-2 图 　　　　　图 3-45 习题 3-3 图

3-4 对由三层土组成的试样分别进行水平和垂直渗透试验，如图 3-46 所示。两种试验中水头差均为 25cm，土样尺寸与土的性质如下：

黏土 $H_1=5\mathrm{cm}$，$k_1=2.5\times10^{-6}\mathrm{cm/s}$，粉土 $H_2=20\mathrm{cm}$，$k_2=4\times10^{-4}\mathrm{cm/s}$，砂土 $H_3=20\mathrm{cm}$，$k_3=2\times10^{-2}\mathrm{cm/s}$；土样的长、宽、高均为 45cm。试求：(1)水平方向等效渗透系数和渗流量；(2)垂直方向等效渗透系数和渗流量；(3)在垂直向上的渗透试验中，见图 3-46(a)，当稳定渗流时，A、B、C 三点

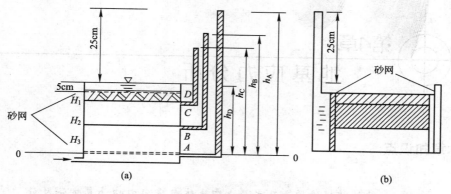

图 3-46 习题 3-4 图

的测管水头 h_A、h_B、h_C。

3-5 如图 3-47 所示，若地基上的土粒相对密度 $d_s = 2.68$，孔隙率 $n = 0.38$。其他条件如图中所示。

试求：

(1) a 点的孔隙水应力；

(2) 渗流逸出处 1—2 是否会发生流土？

(3) 图中网格 9、10、11、12 上的渗透力是多少？

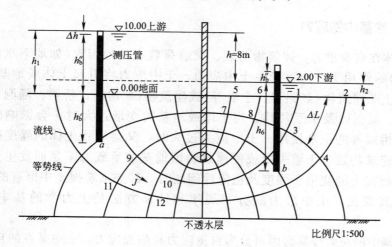

图 3-47 习题 3-5 图

第4章
地基应力分析

本章知识点

> 1. 熟练掌握均质土及成层土中土体自重应力的计算方法及分布规律；
> 2. 掌握基底压力的概念及简化计算方法；
> 3. 掌握矩形和条形荷载作用下附加应力的计算方法和分布规律。

4.1 概述

4.1.1 地基中的应力

土体在自身重力、建筑物荷载、交通荷载或其他因素（如地下水渗流、地震等）的作用下，均可产生土中应力。土中应力将引起土体或地基的变形，使土工建筑物（如路堤、土坝等）或建筑物（如房屋、桥梁、涵洞等）发生沉降、倾斜以及水平位移。当土体或地基的变形过大时，会影响路堤、房屋和桥梁等的正常使用。土中应力过大时，又会导致土体的强度破坏，使土工建筑物发生土坡失稳或使建筑物因地基的承载力不足而发生失稳。因此在研究土的变形、强度及稳定性问题时，都必须掌握土中原有的应力状态及其变化，土中应力的分布规律和计算方法是土力学的基本内容之一。

地基中的应力按其起因可分为自重应力和附加应力。土中某点的自重应力与附加应力之和为土体受外荷载作用后的总和应力。土的自重应力是指土体受到自身重力作用而在地基内所产生的应力，可分为两种情况：一种是成土年代长久，土体在自重作用下已经完成压缩变形，这种自重应力不再产生土体或地基的变形；另一种是成土年代不久，例如新近沉积土和新填土，土体在自重作用下尚未完成压缩变形，因而仍将产生土体或地基的压缩变形。此外，地下水的升降会引起土中自重应力大小的变化，土体会出现压缩、膨胀或湿陷等变形。土中附加应力是指土体受外荷载（包括建筑物荷载、交通荷载、堤坝荷载等）以及地下水渗流、地震等作用下附加产生的应力增量，它是产生地基变形的主要原因，也是导致地基土体强度破坏和失稳的重要原因。

土中自重应力和附加应力的产生原因不同，因而两者计算方法不同，分布规律及对工程的影响也不同。土中竖向自重应力和竖向附加应力也称为土中自重压力和附加压力。在计算由建筑物产生的地基土中附加应力时，基底压力的大小与分布是不可缺少的条件。

土中应力按其作用原理或传递方式可分为有效应力和孔隙应力两种。土中有效应力是指土骨架所传递的粒间应力，它是控制土的体积（或变形）和强度两者变化的土中应力。土中孔隙应力是指土中水和土中气所传递的应力，土中水传递的孔隙水应力，即孔隙水压力；土中气传递的孔隙气应力，即孔隙气压力。在研究土体或地基变形以及土的抗剪强度问题时，在理论计算地基沉降（地基表面或基础底面的竖向变形）和承载力时，都必须掌握反映土中应力传递方式的有效应力原理。

土是由三相所组成的非连续介质，受力后土粒在其接触点处出现应力集中现象，即在研究土体内部微观受力时，必须了解土粒之间的接触应力和土粒的相对位移；但在研究宏观的土体受力时（如地基沉降和承载力问题），土体的尺寸远大于土粒的尺寸，就可以把土粒和土中孔隙合在一起考虑两者的平均支承应力。现将土体简化成连续体，在应用连续体力学（如弹性力学）来研究土中应力的分布时，都只考虑土中某点单位面积上的平均支承应力。

研究土体或地基的应力和变形，必须从土的应力与应变的基本关系出发。根据土样的单轴压缩试验资料，当应力很小时，土的应力-应变关系曲线就不是线性变化（图 4-1），亦即土的变形具有明显的非线性特征。然而，考虑到一般建筑物荷载作用下地基中应力的变化范围（应力增量 $\Delta\sigma$）还不太大，可以用一条割线来近似地代替相应的曲线段，就可以把土看成是一个线性变形体，从而简化计算。

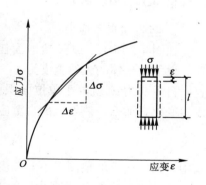

图 4-1　土的应力-应变关系

天然地基往往是由成层土所组成的非均质土或各向异性土，但当土层性质变化不大时，视土体为均质各向同性的假设对土中竖向应力分布引起的误差，通常也在允许范围之内。

求解土中应力的方法有很多，本章只介绍目前生产实践中使用最多的古典弹性力学方法。

4.1.2　土力学中应力符号的规定

由于土是散粒体，一般不能承受拉应力作用，在土中出现拉应力的情况很少，因此，在土力学中对土中应力的正负符号常作如下规定。

在应用弹性理论进行土中应力计算时，应力符号的规定法则与弹性力学相同，但正负与弹性力学相反。即当某一个截面上的外法线方向是沿着坐标轴的

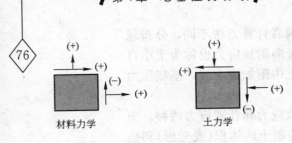

图 4-2 关于应力符号的规定

正方向时，这个截面就称为正面，正面上的应力分量以沿坐标轴正方向为负，沿坐标轴的负方向为正。在用摩尔圆进行土中应力状态分析时，法向应力仍以压为正，剪应力方向的符号规定则与材料力学相反。土力学中规定剪应力以逆时针方向为正，与材料力学中规定的剪应力方向正好相反，如图 4-2 所示。

4.2 自重应力

在计算地基中的应力时，一般假定地基为均质的线性变形半无限空间，应用弹性力学公式来求解其中的应力。由于地基是半无限空间弹性变形体，因而在土体自重应力作用下，任一竖直平面均为对称面。因此，在地基中任意竖直平面上，土的自重不会产生剪应力。根据剪应力互等定理，在任意水平面上的剪应力也应为零。因此竖直和水平面上只有主应力存在，竖直和水平面为主平面。现研究由于土的自重在水平面和竖直平面上产生的法向应力的计算。

4.2.1 均匀地基情况

1. 竖直向自重应力

如图 4-3 所示，以天然地面任一点为坐标原点 O，坐标轴 z 竖直向下为正。设均质土体的天然重度为 γ，故地基中任意深度 z 处 $a—a$ 水平面上的竖直向自重应力 σ_{cz} 就等于单位面积上的土柱重量。若 z 深度内土的天然重度不发生变化，那么，该处土的自重应力为：

$$\sigma_{cz} = \frac{G}{A} = \frac{\gamma A z}{A} = \gamma z \tag{4-1}$$

式中　σ_{cz}——天然地面以下 z 深度处土的自重应力(kPa)；

　　　G——面积 A 上高为 z 的土柱重量(kN)；

　　　A——土柱底面积(m^2)。

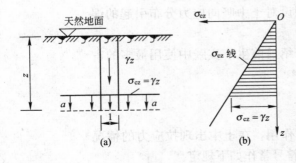

图 4-3　均质土中竖向自重应力

(a)任意水平面上的分布；(b)沿深度的分布；

由式(4-1)可知，均质土的自重应力与深度 z 成正比，即 σ_{cz} 随深度按直线分布(图 4-3b)，而沿水平面上则成均匀分布。

2. 水平向自重应力

由于 σ_{cz} 沿任一水平面上均匀地无限分布，故地基土在自重应力作用下只能产生竖向变形，而不能有侧向变形和剪切变形，地基处于一种侧向应变为零的应力状态。故有 $\varepsilon_x = \varepsilon_y = 0$，且 $\sigma_{cx} = \sigma_{cy}$。根据广义虎克定律，有：

$$\varepsilon_x = \frac{\sigma_x}{E} - \frac{\mu}{E}(\sigma_y + \sigma_z) \tag{4-2}$$

将侧限条件代入式(4-2)得：

$$\varepsilon_x = \frac{\sigma_{cx}}{E} - \frac{\mu}{E}(\sigma_{cy} + \sigma_{cz}) = 0$$

得

$$\sigma_{cx} = \sigma_{cy} = \frac{\mu}{1-\mu}\sigma_{cz}$$

令

$$K_0 = \frac{\mu}{1-\mu} \tag{4-3}$$

则

$$\sigma_{cx} = \sigma_{cy} = K_0 \cdot \sigma_{cz} \tag{4-4}$$

式中　σ_{cx}、σ_{cy}——分别为沿 x 轴和 y 轴方向的水平自重应力(kPa)；

$\quad\quad K_0$——土的静止土压力系数，是侧限条件下土中水平向有效应力

$\quad\quad\quad\quad$ 与竖直向有效应力之比，故侧限状态又称 K_0 状态；

$\quad\quad \mu$——土的泊松比。

K_0 和 μ 依据土的种类、密度不同而异，可由试验确定或查相应表格。

在上述公式中，竖向自重应力 σ_{cz} 和水平向自重应力 σ_{cx}、σ_{cy} 一般均指有效自重应力。因此，对处于地下水位以下的土层一般以有效重度 γ' 代替天然重度 γ。为简便，以后把常用的竖向自重应力 σ_{cz} 简称为自重应力。

4.2.2　成层地基情况

地基土往往是成层的，因而各层土具有不同的重度。如地下水位位于同一土层中，计算自重应力时，地下水位面也应作为分层的界面。如图 4-4 所示，天然地面下深度 z 范围内各层土的厚度自上而下分别为 h_1、h_2、…、h_i、…、h_n，计算出高度为 z 的土柱体中各层土重的总和后，可得到成层土自重应力的计算公式：

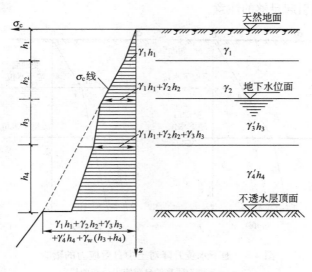

图 4-4　成层地基土中自重应力

$$\sigma_{cz} = \gamma_1 h_1 + \gamma_2 h_2 + \cdots + \gamma_n h_n = \sum_{i=1}^{n} \gamma_i h_i \qquad (4\text{-}5)$$

式中 σ_{cz}——天然地面下任意深度处的竖向有效自重应力(kPa);

n——深度 z 范围内的土层总数;

h_i——第 i 层土的厚度(m);

γ_i——第 i 层土的天然重度,对地下水位以下的土层一般取浮重度(kN/m³)。

图 4-4 是按照公式(4-5)的计算结果绘出的成层地基土自重应力分布图,该图也称为土的自重应力分布曲线。

4.2.3 地下水对土中自重应力的影响

当计算地下水位以下土的自重应力时,应根据土的性质确定是否需要考虑水的浮力作用。通常认为水下的砂性土是应该考虑浮力作用的。黏性土则视其物理状态而定,一般认为,若水下的黏性土其液性指数 $I_L > 1$,则土处于流动状态,土颗粒之间存在着大量自由水,可认为土体受到水浮力作用;若 $I_L \leqslant 0$,则土处于固体状态,土中自由水受到土颗粒间结合水膜的阻碍不能传递静水压力,故认为土体不受水的浮力作用;若 $0 < I_L < 1$,土处于塑性状态,土颗粒是否受到水的浮力作用就较难肯定(可按最不利原则确定),在工程实践中一般均按土体受到水浮力作用来考虑。若地下水位以下的土受到水的浮力作用,则水下部分土的重度按有效重度 γ' 计算,其计算方法同成层土体情况。

此外,地下水位的升降也会引起土中自重应力的变化。例如在软土地区,常因大量抽取地下水而导致地下水位长期大幅度下降,使地基中原水位以下土的自重应力增加(图 4-5a),造成地表大面积下沉的严重后果。至于地下水位的长期上升(图 4-5b),常发生在人工抬高蓄水水位地区(如筑坝蓄水)或工业用水大量渗入地下的地区,如果该地区土质具有遇水后发生湿陷或膨胀的性质,则必须引起足够的注意。

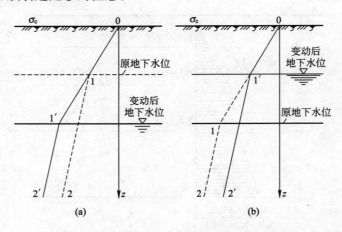

图 4-5　地下水位升降对土中自重应力的影响

(0—1—2 线为原来的自重应力分布曲线;

0—1′—2′线为地下水位升降后的自重应力分布曲线)

自重应力增量在水位变化部分呈三角形分布，在新水位以下呈矩形分布（即为一常量）。

4.2.4　不透水层对自重应力的影响

在地下水位以下，如埋藏有不透水层(例如岩层或只含结合水的坚硬黏土层)，由于不透水层中不存在水的浮力，故不透水层顶面的自重应力值及其以下深度的自重应力值应按上覆土层的水土总重计算，如图 4-4 中虚线下端所示。

4.2.5　有大面积填土时的自重应力计算

设大面积填土的厚度为 h，重度为 γ，则填土在原地面下产生的应力增量为 γh。应力增量在填土厚度内呈三角形分布，在原地面下呈矩形分布。填土产生的自重应力增量属附加应力，只有在沉降稳定后才全部转化为有效自重应力。

4.2.6　自重应力的分布规律

分析成层土的自重应力分布曲线的变化规律，可以得到下面三点结论：

(1) 土的自重应力分布曲线是一条折线，拐点在土层交界处(当上下两个土层重度不同时)和地下水位处；

(2) 同一层土的自重应力按直线变化；

(3) 自重应力随深度的增加而增大；

(4) 在不透水层处自重应力出现了突变。

4.2.7　土坝的自重应力

土坝、土堤是具有斜坡的土体，它是一种比较特殊的情况。为计算土坝坝身和坝基的沉降，必须知道坝身中和坝底面上的应力分布。由于此时土坝土体的自重应力已不是一维问题，严格求解较困难。对于简单的中小型土坝、土堤，工程中常近似用上述自重应力计算公式，即假设坝体中任何一点因自重所引起的竖向应力均等于该点上面土柱的重量，故任意水平面上自重应力的分布形状与坝断面形状相似，见图 4-6。对较重要的高土石坝，近年来多采用有限元法计算其自重应力，可参考专门文献。

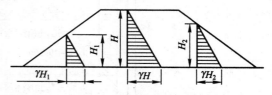

图 4-6　土坝中的竖直自重应力分布

【例题 4-1】　试计算图 4-7 中各土层界面处及地下水位面处土的自重应力，并绘出分布图。

【解】　在粉土层底面处：$\sigma_{c1} = \gamma_1 h_1 = 18 \times 3 = 54\text{kPa}$

地下水位面处：$\sigma_{c2} = \sigma_{c1} + \gamma_2 h_2 = 54 + 18.4 \times 2 = 90.8\text{kPa}$

黏土层底处：$\sigma_{c3} = \sigma_{c2} + \gamma_2' h_3 = 90.8 + (19 - 10) \times 3 = 117.8\text{kPa}$

基岩层面处：$\sigma_c = \sigma_{c3} + \gamma_w h_w = 117.8 + 10 \times 3 = 147.8\text{kPa}$

绘如图 4-7 所示自重应力分布图。

【例题 4-2】 某建筑场地的地质柱状图和土的有关指标列于图 4-8 中，试计算并绘出总应力 σ、孔隙水压力 u 及自重应力 σ_c 沿深度的分布图。

【解】 细砂层底处：$u=0$，$\sigma=\sigma_c=18\times1.3=23.4$kPa

粉质黏土层底处：该层为潜水层，故 $u=\gamma_w h_w=10\times1.8=18$kPa，$\sigma=23.4+19\times1.8=57.6$kPa，$\sigma_c=23.4+(19-10)\times1.8=39.6$kPa。

黏土层面处：该处为隔水层，故 $u=0$，$\sigma_c=\sigma=57.6$kPa

图 4-7 例题 4-1 图

黏土层底处：$u=0$，$\sigma_c=\sigma=57.6+19.5\times2=96.6$kPa

粗砂层面处：该层为承压水层，由测压管水位可知

$$h_w=2+1.8+1.3+1=6.1\text{m}$$

故

$$u=\gamma_w h_w=10\times6.1=61\text{kPa}, \quad \sigma=96.6\text{kPa}, \quad \sigma_c=\sigma-u=96.6-61=35.6\text{kPa}$$

粗砂层底处：

$$u=10\times(6.1+1.7)=78\text{kPa}, \quad \sigma=96.6+20\times1.7=130.6\text{kPa},$$

$$\sigma_c=\sigma-u=130.6-78=52.6\text{kPa}$$

基岩面处：$u=0$，$\sigma_c=\sigma=130.6$kPa

绘总应力 σ、孔隙水压力 u 及自重应力 σ_c 沿深度的分布如图 4-8 所示。

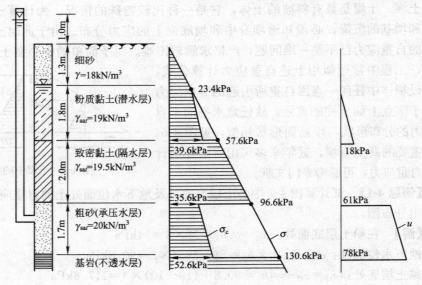

图 4-8 例题 4-2 图

4.3 基底压力

4.3.1 基础底面压力的分布规律

建筑物荷载通过基础传递给地基，在基础底面与地基之间便产生了接触应力。基础底面传递给地基表面的压力称为基底压力。由于基底压力作用于基础与地基的接触面上，故也称基底接触压力。

为了实测基底压力的分布规律，于基底不同部位处预埋土压力盒。压力盒一般有应变片式和钢弦式两类。图 4-9 所示为一种钢弦式土压力盒，金属薄膜 1 内表面的两个支架 4 张拉着一根钢弦 3，当薄膜承受压力而发生挠曲时，钢弦发生变形，而使其自振频率相应变化。根据预先标定的钢弦频率与薄膜盒面所受压力之间的关系，便可求得压力值。

基底压力的分布规律可由弹性力学获得理论解，也可由试验获得。基底压力的分布与基础的大小和刚度、作用于基础上的荷载大小和分布、地基土的力

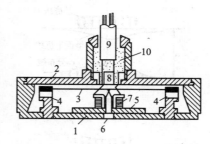

图 4-9 一种钢弦式土压力盒示意图
1—金属薄膜；2—外壳；3—钢弦；4—支架；
5—底座；6—铁芯；7—线圈；8—接线栓；
9—屏蔽线；10—环氧树脂封口

学性质、地基的均匀程度以及基础的埋置深度等许多因素有关。精确地确定基底压力的数值与分布形式是很复杂的问题，它涉及到上部结构、基础、地基三者间的共同作用问题，与三者的变形特性（如建筑物和基础的刚度，土层的压缩性等）有关，这个问题还处于研究之中，这里仅对其分布规律及主要影响因素作简单的定性讨论与分析，并不考虑上部结构的影响。

1. 基础刚度的影响

为了便于分析，现将各种基础按照与地基土的相对抗弯刚度分成三种类型。

（1）弹性地基上的完全柔性基础

当基础上作用着如图 4-10 所示的均布条形荷载时，由于基础完全柔性，就像一个放在地上的柔软橡皮板，它可以完全适应地基的变形，故基底压力的分布与作用在基础上的荷载分布完全一致。荷载是均布的，基底压力也将是均布的。从地基应力计算结果可知，在均布荷载作用下地基表面的变形是中间大，向两旁逐渐减小。实际工程中并没有完全柔性的基础，常把土坝（堤）及用钢板做成的储油罐底板等视为柔性基础。

（2）弹性地基上的绝对刚性基础

由于基础的抗弯刚度接近无穷大，在均布荷载作用下，基础只能保持平面下沉而不能弯曲。但是，对地基而言，均布的基底压力将产生不均匀沉降，使基础变形与地基变形不相适应，基础中部会与地面脱开。为了使基础与地

基的变形保持协调,基底压力的分布要重新调整,使两端压力加大,中间应力减小,从而使地面均匀沉降,以适应绝对刚性基础的变形。若地基是完全弹性的,则弹性理论解的基底压力分布如图 4-11 中实线所示,基础边缘处的压力将为无穷大。实际上该值不可能超过地基土的极限强度。实际工程中的重力坝、混凝土挡土墙、大块墩柱等均可视为刚性基础。

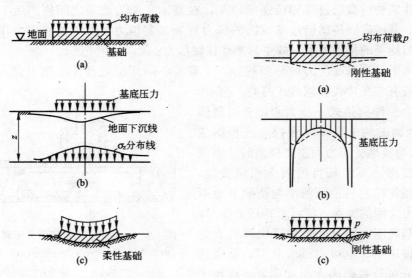

图 4-10 柔性基础基底压力分布   图 4-11 刚性基础的基底压力分布

(3) 弹塑性地基上有限刚性的基础

这是工程中最常见的基础。由于绝对刚性基础并不存在,地基也不是完全弹性体,不可能出现上述弹性理论解的基底压力分布图形。当基底两端压力足够大,超过土的极限强度后,土体会形成塑性区,基底两端处地基土承受的压力不再增大,多余应力向中间转移;且基础不是绝对刚性的,可以稍为弯曲,因此应力重分布的结果可以成为各种更加复杂的形式。具体的压力分布形式与地基、基础的材料特性以及基础尺寸、荷载形状、大小等因素有关。

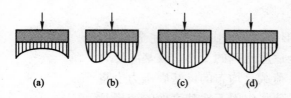

图 4-12 实测刚性基础底面上的压应力分布

2. 荷载和土性质的影响

上部荷载愈大,基础边缘处的基底压力愈大。实测资料表明,刚性基础底面上的压力分布形状大致有图 4-12 所示的几种情况。当上部荷载较小时,基底压力分布形状如图 4-12 (a),接近于弹性理论解;上部荷载增大后,基底压力呈马鞍形(图 4-12b);上部荷载再增大时,边缘塑性破坏区逐渐扩大,所增加的上部荷载必须依靠基底中部基底反力的增大来平衡,基底压力图形可变为抛物线形(图 4-12c)以致倒钟形分布(图 4-12d)。

根据实测资料可知,当刚性基础置于砂土地基表面时,四周无超载,其基底压力分布更易呈抛物线形;而将刚性基础置于黏性土地基表面上,其基底压力分布易成马鞍形。

由以上分析可知，基底压力的大小和分布与地基土的种类、外部荷载、基础刚度、底面形状、基础埋深等许多因素有关，其分布形式十分复杂。但由于基底压力都是作用在地表面附近，根据弹性理论中的圣维南原理可知，其具体分布形式对地基中应力计算的影响将随深度的增加而减少，到达一定深度后，地基中应力分布几乎与基底压力的分布形状无关，而只决定于荷载合力的大小和位置。因此，目前在地基计算中常采用简化方法，即假定基底压力按直线分布的材料力学方法。但简化方法用于计算基础内力会引起较大的误差，必须引起注意。

4.3.2 基底压力的简化计算

1. 竖直中心荷载作用下的情况

当竖直荷载作用于基础中轴线时，基底压力呈均匀分布（图 4-13），其值按下式计算：

对于矩形基础

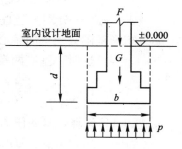

图 4-13 中心受压基础

$$p=\frac{F+G}{A} \tag{4-6}$$

式中　p——基底压力（kPa）；

　　F——上部结构荷载设计值（kN）；

　　G——基础自重设计值和基础台阶上回填土重力之和（kN），$G=\gamma_G Ad$；

　　γ_G——基础材料和回填土平均重度，一般取 $\gamma_G=20kN/m^3$；

　　A——基底面积（m²）；$A=bl$，b 和 l 分别为矩形基础的宽度和长度（m）；

　　d——基础的内外平均埋置深度（m）。

对于条形基础，在长度方向上取 1m 计算，故有：

$$p=\frac{F+G}{b} \tag{4-7}$$

式中　p——沿基础长度方向的荷载值（kPa）。

当基础埋深范围内有地下水时，$G=\gamma_G Ad-\gamma_w Ah_w=20Ad-10Ah_w$，代入式(4-7)，得：

$$p=\frac{F}{A}+20d-10h_w \tag{4-8}$$

式中　h_w——基础底面至地下水位面的距离（m），若地下水位在基底以下，则取 $h_w=0$。

在具体计算时，用式(4-8)会比用式(4-7)来得简单。

对于荷载沿长度方向均匀分布的条形基础，可沿长度方向截取一单位长度（取 $l=1m$）的截条进行计算，此时式(4-8)成为：

$$p=\frac{F+G}{b}=\frac{F}{b}+20d-10h_w \tag{4-9}$$

式中 F、G——基础截条内的相应值(kN/m)。

2. 偏心荷载作用下的情况

矩形基础受偏心荷载作用时,基底压力可按材料力学偏心受压柱计算。若基础受双向偏心荷载作用,则基底任意点的基底压力为:

$$p(x,\ y)=\frac{F+G}{A}\pm\frac{M_x I_x}{y}\pm\frac{M_y I_y}{x} \tag{4-10}$$

式中 $p(x,\ y)$——基础底面任意点 $(x,\ y)$ 的基底压力(kPa);

M_x、M_y——分别为竖直偏心荷载 $F+G$ 对基础底面 x 轴和 y 轴的力矩(kNm),$M_x=(F+G)e_y$,$M_y=(F+G)e_x$;

I_x、I_y——分别为基础底面对 x 轴和 y 轴的抵抗矩(m³);

e_x、e_y——分别为竖直荷载对 y 轴和 x 轴的偏心距(m)。

如果矩形基础只受单向偏心荷载作用,如作用于 x 主轴上(图 4-14),则 $M_x=0$,$e_x=e$。这时,基底两端的压力为:

$$\left.\begin{array}{c}p_{\max}\\p_{\min}\end{array}\right\}=\frac{F+G}{lb}\pm\frac{6M}{bl^2}=p\pm\frac{6M}{bl^2}=p\left(1\pm\frac{6e}{l}\right) \tag{4-11}$$

按式(4-11)计算,基底压力分布有下列三种情况:

(1) 当 $e<l/6$ 时,$p_{\min}$ 为正值,基底压力为梯形分布(图 4-14a);

(2) 当 $e=l/6$ 时,$p_{\min}=0$,基底压力按三角形分布(图 4-14b);

(3) 当 $e>l/6$ 时,$p_{\min}$ 为负值,表示基础底面与地基之间一部分出现拉应力。但实际上,在地基土与基础之间不可能存在拉力,因此基础底面下的压力将重新分布(图 4-14c)。因此,根据偏心荷载应与基底反力相平衡的条件,荷载合力 $F+G$ 应通过三角形反力分布图的形心(图 4-14c),由此可得基底边缘的最大压力为:

$$p_{\max}=\frac{2(F+G)}{3kb} \tag{4-12}$$

式中 $k=\frac{l}{2}-e$,符号意义同前。

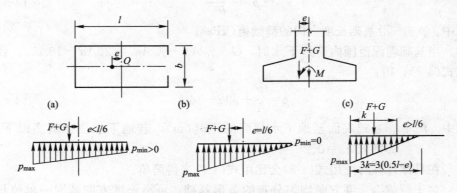

图 4-14 单向偏心荷载下的基底压力

中心受压基础的底面应力呈均匀分布,如果地基土层沿水平方向分布比较均匀时,则基础将产生均匀沉降。而偏心受压基础底面的应力分布,则随偏心距而变化，偏心距愈大，基底应力分布愈不均匀。基础在偏心荷载作用下将发生倾斜，当倾斜过大时，就会影响上部结构的正常使用。所以，在设计偏心受压基础时，应当注意选择合理的基础底面尺寸，尽量减小偏心距，以保证建筑物的荷载比较均匀地传递给地基，以免基础过分倾斜。

3. 水平荷载作用下的情况

承受土压力或水压力的建（构）筑物，其基础常受到倾斜荷载作用，倾斜荷载要引起竖直向基底压力 p_v 和水平向应力 p_h。计算时，可将倾斜荷载分解为竖直向荷载 P_v 和水平向荷载 P_h。由 P_h 引起的基底水平应力 p_h 一般假定为均匀分布于整个基础底面，则对于矩形基础：

$$p_h = \frac{P_h}{A} \tag{4-13}$$

对于条形基础：

$$p_h = \frac{P_h}{b} \tag{4-14}$$

式中　符号意义同前。

4.3.3　基础底面附加应力

前面叙述的地基内附加应力的计算方法，均为荷载作用在地表面时的情形。实际上，在工程设计计算中所遇到的荷载多由建筑物基础传给地基，也就是说大多数荷载都是作用在地面下某一深度处的，这个深度就是基础埋置深度。

在建筑物建造以前，基础底面标高处就已经受到地基土的自重应力作用。设基础埋置深度为 d，在其范围内土的重度为 γ，则基底处土的自重应力 $\sigma_c = \gamma_m d$。当开挖到基础埋置深度，即挖好基槽后，就相当于在基槽底面卸除荷载 $\gamma_m d$。如果地基土是理想的弹性体，则卸荷后槽底必定会产生向上的回弹变形。事实上，地基土不是理想的弹性体，卸除 $\gamma_m d$ 荷载后，基槽底面不会立刻产生回弹变形，而是逐渐回弹的。回弹变形的大小、速度与土的性质、基槽深度和宽度，以及开挖基槽后至砌筑基础前所经历的时间等因素有关。一般情况下，为了简化计算，常假设基槽开挖后，槽底不产生回弹变形（浅基槽）。因此，由于建筑物荷载在基础底面所引起的附加应力，即引起地基变形的应力（新增加的应力）（图 4-15），对于中心受压基础则为：

$$p_0 = p - \gamma_m d \tag{4-15}$$

式中　p——基础底面总的压应力（kN/m²）；

　　　γ_m——基础埋深范围内土的重度（kN/m³）；

　　　d——基础埋置深度（m），从天然地面算起，对于新填土场地则应从老天然地面算起。

计算基础底面下任一点的附加应力时，外荷载已经转变为基底的附加应力 p_0。

4.3　基　底　压　力

85

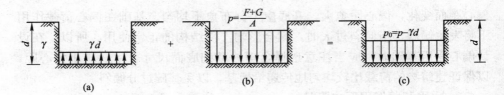

图 4-15 基底附加应力的计算

(a)挖槽卸载;(b)建造房屋后基底总压力;(c)基底新增加的压力

按式(4-15)计算基底附加压力时,并未考虑坑底土体的回弹变形。实际上,当基坑的平面尺寸、深度较大且土又较软时,坑底回弹是不可忽略的。因此,在计算地基变形时,为了适当考虑这种坑底回弹和再压缩而增加的沉降,通常做法是对基底附加压力进行调整,即取 $p_0 = p - \alpha\sigma_{cd}$,其中 α 为 0~1 的系数。

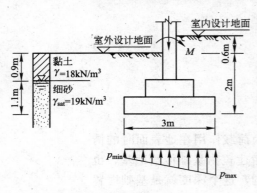

图 4-16 例题 4-3 图

【例题 4-3】 图 4-16 中的柱下单独基础底面尺寸为 3m×2m,柱传给基础的竖向力 $F = 1000$kN,基底面弯矩 $M = 180$kNm(已考虑基础室内外埋深差别影响),试按图中所给的资料计算 p、p_{max}、p_{min}、p_0,并画出基底压力的分布图。

【解】 $d = \dfrac{1}{2} \times (2+2.6) = 2.3$m

$$p = \frac{F}{A} + 20d - 10h_w = \frac{1000}{2\times3} + 20\times2.3 - 10\times1.1$$
$$= 201.7\text{kPa}$$

$$p_{max} = p + \frac{6M}{lb^2} = 201.7 + \frac{6\times180}{2\times3^2} = 261.7\text{kPa}$$

$$p_{min} = p - \frac{6M}{lb^2} = 201.7 - \frac{6\times180}{2\times3^2} = 141.7\text{kPa}$$

$$p_0 = p - \sigma_{cd} = 201.7 - [18\times0.9 + (19-10)\times1.1] = 175.6\text{kPa}$$

基底压力分布绘于图 4-16 中。

4.4 地基附加应力

计算地基中的附加应力时,一般假定地基土是各向同性的、均质的线性变形体,而且在深度和水平方向上都是无限延伸的,即把地基看成是均质的线性变形半空间(半无限体),这样就可以直接采用弹性力学中关于弹性半空间的理论解答。当弹性半空间表面作用一个竖向集中力时,地基中任意点处所引起的应力和位移可用布辛内斯克(J. Boussinesq,1885)公式求解;在弹性半空间表面作用一个水平集中力时,地基中任意点处所引起的应力和位移可用西罗提(V. Cerutti,1882)公式求解;在弹性半空间内某一深度处作用一个竖向集中力时,地基中任意点处所引起的应力和位移可用明德林(R. Mindlin,1936)公式求解。

地基中的附加应力主要由建筑物基础(或堤坝)底面的附加应力来计算，此外，考虑相邻基础影响以及成土年代不久土体的自重应力，在地基变形计算中，应归入地基附加应力范畴。计算地基附加应力时，通常将基底压力看成是柔性荷载，而不考虑基础刚度的影响。按照弹性力学，地基附加应力计算分为空间问题和平面问题两类。本节先介绍属于空间问题的集中力、矩形荷载和圆形荷载作用下的解答，然后介绍属于平面问题的线荷载和条形荷载作用下的解答，最后，概要介绍一些非均质地基附加应力的弹性力学解答。

4.4.1 竖向集中荷载作用下地基中的附加应力

1. 布辛内斯克解答

在地基表面作用有竖向集中荷载 P 时，在地基内任意一点 $M(r, \theta, z)$ 的应力分量及位移分量由法国布辛内斯克(J. Boussinesq)在 1885 年用弹性理论求解得出(图 4-17)，其中应力分量为：

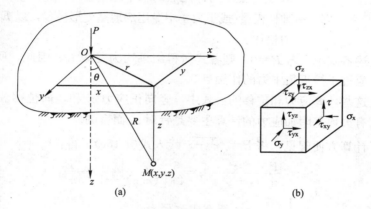

图 4-17 竖向集中荷载作用下的应力

$$\sigma_x = \frac{3P}{2\pi}\left[\frac{x^2 z}{R^5} + \frac{1-2\mu}{3}\left(\frac{R^2-Rz-z^2}{R^3(R+z)} - \frac{x^2(R+z)}{R^3(R+z)^2}\right)\right] \quad (4\text{-}16a)$$

$$\sigma_y = \frac{3P}{2\pi}\left[\frac{y^2 z}{R^5} + \frac{1-2\mu}{3}\left(\frac{R^2-Rz-z^2}{R^3(R+z)} - \frac{y^2(2R+z)}{R^3(R+z)^2}\right)\right] \quad (4\text{-}16b)$$

$$\sigma_z = \frac{3P}{2\pi}\frac{z^3}{R^5} = \frac{3P}{2\pi R^2}\cos^3\theta \quad (4\text{-}16c)$$

$$\tau_{xy} = \tau_{yx} = \frac{3P}{2\pi}\left[\frac{xyz}{R^5} - \frac{1-2\mu}{3}\frac{xy(2R+z)}{R^3(R+z)^2}\right] \quad (4\text{-}17a)$$

$$\tau_{yz} = \tau_{zy} = \frac{3P}{2\pi}\frac{yz^2}{R^5} = \frac{3Py}{2\pi R^3}\cos^2\theta \quad (4\text{-}17b)$$

$$\tau_{zx} = \tau_{xz} = \frac{3P}{2\pi}\frac{xz^2}{R^5} = \frac{3Px}{2\pi R^3}\cos^2\theta \quad (4\text{-}17c)$$

$$u = \frac{P(1+\mu)}{2\pi E}\left[\frac{xz}{R^3} - (1-2\mu)\frac{x}{R(R+z)}\right] \quad (4\text{-}18a)$$

$$v = \frac{P(1+\mu)}{2\pi E}\left[\frac{yz}{R^3} - (1-2\mu)\frac{y}{R(R+z)}\right] \quad (4\text{-}18b)$$

$$w=\frac{P(1+\mu)}{2\pi E}\left[\frac{z^2}{R^3}+2(1-\mu)\frac{1}{R}\right] \tag{4-18c}$$

式中　σ_x、σ_y、σ_z——分别表示平行于 x、y、z 坐标轴的正应力；

$\quad\tau_{xy}$、τ_{yz}、τ_{zx}——剪应力，其中前一个角标表示与它作用的微面的法线方向平行的坐标轴，后一个角标表示与它作用方向平行的坐标轴；

$\quad u$、v、w——M 点分别沿坐标轴 x、y、z 方向的位移；

$\quad z$——M 点的深度；

$\quad P$——作用于坐标原点 O 的竖向集中力；

$\quad R$——M 点至坐标原点 O 的距离，$R=\sqrt{x^2+y^2+z^2}=\sqrt{r^2+z^2}=z/\cos\theta$；

$\quad\theta$——R 线与 z 坐标轴的夹角；

$\quad r$——M 点与集中力作用点的水平距离，$r=\sqrt{x^2+y^2}$；

$\quad E$——弹性模量(或土力学中专用的地基变形模量，以 E_0 代之)；

$\quad\mu$——泊松比。

在上述各式中，若 $R=0$，则各式所得结果均为无限大，因此，所选择的计算点不应过于接近集中力的作用点。

以上这些计算应力和位移的公式中，竖向正应力 σ_z 和竖向位移 w 最为常用，以后有关地基附加应力的计算主要是针对 σ_z 而言的。

为了计算方便起见，将 $R=\sqrt{r^2+z^2}$ 代入式(4-16c)，得：

$$\sigma_z=\frac{3P}{2\pi}\frac{z^3}{(r_2+y^2)^{5/2}}=\frac{3}{2\pi}\frac{1}{[(r/z)^2+1]^{5/2}}\frac{P}{z^2} \tag{4-19}$$

令 $K=\dfrac{3}{2\pi}\dfrac{1}{[(r/z)^2+1]^{5/2}}$，则上式改写为：

$$\sigma_z=K\frac{P}{z^2} \tag{4-20}$$

式中　K——集中荷载作用下的地基竖向附加应力系数，r/z 值查表 4-1。

集中荷载下竖向附加应力系数 K　　　　　　　　表 4-1

r/z	K	r/z	K	r/z	K	r/z	K	r/z	K
0	0.4775	0.50	0.2733	1.00	0.0844	1.50	0.0251	2.00	0.0085
0.05	0.4745	0.55	0.2466	1.05	0.0744	1.55	0.0224	2.20	0.0058
0.10	0.4657	0.60	0.2214	1.10	0.0658	1.60	0.0200	2.40	0.0040
0.15	0.4516	0.65	0.1978	1.15	0.0581	1.65	0.0179	2.60	0.0029
0.20	0.4329	0.70	0.1762	1.20	0.0513	1.70	0.0160	2.80	0.0021
0.25	0.4103	0.75	0.1565	1.25	0.0454	1.75	0.0144	3.00	0.0015
0.30	0.3849	0.80	0.1386	1.30	0.0402	1.80	0.0129	3.50	0.0007
0.35	0.3577	0.85	0.1226	1.35	0.0357	1.85	0.0116	4.00	0.0004
0.40	0.3294	0.90	0.1083	1.40	0.0317	1.90	0.0105	4.50	0.0002
0.45	0.3011	0.95	0.0956	1.45	0.0282	1.95	0.0095	5.00	0.0001

当有若干个竖向荷载 $P_i(i=1, 2, \cdots, n)$ 作用在地基表面时，按叠加原理，地面下 z 深度处某点 M 的附加应力 σ_z 为：

$$\sigma_z = \sum_{i=1}^{n} K_i \frac{P_i}{z^2} = \frac{1}{z^2} \sum_{i=1}^{n} K_i P_i \qquad (4\text{-}21)$$

式中 K_i——第 i 个集中荷载下的竖向附加应力系数，按 r_i/z 由表 2-1 查得，其中 r_i 是第 i 个集中荷载作用点到 M 点的水平距离。

2. 等代荷载法

建筑物的荷载是通过基础作用于地基之上的，而基础总是具有一定的面积，因此，理论上的集中荷载实际上是没有的。等代荷载法是将荷载面(或基础底面)划分成若干个形状规则(如矩形)的面积单元 (A_i)，每个单元上的分布荷载 $(p_i A_i)$ 近似地以作用在该单元面积形心上的集中力 $(P_i = p_i A_i)$ 来代替(图 4-18)，这样就可以利用式(4-20)来计算地基中某一点 M 处的附加应力。由于集中力作用点附近的 σ_z 为无穷大，故这种方法不适用于过于靠近荷载面的计算点，其计算精度的高低取决于单元面积的大小，单元划分越细，计算精度越高。

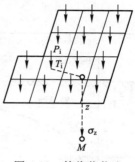

图 4-18 等代荷载法

【例题 4-4】 在地面作用一集中荷载 $p = 200\text{kN}$，试确定：

(1) 在地基中 $z = 2\text{m}$ 的水平面上，水平距离 $r = 1\text{m}$、2m、3m 和 4m 各点的竖向附加应力 σ_z 值，并绘出分布图；

(2) 在地基中 $r = 0$ 的竖直线上距地面 $z = 0\text{m}$、1m、2m、3m 和 4m 处各点的 σ_z 值，并绘出分布图。

【解】 (1) 在地基中 $z = 2\text{m}$ 的水平面上指定点的附加应力 σ_z 的计算数据，见表 4-2；σ_z 的分布图见图 4-19。

例题 4-4 附表一　　　　　　　　　　　　　表 4-2

$z(\text{m})$	$r(\text{m})$	$\dfrac{r}{z}$	K(查表 4-1)	$\sigma_z = K\dfrac{P}{z^2}(\text{kN/m}^2)$
2	0	0	0.4775	23.8
2	1	0.5	0.2733	13.7
2	2	1.0	0.0844	4.2
2	3	1.5	0.0251	1.2
2	4	2.0	0.0085	0.4

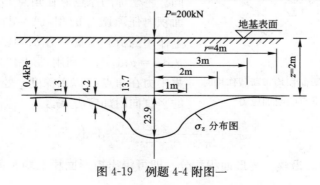

图 4-19 例题 4-4 附图一

（2）在地基中 $r=0$ 的竖直线上，指定点的附加应力 σ_z 的计算数据见表 4-3；σ_z 分布图见图 4-20。

例题 4-4 附表二　　　　　　　　　　　　　表 4-3

z(m)	r(m)	$\dfrac{r}{z}$	K（查表 4-1）	$\sigma_z=K\dfrac{P}{z^2}$(kPa)
0	0	0	0.4775	∞
1	0	0	0.4775	95.5
2	0	0	0.4775	23.8
3	0	0	0.4775	10.6
4	0	0	0.4775	6.0

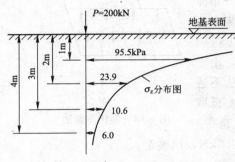

图 4-20　例题 4-4 附图二

当地基表面作用有几个集中力时，可以分别算出各集中力在地基中引起的附加应力，然后根据弹性体应力叠加原理求出地基的附加应力的总和。

在实际工程应用中，当基础底面形状不规则或荷载分布较复杂时，可将基底划分为若干个小面积，把小面积上的荷载当成集中力，然后利用上述公式计算附加应力。

4.4.2　矩形面积承受竖直均布荷载作用时的附加应力

地基表面有一矩形面积，宽度为 b，长度为 l，其上作用着竖直均布荷载，荷载强度为 p_0，求地基内各点的附加应力 σ_z。轴心受压柱基础的底面附加压力即属于均布的矩形荷载。这类问题的求解方法是：先求出矩形面积角点下的附加应力，再利用"角点法"求出任意点下的附加应力。

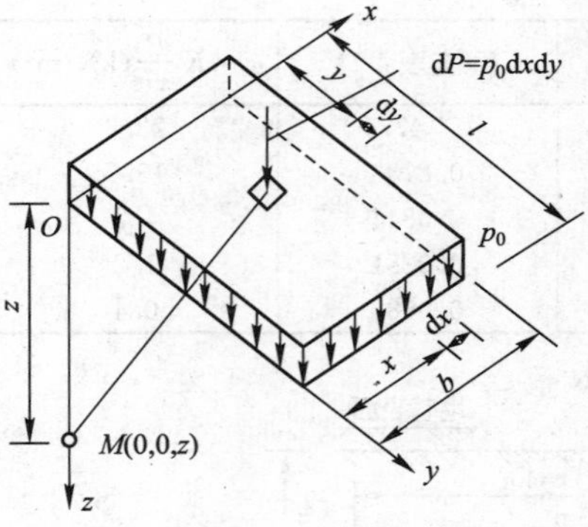

1. 角点下的附加应力

角点下的附加应力是指图 4-21 中 O 角点下任意深度处的附加应力。只要深度 z 一样，则四个角点下的附加应力 σ_z 都相同。将坐标的原点取在角点 O 上，在荷载面积内任取微分面积 $\mathrm{d}A=\mathrm{d}x\mathrm{d}y$，并将其上作用的荷载以集中力 $\mathrm{d}P$ 代替，则 $\mathrm{d}P=p_0\mathrm{d}A=p_0\mathrm{d}x\mathrm{d}y$。利用式（4-19）即可求出该集中力在角点 O 以下深度 z 处 M 点所引起的竖直向附加应力 $\mathrm{d}\sigma_z$：

图 4-21　矩形面积均布荷载作用时角点下点的附加应力

$$\mathrm{d}\sigma_z=\frac{3}{2\pi}\frac{p_0 z^3}{(x^2+y^2+z^2)^{5/2}}\mathrm{d}x\mathrm{d}y \tag{4-22}$$

将式（4-20）沿整个矩形面积积分，即可得出矩形面积上均布荷载 p_0 在 M

点引起的附加应力 σ_z：

$$\sigma_z = \iint\limits_A \mathrm{d}\sigma_z = \frac{3p_0 z^3}{2\pi} \int_0^l \int_0^b \frac{1}{(x^2+y^2+z^2)^{5/2}} \mathrm{d}x\mathrm{d}y$$

$$= \frac{p_0}{2\pi}\left[\arctan\frac{m}{n\sqrt{1+m^2+n^2}} + \frac{m\cdot n}{\sqrt{1+m^2+n^2}}\left(\frac{1}{m^2+n^2}+\frac{1}{1+n^2}\right)\right] \qquad (4\text{-}23)$$

式中　$m=\dfrac{l}{b}$；$n=\dfrac{z}{b}$，其中 l 为矩形的长边，b 为矩形的短边。

为了计算方便，可将式(4-23)简写成：

$$\sigma_z = \alpha_c p_0 \qquad (4\text{-}24)$$

称 α_c 为矩形竖直向均布荷载角点下的应力分布系数，$\alpha_c=f(m，n)$，可从表 4-4 中查得。

矩形面积受竖直均布荷载作用时角点下的应力系数 α_c　　　　表 4-4

$m=l/b$ \ $n=z/b$	1.0	1.2	1.4	1.6	1.8	2.0	3.0	4.0	5.0	6.0	10.0
0.0	0.2500	0.2500	0.2500	0.2500	0.2500	0.2500	0.2500	0.2500	0.2500	0.2500	0.2500
0.2	0.2486	0.2489	0.2490	0.2491	0.2491	0.2491	0.2492	0.2492	0.2492	0.2492	0.2492
0.4	0.2401	0.2420	0.2429	0.2434	0.2437	0.2439	0.2442	0.2443	0.2443	0.2443	0.2443
0.6	0.2229	0.2275	0.2300	0.2351	0.2324	0.2329	0.2339	0.2341	0.2342	0.2342	0.2342
0.8	0.1999	0.2075	0.2120	0.2147	0.2165	0.2176	0.2196	0.2200	0.2202	0.2202	0.2202
1.0	0.1752	0.1851	0.1911	0.1955	0.1981	0.1999	0.2034	0.2042	0.2044	0.2045	0.2046
1.2	0.1516	0.1626	0.1705	0.1758	0.1793	0.1818	0.1870	0.1882	0.1885	0.1887	0.1888
1.4	0.1308	0.1423	0.1508	0.1569	0.1613	0.1644	0.1712	0.1730	0.1735	0.1738	0.1740
1.6	0.1123	0.1241	0.1329	0.1436	0.1445	0.1482	0.1567	0.1590	0.1598	0.1601	0.1604
1.8	0.0969	0.1083	0.1172	0.1241	0.1294	0.1334	0.1434	0.1463	0.1474	0.1478	0.1482
2.0	0.0840	0.0947	0.1034	0.1103	0.1158	0.1202	0.1314	0.1350	0.1363	0.1368	0.1374
2.2	0.0732	0.0832	0.0917	0.0984	0.1039	0.1084	0.1205	0.1248	0.1264	0.1271	0.1277
2.4	0.0642	0.0734	0.0812	0.0879	0.0934	0.0979	0.1108	0.1156	0.1175	0.1184	0.1192
2.6	0.0566	0.0651	0.0725	0.0788	0.0842	0.0887	0.1020	0.1073	0.1095	0.1106	0.1116
2.8	0.0502	0.0580	0.0649	0.0709	0.0761	0.0805	0.0942	0.0999	0.1024	0.1036	0.1048
3.0	0.0447	0.0519	0.0583	0.0640	0.0690	0.0732	0.0870	0.0931	0.0959	0.0973	0.0987
3.2	0.0401	0.0467	0.0526	0.0580	0.0627	0.0668	0.0806	0.0870	0.0900	0.0916	0.0933
3.4	0.0361	0.0421	0.0477	0.0527	0.0571	0.0611	0.0747	0.0814	0.0847	0.0864	0.0882
3.6	0.0326	0.0382	0.0433	0.0480	0.0523	0.0561	0.0694	0.0763	0.0799	0.0816	0.0837
3.8	0.0296	0.0348	0.0395	0.0439	0.0479	0.0516	0.0645	0.0717	0.0753	0.0773	0.0796
4.0	0.0270	0.0318	0.0362	0.0403	0.0441	0.0474	0.0603	0.0674	0.0712	0.0733	0.0758
4.2	0.0247	0.0291	0.0333	0.0371	0.0407	0.0439	0.0563	0.0634	0.0674	0.0696	0.0724
4.4	0.0227	0.0268	0.0306	0.0343	0.0376	0.0407	0.0527	0.0597	0.0639	0.0662	0.0696
4.6	0.0209	0.0247	0.0283	0.0317	0.0348	0.0378	0.0493	0.0564	0.0606	0.0630	0.0663
4.8	0.0193	0.0229	0.0262	0.0294	0.0324	0.0352	0.0463	0.0533	0.0576	0.0601	0.0635
5.0	0.0179	0.0212	0.0243	0.0274	0.0302	0.0328	0.0435	0.0504	0.0547	0.0573	0.0610
6.0	0.0127	0.0151	0.0174	0.0196	0.0218	0.0233	0.0325	0.0388	0.0431	0.0460	0.0506
7.0	0.0094	0.0112	0.0130	0.0147	0.0164	0.0180	0.0251	0.0306	0.0346	0.0376	0.0428
8.0	0.0073	0.0087	0.0101	0.0114	0.0127	0.0140	0.0198	0.0246	0.0283	0.0311	0.0367
9.0	0.0058	0.0069	0.0080	0.0091	0.0102	0.0112	0.0161	0.0202	0.0235	0.0262	0.0319
10.0	0.0047	0.0056	0.0065	0.0074	0.0083	0.0092	0.0132	0.0167	0.0198	0.0222	0.0280

2. 任意点的附加应力——角点法

实际计算中，常会遇到计算点不位于矩形荷载面角点下的情况。这时可以通过作辅助线把荷载面分成若干个矩形面积，而计算点正好位于这些矩形面积的角点下，这样就可以应用式(4-23)及力的叠加原理来求解。这种方法称为角点法。下面分四种情况(图4-22，计算点在图中 O 点以下任意深度处)说明角点法的具体应用。

(1) O 点在荷载面边缘

过 O 点作辅助线 OE，将荷载面分成 Ⅰ、Ⅱ 两块，由叠加原理，有

$$\sigma_z = (\alpha_{c1} + \alpha_{c2}) p_0$$

式中 α_{c1}、α_{c2}——分别按两块小矩形面积 Ⅰ 和 Ⅱ 查得的角点附加应力系数。

(2) O 在荷载面内

作两条辅助线将荷载面分成 Ⅰ、Ⅱ、Ⅲ 和 Ⅳ 共四块面积。于是

$$\sigma_z = (\alpha_{c1} + \alpha_{c2} + \alpha_{c3} + \alpha_{c4}) p_0$$

如果 O 点位于荷载面中心，则 $\alpha_{c1} = \alpha_{c2} = \alpha_{c3} = \alpha_{c4}$，可得 $\sigma_z = 4\alpha_{c1} p_0$，此即为利用角点法求基底中心点下 σ_z 的解，亦可直接查中点附加应力系数(略)。

(3) O 在荷载面边缘外侧

将荷载面 $abcd$ 看成 Ⅰ $(ofbg)$ − Ⅱ $(ofah)$ + Ⅲ $(oecg)$ − Ⅳ $(oedh)$，则

$$\sigma_z = (\alpha_{c1} - \alpha_{c2} + \alpha_{c3} - \alpha_{c4}) p_0$$

(4) O 在荷载面角点外侧

将荷载面看成 Ⅰ $(ohce)$ − Ⅱ $(ohbf)$ − Ⅲ $(ogde)$ + Ⅳ $(ogaf)$，则

$$\sigma_z = (\alpha_{c1} - \alpha_{c2} - \alpha_{c3} + \alpha_{c4}) p_0$$

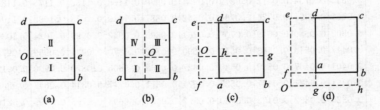

图4-22 以角点法计算均布矩形荷载面 O 点下的地基附加应力

(a) O 点在荷载面边缘；(b) O 点在荷载面内；
(c) O 点在荷载面边缘外侧；(d) O 点在荷载面角点外侧

【例题 4-5】 试以角点法分别计算图4-23所示的甲、乙两个基础基底中心点下不同深度处的地基附加应力 σ_z 值，绘 σ_z 分布图，并考虑相邻基础的影响。基础埋深范围内天然土层的重度 $\gamma_0 = 18 \text{kN/m}^3$。

【解】 (1) 两基础基底的附加压力。

甲基础：$p_0 = p - \sigma_{cd} = \dfrac{F}{A} + 20d - \sigma_{cd} = \dfrac{392}{2 \times 2} + 20 \times 1 - 18 \times 1 = 100 \text{kPa}$

乙基础：$p_0 = \dfrac{98}{1 \times 1} + 20 \times 1 - 18 \times 1 = 100 \text{kPa}$

（2）计算两基础中心点下由本基础荷载引起的 σ_z 时，过基底中心点将基底分成相等的四块，以角点法计算之，计算过程列于表 4-5。

基础自身荷载引起的 σ_z 计算　　　　　　　　　　　表 4-5

z(m)	甲基础				乙基础			
	l/b	z/b	K_{c1}	$\sigma_z = 4\alpha_{c1}p_0$ (kPa)	l/b	z/b	K_{c1}	$\sigma_z = 4\alpha_{c1}p_0$ (kPa)
0	1	0	0.2500	100	1	0	0.2500	100
1	1	1	0.1752	70	1	2	0.0840	34
2	1	2	0.0840	34	1	4	0.0270	11
3	1	3	0.0447	18	1	6	0.0127	5
4	1	4	0.0270	11	1	8	0.0073	3

（3）计算本基础中心点下由相邻基础荷载 σ_z 时，可按前述的计算点在荷载面边缘外侧的情况以角点法计算。甲基础对乙基础 σ_z 影响的计算过程见表 4-6，乙基础对甲基础 σ_z 影响的计算过程见表 4-7。

甲基础对乙基础 σ_z 影响　　　　　　　　　　　表 4-6

z(m)	l/b		z/b	α_c		$\sigma_z = 2(\alpha_{c1} - \alpha_{c2})p_0$ (kPa)
	I $(abfO')$	II $(dcfO')$		K_{c1}	K_{c2}	
0	3	1	0	0.2500	0.2500	0
1	3	1	1	0.2034	0.1752	5.6
2	3	1	2	0.1314	0.0840	9.5
3	3	1	3	0.0870	0.0447	8.5
4	3	1	4	0.0603	0.0270	6.7

乙基础对甲基础 σ_z 影响　　　　　　　　　　　表 4-7

z(m)	l/b		z/b	α_c		$\sigma_z = 2(\alpha_{c1} - \alpha_{c2})p_0$ (kPa)
	I $(gheO)$	II $(ijeO)$		K_{c1}	K_{c2}	
0	5	3	0	0.2500	0.2500	0
1	5	3	2	0.1363	0.1314	1.0
2	5	3	4	0.0712	0.0603	2.2
3	5	3	6	0.0431	0.0325	2.1
4	5	3	8	0.0283	0.0198	1.7

（4）σ_z 的分布图见图 4-23，图中两条曲线之间部分表示相邻基础荷载对本基础中心点下 σ_z 的影响。

比较图中两基础下的 σ_z 分布图可见，基础底面尺寸大的基础下的附加应力比基础底面小的收敛得慢，影响深度大，同时，对相邻基础的影响也较大。可以预见，在基底附加压力相等的条件下，基底尺寸越大的基础沉降也越大。这是在基础设计时应当注意的问题。

93

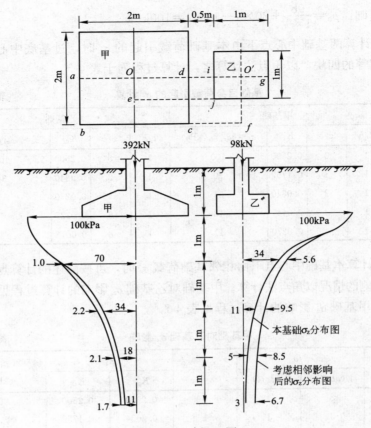

图 4-23　例 4-5 图

4.4.3　矩形面积承受水平均布荷载作用时的附加应力

如果地基表面作用有水平的集中力 p_h 时，求解地基中任意点 $M(x, y, z)$ 所产生的附加应力可由弹性理论的西罗提（V. Cerruti）公式求得，其与沉降计算关系最大的垂直压应力的表达式为：

$$\sigma_z = \frac{3P_h x z^3}{2\pi R^5} \tag{4-25}$$

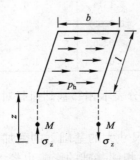

图 4-24　矩形面积作用
水平均布荷载时
角点下的 σ_z

当矩形面积上作用有水平均布荷载 p_h（图 4-24）时，即可由式（4-25）对矩形面积积分，从而求出矩形面积角点下任意深度 z 处的附加应力 σ_z，简化后由下式表示：

$$\sigma_z = \mp \alpha_h p_h \tag{4-26}$$

式中 $\alpha_h = \dfrac{1}{2\pi}\left[\dfrac{m}{\sqrt{m^2+n^2}} - \dfrac{mn^2}{(1+n^2)\sqrt{1+m^2+n^2}}\right]$，为矩形面积承受水平均布荷载作用时角点下的附加应力分布系数，可查表 4-8 求得。

$$m = \frac{l}{b}, \quad n = \frac{z}{b}$$

b、l——分别为平行于、垂直于水平荷载的矩形面积边长。

经过计算可知，在地面下同一深度处，四个角点下的附加应力的绝对值相同，但应力符号不同，图 4-24 中左侧角点下的 σ_z 取负值，右侧角点下的 σ_z 取正值。同样，也可以利用角点法和应力叠加原理计算水平均布荷载下矩形面积内外任意点的附加应力 σ_z。

矩形面积受水平均布荷载作用时角点下的附加应力系数 α_h 值　　表 4-8

$n=z/b$ ＼ $m=l/b$	1.0	1.2	1.4	1.6	1.8	2.0	3.0	4.0	6.0	8.0	10.0
0.0	0.1592	0.1592	0.1592	0.1592	0.1592	0.1592	0.1592	0.1592	0.1592	0.1592	0.1592
0.2	0.1518	0.1523	0.1526	0.1528	0.1529	0.1529	0.1530	0.1530	0.1530	0.1530	0.1530
0.4	0.1328	0.1347	0.1356	0.1362	0.1365	0.1367	0.1371	0.1372	0.1372	0.1372	0.1372
0.6	0.1091	0.1121	0.1139	0.1150	0.1156	0.1160	0.1168	0.1169	0.1170	0.1170	0.1170
0.8	0.0861	0.0900	0.0924	0.0939	0.0948	0.0955	0.0967	0.0969	0.0970	0.0970	0.0970
1.0	0.0666	0.0708	0.0735	0.0753	0.0766	0.0774	0.0790	0.0794	0.0795	0.0796	0.0796
1.2	0.0512	0.0553	0.0582	0.0601	0.0615	0.0624	0.0645	0.0650	0.0652	0.0652	0.0652
1.4	0.0395	0.0433	0.0460	0.0480	0.0494	0.0505	0.0528	0.0534	0.0537	0.0537	0.0538
1.6	0.0308	0.0341	0.0366	0.0385	0.0400	0.0410	0.0436	0.0443	0.0446	0.0447	0.0447
1.8	0.0242	0.0270	0.0293	0.0311	0.0325	0.0336	0.0362	0.0370	0.0374	0.0375	0.0375
2.0	0.0192	0.0217	0.0237	0.0253	0.0266	0.0277	0.0303	0.0312	0.0317	0.0318	0.0318
2.5	0.0113	0.0130	0.0145	0.0157	0.0167	0.0176	0.0202	0.0211	0.0217	0.0219	0.0219
3.0	0.0070	0.0083	0.0093	0.0102	0.0110	0.0117	0.0140	0.0150	0.0156	0.0158	0.0159
5.0	0.0018	0.0021	0.0024	0.0027	0.0030	0.0032	0.0043	0.0050	0.0057	0.0059	0.0060
7.0	0.0007	0.0008	0.0009	0.0010	0.0012	0.0013	0.0018	0.0022	0.0027	0.0029	0.0030
10.0	0.0002	0.0003	0.0003	0.0004	0.0004	0.0005	0.0007	0.0008	0.0011	0.0013	0.0014

4.4.4　矩形面积承受竖直三角形分布荷载作用时的附加应力

设竖向荷载在矩形面积上沿着 x 轴方向呈三角形分布，而沿 y 轴均匀分布，荷载的最大值为 p_0，取荷载零值边的角点 1 为坐标原点（图 4-25）。与均布荷载相同，以 $\mathrm{d}P=\dfrac{x}{b}p_0\mathrm{d}x\mathrm{d}y$ 代替微元面积 $\mathrm{d}A=\mathrm{d}x\mathrm{d}y$ 上的分布荷载，则可按下式求得角点 1 下深度 z 处的 M_1 点由该矩形面积竖直三角形分布荷载引起的附加应力 σ_z：

$$\sigma_z=\frac{3}{2\pi}\int_0^b\int_0^l\frac{xp_0z^3}{b(x^2+y^2+z^2)^{5/2}}\mathrm{d}x\mathrm{d}y$$

(4-27)

由此可得受荷面积角点 1 下深度 z 处的附加应力 σ_z 为：

$$\sigma_z=\alpha_{c1}p_0 \qquad (4-28)$$

上式中

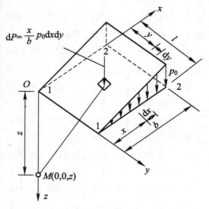

图 4-25　矩形面积三角形分布荷载下地基中附加应力计算

$$\alpha_{c1}=\frac{nm}{2\pi}\left[\frac{1}{\sqrt{n^2+m^2}}-\frac{n^2}{(1+n^2)\sqrt{1+n^2+m^2}}\right]\qquad(4\text{-}29)$$

同理可得受荷面积角点 2 下深度 z 处 M_2 点的附加应力 σ_z 为：

$$\sigma_z=\alpha_{c2}\,p_0=(\alpha_c-\alpha_{c1})\,p_0\qquad(4\text{-}30)$$

矩形面积上竖直三角形分布荷载作用下的附加压力系数 α_{c1}、α_{c2} 表 4-9

z/b	l/b									
	0.2		0.4		0.6		0.8		1.0	
	1点	2点	1点	2点	1点	2点	1点	2点	1点	2点
0.0	0.0000	0.2500	0.0000	0.2500	0.0000	0.2500	0.0000	0.2500	0.0000	0.2500
0.2	0.0223	0.1821	0.0280	0.2115	0.0296	0.2165	0.0301	0.2178	0.0304	0.2182
0.4	0.0269	0.1094	0.0420	0.1604	0.0487	0.1781	0.0517	0.1844	0.0531	0.1870
0.6	0.0259	0.0700	0.0448	0.1165	0.0560	0.1405	0.0621	0.1520	0.0654	0.1575
0.8	0.0232	0.0480	0.0421	0.0853	0.0553	0.1093	0.0637	0.1232	0.0688	0.1311
1.0	0.0201	0.0346	0.0375	0.0638	0.0508	0.0805	0.0602	0.0996	0.0666	0.1086
1.2	0.0171	0.0260	0.0324	0.0491	0.0450	0.0673	0.0546	0.0807	0.0615	0.0901
1.4	0.0145	0.0202	0.0278	0.0386	0.0392	0.0540	0.0483	0.0661	0.0554	0.0751
1.6	0.0123	0.0160	0.0238	0.0310	0.0339	0.0440	0.0424	0.0547	0.0492	0.0628
1.8	0.0105	0.0130	0.0204	0.0254	0.0294	0.0363	0.0371	0.0457	0.0435	0.0534
2.0	0.0090	0.0108	0.0176	0.0211	0.0255	0.0304	0.0324	0.0387	0.0384	0.0456
2.5	0.0063	0.0072	0.0125	0.0140	0.0183	0.0205	0.0236	0.0265	0.0284	0.0318
3.0	0.0046	0.0051	0.0092	0.0100	0.0135	0.0148	0.0176	0.0192	0.0214	0.0233
5.0	0.0018	0.0019	0.0036	0.0038	0.0054	0.0056	0.0071	0.0074	0.0088	0.0091
7.0	0.0009	0.0010	0.0019	0.0019	0.0028	0.0029	0.0038	0.0038	0.0047	0.0047
10.0	0.0005	0.0004	0.0009	0.0010	0.0014	0.0014	0.0019	0.0019	0.0023	0.0024

z/b	l/b									
	1.2		1.4		1.6		1.8		2.0	
	1点	2点	1点	2点	1点	2点	1点	2点	1点	2点
0.0	0.0000	0.2500	0.0000	0.2500	0.0000	0.2500	0.0000	0.2500	0.0000	0.2500
0.2	0.0305	0.2184	0.0305	0.2185	0.0306	0.2185	0.0306	0.2185	0.0306	0.2185
0.4	0.0539	0.1881	0.0543	0.1886	0.0545	0.1889	0.0546	0.1891	0.0547	0.1892
0.6	0.0673	0.1602	0.0684	0.1616	0.0690	0.1625	0.0694	0.1630	0.0696	0.1633
0.8	0.0720	0.1355	0.0739	0.1381	0.0751	0.1396	0.0759	0.1405	0.0764	0.1412
1.0	0.0708	0.1143	0.0735	0.1176	0.0753	0.1202	0.0766	0.1215	0.0774	0.1225
1.2	0.0664	0.0962	0.0698	0.1007	0.0721	0.1037	0.0738	0.1055	0.0749	0.1069
1.4	0.0606	0.0817	0.0644	0.0864	0.0672	0.0897	0.0692	0.0921	0.0707	0.0937
1.6	0.0545	0.0696	0.0586	0.0743	0.0616	0.0780	0.0639	0.0806	0.0656	0.0826
1.8	0.0487	0.0596	0.0528	0.0644	0.0560	0.0681	0.0585	0.0709	0.0604	0.0730
2.0	0.0434	0.0513	0.0474	0.0560	0.0507	0.0596	0.0533	0.0625	0.0553	0.0649
2.5	0.0326	0.0365	0.0362	0.0405	0.0393	0.0440	0.0419	0.0469	0.0440	0.0491
3.0	0.0249	0.0270	0.0280	0.0303	0.0307	0.0333	0.0331	0.0359	0.0352	0.0380
5.0	0.0104	0.0108	0.0120	0.0123	0.0135	0.0139	0.0148	0.0154	0.0161	0.0167
7.0	0.0056	0.0056	0.0064	0.0066	0.0073	0.0074	0.0081	0.0083	0.0089	0.0091
10.0	0.0028	0.0028	0.0033	0.0032	0.0037	0.0037	0.0041	0.0042	0.0046	0.0046

z/b	l/b									
---	3.0		4.0		6.0		8.0		10.0	
	1点	2点	1点	2点	1点	2点	1点	2点	1点	2点
0.0	0.0000	0.2500	0.0000	0.2500	0.0000	0.2500	0.0000	0.2500	0.0000	0.2500
0.2	0.0306	0.2186	0.0306	0.2186	0.0306	0.2186	0.0306	0.2186	0.0306	0.2186
0.4	0.0548	0.1894	0.0549	0.1894	0.0549	0.1894	0.0549	0.1894	0.0549	0.1894
0.6	0.0701	0.1638	0.0702	0.1639	0.0702	0.1640	0.0702	0.1640	0.0702	0.1640
0.8	0.0773	0.1423	0.0776	0.1424	0.0776	0.1426	0.0776	0.1426	0.0776	0.1426
1.0	0.0790	0.1244	0.0794	0.1248	0.0795	0.1250	0.0796	0.1250	0.0796	0.1250
1.2	0.0774	0.1096	0.0779	0.1103	0.0782	0.1105	0.0783	0.1105	0.0783	0.1105
1.4	0.0739	0.0973	0.0748	0.0986	0.0752	0.0986	0.0752	0.0987	0.0753	0.0987
1.6	0.0697	0.0870	0.0708	0.0882	0.0714	0.0887	0.0715	0.0888	0.0715	0.0889
1.8	0.0652	0.0782	0.0666	0.0797	0.0673	0.0805	0.0675	0.0806	0.0675	0.0808
2.0	0.0607	0.0707	0.0624	0.0726	0.0634	0.0734	0.0636	0.0736	0.0636	0.0738
2.5	0.0504	0.0559	0.0529	0.0585	0.0543	0.0601	0.0547	0.0604	0.0548	0.0605
3.0	0.0419	0.0451	0.0449	0.0482	0.0469	0.0504	0.0474	0.0509	0.0476	0.0511
5.0	0.0214	0.0221	0.0248	0.0256	0.0253	0.0290	0.0296	0.0303	0.0301	0.0309
7.0	0.0124	0.0126	0.0152	0.0154	0.0186	0.0190	0.0204	0.0207	0.0212	0.0216
10.0	0.0066	0.0066	0.0084	0.0083	0.0111	0.0111	0.0123	0.0130	0.0139	0.0141

α_{c1}、α_{c2}为三角形荷载附加应力系数，α_{c1}为三角形荷载零角点下的附加应力系数；α_{c2}为三角形荷载最大值角点下的附加应力系数。根据 $m=l/b$ 和 $n=z/b$，由表 4-9 查得 α_{c1}、α_{c2}。其中 b 为承载面积沿荷载呈三角形分布方向的边长。

应用均布和三角形分布荷载的角点公式及叠加原理，可以求得矩形承载面积上的三角形和梯形荷载作用下地基内任意一点的附加应力。

4.4.5 圆形荷载下地基中的附加应力

1. 圆形垂直均布荷载作用下的附加应力

设圆形荷载面积的半径为 r，作用于地基表面上的竖向均布荷载为 p_0，如以圆形荷载面积的中心点为坐标原点（图 4-26），并在荷载面积上选取微元面积 $dA=\rho d\varphi d\rho$。以集中力 $p_0 dA$ 代替微元面积上的分布荷载，将 $R=(\rho^2+l^2+z^2-2l\rho\cos\varphi)^{1/2}$ 代入公式（4-20），然后进行积分得：

$$\sigma_z=\frac{3p_0 z^3}{2\pi}\int_0^r\int_0^{2\pi}\frac{\rho d\varphi d\rho}{(\rho^2+l^2+z^2-2l\rho\cos\varphi)^{5/2}}$$

（4-31）

或
$$\sigma_z=\alpha p_0 \tag{4-32}$$

式中 α——圆形均布荷载下的附加应力系数，其值根据 l/r 和 z/r 由表 4-10 查得，其中 r 为圆面积的半径；

97

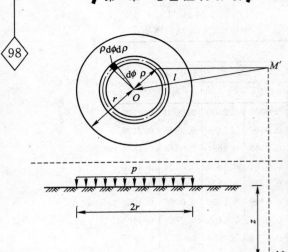

图 4-26 圆形均布荷载下地基附加应力

l——所求应力的点 M 在地面的投影 M' 至圆面积中心的距离；

z——所求应力点的深度；

ρ——微元面积至圆心的距离；

φ——圆心角。

2. 圆形面积上三角形分布荷载作用下的应力

圆形面积上三角形分布荷载在荷载为零的点 1（或荷载为最大值 p_0 点 2）下，任一深度 z 处 M 点的附加应力可按下式计算（图 4-27）：

$$\sigma_z = \alpha_1 p_0 \tag{4-33a}$$

$$\sigma_z = \alpha_2 p_0 \tag{4-33b}$$

式中 α_1、α_2——圆形面积上三角形分布荷载的附加应力系数，可根据点位 1、2 和 z/r 由表 4-11 查得。

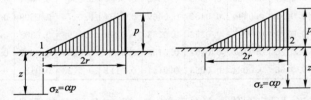

图 4-27 圆形面积上三角形分布荷载

r——圆形面积的半径

圆形均布荷载作用下土中附加应力系数 α 　　　　表 4-10

z/r ＼ l/r	0.0	0.4	0.8	1.2	1.6	2.0
0.0	1.000	1.000	1.000	0.000	0.000	0.000
0.2	0.993	0.987	0.890	0.077	0.005	0.001
0.4	0.949	0.922	0.712	0.181	0.026	0.006
0.6	0.864	0.813	0.591	0.224	0.056	0.016
0.8	0.756	0.699	0.504	0.237	0.083	0.029
1.2	0.646	0.593	0.434	0.235	0.102	0.042
1.4	0.461	0.425	0.329	0.212	0.118	0.062
1.8	0.332	0.311	0.254	0.182	0.118	0.072
2.2	0.246	0.233	0.198	0.153	0.109	0.074
2.6	0.187	0.179	0.158	0.129	0.098	0.071
3.0	0.146	0.141	0.127	0.108	0.087	0.067
3.8	0.096	0.093	0.087	0.078	0.067	0.055
4.6	0.067	0.066	0.063	0.058	0.052	0.045
5.0	0.057	0.056	0.054	0.050	0.046	0.041
6.0	0.040	0.040	0.039	0.037	0.034	0.031

z/r	1 点	2 点	z/r	1 点	2 点	z/r	1 点	2 点
0.0	0.000	0.500	1.6	0.087	0.154	3.2	0.048	0.061
0.1	0.016	0.465	1.7	0.085	0.144	3.3	0.046	0.059
0.2	0.031	0.433	1.8	0.083	0.134	3.4	0.045	0.055
0.3	0.044	0.403	1.9	0.080	0.126	3.5	0.043	0.053
0.4	0.054	0.376	2.0	0.078	0.117	3.6	0.041	0.051
0.5	0.063	0.349	2.1	0.075	0.110	3.7	0.040	0.048
0.6	0.071	0.324	2.2	0.072	0.104	3.8	0.038	0.046
0.7	0.078	0.300	2.3	0.070	0.097	3.9	0.037	0.043
0.8	0.083	0.279	2.4	0.067	0.091	4.0	0.036	0.041
0.9	0.088	0.258	2.5	0.064	0.086	4.2	0.033	0.038
1.0	0.091	0.238	2.6	0.062	0.081	4.4	0.031	0.034
1.1	0.092	0.221	2.7	0.059	0.078	4.6	0.029	0.031
1.2	0.093	0.205	2.8	0.057	0.071	4.8	0.027	0.029
1.3	0.092	0.190	2.9	0.055	0.070	5.0	0.025	0.027
1.4	0.091	0.177	3.0	0.052	0.067			

注：r——圆形面积的半径。

4.4.6　条形荷载下地基中的附加应力

条形荷载是指承载面积宽度为 b，长度 l 为无穷大（当 $l \geqslant 10b$ 时，实用上即可作为条形荷载），且荷载沿长度不变（沿宽度 b 可任意变化）的荷载。显然，在条形荷载作用下，地基内附加应力仅为坐标 x、z 的函数，而与坐标 y 无关。这种问题，在工程上称为平面问题。

1. 均布线荷载

如图 4-28a 所示，线荷载是作用在地基表面上一条无限长直线上的均布荷载。

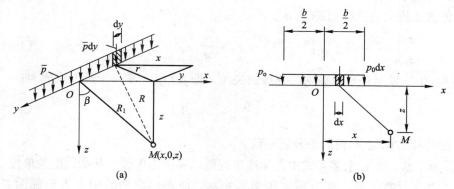

图 4-28　地基附加应力的平面问题

(a)线荷载作用下；(b)均布条形荷载作用下

设竖向线荷载 $\overline{p}$(kN/m)作用在 y 坐标轴上，沿 y 轴截取一微分段 $\mathrm{d}y$，将其上作用的线荷载以集中力 $\mathrm{d}P = \overline{p}\mathrm{d}y$ 代替，从而利用式(4-20)可求得地基中

任意点 M 处由 $\mathrm{d}A$ 引起的附加应力 $\mathrm{d}\sigma_z$，再通过积分，即可求得 M 点的 σ_z：

$$\sigma_z = \frac{2\bar{p}z^3}{\pi R_1^4} = \frac{2\bar{p}}{\pi R_1}\cos^3\beta \tag{4-34}$$

同理：

$$\sigma_x = \frac{2\bar{p}x^2z}{\pi R_1^4} = \frac{2\bar{p}}{\pi R_1}\cos\beta\sin^2\beta \tag{4-35}$$

$$\tau_{xz} = \tau_{zx} = \frac{2\bar{p}xz^2}{\pi R_1^4} = \frac{2\bar{p}}{\pi R_1}\cos^2\beta\sin\beta \tag{4-36}$$

由于线荷载沿 y 轴均匀分布而且无限延伸，因此，与 y 轴垂直的任何平面上的应力状态都完全相同，且

$$\tau_{xy} = \tau_{yx} = \tau_{yz} = \tau_{zy} = 0 \tag{4-37}$$

$$\sigma_y = \nu(\sigma_x + \sigma_z)$$

2. 均布条形荷载

均布的条形荷载是沿宽度方向（图 4-28b 中 x 轴方向）和长度方向均匀分布，而长度方向为无限长的荷载。沿 x 轴取一宽度为 $\mathrm{d}x$ 长为无限长的微分段，作用于其上的荷载以线荷载 $\bar{p} = p_0\mathrm{d}x$ 代替，运用式(4-34)并作积分，可求得地基中任意点 M 处的竖向附加应力为（用极坐标表示）：

$$\sigma_z = \frac{p_0}{\pi}\left[\sin\beta_2\cos\beta_2 - \sin\beta_1\cos\beta_1 + (\beta_2 - \beta_1)\right] \tag{4-38}$$

同理可得： $\sigma_x = \frac{p_0}{\pi}\left[-\sin(\beta_2 - \beta_1)\cos(\beta_2 + \beta_1) + (\beta_2 - \beta_1)\right] \tag{4-39}$

$$\tau_{xz} = \tau_{zx} = \frac{p_0}{\pi}(\sin^2\beta_2 - \sin^2\beta_1) \tag{4-40}$$

上述各式中当点 M 位于荷载分布宽度两端点竖直线之间时，β_1 取负值。

将式(4-38)、式(4-39)和式(4-40)代入下列材料力学公式，可以求得 M 点的大主应力 σ_1 与小主应力 σ_3：

$$\left.\begin{array}{c}\sigma_1\\\sigma_3\end{array}\right\} = \frac{\sigma_z + \sigma_x}{2} \pm \sqrt{\left(\frac{\sigma_z - \sigma_x}{2}\right)^2 + \tau_{xz}^2} = \frac{p_0}{\pi}\left[(\beta_2 - \beta_1) \pm \sin(\beta_2 - \beta_1)\right] \tag{4-41}$$

设 β_0 为点 M 与条形荷载两端连线的夹角，即 $\beta_0 = \beta_2 - \beta_1$，于是上式成为：

$$\left.\begin{array}{c}\sigma_1\\\sigma_2\end{array}\right\} = \frac{p_0}{\pi}(\beta_0 \pm \sin\beta_0) \tag{4-42}$$

σ_1 的作用方向与 β_0 角的平分线一致。

β_0、β_1、β_2 在上述各式中若单独出现则以弧度为单位，其余以度为单位。

为了计算方便，现改用直角坐标表示。取条形荷载的中点为坐标圆点，则有：

$$\sigma_z = \frac{p_0}{\pi}\left[\arctan\frac{1-2n}{2m} + \arctan\frac{1+2n}{2m} - \frac{4m(4n^2 - 4m^2 - 1)}{(4n^2 + 4m^2 - 1)^2 + 16m^2}\right] = \alpha_{sz}p_0 \tag{4-43}$$

$$\sigma_x = \frac{p_0}{\pi}\left[\arctan\frac{1-2n}{2m}+\arctan\frac{1+2n}{2m}+\frac{4m(4n^2-4m^2-1)}{(4n^2+4m^2-1)^2+16m^2}\right]=\alpha_{sx}p_0$$

$$(4\text{-}44)$$

$$\tau_{xz}=\tau_{zx}=\frac{p_0}{\pi}\frac{32m^2n}{(4n^2+4m^2-1)^2+16m^2}=\alpha_{sxz}p_0 \tag{4-45}$$

以上式中 α_{sz}、α_{sx} 和 α_{sxz} 分别为均布条形荷载下相应的三个附加应力系数，都是 $m=z/b$ 和 $n=x/b$ 的函数，可由表 4-12 查得。

均布条形荷载下的附加应力系数　　　　表 4-12

z/b	x/b 2.00			x/b 0.00			x/b 0.25			x/b 0.50			x/b 1.00			x/b 1.50		
	α_{sz}	α_{sx}	α_{sxz}	α_{sz}	α_{sx}	α_{sxz}	α_{sz}	α_{sx}	α_{sxz}	α_{sz}	α_{sx}	α_{sxz}	α_{sz}	α_{sx}	α_{sxz}	α_{sz}	α_{sx}	α_{sxz}
0.00	1.00	1.00	0	1.00	1.00	0	0.50	0.50	0.32	0	0	0	0	0	0	0	0	0
0.25	0.96	0.45	0	0.90	0.39	0.13	0.50	0.35	0.30	0.02	0.17	0.05	0.00	0.07	0.01	0	0.01	0
0.50	0.82	0.18	0	0.74	0.19	0.16	0.18	023	0.26	0.08	0.21	0.13	0.02	0.12	0.04	0	0.07	0.02
0.75	0.67	0.08	0	0.61	0.10	0.13	0.45	0.14	0.21	0.15	0.22	0.16	0.04	0.14		0.02	0.10	0.05
1.00	0.55	0.04	0	0.51	0.10	0.13	0.41	0.09	0.18	0.19	0.15	0.16	0.07	0.14	0.10	0.03	0.13	0.05
1.25	0.46	0.02	0	0.44	0.03	0.07	0.37	0.06	0.12	0.20	0.11	0.14		0.11		0.04	0.11	0.07
1.50	0.40	0.01	0	0.38	0.02	0.06	0.33	0.04	0.11	0.21	0.08	0.13	0.11			0.06	0.11	0.07
1.75	0.35	—	0	0.34	0.01	0.04	0.30	0.03	0.11	0.21	0.06	0.11	0.13		0.09	0.07	0.09	0.08
2.00	0.31	—	0	0.31	—	0.03	0.28		0.05	0.10	0.05	0.10	0.14	0.07	0.10	0.08	0.08	0.08
3.00	0.21	—	0	0.21	—	0.02	0.20	0.01	0.03	0.17	0.02	0.06	0.13	0.03	0.07	0.10	0.04	0.07
4.00	0.16	—	0	0.16	—	0.01	0.15	—		0.13			0.11	0.02	0.05	0.10	0.03	0.05
5.00	0.13	—	0	0.13	—	—	0.12	—	—	0.12	—	—	0.11	—	—	0.09	—	—
6.00	0.11	—	0	0.10	—	—	.10	—	—	0.10	—	—	0.10	—	—	—	—	—

图 4-29 为地基中的附加应力等值线图。所谓等直线就是地基中具有相同附加应力数值的点的连线。由图 4-29(a)、(b) 并结合前面例题的计算结果可见，地基中的竖向附加应力 σ_z 具有如下的分布规律：

（1）σ_z 的分布范围相当大，它不仅分布在荷载面积之内，而且还分布到荷载面积以外，这就是所谓的附加应力扩散现象。

（2）在离基础底面（地基表面）不同深度 z 处各个水平面上，以基底中心点下轴线处的 σ_z 为最大，离开中心轴线越远 σ_z 越小。

（3）在荷载分布范围内任意点竖直线上的 σ_z 值，随着深度增大逐渐减小。

（4）方形荷载所引起的 σ_z，其影响深度要比条形荷载小得多。例如方形荷载中心下 $z=2b$ 处，$\sigma_z\approx0.1p_0$，而在条形荷载下的 $\sigma_z=0.1p_0$，等直线则约在中心下 $z=6b$ 处通过。这一等直线反映了附加应力在地基中的影响范围。在后面某些章节中还会提到地基主要受力层这一概念，它指的是基础底面至 $\sigma_z=0.2p_0$ 深度处（对条形荷载该深度约为 $3b$，对方形荷载约为 $1.5b$）的这部分土层。建筑物荷载主要由地基的主要受力层承担，而且地基沉降的绝大部分是由这部分土层的压缩所形成的。

由条形荷载下的σ_x和τ_{xz}的等直线图（4-29c、d）可知，σ_x的影响范围较浅，所以基础下地基土的侧向变形主要发生于浅层；而τ_{xz}的最大值出现于荷载边缘，所以位于基础边缘下的土容易发生剪切破坏。

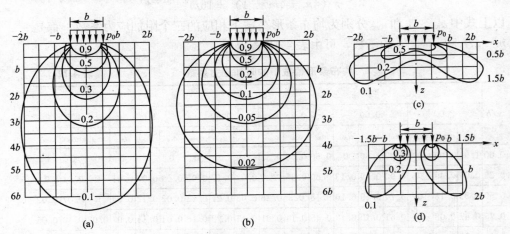

图 4-29 附加应力等值线

(a)条形荷载下等σ_z线；(b)方形荷载下等σ_z线；
(c)条形荷载下等σ_x线；(d)条形荷载下等τ_{xz}线

3. 三角形分布条形荷载

当条形荷载沿作用面积宽度方向呈三角形分布，且沿长度方向不变时，可以按照上述均布条形荷载的推导方法，解得地基中任意点$M(x, z)$的附加应力，计算公式为：

$$\sigma_z = \frac{p_t}{\pi}\left[n\left(\arctan\frac{n}{m} - \arctan\frac{n-1}{m}\right) - \frac{m(n-1)}{(n-1)^2 + m^2}\right] = \alpha_t p_t \quad (4\text{-}46)$$

式中　n——从计算点到荷载强度零点的水平距离x与荷载宽度b的比值，$n = x/b$；

　　　　m——计算点的深度z与荷载宽度b的比，$m = z/b$；

　　　　α_t——三角形分布荷载下的附加应力系数，查表4-13。

三角形分布荷载附加应力系数 α_t 　　　　表 4-13

x/b z/b	−1.00	−0.50	0.00	0.50	1.00	1.50	2.00
0.00	0	0	0	0.500	0.500	0	0
0.25	0	0.001	0.075	0.480	0.424	0.015	0.003
0.50	0.003	0.023	0.127	0.410	0.353	0.056	0.017
0.75	0.016	0.042	0.153	0.335	0.293	0.108	0.024
1.00	0.025	0.061	0.159	0.275	0.241	0.129	0.045
1.50	0.048	0.096	0.145	0.200	0.185	0.124	0.062
2.00	0.061	0.092	0.127	0.155	0.153	0.108	0.069
3.00	0.064	0.080	0.096	0.104	0.104	0.090	0.071
4.00	0.060	0.067	0.075	0.085	0.075	0.073	0.060
5.00	0.052	0.057	0.059	0.063	0.065	0.061	0.051

4.4.7 大面积均布荷载下土中附加应力计算

在实际工程中经常会遇到大面积均布荷载的情况，这种荷载条件明显与前述的矩形或条形面积均布荷载等局部面积上的均布荷载所产生的附加应力是不同的。基底下相同深度处的附加应力随着基础宽度增大而增大，基础宽度越大，附加应力沿深度衰减越慢。当均布条形荷载宽度 b 无穷大时，有 $z/b \rightarrow 0$，故附加应力系数恒等于1，任意深度的附加应力均等于荷载强度 p_0。此时，地基中的附加应力分布与深度无关，上下附加应力相等，呈矩形分布。

4.4.8 影响土中应力分布的因素

上面介绍的地基中附加应力的计算，都是按弹性理论把地基土视为均质、等向的线弹性体，而实际遇到的地基均在不同程度上与上述情况有所不同。因此，理论计算得出的附加应力与实际土中的附加应力相比都有一定的误差。根据一些学者的试验研究及量测结果认为，当土质较均匀，土颗粒较细，且压力不很大时，用上述方法计算出的竖直向附加应力 σ_z 与实测值相比，误差不是很大；当不满足这些条件时将会有较大误差。下面简要讨论实际土体的非线性、非均质和各向异性对土中应力分布的影响。

1. 材料非线性的影响

事实上，土体是非线性材料，许多学者的研究表明，非线性对于土体的竖直附加应力 σ_z 计算值有一定的影响，最大误差可达到 $25\% \sim 30\%$；对水平附加应力也有显著的影响。

2. 成层地基的影响

以上介绍的地基附加应力计算都是把地基土看成是均质的、各向同性的线性变形体，而实际情况往往并非如此，如有的地基土是由不同压缩性土层组成的成层地基，有的地基同一土层中土的变形模量随深度增加而增大。由于地基的非均质性或各向异性，地基中的竖向附加应力 σ_z 的分布会产生应力集中现象或应力扩散现象（图 4-30，虚线表示均质地基中水平面上的附加应力分布）。

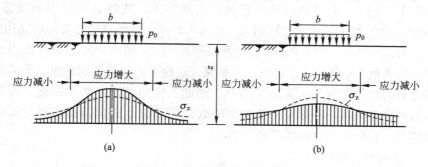

图 4-30 非均质和各向异性对地基附加应力的影响
(a)产生应力集中(b)产生应力扩散

双层地基是工程中常见的一种情况。双层地基指的是在附加应力 σ_z 影响深度（$\sigma_z = 0.1 p_0$）范围内地基由二层变形显著不同的土层所组成。如果上层软弱，下层坚硬，则产生应力集中现象；反之，若上硬下软，则产生应力扩散现象。

图 4-31 给出了三种地基条件下均布荷载中心线下附加应力 σ_z 的分布图。图中曲线 1 为均质地基中的 σ_z 分布图，曲线 2 为岩层上可压缩土层中的 σ_z 分布图，而曲线 3 则表示上层坚硬下层软弱的双层地基中的 σ_z 分布图。

由于岩层的存在而在可压缩土层中引起的应力集中程度与岩层的埋藏深度有关，岩层埋深越浅，应力集中越显著。当可压缩土层的厚度小于或等于荷载面积宽度的一半时，荷载面积下的 σ_z 几乎不扩散，此时可认为荷载面中心点下的 σ_z 不随深度变化（图 4-32）。

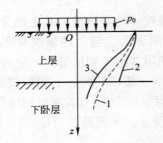

图 4-31 双层地基竖向附加
应力分布的比较

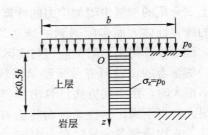

图 4-32 可压缩土层厚度
$h \leqslant 0.5b$ 时的 σ_z 分布

3. 变形模量随深度增大的影响

地基土的另一种非均质性表现为变形模量 E 随深度而逐渐增大，在砂土地基中尤为常见。这是一种连续的非均质现象，是由土体在沉积过程中的受力条件所决定的。弗罗里奇（O. K. Frohlich）研究了这种情况，对于集中力作用下地基中附加应力 σ_z 的计算，提出半经验公式：

$$\sigma_z = \frac{nP}{2\pi R^2} \cos^n \beta \tag{4-47}$$

式中，n 为大于 3 的应力集中系数，对于 E 等于常数的均质弹性体，例如均匀的黏土，$n=3$，其结果即为布氏解；对于砂土，连续非均质现象最显著，取 $n=6$；介于黏土与砂土之间的土，取 $n=3 \sim 6$。其他符号意义与前述相同。

分析式（4-47），当 R 相同且 $\beta=0$ 或很小时，n 愈大，σ_z 愈高；而当 β 很大时，则相反，n 愈大，σ_z 愈小。就是说，这种土的非均质现象也会使地基中的应力向力的作用线附近集中。当然，地面上作用的不是集中荷载，而是不同类型的分布荷载，根据应力叠加原理也会得到应力 σ_z 向荷载中轴线附近集中的结果。实验研究也证明了这一点。

4. 各向异性的影响

对天然沉积的土层而言，其沉积条件和应力状态常常造成土体具有各向异性。例如，层状结构的页片黏土，在垂直方向和水平方向的变形模量 E 就不相同。土体的各向异性也会影响到该土层中的附加应力分布。研究表明，土在水平方向上的变形模量 $E_x (= E_y)$ 与竖直方向上的变形模量 E_z 并不相等。

但当土的泊松比 μ 相同时，若 $E_x > E_z$，则在各向异性地基中将出现应力扩散现象；若 $E_x < E_z$，地基中将出现应力集中现象。

还须说明，虽然目前在计算地基土中应力时，把土体简化为一个线性变形模型，但是，随着计算技术的发展和计算机在岩土工程中的应用，使采用非线性变形模型成为可能。目前，有关的专家学者正在进行这方面的研究。

4.5 有效应力原理

4.5.1 有效应力原理

先让我们来想象一下这样一种情况：有甲、乙两个完全一样的刚把水抽干的池塘，现将甲塘充水、乙塘填土，但所加水、土的重量相同，即施加于塘底的压应力 σ 是相等的。过了较长的一段时间后，两个池塘底部软土是否出现了沉降？显然，甲塘没有什么变化，塘底软土依然是那么软。但乙塘则不同，在填土压力作用下，塘底软土将产生压缩变形，同时土的强度提高，即产生了固结。情况二：有两个完全相同的量筒，如图 4-33 所示，在这两个量筒的底部分别放置一层性质完全相同的松散砂土。在甲量筒松砂顶面加若干钢球，使松砂承受 σ 的压力，此时可见松砂顶面下降，表明松砂发生压缩，亦即砂土的孔隙比 e 减小。乙量筒松砂顶面不加钢球，而是小心缓慢地注水，在砂面以上高 h 处正好使砂层表面也增加 σ 的压力，结果发现砂层顶面并不下降，表明砂土未发生压缩，亦即砂土的孔隙比 e 不变。这种情况类似于在量筒内放一块饱水的棉花，无论向量筒内倒多少水也不能使棉花发生压缩一样。为什么在同样压力作用下，加水的就没有沉降呢？这就要从有效应力原理中寻找答案。

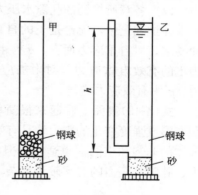

图 4-33　有效应力原理比拟

土体是由固体土颗粒和孔隙水及土中气体组成的三相集合体，由颗粒间接触点传递的应力会使土的颗粒产生位移，从而引起土体的变形和强度的变化，这种对土体变形和强度有效的粒间应力，称有效应力，用 σ' 表示。

对饱和土体，饱和土体垂直方向所受的总应力 σ 为有效应力及孔隙水压力之和，即

$$\sigma = \sigma' + u \tag{4-48}$$

上式说明，饱和土的总应力 σ 等于有效应力 σ' 与孔隙水压力 u 之和。孔隙水压力对各个方向的作用是相等的，它只能使土颗粒本身产生压缩（压缩量很小，可以忽略不计），不能使土颗粒产生移动，故不会使土体产生体积变形。孔隙水压力虽然承担了一部分正应力，但承担不了剪应力。只有通过土粒接触点传递的粒间应力，才能同时承担正应力和剪应力，并使土粒重新排列，

从而引起土体产生体积变化；粒间应力又是影响土体强度的一个重要因素，故粒间应力又称为有效应力。这一原理是由 K. 太沙基(Terzaghi，1925)首先提出的，并经后来的试验所证实。这是土力学有别于其他力学的重要原理之一。

有效应力原理的要点如下：

(1) 饱和土体内任一平面上受到的总应力可分为有效应力和孔隙水压力两部分，有效应力与总应力及孔隙水压力的关系总是满足式(4-48)。

(2) 土的变形与强度的变化都仅取决于有效应力的变化。

至此，我们可以来回答刚才提出的问题了。在甲塘中，由于充的是水，压力为 σ，相应地塘底土中孔隙水压力也增加了 σ，而有效应力没有增加，故软土不产生新的变形，强度也没有变化。在乙塘中，填土的压力 σ 由有效应力 σ' 和孔隙水压力 u 共同承担，且随着时间的推移，有效应力所占的比重越来越大，在新增加的有效应力作用下，塘底软土产生了压缩变形，强度亦随之提高。

土体孔隙中的水压力有静水压力和超静孔隙水压力之分。前者是由水的自重引起的，其大小取决于水位的高低；后者是由附加应力引起的，在土体固结过程中会不断地向有效应力转化。超静孔隙水压力通常简称为孔隙水压力，以后各章所提到的孔隙水压力一般均指这一部分。

在饱和土中，无论是土的自重应力还是土的附加应力，均满足式(4-48)的要求。对自重应力而言，σ 为水与土颗粒的总自重应力，u 为静水压力，σ' 为土的有效自重应力。对附加应力而言，σ 为附加应力，u 为超静孔隙水压力，σ' 为有效应力增量。

式(4-48)表面上看起来很简单，但它的内涵十分重要。以下凡涉及的体积变形或强度变化的应力均是有效应力 σ'，而不是总应力 σ。这个概念对含有气体的非饱和土同样也适用。但在非饱和土的情况下，粒间应力、孔隙水压力、孔隙气压力的关系较为复杂，这里不再阐述。

4.5.2　几个相关问题

有效应力公式的形式很简单，却具有重要的工程应用价值。当已知土体中某一点所受的总应力 σ，并测得该点的孔隙水压力 u 时，就可以利用上式计算出该点的有效应力 σ'。

1. 饱和土中孔隙水压力和有效应力的计算

图 4-34 为处于水下的饱和土层，在地面下 h_2 深处的 A 点，由于土体自重对地面以下 A 点处作用的垂向总应力为：

$$\sigma = \gamma_\mathrm{w} h_1 + \gamma_\mathrm{sat} h_2 \tag{4-49}$$

式中　γ_w——水的重度($\mathrm{kN/m^3}$)；

γ_sat——土的饱和重度($\mathrm{kN/m^3}$)。

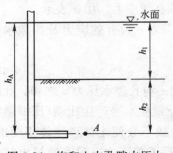

图 4-34　饱和土中孔隙水压力和有效应力

A 点处由孔隙水传递的静水压力，即孔隙水压力为：

$$u = \gamma_w (h_1 + h_2) \tag{4-50}$$

根据有效应力原理，由于土体自重对 A 点作用的有效应力应为：

$$\sigma' = \sigma - u = (\gamma'_{sat} - \gamma_w) h_2 = \gamma' h_2 \tag{4-51}$$

式中　γ'——土的浮重度（kN/m^3）。

由此可见，当地面以上水深 h_1 变化时，可以引起土体中总应力 σ 的变化，但有效应力 σ' 不会随 h_1 的升降而变化，即 σ' 与 h_1 无关，亦即 h_1 的变化不会引起土体的压缩或膨胀。

2. 毛细水上升时土中有效自重应力的计算

设地基土层如图 4-35 所示，地下潜水位在 C 线处。由于毛细现象，地下潜水沿着彼此连通的土孔隙上升，形成毛细饱和水带，其上升高度为 h_c。在 B 线以下、C 线以上的毛细水带内，土是完全饱和的。

毛细区内的水呈张拉状态，故孔隙水压力是负值。毛细水压力分布规律与静水压力分布相同，任一点的 $u_c = -\gamma_w z$，z 为该点至地下水位（自由水面）之间的垂直距离，离开地下水位越高，毛细负孔压绝对值越大，在饱和区最高处 $u_c = -h_c \gamma_w$，至地下水位处 $u_c = 0$，其孔隙水压力分布如图 4-35 所示。由于 u 是负值，按照有效应力原理，毛细饱和区的有效应力 σ' 将会比总应力增大，即 $\sigma' = \sigma - (-u) = \sigma + u$。土中各点的总应力为 σ、孔隙水压力以及有效应力 σ' 如图 4-35 所示。

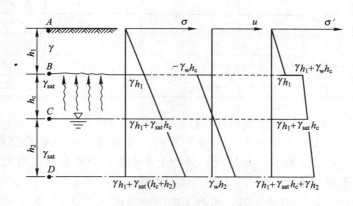

图 4-35　毛细水上升时土中有效自重应力

从上述计算结果可以看出，在毛细水上升区，由于表面张力的作用使孔隙水压力为负值，这就使土的有效应力增加；在地下水位以下，由于土颗粒的浮力作用，使土的有效应力减小。

【例题 4-6】　某土层剖面，地下水位及其相应的重度如图 4-36(a) 所示。试求：(1)垂直方向总应力 σ、孔隙水压力 u 和有效应力 σ' 沿深度 z 的分布；(2)若砂层中地下水位以上 1m 范围内为毛细饱和区时，σ、u、σ' 将如何分布？

【解】　地下水位以上无毛细饱和区的 σ、u、σ' 分布值如例表 4-14。u、σ、σ' 沿深度的分布如例图 4-36(b)中实线所示。

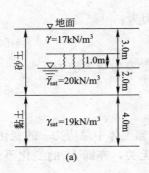

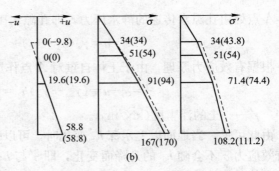

图 4-36 例题 4-6 图

例题 4-6 附表一 表 4-14

深度 z(m)	σ (kPa)	u(kPa)	σ'(kPa)
2	$2\times17=34$	0	34
3	$3\times17=51$	0	51
5	$(3\times17)+(2\times20)=91$	$2\times9.8=19.6$	71.4
9	$(3\times17)+(2\times20)+(4\times19)=167$	$6\times9.8=58.8$	108.2

当地下水位以上 1m 内为毛细饱和区时，σ、u、σ' 值如例表 4-15。其 u、σ、σ' 沿深度的分布如例图 4-36(b) 中虚线所示。

例题 4-6 附表二 表 4-15

深度 z(m)	σ(kPa)	u(kPa)	σ'(kPa)
2	$2\times17=34$	-9.8	43.8
3	$2\times17+1\times20=54$	0	54
5	$54+2\times20=94$	19.6	74.4
9	$94+4\times19=170$	58.8	111.2

3. 土中水渗流时(一维渗流)有效应力计算

当地下水在土体中渗流时，对土颗粒将产生动水力，这就必然影响土中有效应力的分布。下面分三种情况，分析土中水渗流时对有效应力的影响：

第Ⅰ，水静止不动，即 a，b 两点水头相等；

第Ⅱ，a、b 两点有水头差，水自上向下渗流；

第Ⅲ，a、b 两点有水头差，水自下而上渗流；

上述三种情况的总应力，孔隙水压力 u 及有效应力 σ' 值如图 4-37 所示。

在渗流作用下，土体中的有效应力及孔隙水压力将会发生变化。如在图 4-37(b) 的土层中，由于水头差而发生自上而下的渗流时，其土层表面以上的水柱仍为 h_1，由在土层以下 h_2 深度处 b—b 断面上的总应力，应为该点以上单位面积土柱和水柱的重量，即

$$\sigma=\gamma_1 h_1+\gamma_{2\,sat} h_2$$

在深度 h_2 处由于自上而下的渗流，其孔隙水压力将因水头损失而减小，若在 h_2 土层中渗流时的水头损失为 h，则在 b—b 断面上的孔隙水压力将为：

$$u = \gamma_w (h_2 - h)$$

其孔隙水压力分布图如图 4-37(b)所示。

因此，b—b 断面上的有效应力则为：

$$\sigma' = \sigma - u = \gamma_1 h_1 + \gamma' h_2 + \gamma_w h \qquad (4\text{-}52)$$

其总应力及有效应力分布图如图 4-37(b)表示。

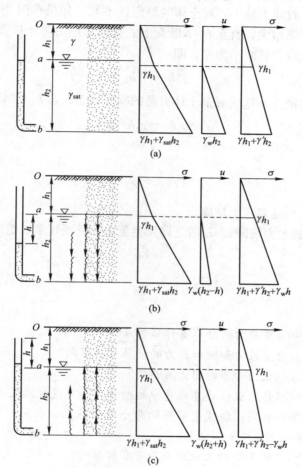

图 4-37　土中水渗流时(一维渗流)有效应力计算

由式 4-52 可以看出，朝下渗流将使有效应力增加，这是抽吸地下水引起地面沉降的原因之一。因为抽水使地下水位下降，就会在土层中产生向下的渗流，从而使 σ' 增加，导致土层产生压密变形，故这种朝下渗流产生的压密作用称为渗流压密。

当水头差发生自下而上的渗流时(图 4-37c)，h_2 土层以上的水位相同，则在 h_2 深度处 b—b 断面上的总应力仍为 $\sigma = \gamma_1 h_1 + \gamma_{2\,\mathrm{sat}} h_2$。而孔隙水压力将因水头差 h 的作用而增加 $\gamma_w h$，即

$$u = \gamma_w (h_2 + h)$$

显然，有效应力将相应减小 $\gamma_w h$，变为：

$$\sigma' = \sigma - u = \gamma_1 h_1 + \gamma' h_2 - \gamma_w h \qquad (4\text{-}53)$$

其孔隙水压力、总应力及有效应力分布图，分别如图 4-37(c) 所示。

由此可见，当有渗流作用时，其孔隙水压力及有效应力均与静水作用情况不同。在渗流产生的渗透力的作用下，其有效应力与渗流作用的方向有关。当自上而下渗流时，将使有效应力增加，因而对土体的稳定性有利。反之，若向上渗流则有效应力减小，对土体的稳定性不利。如果在图 4-37 中向上渗流的水头差 h 不断增大，直至 $b\text{—}b$ 断面上的孔隙水压力等于该面上的总应力时，则该处有效应力将减小为零，即

$$\sigma' = \sigma - u = \gamma_1 h_1 + \gamma' h_2 - \gamma_w h = 0$$

此即为产生流土或基坑底部土体突涌的临界状态。若 $h_1 = 0$，则有

$$\sigma' = \gamma' h_2 - \gamma_w h = 0$$

由此得

$$\gamma' = \gamma_w \frac{h}{h_2} = \gamma_w i_{cr}$$

式中　i_{cr}——土的临界水力坡降。

当 $b\text{—}b$ 面的水力坡降 $i > i_{cr}$ 时，即发生流土和管涌现象，造成地基或边坡的失稳。

思考题

4-1 地基中自重应力的分布有什么特点？

4-2 为什么自重应力和附加应力的计算方法不同？

4-3 影响基底反力分布的因素有哪些？

4-4 目前根据什么假设计算地基中的附加应力？这些假设是否合理可行？

4-5 其他条件相同，仅宽度不同的两个条形基础，在同一深度处哪一个基础产生的附加应力大？为什么？

4-6 地下水位的升降对土中应力分布有何影响？

4-7 当上部结构荷载的合力不变时，荷载偏心距越大，则基底压力平均值如何变化？

4-8 荷载面积以外地基附加应力沿深度的分布规律是怎样的？

习题

4-1 在均匀地基中开挖基坑，地基土重度 $\gamma = 18.0 \text{kN/m}^3$，基坑开挖深度 2m，则基坑底面以下 2m 处的自重应力为多少？

4-2 某地基为粉土，层厚 4.80m。地下水位埋深 1.10m，地下水位以上粉土呈毛细管饱和状态。粉土的饱和重度 $\gamma_{sat} = 20.1 \text{kN/m}^3$。计算粉土层底面处土的自重应力。

4-3 有一矩形均布荷载 $p_0 = 250kPa$，受荷面积为 $2m \times 6m$ 的矩形面积，分别求角点下深度为 0m、2m 处的附加应力值以及中心点下深度为 0m、2m 处的附加应力值。

4-4 已知矩形基础底面尺寸 $b = 4m$，$l = 10m$，作用在基础底面中心的荷载 $N = 400kN$，$M = 240kN \cdot m$（偏心方向在短边上），求基底压力最大值与最小值。

4-5 已知矩形基础底面尺寸 $b = 4m$，$l = 10m$，作用在基础底面中心的荷载 $N = 400kN$，$M = 320kN \cdot m$（偏心方向在长边上），求基底压力分布。

4-6 某矩形基础底面尺寸为 $2m \times 6m$。在基底均布荷载作用下，基础角点下 10m 深度处的竖向附加应力为 4.30kPa，求该基础中心点下 5m 深度处的附加应力值。

4-7 有一个环形烟囱基础，外径 $R = 8m$，内径 $r = 4m$。在环基上作用着均布荷载 100kPa，计算环基中心点 O 下 16m 处的竖向附加应力值。

4-8 某地基的地表为素填土，$\gamma_1 = 18.0kN/m^3$，厚度 $h_1 = 1.50m$；第二层为粉土，$\gamma_2 = 19.4kN/m^3$，厚度 $h_2 = 3.60m$；第三层为中砂，$\gamma_3 = 19.8kN/m^3$。厚度 $h_3 = 1.80m$；第四层为坚硬整体岩石。地下水位埋深 1.50m。计算地基土的自重应力分布。若第四层为强风化岩石，基岩顶面处土的自重应力有无变化？

4-9 已知某工程为条形基础，长度为 l，宽度为 b。在基础宽度方向偏心荷载作用下，基础底面边缘处附加应力 $p_{max} = 150kPa$，$p_{min} = 50kPa$。计算此条形基础中心点下深度为：0，$0.25b$、$0.50b$、$1.0b$、$2.0b$、$3.0b$ 处地基中的附加应力。

4-10 某条形基础宽度为 6.0m，承受集中线荷载 $P = 2400kN/m$，偏心距 $e = 0.25m$。计算基础外相距 3.0m 的 A 点下深度 9.0m 处的附加应力。

第5章
土的压缩性和地基变形

本章知识点

> 1. 掌握土体压缩性的概念、试验原理和方法、计算方法与工程应用；
>
> 2. 了解土体变形机理，掌握土体变形计算方法，尤其是地基最终沉降量的计算方法；
>
> 3. 了解土体应力历史对土体变形的影响；
>
> 4. 熟悉土的一维固结理论，掌握地基固结度的计算方法。

5.1 概述

在建筑物基底附加应力作用下，地基土内各点除了承受土自重引起的自重应力外，还要承受附加应力。一般地基的压缩变形，主要由建筑物荷重产生的附加应力而引起。其次，欠固结土层的自重、地下水位下降、水的渗流及施工影响等可引起地面的下沉。土的变形一般包括体积变形和形状变形。土的体积变形通常表现为体积缩小，把土在压力作用下体积压缩缩小的性能称为土的压缩性。地基土主要由于压缩引起的竖向位移称为沉降。

5.1.1 压缩变形的本质

土是由固、液、气三相物质组成的，土体积的缩小必然是土的三相组成部分中各部分体积缩小的结果。土的压缩变形包括：①土粒本身的压缩变形，②孔隙中不同形态的水和气体的压缩变形，③在压力作用下，孔隙中水和气体有一部分被挤出，土的颗粒相互靠拢使孔隙体积减小。大量试验资料表明，在一般建筑物荷重(100～600kPa)作用下，土中固体颗粒的压缩量极小，不到土体总压缩量的 1/400，水通常被认为是不可压缩的。自然界中土体孔隙中的水和气体在压力作用下不可能被压缩而是被挤出。因此，目前研究土的压缩变形都假定：土粒与水本身的微小变形可忽略不计，土的压缩变形主要是由于孔隙中的水和气体被排出，土粒相互移动靠拢，致使土的孔隙体积减小而引起的。因此土体的压缩变形实际上是孔隙体积压缩、孔隙比减小所致。

对于饱和土来说，孔隙中充满着水，土的压缩主要是由于孔隙中的水被挤出引起孔隙体积减小，压缩过程与排水过程一致，含水量逐渐减小。饱和砂土的孔隙较大，透水性强，在压力作用下孔隙中的水很快排出，压缩很快完成。但砂土的孔隙总体积较小，其压缩量也较小。饱和黏性土的孔隙较小而数量较多，透水性弱，在压力作用下孔隙中的水不可能很快被挤出，土的压缩常需相当长的时间，其压缩量也较大。

引起土体压缩变形的因素可分为外因和内因，外因主要包括：

（1）建筑物荷载作用，这是普遍存在的因素；

（2）地下水位大幅度下降，相当于施加大面积荷载；

（3）施工影响，基槽持力层土的结构扰动；

（4）振动影响，产生振沉；

（5）温度变化影响，如冬季冰冻，春季融化；

（6）浸水下沉，如黄土湿陷，填土下沉。

内因是由于土体结构的三相性，主要包括：

（1）固相矿物本身压缩极小，物理学上有意义，对建筑工程来说是没有意义的；

（2）土中液相水的压缩，在一般建筑工程荷载（$100 \sim 600 \mathrm{kPa}$）作用下很小，可不计；

（3）土中孔隙的压缩，土中水与气体受压后从孔隙中挤出，使土的孔隙减小。

上述诸多因素中，建筑物荷载作用是外因的主要因素，通过土中孔隙的压缩这一内因发生实际效果。

5.1.2 基础设计中沉降量指标的分类

建筑物的沉降量是指地基土压缩变形达固结稳定的最大沉降量，或称地基沉降量。地基最终沉降量是指地基土在建筑物荷载作用下，变形完全稳定时基底处的最大竖向位移。

实际工程中，根据建筑物的变形特征，将地基变形分为沉降量、沉降差、倾斜、局部倾斜等。不同类型的建筑物，对这些变形特征值都有不同的要求，其中沉降量是其他变形特征值的基本量。一旦沉降量确定之后，其他变形特征值便可求得。

（1）沉降量：基础中心点的下沉值。对于柱下基础刚度较大的结构物，如水塔、烟囱、高层、高耸建筑物等的沉降量应理解为各点沉降量的平均值。

（2）沉降差：相邻两基础的沉降量之差。主要用来控制框架柱基础或排架柱基础两相邻柱的沉降差，有时也用来控制墙基与相邻柱之间的沉降差。

（3）倾斜：单独基础在倾斜方向上两端点沉降值之差与此两点水平距离之比。主要用来控制高耸建筑物、高层、高炉、燃气柜等的沉降差。

（4）局部倾斜：建筑物沿纵向或横向墙体（$6 \sim 10 \mathrm{m}$）内基础两点沉降差与其水平距离的比值。主要是用来控制当上部结构体型突变或者地基土变化等情况的。

（5）相对弯曲：

只用于柔性结构或大面积堆料所引起的沉降，它是中心与端部沉降差与其距离的比值。

应该明确的两个问题：地基变形计算量 s 是在未考虑上部结构刚度的作用下进行的，与实际沉降量有相当大的误差。地基允许变形值 [s] 是根据实际建筑物在不同类型地基上长期沉降的观测资料而制定出来的，它是上部结构、基础、地基三者相互作用的结果。

地基的均匀沉降一般对建筑物危害较小，但当均匀沉降过大，会影响建筑物的正常使用和使建筑物的高程降低。地基的不均匀沉降对建筑物的危害较大，较大的沉降差或倾斜可能导致建筑物的开裂或局部构件的断裂，危及建筑物的安全。地基变形计算的目的，在于确定建筑物可能出现的最大沉降量和沉降差，为建筑物设计或地基处理提供依据。

地基变形计算涉及土体内的应力分布、土的应力应变关系、变形参数的选取、土体的侧向变形、次固结变形、建筑物上部结构与基础共同作用等复杂因素的影响。现今的实用计算，只是考虑最基本的情况，忽略一些次要因素，在作一系列假定简化的条件下进行的。通过假定简化后，以理论公式计算得到的沉降量，很难与实测值一致，因此计算时一般需用一个经验系数值修正计算得到的沉降量，使之接近实际。

5.1.3　沉降研究的主要内容

在工程计算中，首先关心的问题是建筑物的最终沉降量（或地基最终沉降量），所谓地基最终沉降量是指在外荷载作用下地基土层被压缩达到稳定时基础底面的沉降量，常简称地基变形量（或沉降量）。此外，地基的最终沉降有一个时间过程。所需时间主要取决于土层的透水性和荷载的大小，饱水的厚层黏土上的建筑物沉降往往需要几年、几十年或更长时间才能完成。饱水黏性土的变形速率主要取决于孔隙水的排出速度。在地基变形计算中，除了计算地基最终沉降量外，有时还需要知道地基沉降过程，掌握沉降规律，即沉降与时间的关系，计算不同时间的沉降量。

地基产生变形是因为土体具有可压缩的性能，因此计算地基变形，首先要研究土的压缩性以及通过压缩试验确定沉降计算所需的压缩性指标。

总之，客观地分析：地基土层承受上部建筑物的荷载，必然会产生变形，从而引起建筑物基础沉降。当场地土质坚实时，地基的沉降较小，对工程正常使用没有影响；但若地基为软弱土层且厚薄不均，或上部结构荷载轻重变化悬殊时，地基将发生严重的沉降和不均匀沉降，其结果将使建筑物发生各类事故，影响建筑物的正常使用与安全。

5.1.4　计算地基最终沉降量的目的

（1）在于确定建筑物最大沉降量；（2）沉降差；（3）倾斜以及局部倾斜；（4）判断是否超过容许值，以便为建筑物设计时采取相应的措施提供依据，保证建筑物的安全。

5.2 土的侧限压缩试验及压缩性指标

5.2.1 室内侧限压缩试验

侧限压缩条件指侧向限制不能变形,只有竖向单向压缩的条件。在建筑工程上,当自然界广阔土层上作用大面积均布荷载的情况可视为侧限条件,一般工程通常可应用此条件。

1. 试验仪器

室内压缩试验采用的试验装置主要为杠杆式压缩仪(见图 5-1)。在这种仪器中进行试验,由于试样不可能产生侧向变形,只有竖向压缩。于是,我们把这种条件下的压缩试验称为单向压缩试验(侧限压缩试验)或固结试验。

(1)金属环刀及刚性护环:环刀用来切取土样,环刀内径为 61.8mm 和 79.8mm,高度 20mm。切有土样的环刀置于刚性护环内,在金属环刀和刚性护环的限制下,土样在竖向压力作用下只发生竖向变形,无侧向变形。

(2)透水板及水槽:在土样上下放置的透水板保证土样在受压后孔隙水的顺利排出;室内压缩试验主要用于饱和土,试验时使土样在试验过程中保持浸在水槽的水中。

(3)加压系统:能垂直地在瞬间加各级规定的压力,且没有冲击力。

(4)变形量测设备:由位移计导杆、位移计架和百分表或位移传感器组成。量程 10mm,最小分度值为 0.01mm 的百分表或准确度为全量程 0.2% 的位移传感器。

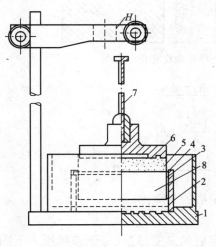

图 5-1 压缩仪示意图

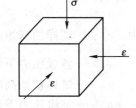

图 5-2 侧限压缩土样应力应变特性示意图

1—水槽;2—护环;3—环刀;4—导环;5—透水板(透水石)
6—加压上盖;7—位移计导杆;8—位移计架

2. 试验方法和试验步骤

(1)用环刀切取原状土样,用天平称量。固结试验应采用Ⅰ级不扰动土样，试样直径不小于100mm，高度不小于150mm。

（2）在固结容器内放置护环、透水板和薄型滤纸，将带有试样的环刀装入护环内，放上导环、试样上依次放上薄型滤纸、透水板和加压上盖，并将固结容器置于加压框架正中，使加压上盖与加压框架中心对准，安装百分表或位移传感器并调整到零位或测读初读数。

（3）确定需要施加的各级压力，压力等级一般为12.5、25、50、100、200、400、800、1600、3200kPa。第一级压力的大小应视土的软硬程度而定，宜用12.5、25和50kPa。最后一级压力应大于土的自重压力与附加压力之和。

（4）用百分表或位移传感器测记每级压力变形稳定后试样的高度变化，施加每级压力后24h测定试样高度变化作为稳定标准。按此步骤逐级加压至试验结束。

（5）计算每级压力稳定后试样的孔隙比 e_i。

如图5-3所示，设土样的初始高度为 h_0，在荷载 p 作用下土样稳定后的总压缩量为 Δh，假设土粒体积 $V_s=1$（不变），受压前后土孔隙体积 V_v 分别为 e_0 和 e，根据荷载作用下土样压缩稳定后总压缩量 Δh 可以求出相应的孔隙比 e 的计算公式（受压前后土粒体积不变，土样横截面积不变，试验前后试样中固体颗粒高度不变）。

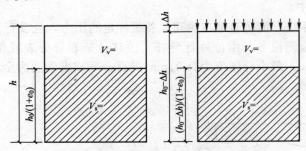

图5-3　固结试验土样孔隙比变化示意图

$$\frac{h_0}{1+e_0}=\frac{h_0-\Delta h}{1+e} \tag{5-1}$$

得到：

$$e_i=e_0-\frac{1+e_0}{h_0}\Delta h_i \tag{5-2}$$

式中　e_0——试样的初始孔隙比，$e_0=\dfrac{(1+w_0)d_s\rho_w}{\rho_0}-1$；

　　　e_i——各级压力下试样固结稳定后的孔隙比；

　　　h_0——试样初始高度（mm）；

　　　Δh_i——某级压力下试样固结稳定后的总变形量（等于该级压力下固结稳定读数减去仪器变形量）（mm）。

3. 试验结果

以孔隙比 e 为纵坐标，压力 p 为横坐标绘制孔隙比与压力的关系曲线 e-p 曲线，见图5-4（a），以孔隙比 e 为纵坐标以压力的对数 $\log p$ 为横坐标绘制孔隙比与压力的对数关系曲线 e-$\log p$ 曲线，见图5-4（b）。

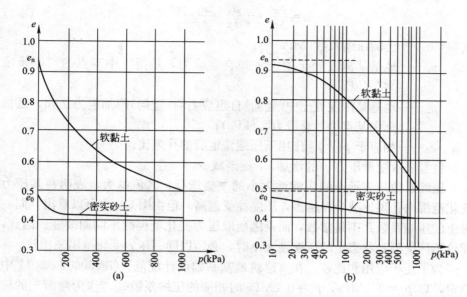

图 5-4　土的压缩曲线

（a）$e\text{-}p$ 曲线；（b）$e\text{-}\log p$ 曲线

5.2.2　侧限压缩性指标

根据试验获得的各级压力 p 作用下对应的孔隙比 e_i，绘制出土的 $e\text{-}p$ 曲线和 $e\text{-}\lg p$ 曲线，计算压缩指标，见图 5-5 和图 5-6 所示。

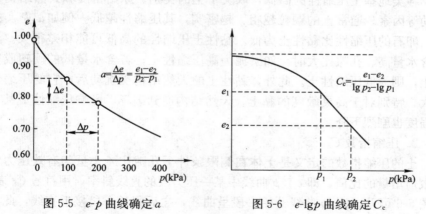

图 5-5　$e\text{-}p$ 曲线确定 a　　　　图 5-6　$e\text{-}\lg p$ 曲线确定 C_c

1. 压缩系数 a

土的压缩系数的定义是土体在侧限条件下孔隙比减小量与有效压应力增量的比值，即压缩试验所得 $e\text{-}p$ 曲线中某一压力区段的割线斜率，用符号 a 表示，单位为 $\mathrm{MPa^{-1}}$。

设压力由 p_1 增至 p_2，相应的孔隙比由 e_1 减小到 e_2，当压力变化范围不大时，可将 M_1M_2 一小段曲线用割线来代替，用割线 M_1M_2 的斜率来表示土在这一段压力范围的压缩性，即：曲线上任一点的切线斜率。可表示为：

$$a = \frac{\Delta e}{\Delta p} = -\frac{de}{dp} = \frac{e_1 - e_2}{p_2 - p_1} \tag{5-3}$$

式中　a——土的压缩系数（MPa^{-1}）；

　　　p_1——地基某深度处土中（竖向）自重应力，是指土中某点的"原始压力"（kPa）；

　　　p_2——地基某深度处土中（竖向）自重应力与（竖向）附加应力之和，是指土中某点的"总应力"（kPa）；

　　e_1、e_2——相应于 p_1，p_2 作用下压缩稳定后的孔隙比。

负号表示随着压力 p 的增加，e 逐渐减少。

压缩系数是表示土的压缩性大小的主要指标，其值越大，表明在某压力变化范围内孔隙比减少得越多，压缩性就越高。但由图 5-5 中可以看出，同一种土的压缩系数并不是常数，而是随所取压力变化范围的不同而改变。因此，评价不同类型和状态土的压缩性大小时，必须以同一压力变化范围来比较。

为了便于应用和比较，在《建筑地基基础设计规范》GB 50007—2011 中规定，以 $p_1 = 0.1MPa$，$p_2 = 0.2MPa$ 时相应的压缩系数 a_{1-2} 作为判断土的压缩性的标准，其计算式如下：

$$a = -\frac{de}{dp} = \frac{e_1 - e_2}{p_2 - p_1} \tag{5-4}$$

当　$a_{1-2} < 0.1MPa^{-1}$ 时，低压缩性土；

　　$0.1 \leqslant a_{1-2} < 0.5MPa^{-1}$ 时，中压缩性土；

　　$a_{1-2} \geqslant 0.5MPa^{-1}$ 时，高压缩性土。

各类地基土压缩性的高低，取决于土的类别、原始密度和天然结构是否扰动等因素。通常土的颗粒越粗、越密实，其压缩性越低。例如，密实的粗砂、卵石的压缩性比黏性土为低。黏性土压缩性的高低可能相差很大。当土的含水量高、孔隙比大时，如淤泥为高压缩性土；若含水量低的硬塑或坚硬的土，则为低压缩性土。此外，黏性土的天然结构受扰动后，它的压缩性将增大，特别对于高灵敏度的黏土，天然结构遭到破坏，影响压缩性更甚，同时强度也剧烈下降。

2. 压缩指数 C_c

土的压缩指数的定义是土体在侧限条件下孔隙比减小量与有效压力常用对数值增量的比值，即 e-$\lg p$ 曲线中某一压力段的直线斜率，用符号 C_c 表示。从图 5-6 可见，e-$\lg p$ 曲线开始一段呈曲线，之后很长一段接近直线，此直线段的斜率为压缩指数 C_c，它是无量纲量，其计算式如下：

$$C_c = \frac{e_1 - e_2}{\lg p_2 - \lg p_1} \tag{5-5}$$

式中　C_c——土的压缩指数；

其余符号意义同式（5-3）。

压缩指数愈大，表明土的压缩性愈高。低压缩性土的 C_c 值一般小于 0.2，C_c 值大于 0.4 为高压缩性土。对于同一个试样，压缩指数是个定量，不随压力增加而变化。

3. 压缩模量 E_s

土样的压缩模量是指土体在侧限条件下的竖向应力增量与相应的竖向应变增量的比值，用符号 E_s 表示，单位 MPa。压缩模量 E_s 是用 e-p 曲线求得的第二个压缩性指标。参见图 5-7，可得到其计算式为：

$$E_s = \frac{\Delta p}{\Delta \varepsilon} = \frac{\Delta p}{\Delta h / h_1} \tag{5-6}$$

在侧限条件下，土样在压力变化前后横截面面积不变，根据土粒所占体积不变，在图 5-7 中体现为土粒所占高度不变，则 Δh 可用相应的孔隙比的变化 $\Delta e = e_1 - e_2$ 来表示。

$$\frac{h_1}{1+e_1} = \frac{h_2}{1+e_2} = \frac{h_1 - \Delta h}{1+e_2} \tag{5-7a}$$

得到：

$$\Delta h = \frac{e_1 - e_2}{1+e_1} h_1 = \frac{\Delta e}{1+e_1} h_1 \tag{5-7b}$$

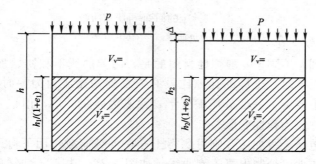

图 5-7　侧限条件下压力增量施加前后土样高度的变化

将式(5-7b)带入式(5-6)得到：

$$E_s = \frac{\Delta p}{\Delta h / h_1} = \frac{\Delta p}{\Delta e / 1+e_1} = \frac{1+e_1}{a} \tag{5-8}$$

同压缩系数 a 一样，压缩模量 E_s 也不是常数，而是随着压力大小而变化。在压力小的时候，压缩系数 a 大，压缩模量 E_s 小；在压力大的时候，压缩系数 a 小，压缩模量 E_s 大。土的压缩模量 E_s 值越小，土的压缩性越高。

4. 体积压缩系数 m_v

体积压缩系数 m_v 的定义是土体在侧限条件下体积应变与竖向压应力增量之比，即在单位压力增量作用下土体单位体积的体积变化，得：

$$m_v = 1/E_s = a/(1+e_1) \tag{5-9}$$

同压缩系数和压缩指数一样，体积压缩系数 m_v 值越大，土的压缩性越高。

5.2.3　土样的回弹和再压缩

在室内压缩试验过程中，常规的压缩曲线是在试验中连续递增加压获得的，如加压到某一值后不再加压，而是逐级进行卸荷，直至零，则可观察到土样的回弹。若测得各卸载等级下土样回弹稳定后土样高度，进而换算得到相应的孔隙比，即可绘制出卸载阶段的关系曲线，如图 5-8(a)中 *bc* 曲线所示，称为回弹曲线(或膨胀曲线)。

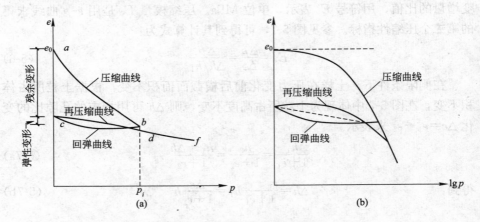

图 5-8　土的回弹-再压缩曲线
(a)e-p 曲线；(b)e-$\lg p$ 曲线

可以看到，不同于一般弹性材料的是，回弹曲线不和初始加载的曲线 *ab* 重合，卸载至零时，土样的孔隙比没有恢复到初始压力为零时的孔隙比 e_0。这就显示了土残留了一部分压缩变形，称之为残余变形，但也恢复了一部分压缩变形，称之为弹性变形。

若接着重新逐级加压，则可测得土样在各级荷载作用下再压缩稳定后的孔隙比，相应地可绘制出再压缩曲线，如图 5-8(a)中 *cdf* 曲线所示。可以发现其中 *df* 段像是 *ab* 段的延续，犹如其间没有经过卸载和再加压过程一样。

总之，土体变形机理非常复杂，土体不是理想的弹塑性体，而是具有弹性、黏性、塑性的自然历史的产物。

卸载段和再加载段的平均斜率称为土的回弹指数或再压缩指数 C_e，而 $C_e \leqslant C_c$，一般黏性土的 $C_e \approx (0.1 \sim 0.2) C_c$。

根据土的压缩、回弹、再压缩的 e-p 曲线，可以分析某些类型的基础。对于底面积和埋深都较大的深基坑工程，当开挖后基底受到较大的减压(应力释放)，引起坑底回弹。因此，在预估基础沉降量时，应考虑因开挖引起的地基土回弹，应进行土的回弹再压缩试验。为计算基底的回弹变形量，需要从固结试验的回弹和再压缩的 e-p 曲线确定地基土的回弹模量 E_c。土体回弹模量是指土体在侧限条件下卸荷或再加荷时竖向附加压应力与竖向应变的比值。

5.3　土的压缩性原位测试

土的室内侧限压缩试验操作简单，是目前测定地基土压缩性的常用方法。但遇到下列情况时，侧限试验就不适用了：

(1)地基土为粉、细砂，取原状土样很困难，或地基为软土，土样取不上来。

（2）土层不均匀，土试样尺寸小，代表性差。

采用原位测试方法解决上述问题。工中常用的压缩性原位测试方法主要有载荷试验和旁压试验。

5.3.1 载荷试验

研究土的压缩性，除了上面介绍的室内侧限压缩试验之外，还可以通过做现场原位试验的方法，其中应用最多的是平板载荷试验。载荷试验可用于测定载荷板下应力主要影响范围内岩土的承载力和变形特性。浅层平板载荷试验适用于浅层地基土；深层平板载荷试验适用于埋深等于或大于5m和地下水位以下的地基土；螺旋板载荷试验适用于深层地基土或地下水位以下的地基土。

1. 浅层平板载荷试验

浅层平板载荷试验是工程地质勘察工作中一项基本的原位测试方法。试验前先在现场选取有代表性的部位，开挖试坑，竖立载荷架，使施加的荷载通过载荷板传到地层中，以便测试浅部地基附加应力影响范围内土的力学性质，如变形模量、地基承载力。

（1）试验装置

如图5-9所示，试验装置包括加荷稳压装置、反力装置和位移量测装置。加荷稳压装置包括载荷板、立柱、加荷千斤顶及稳压器；反力装置包括地锚系统或堆重系统等；观测装置包括百分表及固定支架等。

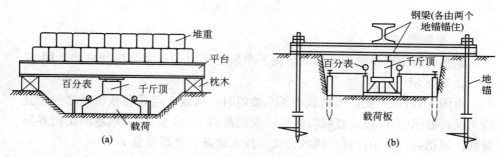

图 5-9 载荷试验装置
(a)堆重平台反力式；(b)地锚反力式

载荷试验宜采用圆形刚性载荷板，根据土的软硬或岩体裂隙密度选用合适的尺寸；土的浅层平板载荷试验载荷板面积不应小于 0.25m²，对软土和粒径较大的填土不应小于 0.5m²。

（2）加荷方式

载荷试验加荷方式应采用分级维持荷载沉降相对稳定法（常规慢速法）；有地区经验时，可采用分级加荷沉降非稳定法（快速法）或等沉降速率法；加荷等级宜取 10～12 级，并不应少于 8 级，荷载量测精度不应低于最大荷载的 ±1%。对慢速法，当试验对象为土体时，每级荷载施加后，间隔 5min、5min、10min、10min、15min、15min 测读一次沉降，以后间隔 30min 测读一

5.3 土的压缩性原位测试

次沉降，当连读两小时每小时沉降量小于等于 0.1mm 时，可认为沉降已达相对稳定标准，施加下一级荷载。

当出现下列情况之一时，可终止试验：

① 载荷板周边的土出现明显侧向挤出，周边岩土出现明显隆起或径向裂缝持续发展；

② 本级荷载的沉降量大于前级荷载沉降量的 5 倍，荷载与沉降曲线出现明显陡降；

③ 在某级荷载下 24h 沉降速率不能达到相对稳定标准；

④ 总沉降量与载荷板直径（或宽度）之比超过 0.06。

（3）试验结果

① 根据试验测得的数据绘制荷载-沉降（p-s）关系曲线（如图 5-10a）；

② 必要时绘制沉降-时间（s-t）关系曲线（如图 5-10b）。

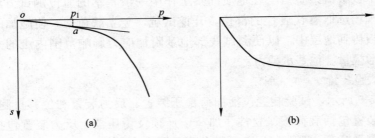

图 5-10　载荷试验
(a)p-s 曲线；(b)s-t 曲线

2. 变形模量 E_0

地基土的变形模量指无侧限情况下单轴受压时的应力与应变之比，用 E_0 表示，单位 MPa。

由图 5-10(a)可见，当荷载小于某数值时，荷载 p 与载荷板沉降之间呈直线关系，如图中 oa 段。直线段终点对应的荷载 p_1 或 p_{cr} 称为地基的比例界限荷载。根据弹性理论计算沉降的公式，反求地基的变形模量 E_0：

$$E_0 = 0.886(1-\mu^2)p_1 b/s_1 \tag{5-10a}$$

$$E_0 = 0.785(1-\mu^2)p_1 d/s_1 \tag{5-10b}$$

$$E_0 = (1-\mu^2)p/s_1 d \tag{5-10c}$$

式中　E_0——土的变形模量（MPa）；

　　　b——载荷板边长（m）；

　　　d——载荷板直径（m）；

　　　p——载荷板的荷载（kN）；

　　　p_1——取定的比例界限荷载（kPa）；

　　　s_1——与比例界限荷载 p_1 对应的沉降量（mm）。

若 p-s 不出现起始的直线段，可取 s_1/b 或 $s_1/d = 0.010 \sim 0.015$（低压缩性土取低值，高压缩性土取高值）及其对应的荷载 p_1 代入。

载荷试验的优点是压力的影响深度可达到 1.5～2 倍板边长，与室内试验相比试验中土体受到的扰动小，能反应较大一部分土体的压缩性，土中应力在载荷板较大时与实际基础比较接近；但是载荷试验工作量大、费时久，所规定的沉降稳定标准也带有较大的近似性。一般情况下，试验所反应的固结程度仅相当于实际建筑施工完成时的早期沉降。对于成层土，必须进行深层载荷试验。

3. 深层平板载荷试验

深层平板载荷试验可用于测试地基深部土层及大直径桩桩端土层，在载荷板下应力主要影响范围内的承载力和变形模量。载荷板采用直径为 0.8m 的刚性板，紧靠载荷板周围外侧的土层高度应不少于 80cm；加荷等级可按预估极限荷载的(1/15～1/10)分级施加，最大荷载宜达到破坏，不应少于荷载设计值的两倍。每级加荷测读时间间隔及稳定标准与浅层平板载荷试验一样。终止加荷标准：

① 沉降 s 急剧增加，p-s 曲线上有可判定极限荷载的陡降段，且沉降量超过 $0.04d$（d 为载荷板直径）；

② 在某级荷载 1 作用下，沉降量很小时，最大加载量不小于荷载设计值的 2 倍。

土的变形模量 E_0 的计算公式如下：

$$E_0 = \omega I(1-\mu^2)\mathrm{d}p_1/s_1 \tag{5-11}$$

式中　I——载荷板埋深 z 时的修正系数，当 $z > d$ 时，$I = 0.5 + 0.23d/z$。

　　　ω——载荷板形状系数，方形载荷板为 0.886，圆形载荷板为 0.785。

5.3.2　土的弹性模量

1. 土的弹性模量

土的弹性模量是指土体在无侧限条件下正应力与弹性正应变的比值，用符号 E 表示，单位 MPa。

土的弹性模量主要应用在计算土体在瞬时荷载作用下的瞬时沉降，如高耸结构在风荷载作用下的倾斜，因风荷载时瞬时重复荷载，在荷载过程中土体中的孔隙水来不及排出或不能全部排出，土的压缩变形来不及发生，土体发生的大部分变形是可以恢复的弹性变形，因此采用弹性模量计算的结果与实际观测结果更为接近和合理。此外，饱和黏性土的瞬时加荷产生的瞬时沉降计算，也应采用弹性模量。

弹性模量的测定可以采用室内三轴仪进行三轴压缩试验或无侧限压缩仪进行单轴压缩试验。弹性模量等于上述试验得到的应力-应变关系曲线确定的原始切线模量或相当于现场荷载条件下的再加荷模量（如图 5-11）。

2. 土的三种模量的比较

（1）三种模量的特点和应用

确定土体的压缩模量、变形模量和弹性模量的试

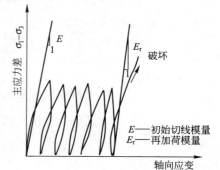

图 5-11　三轴压缩试验确定土的弹性模量

样条件不同，三种模量的应用范围也有所区别。

压缩模量是根据室内侧限压缩试验得到的，表示土在侧限条件下，竖向正应力与相应的变形稳定情况下正应变的比值。该参数主要应用于采用分层总和法、应力面积法计地基最终沉降量。

变形模量是根据现场载荷试验得到的，表示土在侧向自由条件下正应力与相应正应变的比值。该参数应用于采用弹性理论法计算最终沉降量。

弹性模量的测定方法通过三轴试验获得，根据加荷方式不同又分为静力法和动力法。静力法获得的弹性模量称为静弹模，用 E 表示；动力法获得的弹性模量称为动弹模，用 E_d 表示。弹性模量表示正应力与弹性正应变的比值，该参数常用于采用弹性理论公式估算建筑物的初始瞬时沉降。

根据三种模量的定义和确定方法可见，压缩模量和变形模量的应变为总应变，既包括弹性应变，又包括塑性应变；而弹性变形的应变仅包括可恢复的弹性应变。

（2）压缩模量 E_s 与变形模量 E_0 的关系

在理论上可以得到土的压缩模量和变形模量之间的换算关系。

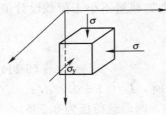

图 5-12　微单元土体

从侧向受限（不允许有侧向膨胀）的固结试验土样中取一微单元体（如图 5-12），在竖向试验压力作用下，试样在该方向的正应力为 σ_z，试样的受力条件为轴对称，则相应的水平向正应力：

$$\sigma_x = \sigma_y = K_0 \sigma_z \tag{5-12}$$

式中　K_0——土的侧压力系数，可通过试验确定，无试验条件时，可采用经验值。试样为侧限条件，所以有：

$$\varepsilon_x = \varepsilon_y = 0 \tag{5-13}$$

根据三向应力状态下的广义胡克定律，有：

$$\varepsilon_x = \frac{\sigma_x}{E_0} - \mu\left(\frac{\sigma_y}{E_0} + \frac{\sigma_z}{E_0}\right) = 0 \tag{5-14}$$

式中　μ——土的泊松比。

将式（5-12）带入上式有：

$$K_0 = \frac{\mu}{1-\mu} \tag{5-15a}$$

或

$$\mu = \frac{K_0}{1+K_0} \tag{5-15b}$$

再分析竖向应变 ε_z 得：

$$\varepsilon_z = \frac{\sigma_z}{E_0} - \mu\left(\frac{\sigma_x}{E_0} + \frac{\sigma_y}{E_0}\right) = 0 \tag{5-16a}$$

将式（5-12）和式（5-15b）带入上式有：

$$\varepsilon_z = \frac{\sigma_z}{E_0}(1 - 2\mu K_0) = \frac{\sigma_z}{E_0}\left(1 - \frac{2\mu^2}{1-\mu}\right) \tag{5-16b}$$

将侧限压缩条件 $\varepsilon_z = \frac{\sigma_z}{E_s}$ 带入上式左侧，于是得到：

$$\frac{\sigma_z}{E_s} = \frac{\sigma_z}{E_0}(1-2\mu K_0) \tag{5-17}$$

进而得到：

$$E_0 = E_s(1-2\mu K_0) = E_s\left(1-\frac{2\mu^2}{1-\mu}\right) \tag{5-18a}$$

令 $\beta = 1-2\mu K_0 = 1-\frac{2\mu^2}{1-\mu}$，则：

$$E_0 = \beta E_s \tag{5-18b}$$

由于 $0 \leqslant \mu \leqslant 0.5$，所以 $0 \leqslant \beta \leqslant 1$。

必须指出，上式只不过是 E_0 与 E_s 之间的理论关系。实际上，由于现场载荷试验测定 E_0 和室内压缩试验测定 E_s 时，各有些无法考虑到的因素，使得上式不能准确反映二者之间的实际关系。这些因素主要包括：压缩试验的土样容易受到扰动；载荷试验与压缩试验的加荷速率、压缩稳定的标准都不一样；μ 值不易精确确定等。根据以往统计资料，E_0 可能是 E_s 值的几倍，一般说来，土越坚硬则倍数越大，而软土的 E_0 值与 E_s 值比较接近。

5.3.3　旁压试验

平板载荷试验在基础埋深很大，试坑开挖很深，工程量较大时，不再适用。若地下水埋藏较浅，基础埋深在地下水位以下，则载荷试验无法使用。此时，可采用旁压试验。旁压试验是一种地基原位测试方法。最初，法国于20 世纪 50 年代末期研制出的三轴式旁压试验是将圆柱形旁压器竖直放入土中，通过旁压器在竖直的孔内加压，使旁压膜膨胀，并由旁压膜将压力传给周围的土体(岩体)，使土体(岩体)产生变形直至破坏，通过量测施加的压力和土变形之间的关系，即可得到地基土在水平方向的应力应变关系。

根据将旁压器置入土中的方法，旁压仪分为预钻式旁压仪、自钻式旁压仪和压入式旁压仪。预钻式旁压仪一般需要有竖向钻孔，自钻式旁压仪利用自转的方式钻到预定试验位置后进行试验，压入式旁压仪以静压的方式压到预定试验位置后进行旁压试验。

和静载荷试验相比，旁压试验有精度高、设备轻便、测试时间短等特点，但其精度受成孔质量的影响较大。

1. 适用范围和目的

旁压试验适用于测定黏性土、粉土、砂土、碎石土、软质岩石和风化岩石的承载力、旁压模量和应力应变关系。

2. 旁压试验的技术要求

旁压试验应在有代表性的位置和深度进行，旁压器的量测腔应在同一土层内。试验点的垂直间距应根据地层条件和工程要求确定，但不宜小于 1m，试验孔与已有钻孔的水平距离不宜小于 1m。

加荷等级可采用预期临塑压力的 1/7~1/5，初始阶段加荷等级可取小值，必要时，可做卸荷再加荷试验，测定再加荷旁压模量。表 5-1 为《岩土工程勘察规范》GB 50021—2001(2009 版)规定的加荷等级。

每级压力应持续 1min 或 2min 再施加下一级压力，按照 15s、30s、60s、120s 和 180s 读数。旁压试验终止的条件为：

1) 加荷接近或达到极限压力；

2) 量测腔的扩张体积相当于量测腔的固有体积，避免弹性膜破裂。

旁压试验加荷等级表　　　　　　　　　　　　　　　　　表 5-1

土的特征	加荷等级	
	临塑压力前	临塑压力后
淤泥、淤泥质土、流塑黏性土、粉土、饱和或松散的粉细砂	≤15	≤30
软塑黏性土、粉土、疏松黄土、稍密很湿粉细砂、稍密中粗砂	15～25	30～50
可塑～硬塑黏性土、粉土、黄土、中密～密实很湿粉细砂、稍密～中密中粗砂	25～50	50～100
坚硬黏性土、粉土、密实中粗砂	50～100	100～200
中密～密实碎石土、软质岩石	≥100	≥200

3. 旁压试验成果及旁压模量

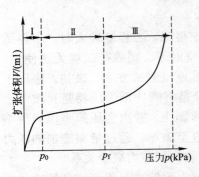

图 5-13 旁压试验 p-V 曲线

旁压试验的成果主要是压力和扩张体积 (p-V) 曲线、压力和半径增量 (p-r) 曲线。典型的 p-V 曲线见图 5-13，可将它分为三个阶段：第一阶段，初步阶段；第二阶段，似弹性阶段，压力与体积变化量大致呈线性关系；第三阶段，塑性阶段。

Ⅰ～Ⅱ 段的界限压力相当于初始水平应力 p_0，Ⅱ～Ⅲ 段的界限压力相当于临塑压力 p_f，Ⅲ 阶段末尾渐近线的压力为极限压力 p_1。

(1) p_0 的确定：将旁压曲线直线段延长与 V 轴交于 V_0，过 V_0 作平行于 p 的直线，该直线与旁压试验交点对应的压力即 p_0 值。

(2) p_f 为旁压曲线中直线的末尾点对应的压力。

(3) p_1 为 $V = 2V_0 + V_c$ 所对应的压力，其中 V_c 为旁压器量腔的固有体积或 p-$(1/V)$ 关系末端直线与 p 轴交点相应的压力。

旁压模量 E_m 按下式计算：

$$E_m = 2(1+\mu)\left(V_c + \frac{V_0 + V_f}{2}\right)\frac{\Delta p}{\Delta V} \qquad (5\text{-}19)$$

式中　　E_m——旁压模量 (kPa)；

　　　　μ——泊松比；

　　　　V_c——旁压器量测腔初始固有体积 (cm³)；

　　　　V_0——与初始压力 p_0 对应的体积 (cm³)；

　　　　V_f——与临塑压力 p_f 对应的体积 (cm³)；

　　$\Delta p/\Delta V$——旁压曲线直线段斜率 (kPa/cm³)。

5.4 地基最终沉降量计算

地基土层在建筑物荷载作用下，不断地产生压缩，直至压缩稳定后地基表面的沉降量称为地基的最终沉降量。

计算地基的最终沉降量，目前最常用的就是分层总和法。该法的表达形式有多种，但原理基本相同。它主要是将地层按其性质和应力状态进行分层，然后用测定的变形参数来计算地基的沉降量。

5.4.1 分层总和法计算最终沉降量

1. 基本假设

分层总和法都是以无侧向变形条件下的压缩量公式为基础，它们的基本假设是：

（1）土的压缩完全是由于孔隙体积减小导致骨架变形的结果，而土粒本身的压缩可不计；

（2）土体仅产生竖向压缩，而无侧向变形；

（3）在土层高度范围内，压力是均匀分布的。

2. 基本原理

该方法只考虑地基的垂向变形，没有考虑侧向变形，地基的变形同室内侧限压缩试验中的情况基本一致，属一维压缩问题。地基的最终沉降量可用室内压缩试验确定的参数（e_i、E_s、a）进行计算。变换后得：

$$\Delta s_i = \varepsilon_i H_i = \frac{\Delta e_i}{1+e_{1i}} H_i = \frac{e_{1i}-e_{2i}}{1+e_{1i}} H_i \tag{5-20a}$$

或

$$\Delta s_i = \frac{a_i(p_{2i}-p_{1i})}{1+e_{1i}} H_i = \frac{\Delta p_i}{E_{si}} H_i \tag{5-20b}$$

式中　Δs_i——第 i 层土的压缩量；

　　ε_i——第 i 层土的压缩应变；

　　H_i——第 i 层土的厚度；

　　e_{1i}——根据第 i 层土的自重应力平均值 p_{1i}，从 e-p 曲线上得到相应的孔隙比；

　　e_{2i}——根据第 i 层土的自重应力平均值与附加应力平均值之和即 p_{2i}，从 e-p 曲线上得到相应的孔隙比；

a_i、E_{si}——第 i 层土的压缩系数和压缩模量。

计算沉降量时，在地基可能受荷变形的压缩层范围内，根据土的特性，应力状态以地下水位进行分层。然后按式(5-20a)或式(5-20b)计算各分层的沉降量 Δs_i。最后将各分层的压缩量总和起来即为地基的最终沉降量：

$$s = \sum_{i=1}^{n} \Delta s_i \tag{5-21}$$

3. 计算步骤

分层总和法具体分为 e-p 曲线和 e-$\lg p$ 曲线为已知条件的总和法。

（1）将地基分层。成层土的层面（不同土层的重度和压缩性不同）及地下水面（水面上下土的有效重度不同）是当然的分界面，此外，分层厚度一般不宜大于 $0.4b$（b 为基底宽度。附加应力沿深度的变化是非线性的，土的 $e\text{-}p$ 曲线也是非线性的，因此分层厚度太大将产生较大的计算误差）。

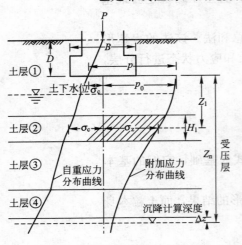

图 5-14　分层总和法计算地基沉降

（2）计算基础中心轴线上各分层界面处的自重应力，并按一定比例尺绘制分布图。

（3）计算基础中心轴线上各分层界面处的附加应力，并按同一比例绘制附加应力分布图。

（4）确定压缩层厚度。由图 5-14 可见，附加应力随深度递减，自重应力随深度增加，到了一定深度之后，附加应力相对于该处原有的自重应力已经很小，引起的压缩变形可以忽略不计，因此沉降算到此深度便可，这时的深度称为压缩层的下限或沉降计算深度 z_n，即压缩层厚度。z_n 的确定一般按下式：

一般土：　　　　　　　$\sigma_z = 0.2\sigma_c$　　　　　　（5-22）

软弱土：　　　　　　　$\sigma_z = 0.1\sigma_c$　　　　　　（5-23）

式中　　σ_z——基础地面中心 o 点下深度 z 处的附加应力（kPa）；

　　　　σ_c——同一深度 z 处的自重应力（kPa）。

在受压层范围内，如某一深度以下都是压缩性很小的岩土层，如密实的碎石土或粗砂、砾砂、基岩等，则受压层只计算到这些地层的顶面即可。

（5）按算术平均法计算各分层土的自重应力平均值 $(\sigma_{c(i-1)} + \sigma_{ci})/2$ 和附加应力平均值 $(\sigma_{z(i-1)} + \sigma_{zi})/2$。

（6）根据第 i 分层的初始应力（即 p_{1i}）和初始应力与附加应力之和（即 p_{2i}），由压缩曲线查出相应的初始孔隙比 e_{1i} 和压缩稳定后孔隙比 e_{2i}。

（7）计算第 i 分层的压缩量。

（8）计算最终沉降量。

【例题 5-1】　已知柱下单独方形基础，基础底面尺寸为 $2.5 \times 2\text{m}^2$，埋深 2m，作用于基础上（设计地面标高处）的轴向荷载 $N = 1250\text{kN}$，有关地基勘察资料与基础剖面详见下图。试用分层总和法计算基础中点最终沉降量。

【解】　按分层总和法计算

（1）地基土分层。

根据 $0.4b = 0.4 \times 2.5 = 1\text{m}$，确定分层厚度为 1m，即 $z = 0$、1、2、3、4、5、6、7m 处为土层分界面。

（2）计算地基土的自重应力。z 自基底标高起算。

如 $z = 0\text{m}$，$\sigma_c = 19.5 \times 2 = 39\text{kPa}$，$z = 3\text{m}$，$\sigma_c = 78.5 + 20 \times 1 = 98.5\text{kPa}$。

（3）计算地基土的附加应力。

基底压力计算：

基础底面以上，基础与填土的混合重度取 $\gamma_G = 20\text{kN/m}^3$。

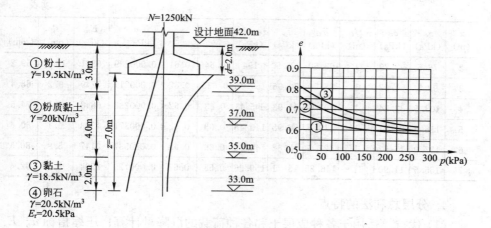

图 5-15 例题 5-1 图

$$p=\frac{F+G}{A}=\frac{1250+2.5\times2.5\times2\times20}{2.5\times2.5}=240\text{kPa}$$

基底附加压力计算：$p_0=p-\gamma d=240-19.5\times2.0=201\text{kPa}$

（4）基础中点下地基中竖向附加应力计算。

用角点法计算，$l/b=1$，$\sigma_{zi}=4\alpha_{ci}p_0$，查附加应力系数表得 α_{ci}。

（5）确定沉降计算深度 z_n

考虑第③层土压缩性比第②层土大，经计算后确定 $z_n=7\text{m}$，见表 5-2。

例题 5-1 计算结果（1）   表 5-2

z(m)	z/b	α_{ci}	σ_{zi}(kPa)	σ_{ci}(kPa)	σ_{ci}/σ_{zi}(%)	z_n(m)
0	0	0.250 0	201	39		
1	0.8	0.199 9	160.7	58.5		
2	1.6	0.112 3	90.29	78.5		
3	2.4	0.064 2	51.62	98.8		
4	3.2	0.040 1	32.24	108.5	29.71	
5	4.0	0.027 0	21.71	118.5	18.32	
6	4.8	0.019 3	15—52	137	11.33	
7	5—6	0.014 8	11.90	155—5	7.6	按7m计

（6）计算基础中点下各分层的沉降量。利用勘察资料中的 $e\text{-}p$ 曲线，求

$$a_i=\frac{e_{1i}-e_{2i}}{p_{2i}-p_{1i}}\text{ 及 }E_{si}=\frac{1+e_{1i}}{a_i}$$

（7）计算基础最终沉降量，计算结果见表 5-3。

例题 5-1 计算结果（2）   表 5-3

z(m)	σ_{ci}(kPa)	σ_{zi}(kPa)	H_i(m)	$\bar{\sigma}_{ci}$(kPa)	$\bar{\sigma}_{zi}$(kPa)	$\bar{\sigma}_{ci}+\bar{\sigma}_{zi}$(kPa)	e_1	e_2	a(kPa^{-1})	E_{si}(kPa)	s_i(mm)	s(mm)
0	39.0	201										
1	58.5	160.7	1	48.75	180.85	229.6	0.71	0.64	0.000387	4418	40.9	

z (m)	σ_{ci} (kPa)	σ_{zi} (kPa)	H_i (m)	$\bar{\sigma}_{ci}$ (kPa)	$\bar{\sigma}_{zi}$ (kPa)	$\bar{\sigma}_{ci}+\bar{\sigma}_{zi}$ (kPa)	e_1	e_2	a (kPa^{-1})	E_{si} (kPa)	s_i (mm)	s (mm)
2	78.5	90.29	1	68.50	125.50	194	0.64	0.61	0.000239	6861	18.3	59.2
3	98.5	51.62	1	88.50	70.96	159.46	0.635	0.62	0.000211	7749	9.2	68.4
4	108.5	32.24	1	103.5	41.93	145.43	0.63	0.62	0.000238	6848	6.1	74.5
5	118.5	21.71	1	113.5	26.98	140.48	0.63	0.62	0.000371	4393	6.1	80.6
6	137.0	15.52	1	127.5	18.62	146.12	0.69	0.68	0.000537	3147	5.9	86.5
7	155.5	11.90	1	146.25	13.71	159.96	0.68	0.67	0.000729	2304	5.9	92.4

4. 分层总和法的特点

（1）优点：适用于各种成层土和各种荷载的沉降量计算；压缩指标 a、E_s 等易确定。

（2）缺点：作了许多假设，与实际情况不符，侧限条件，基底压力计算有一定误差；室内试验指标也有一定误差；计算工作量大；利用该法计算结果，对坚实地基，其结果偏大，对软弱地基，其结果偏小。

【例题 5-2】 有一矩形基础，放置在均质黏性土上，基础长度 $l=10\text{m}$，宽度 $b=5\text{m}$，埋置深度 $d=1.5\text{m}$，其上作用中心荷载 $F=10000\text{kN}$，地基土的天然重度 $\gamma=20\text{kN/m}^3$，饱和重度 $\gamma_{sat}=21\text{kN/m}^3$，若地下水位距基底 2.5m，试求基础中心点的沉降量。

【解】 （1）因为是中心荷载，所以基底压力为：

$$p=F/lb=10000/(10\times5)=200\text{kPa}$$

基底附加压力：

$$p_0=p-\gamma d=200-20\times1.5=170\text{kPa}$$

（2）分层：因为是均质土，且地下水位在基底以下 2.5m 处，将分层厚度 $H_i=2.5\text{m}$。

（3）求各分层面的自重应力并绘制分布曲线。

（4）求各分层面的竖向附加应力并绘制分布曲线。

应用角点法，通过中心点将基础划分为四块面积相等的计算面积。$l_1=5\text{m}$，$b_1=2.5\text{m}$；中心点正好在四块计算面积的角点上。计算结果如表 5-4。

例题 5-2 计算结果（1）   表 5-4

位置	z_i(m)	z_i/b	l/b	α_{ci}	$\sigma_z=4\alpha_{ci}P$(kPa)
0	0	0	2	0.25	170
1	2.5	1	2	0.1999	136
2	5	2	2	0.1202	82
3	7.5	3	2	0.0732	50
4	10.0	4	2	0.0474	32
5	12.5	5	2	0.0328	22

(5) 确定压缩层厚度。

从计算结果可知：在第四点处的 $\sigma_{z4}/\sigma_{c4}=0.197<0.2$，所示压缩层厚度 $H=10\mathrm{m}$。

(6) 计算各分层的平均自重应力和平均附加应力，见表5-5。

(7) 由压缩曲线查各分层的初始孔隙比和压缩稳定后的孔隙比，结果见表5-5。

例题 5-2 计算结果（2）

表 5-5

层次	初始 p_{1i}	p_{2i}	初始孔隙比 e_{1i}	压缩稳定后的孔隙比 e_{2i}
I	55	208	0.935	0.870
II	94	203	0.915	0.870
III	122	188	0.895	0.875
IV	150	191	0.885	0.873

(8) 计算基础的沉降量：

$$s=\sum_{i=1}^{n}\frac{e_{1i}-e_{2i}}{1+e_{1i}}H_i=18.5\mathrm{cm}$$

5.4.2 《建筑地基基础设计规范》推荐的沉降计算法

新中国成立以来，全国各地都采用上述分层总和法来计算建筑物的沉降。通过大量建筑物沉降观测，并与理论计算相对比，结果发现，两者的数值往往不同，有的相差很大。凡是坚实地基，用分层总和法计算的沉降值比实测值显著偏大；遇软弱地基，则计算值比实测值偏小。

分析沉降计算值与实测值不符的原因，一方面由于分层总和法在理论上的假定条件与实际情况不完全符合；另一方面由于取土的代表性不够，取原状土的技术以及室内压缩试验的准确度等问题。此外，在沉降计算中，没有考虑地基基础与上部结构的共同作用。这些因素导致了计算值与实测值之间的差异。为了使计算值与实测沉降值相符合，并简化分层总和法的计算工作，在总结大量实践经验的基础上，经统计引入沉降计算经验系数 ψ_s，对分层总和法的计算结果进行修正。因此，便产生了我国《建筑地基基础设计规范》GB 50007 所推荐的沉降计算方法，简称《规范》方法。

1.《规范》方法的实质

为使分层总和法沉降计算结果在软弱地基或坚实地基情况，都与实测沉降量相吻合，《建筑地基基础设计规范》（GB 50007—2011）法引入一个沉降计算经验系数 ψ_s。此经验系数有大量建筑物沉降观测值与分层总和法计算值进行对比总结后得到。对软弱地基，$\psi_s>1.0$，对坚硬地基，$\psi_s<1.0$。

2.《规范》方法的地基沉降计算公式

$$s=\psi_s s'=\psi_s\sum_{i=1}^{n}\frac{p_0}{E_{si}}(z_i\bar{\alpha}_i-z_{i-1}\bar{\alpha}_{i-1}) \tag{5-24}$$

式中　s——地基最终变形量，即基础最终沉降量(m)；

s'——按分层总和法计算的地基变形量即基础沉降量(m);

ψ_s——沉降计算经验系数,应根据同类地区已有房屋和构筑物实测最终沉降量与计算沉降量对比确定,$\psi_s = s_\infty / s'$,s_∞ 为利用基础沉降观测资料推算的最终沉降量,ψ_s 一般可采用表 5-6 的数值;

n——地基压缩层(即受压层)范围内所划分的土层数;

p_0——基础底面处的附加压力(kPa);

E_{si}——基础底面下第 i 层土的压缩模量(kPa);

z_i、z_{i-1}——基础底面至第 i 层和第 $i-1$ 层底面的距离(m);

$\bar{\alpha}_i$、$\bar{\alpha}_{i-1}$——基础底面计算点至第 i 层和第 $i-1$ 层底面范围内平均附加应力系数。

当地基为一均匀土层时,用此土层的压缩模量 E_s 值,直接查表 5-6 并采用内插法确定 ψ_s;当地基土为多层土,E_s 为不同数值,则先计算 E_s 的当量值 $\bar{E}_s$ 来查表 5-6,即 E_s 按附加应力面积 A 的加权平均值查表 5-6。

沉降计算经验系数 ψ_s 表 5-6

$\bar{E}_s$(MPa) $\diagdown$ p_0(kPa)	2.5	4.0	7.0	15—0	20.0
$p_0 \geqslant f_k$	1.4	1.3	1.0	0.4	0.2
$p_0 \leqslant 0.75 f_k$	1.1	1.0	0.7	0.4	0.2

注:1. 表列数值可内插;

    2. 当变形计算深度范围内有多层土时,E_s 可按附加应力面积 A 的加权平均值采用,即:

$$\bar{E}_s = \frac{\sum A_i}{\sum A_i / E_{si}} \tag{5-25}$$

上式中的经验系数 ψ_s 综合考虑了沉降计算公式中所不能反映的一些因素:如土的工程地质类型不同、选用的压缩模量与实际的出入、土层的非均质性对应力分布的影响、荷载性质的不同与上部结构对荷载分布的调整作用等因素。

均布的矩形荷载角点下的竖向平均附加应力系数 $\bar{\alpha}$ 表 5-7

z/b $\diagdown$ l/b	1.0	1.2	1.4	1.6	1.8	2.0	2.4	2.8	3.2	3.6	4.0	5.0	10.0
0.0	0.2500	0.2500	0.2500	0.2500	0.2500	0.2500	0.2500	0.2500	0.2500	0.2500	0.2500	0.2500	0.2500
0.2	0.2496	0.2497	0.2497	0.2498	0.2498	0.2498	0.2498	0.2498	0.2498	0.2498	0.2498	0.2498	0.2498
0.4	0.2479	0.2479	0.2481	0.2483	0.2483	0.2484	0.2485	0.2485	0.2485	0.2485	0.2485	0.2485	0.2485
0.6	0.2423	0.2437	0.2444	0.2448	0.2451	0.2452	0.2454	0.2455	0.2455	0.2455	0.2455	0.2455	0.2456
0.8	0.2346	0.2372	0.2387	0.2395	0.2400	0.2403	0.2407	0.2408	0.2409	0.2409	0.2410	0.2410	0.2410
1.0	0.2252	0.2291	0.2313	0.2326	0.2335	0.2340	0.2346	0.2349	0.2351	0.2352	0.2352	0.2353	0.2353
1.2	0.2149	0.2199	0.2229	0.2248	0.2260	0.2268	0.2278	0.2282	0.2285	0.2286	0.2287	0.2288	0.2289
1.4	0.2043	0.2102	0.2140	0.2164	0.2180	0.2191	0.2204	0.2211	0.2215	0.2217	0.2218	0.2220	0.2221

z/b \ l/b	1.0	1.2	1.4	1.6	1.8	2.0	2.4	2.8	3.2	3.6	4.0	5.0	10.0
1.6	0.1939	0.2006	0.2049	0.2079	0.2099	0.2113	0.2130	0.2138	0.2143	0.2146	0.2148	0.2150	0.2152
1.8	0.1840	0.1912	0.1960	0.1994	0.2018	0.2034	0.2055	0.2066	0.2073	0.2077	0.2079	0.2082	0.2084
2.0	0.1746	0.1822	0.1875	0.1912	0.1938	0.1958	0.1982	0.1996	0.2004	0.2009	0.2012	0.2015	0.2018
2.2	0.1659	0.1737	0.1793	0.1833	0.1862	0.1883	0.1911	0.1927	0.1937	0.1943	0.1947	0.1952	0.1955
2.4	0.1578	0.1657	0.1715	0.1757	0.1789	0.1821	0.1843	0.1862	0.1873	0.1880	0.1885	0.1890	0.1895
2.6	0.1503	0.1583	0.1642	0.1686	0.1719	0.1745	0.1779	0.1799	0.1812	0.1820	0.1825	0.1832	0.1838
2.8	0.1433	0.1514	0.1574	0.1619	0.1654	0.1680	0.1717	0.1739	0.1753	0.1763	0.1769	0.1777	0.1784
3.0	0.1369	0.1449	0.1510	0.1556	0.1592	0.1619	0.1658	0.1682	0.1698	0.1708	0.1715	0.1725	0.1733
3.2	0.1310	0.1390	0.1450	0.1497	0.1533	0.1562	0.1602	0.1628	0.1645	0.1657	0.1664	0.1675	0.1685
3.4	0.1256	0.1334	0.1394	0.1441	0.1478	0.1508	0.1550	0.1577	0.1595	0.1607	0.1616	0.1628	0.1639
3.6	0.1205	0.1282	0.1342	0.1389	0.1427	0.1456	0.1500	0.1528	0.1548	0.1561	0.1570	0.1583	0.1595
3.8	0.1158	0.1234	0.1293	0.1340	0.1378	0.1408	0.1452	0.1482	0.1502	0.1516	0.1526	0.1541	0.1554
4.0	0.1114	0.1189	0.1248	0.1294	0.1332	0.1362	0.1408	0.1438	0.1459	0.1474	0.1485	0.1500	0.1516
4.2	0.1073	0.1147	0.1205	0.1251	0.1289	0.1319	0.1365	0.1396	0.1418	0.1434	0.1445	0.1462	0.1479
4.4	0.1035	0.1107	0.1164	0.1210	0.1248	0.1279	0.1325	0.1357	0.1379	0.1396	0.1407	0.1425	0.1444
4.6	0.1000	0.1070	0.1127	0.1172	0.1209	0.1240	0.1287	0.1319	0.1342	0.1359	0.1371	0.1390	0.1410
4.8	0.0967	0.1036	0.1091	0.1136	0.1173	0.1204	0.1250	0.1283	0.1307	0.1324	0.1337	0.1357	0.1379
5.0	0.0935	0.1003	0.1057	0.1102	0.1139	0.1169	0.1216	0.1249	0.1273	0.1291	0.1304	0.1325	0.1348
5.2	0.0906	0.0972	0.1026	0.1070	0.1106	0.1136	0.1183	0.1217	0.1241	0.1259	0.1273	0.1295	0.1320
5.4	0.0878	0.0943	0.0996	0.1039	0.1075	0.1105	0.1152	0.1186	0.1211	0.1229	0.1243	0.1265	0.1292
5.6	0.0852	0.0916	0.0968	0.1010	0.1046	0.1076	0.1122	0.1156	0.1181	0.1200	0.1215	0.1238	0.1266

z/b \ l/b	1.0	1.2	1.4	1.6	1.8	2.0	2.4	2.8	3.2	3.6	4.0	5.0	10.0
5.8	0.0828	0.0890	0.0941	0.0983	0.1018	0.1047	0.1094	0.1128	0.1153	0.1172	0.1187	0.1211	0.1240
6.0	0.0805	0.0866	0.0916	0.0957	0.0991	0.1021	0.1067	0.1101	0.1126	0.1146	0.1161	0.1185	0.1216
6.2	0.0783	0.0842	0.0891	0.0932	0.0966	0.0995	0.1041	0.1075	0.1101	0.1120	0.1136	0.1161	0.1193
6.4	0.0762	0.0820	0.0869	0.0909	0.0942	0.0971	0.1016	0.1050	0.1076	0.1096	0.1111	0.1137	0.1171
6.6	0.0742	0.0799	0.0847	0.0886	0.0919	0.0948	0.0993	0.1027	0.1053	0.1073	0.1088	0.1114	0.1149
6.8	0.0723	0.0779	0.0826	0.0865	0.0898	0.0926	0.0970	0.1004	0.1030	0.1050	0.1066	0.1092	0.1129
7.0	0.0705	0.0761	0.0806	0.0844	0.0877	0.0904	0.0949	0.0982	0.1008	0.1028	0.1044	0.1071	0.1109
7.2	0.0688	0.0742	0.0787	0.0825	0.0857	0.0884	0.0928	0.0962	0.0987	0.1008	0.1023	0.1051	0.1090
7.4	0.0672	0.0725	0.0769	0.0806	0.0838	0.0865	0.0908	0.0942	0.0967	0.0988	0.1004	0.1031	0.1071

z/b \ l/b	1.0	1.2	1.4	1.6	1.8	2.0	2.4	2.8	3.2	3.6	4.0	5.0	10.0
7.6	0.0656	0.0709	0.0752	0.0789	0.0820	0.0846	0.0889	0.0922	0.0948	0.0968	0.0984	0.1012	0.1054
7.8	0.0642	0.0693	0.0736	0.0771	0.0802	0.0828	0.0871	0.0904	0.0929	0.0950	0.0966	0.0994	0.1036
8.0	0.0627	0.0678	0.0720	0.0755	0.0785	0.0811	0.0853	0.0886	0.0912	0.0932	0.0948	0.0976	0.1020
8.2	0.0614	0.0663	0.0705	0.0739	0.0769	0.0795	0.0837	0.0869	0.0894	0.0914	0.0931	0.0959	0.1004
8.4	0.0601	0.0649	0.0690	0.0724	0.0754	0.0779	0.0820	0.0852	0.0878	0.0898	0.0914	0.0943	0.0988
8.6	0.0588	0.0636	0.0676	0.0710	0.0739	0.0764	0.0805	0.0836	0.0862	0.0882	0.0898	0.0927	0.0973
8.8	0.0576	0.0623	0.0663	0.0696	0.0742	0.0749	0.0790	0.0821	0.0846	0.0866	0.0882	0.0912	0.0959
9.2	0.0554	0.0599	0.0637	0.0670	0.0697	0.0721	0.0761	0.0792	0.0817	0.0837	0.0853	0.0882	0.0931
9.6	0.0533	0.0577	0.0614	0.0645	0.0672	0.0696	0.0734	0.0765	0.0789	0.0809	0.0825	0.0855	0.0905
10.0	0.0514	0.0556	0.0592	0.0622	0.0649	0.0672	0.0710	0.0739	0.0763	0.0783	0.0799	0.0829	0.0880
10.4	0.0496	0.0537	0.0572	0.0601	0.0627	0.0649	0.0686	0.0716	0.0739	0.0759	0.0775	0.0804	0.0857
10.8	0.0479	0.0519	0.0553	0.0581	0.0606	0.0628	0.0664	0.0693	0.0717	0.0736	0.0751	0.0781	0.0834
11.2	0.0463	0.0502	0.0535	0.0563	0.0587	0.0609	0.0644	0.0672	0.0695	0.0714	0.0730	0.0759	0.0813
11.6	0.0448	0.0486	0.0518	0.0545	0.0569	0.0590	0.0625	0.0652	0.0675	0.0694	0.0709	0.0738	0.0793
12.0	0.0435	0.0471	0.0502	0.0529	0.0552	0.0573	0.0606	0.0634	0.0656	0.0674	0.0690	0.0719	0.0774
12.8	0.0409	0.0444	0.0474	0.0499	0.0521	0.0541	0.0573	0.0599	0.0621	0.0639	0.0654	0.0682	0.0739
13.6	0.0387	0.0420	0.0448	0.0472	0.0493	0.0512	0.0543	0.0568	0.0589	0.0607	0.0621	0.0649	0.0707
14.4	0.0367	0.0398	0.0425	0.0448	0.0468	0.0486	0.0516	0.0540	0.0561	0.0577	0.0592	0.0619	0.0677
15.2	0.0349	0.0379	0.0404	0.0426	0.0446	0.0463	0.0492	0.0515	0.0535	0.0551	0.0565	0.0592	0.0650
16.0	0.0332	0.0361	0.0385	0.0407	0.0425	0.0442	0.0469	0.4920	0.0511	0.0527	0.0540	0.0567	0.0625
18.0	0.0297	0.0323	0.0345	0.0364	0.0381	0.0396	0.0422	0.0442	0.0460	0.0475	0.0487	0.0512	0.0570
20.0	0.0269	0.0292	0.0312	0.0330	0.0345	0.0359	0.0383	0.0402	0.0418	0.0432	0.0444	0.0468	0.0524

三角形分布的矩形荷载角点下的竖向平均附加应力系数 $\bar{\alpha}$　　　表 5-8

z/b \ l/b	0.2		0.4		0.6		0.8		1.0	
	1	2	1	2	1	2	1	2	1	2
0.0	0.0000	0.2500	0.0000	0.2500	0.0000	0.2500	0.0000	0.2500	0.0000	0.2500
0.2	0.0112	0.2161	0.0140	0.2308	0.0148	0.0233	0.0151	0.2339	0.0152	0.2341
0.4	0.0179	0.1810	0.0245	0.2084	0.0270	0.2153	0.0280	0.2175	0.0285	0.2184
0.6	0.0207	0.1505	0.0308	0.1851	0.0355	0.1966	0.0376	0.2011	0.0388	0.2030
0.8	0.0217	0.1277	0.0340	0.1640	0.0405	0.1787	0.0440	0.1852	0.0459	0.1883
1.0	0.0217	0.1104	0.0351	0.1461	0.0430	0.1624	0.0476	0.1704	0.0502	0.1746
1.2	0.0212	0.0970	0.0351	0.1312	0.0439	0.1480	0.0492	0.1571	0.0525	0.1621
1.4	0.0204	0.0865	0.0344	0.1187	0.0436	0.1356	0.0495	0.1451	0.0534	0.0507
1.6	0.0195	0.0779	0.0333	0.1082	0.0427	0.1247	0.0490	0.1345	0.0533	0.1405

l/b \ z/b	0.2		0.4		0.6		0.8		1.0	
	1	2	1	2	1	2	1	2	1	2
1.8	0.0186	0.0709	0.0321	0.0993	0.0415	0.1153	0.0480	0.1252	0.0525	0.1313
2.0	0.0178	0.0650	0.0308	0.0917	0.0401	0.1071	0.0467	0.1169	0.0513	0.1232
2.5	0.0157	0.0538	0.0276	0.0769	0.0365	0.0908	0.0429	0.1000	0.0478	0.1063
3.0	0.0140	0.0458	0.0248	0.0661	0.0330	0.0786	0.0392	0.0871	0.0439	0.0931
5.0	0.0097	0.0289	0.0175	0.0424	0.0236	0.0476	0.0285	0.0576	0.0324	0.0624
7.0	0.0073	0.0211	0.0133	0.0311	0.1800	0.0352	0.0219	0.0427	0.0251	0.0465
10.0	0.0053	0.0150	0.0097	0.0222	0.0133	0.0253	0.0162	0.0308	0.0186	0.0336

l/b \ z/b	1.2		1.4		1.6		1.8		2.0	
	1	2	1	2	1	2	1	2	1	2
0.0	0.0000	0.2500	0.0000	0.2500	0.0000	0.2500	0.0000	0.2500	0.0000	0.2500
0.2	0.0153	0.2342	0.0153	0.2343	0.0153	0.2343	0.0153	0.2343	0.0153	0.2343
0.4	0.0288	0.2187	0.0289	0.2189	0.0290	0.2190	0.0290	0.2190	0.0290	0.2191
0.6	0.0394	0.2039	0.0397	0.2043	0.0399	0.2046	0.0400	0.2047	0.0401	0.2048
0.8	0.0470	0.1899	0.0476	0.1907	0.0480	0.1912	0.0482	0.1915	0.0483	0.1917
1.0	0.0518	0.1769	0.0528	0.1781	0.0534	0.1789	0.0538	0.1794	0.0540	0.1797
1.2	0.0546	0.1649	0.0560	0.1666	0.0568	0.1678	0.0574	0.1684	0.0577	0.1689
1.4	0.0559	0.1541	0.0575	0.1562	0.0586	0.1576	0.0594	0.1585	0.0599	0.1591
1.6	0.0561	0.1443	0.0580	0.1467	0.0594	0.1484	0.0603	0.1494	0.0609	0.1502
1.8	0.0556	0.1354	0.0578	0.1381	0.0593	0.1400	0.0604	0.1413	0.0611	0.1422
2.0	0.0547	0.1274	0.0570	0.1303	0.0587	0.1324	0.0599	0.1338	0.0608	0.1348
2.5	0.0513	0.1107	0.0540	0.1139	0.0560	0.1163	0.0575	0.1180	0.0586	0.1193
3.0	0.0476	0.0976	0.0503	0.1008	0.0525	0.1033	0.0541	0.1052	0.0554	0.1067
5.0	0.0356	0.0661	0.0382	0.0690	0.0403	0.0714	0.0421	0.0734	0.0435	0.0749
7.0	0.0277	0.0496	0.0299	0.0520	0.0318	0.0541	0.0333	0.0558	0.0347	0.0572
10.0	0.0207	0.0359	0.0224	0.0379	0.0239	0.0395	0.0252	0.0409	0.0263	0.0403

l/b \ z/b	3.0		4.0		6.0		8.0		10.0	
	1	2	1	2	1	2	1	2	1	2
0.0	0.0000	0.2500	0.0000	0.2500	0.0000	0.2500	0.0000	0.2500	0.0000	0.2500
0.2	0.0153	0.2343	0.0153	0.2343	0.0153	0.2343	0.0153	0.2343	0.0153	0.2343
0.4	0.0290	0.2192	0.0291	0.2192	0.0291	0.2192	0.0291	0.2192	0.0291	0.2192
0.6	0.0402	0.2050	0.0402	0.2050	0.0402	0.2050	0.0402	0.2050	0.0402	0.2050
0.8	0.0486	0.1920	0.0487	0.1920	0.0487	0.1921	0.0487	0.1921	0.0487	0.1921
1.0	0.0545	0.1803	0.0546	0.1803	0.0546	0.1804	0.0546	0.1804	0.0546	0.1804
1.2	0.0584	0.1697	0.0586	0.1699	0.0587	0.1700	0.0587	0.1700	0.0587	0.1700
1.4	0.0609	0.1603	0.0612	0.1605	0.0613	0.1606	0.0613	0.1606	0.0613	0.1606
1.6	0.0623	0.1517	0.0626	0.1521	0.0628	0.1523	0.0628	0.1523	0.0628	0.1523

l/b	3.0		4.0		6.0		8.0		10.0	
z/b	1	2	1	2	1	2	1	2	1	2
1.8	0.0628	0.1441	0.0633	0.1445	0.0635	0.1447	0.0635	0.1448	0.0635	0.1448
2.0	0.0629	0.1371	0.0634	0.1377	0.0637	0.1380	0.0638	0.1380	0.0638	0.1380
2.5	0.0614	0.1223	0.0623	0.1233	0.0627	0.1237	0.0628	0.1238	0.0628	0.1239
3.0	0.0589	0.1104	0.0600	0.1116	0.0607	0.1123	0.0609	0.1124	0.0609	0.1125
5.0	0.0480	0.0797	0.0500	0.0817	0.0515	0.0833	0.0519	0.0837	0.0521	0.0839
7.0	0.0391	0.0619	0.0414	0.0642	0.0435	0.0663	0.0442	0.0671	0.0445	0.0674
10.0	0.0302	0.0462	0.0325	0.0485	0.0340	0.0509	0.0359	0.0520	0.0364	0.0526

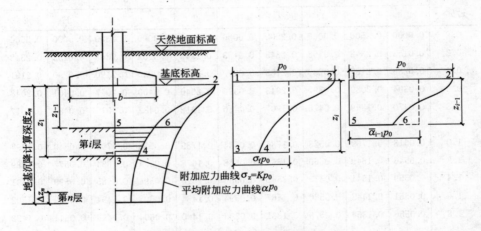

图 5-16　《规范》方法公式的推导

3. 《规范》方法沉降计算公式的推导

假设地基土是均值的，在侧限条件下的压缩模量 E_s 不随深度而变化，则从基底某点下至地基深度 z 范围内的压缩量 s' 计算如下：

$$s' = \int_0^z \varepsilon dz = \frac{1}{E_s} \int_0^z \sigma_z dz = \frac{A}{E_s} \qquad (5-26)$$

式中　ε ——土的压缩应变，$\varepsilon = \sigma_z / E_s$；

　　σ_z ——地基竖向附加应力，$\sigma_z = \alpha p_0$，p_0 为基底附加压力，α 为地基竖向附加应力系数；

　　A ——基底某点下值任意深度 z 范围内的附加应力面积：

$$A = \int_0^z \sigma_z dz = p_0 \int_0^z \alpha dz \qquad (5-27)$$

为便于计算引入地基平均附加应力系数 $\bar{\alpha}$，其定义为均从基底某点下至地基任意深度 z 范围内附加应力面积 A 对基底附加压力与地基深度的乘积 $p_0 z$ 之比值：

$$\bar{\alpha} = A / p_0 z \qquad (5-28)$$

故有

$$s' = \frac{p_0 z \bar{\alpha}}{E_s} \qquad (5-29)$$

由此，得到成层地集中第 i 分层的竖向变形量公式如下：

$$\Delta s_i' = s_i' - s_{i-1}' = \frac{A_i - A_{i-1}}{E_{si}} = \frac{\Delta A_i}{E_{si}} = \frac{p_0}{E_s}(z_i \bar{\alpha}_i - z_{i-1} \bar{\alpha}_{i-1}) \qquad (5-30)$$

式中　s_i'、s_{i-1}'——z_i 和 z_{i-1} 范围内的变形量；

　　　$\bar{\alpha}_i$、$\bar{\alpha}_{i-1}$——z_i 和 z_{i-1} 范围内竖向平均附加应力系数；

　　　$p_0 z_i \bar{\alpha}_i$——z_i 范围内附加应力面积 A_i（图中面积1234）的等代值；

　　　$p_0 z_{i-1} \bar{\alpha}_{i-1}$——$z_{i-1}$ 范围内附加应力面积 A_{i-1}（图中面积1256）的等代值；

　　　ΔA_i——第 i 分层的竖向附加应力面积（图中面积5634），$\Delta A_i = A_i - A_{i-1}$。

则按分层总和法计算的地基变形量公式如下：

$$s' = \sum_{i=1}^{n} \Delta s_i' = \sum_{i=1}^{n} \frac{p_0}{E_{si}}(z_i \bar{\alpha}_i - z_{i-1} \bar{\alpha}_{i-1}) \qquad (5-31)$$

由式(5-31)乘以沉降计算经验系数 ψ_s，即为分层总和法规范修正的沉降计算公式：

$$s = \psi_s s' = \psi_s \sum_{i=1}^{n} \frac{p_0}{E_{si}}(z_i \bar{\alpha}_i - z_{i-1} \bar{\alpha}_{i-1})$$

4. 地基沉降计算深度 z_n

地基沉降计算深度的确定，在《建筑地基基础设计规范》GB 50007 中分两种情况。

（1）无相邻荷载的基础中点下

$$z_n = b(2.5 - 0.4 \ln b) \qquad (5-32)$$

式中　b——基础宽度(m)，适用于 $b = 1 \sim 50\mathrm{m}$ 范围。

（2）存在相邻荷载影响

在此情况下，可按下述方法确定：

$$\Delta s_n' \leqslant 0.025 \sum_{i=1}^{n} \Delta s_i' \qquad (5-33)$$

式中　$\Delta s_n'$——在深度 z_n 处，向上取计算厚度为 Δz 的计算变形值；Δz 查表 5-9；

　　　$\Delta s_i'$——在深度 z_n 范围内，第 i 层土的计算变形量。

计算厚度 Δz 值　　　　　　　表 5-9

$b(\mathrm{m})$	$\leqslant 2$	$2 \sim 4$	$4 \sim 8$	$8 \sim 15$	$15 \sim 30$	> 30
$\Delta z(\mathrm{m})$	0.3	0.6	0.8	1.0	1.2	1.5

按上式确定的地基变形计算深度下如有较软弱土层时，尚应向下继续计算，直至软弱土层中所取规定厚度 Δz 的计算变形值满足上式为止。

在地基变形计算深度范围内存在基岩层时，z_n 可取至基岩表面，当存在较厚的坚硬黏性土层，其孔隙比小于 0.5，压缩模量大于 50MPa，或存在较厚的密实砂卵石层，其压缩模量大于 80MPa 时，z_n 可取至该层土表面。

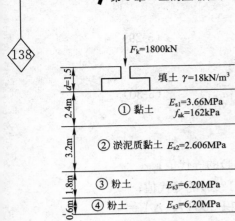

图 5-17　例题 5-3 图

【例题 5-3】　如图 5-17 所示的基础底面尺寸 $4.8m\times$ $3.2m$，埋深 $1.5m$，传至基础顶面的中心荷载 $F_k=$ $1800kN$，地基土层分层及各层土的压缩模量（相应于自重应力至自重应力加附加应力段）如图，用《规范》六法计算基础中点的最终沉降量。

【解】　（1）基底附加压力。

$$p_0=p-\gamma_0 d=\frac{F+G}{A}-\gamma_0 d$$

$$=\frac{1800+4.8\times3.2\times1.5\times20}{4.8\times3.2}-18\times1.5$$

$$=120kPa$$

（2）计算过程列于表 5-10 中。

$$s=\psi_s\sum_1^n\frac{p_0}{E_{si}}(\bar{\alpha}_i z_i-\bar{\alpha}_{i-1}z_{i-1})$$

例题 5-3 规范修正公式基础最终沉降量计算结果　　　　表 5-10

z (m)	L/b	z/b	$\bar{\alpha}_i$	$z_i\bar{\alpha}_i$	$A_i=z_i\bar{\alpha}_i-z_{i-1}$ $\bar{\alpha}_{i-1}$	E_{si} (MPa)	$\Delta s_i'$ (mm)	$\sum\Delta s_i'$ (mm)
0.0	1.5	0	$4\times0.2500=1.0$	0				
2.4	1.5	1.5	$4\times0.2108=0.8432$	2.024	2.024	3.66	66.3	66.3
5—6	1.5	3.5	$4\times0.1392=0.5568$	3.118	1.094	2.60	50.5	116.8
7.4	1.5	4.6	$4\times0.1150=0.4600$	3.404	0.286	6.20	5—54	122.34
8.0	1.5	6.0	$4\times0.1080=0.4320$	3.456	0.052	6.20	$1.0\leqslant$ $0.025\times$ 123.34	123.34

（3）确定沉降计算深度：上表中 $z=8m$ 深度范围内的计算沉降量为 123.4mm，相应于 7.4～8.0m 范围（往上取 $\Delta z=0.6m$）土层计算沉降量为 1.3mm$\leqslant$0.025$\times$123.4mm，满足要求。

（4）确定沉降计算经验系数：

$$E_s=\frac{\sum_1^n A_i}{\sum_1^n A_i/E_{si}}=\frac{p_0(z_n\bar{\alpha}_n-0\times\bar{\alpha}_0)}{p_0\left(\frac{z_1\bar{\alpha}_1-0\times\bar{\alpha}_0}{E_{s1}}+\frac{z_2\bar{\alpha}_2-z_1\times\bar{\alpha}_1}{E_{s2}}+\frac{z_3\bar{\alpha}_3-z_2\times\bar{\alpha}_2}{E_{s3}}+\frac{z_4\bar{\alpha}_4-z_3\times\bar{\alpha}_3}{E_{s4}}\right)}$$

$$=\frac{3.456}{\left(\frac{2.024}{3.66}+\frac{1.094}{2.6}+\frac{0.286}{6.2}+\frac{0.052}{6.2}\right)}=3.361MPa$$

由表 5-6：$p_0=120kPa\leqslant 0.75f_{ak}=0.75\times162=121.5kPa$，得到：

$$\psi_s=1.1-\frac{0.1(3.361-2.5)}{4-2.5}=1.0426$$

（5）计算基础中点最终沉降量：

$$s=\psi_s s'=1.0426\times123.34=128.60mm$$

【例题 5-4】 已知条件同【例题 5-1】，采用《建筑地基基础设计规范》推荐沉降计算公式计算基础的最终沉降量。

【解】 计算过程及结果列于表 5-11。

例题 5-4 计算成果   表 5-11

z (m)	L/b	z/b	$\bar{\alpha}_i$	$\bar{\alpha}_i z_i$	$\bar{\alpha}_i z_i - \bar{\alpha}_{i-1} z_{i-1}$	E_{si} (kPa)	$\Delta s'$ (mm)	$s' = \sum \Delta s'$ (mm)
0	1	0	0.2500	0				
1.0	1	0.8	0.2346	0.2346	0.2346	4418	42.7	42.7
2.0	1	1.6	0.1939	0.3878	0.1532	6861	18.0	60.7
3.0	1	2.4	0.1578	0.4734	0.0856	7749	8.9	69.6
4.0	1	3.2	0.1310	0.5240	0.0506	6848	5.9	75.5
5.0	1	4.0	0.1114	0.5570	0.033	4393	6.0	81.5
6.0	1	4.8	0.0967	0.5802	0.0232	3147	5.9	87.4
7.0	1	5.6	0.0852	0.5964	0.0162	2304	5.7	93.1
7.6	1	6.08	0.0804	0.6110	0.0146	35000	0.3	93.4

受压层下限按式(5-32)确定，$Z_n = 2.5 \times (2.5 - 0.4 \ln 2.5) = 5.3$m；由于下面土层仍软弱，那么可根据式(5-31)确定受压层下限。在③层黏土底面以下取 Δz 厚度计算，根据表 5-6 的要求，取 $\Delta z = 0.6$ m，则 $z_n = 7.6$m，计算得厚度 Δz 的沉降量为 0.3mm，满足式(5-31)的要求。

计算沉降量 $s' = 93.4$cm，考虑沉降计算经验系数 ψ_s，由 $\bar{E}_s = 5258$kPa，并假设 $f_k = p_0$，则查表 5-6 得 $\psi_s = 1.17$。那么，最终沉降量为：
$$s = \psi_s s' = 1.17 \times 93.4 = 109.8 \text{mm}$$

5.4.3 两种沉降计算方法的比较

两种地基沉降计算方法比较   表 5-12

项目	分层总和法	规范(GB 50007—2011)推荐法
计算步骤	分层计算沉降，叠加 $s = \sum\limits_{i=1}^{n} \Delta s_i$ 物理概念明确	采用附加应力面积系数法
计算公式	$s = \sum\limits_{i=1}^{n} \dfrac{\bar{\sigma}_{zi}}{E_{si}} h_i$	$s = \psi_s \sum\limits_{i=1}^{n} \dfrac{p_0}{E_{si}} (z_i \cdot \bar{\alpha}_i - z_{i-1} \bar{\alpha}_{i-1})$
计算结果与实测值关系	中等地基 $s_{计} \approx s_{实}$ 软弱地基 $s_{计} < s_{实}$ 坚实地基 $s_{计} \gg s_{实}$	引入沉降计算经验系数 ψ_s，使 $s_{计} \approx s_{实}$
地基沉降计算深度 z_n	一般土：$\sigma_z = 0.2\sigma_{cz}$ 软土：$\sigma_z = 0.1\sigma_{cz}$	① 无相邻荷载影响 $z_n = b(2.5 - 0.4\ln b)$ ② 存在相邻荷载影响 $\Delta s'_n \leq 0.025 \sum\limits_{i=1}^{n} \Delta s'_i$
计算工作量	① 绘制土的自重应力曲线 ② 绘制地基中的附加应力曲线 沉降计算每层厚度 $h_i \leq 0.4b$ 计算工作量大	如为均质土，只需一次计算，简便

5.5 应力历史对地基沉降的影响

5.5.1 沉积土的应力历史

在野外勘察过程中，我们经常遇到一些特殊的地层，如某些地层出奇地硬，某些土体结构却十分疏松。另外，沉积历史上土体曾经受不同的地质作用也造成土性的巨大变化。

目前，工程上所谓应力历史是指土层在地质历史发展过程中所形成的先期应力状态以及这个状态对土层强度与变形的影响。

在实际工作中，从现场取样进行室内压缩试验，涉及土体扰动、应力释放、含水量变化等多方面影响，即使在上述过程中努力避免扰动，保持含水量 w 不变，但应力卸荷总是不可避免的。因此需要根据土样的室内压缩曲线推求现场土层的压缩曲线，考虑土层应力历史的影响，确定现场压缩的特征曲线。

1. 先期固结应力和土层的固结状态

固结应力就是使土体产生固结或压缩的应力。就地基土层来说，该应力主要有两种：一种是土的自重应力，另一种是由外荷引起的附加应力。

天然土层在历史上所经受过最大的固结压力（指土体在固结过程中所受的最大竖向有效应力），称为先（前）期固结压力，用 p_c 表示。根据应力历史将土分为正常固结土、超固结土和欠固结土三类。

（1）$p_0 = p_c$，称正常固结土，表征某一深度的土层在地质历史上所受过的最大压力 p_c 与现今的自重应力相等，土层处于正常固结状态。一般来说，这种土层沉积时间较长，在其自重应力作用下已达到了最终的固结，沉积后土层厚度没有什么变化，也没有受到过侵蚀或其他卸荷作用等。

（2）$p_0 < p_c$，称超固结土，表征土层曾经受过的最大压力比现今的自重应力要大，处于超固结状态。如土层在过去地质历史上曾有过相当厚的沉积物，后来由于地面上升或河流冲刷将上部土层剥蚀掉；或者古冰川下曾受过冰荷重的压缩，后来气候转暖冰川融化，压力减小；或者由于古老建筑物的拆毁、地下水位的长期变化以及土层的干缩；或者是人类工程活动如碾压、打桩等，这些都可以使土层形成超固结状态。

（3）$p_0 > p_c$，称欠固结土，表征土层的固结程度尚未达到现有自重压力条件下的最终固结状态，处于欠固结状态。一般来说，这种土层的沉积时间较短，土层在其自重作用下还未完成固结，还处于继续压缩之中。如新近沉积的淤泥、冲填土等属欠固结土。

在研究土层的应力历史时，通常将先期固结压力与现有覆盖土重之比值定义为超固结比，计算如下：

$$OCR = p_c / p_0 \tag{5-34}$$

式中 p_c——先期固结压力（kPa）；

p_0——现有覆盖土重(kPa)。

正常固结土、超固结土和欠固结土的超固结比分别为 $OCR=1$、$OCR>1$ 和 $OCR<1$。

2. 先期固结压力的确定

考虑应力历史对土层压缩性的影响，必须解决(1)判定土层的固结属正常固结、超固结、欠固结；(2)反映现场土层实际的压缩曲线。其可行办法为：通过现场取样，由室内压缩曲线的特征建立室内压缩曲线与现场压缩曲线的关系，从而以室内压缩曲线推求现场压缩曲线。

根据室内大量试验资料证明：室内高压固结试验的压缩曲线开始弯曲平缓，随着压力增大明显下弯，当压力接近 p_c 时，曲线急剧变陡，并随压力的增长近似直线向下延伸。

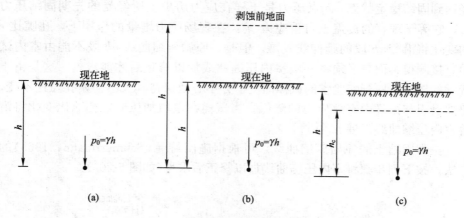

图 5-18　沉积土层按先期固结压力分类
(a)正常固结土($OCR=1$)；(b)超固结土($OCR>1$)；(c)欠固结土($OCR<1$)

目前，确定先期固结压力 p_c 最常用的方法是卡萨格兰德(A. Cassagrande, 1896)建议的经验作图法。作图步骤如下：

(1)取原状土样在室内做高压固结试验，得土样的 $e\text{-}\lg p$ 曲线。在 $e\text{-}\lg p$ 曲线上找出曲率半径最小的一点 A，过 A 点作水平线 $A1$ 和 $A2$；

(2)作 $\angle 1A2$ 的平分线 $A3$，与 $e\text{-}\lg p$ 曲线中直线段的反向延长线相交于 B 点；

(3)B 点所对应的有效应力就是先期固结压力 p_c。

必须指出，采用这种简易的经验作图法，对取土质量要求较高，绘制 $e\text{-}\lg p$ 曲线时要选用适当的比例尺，否则，有时很难找到曲率半径最小的点 A，因此，不一定都能得出可靠的结果。

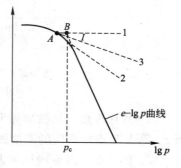

确定先期固结压力，还应结合场地地形、地貌等形成历史的调查资料加以判断，例如历

图 5-19　卡萨格兰德法确定
先期固结压力

史上由于自然力（流水、冰川等地质作用的剥蚀）和人工开挖等剥去原始地表土层，或在现场堆载预压作用等，都可能使土层成为超固结土；而新近沉积的黏性土和粉土、海滨淤泥以及年代不久的人工填土等则属于欠固结土。

5.5.2　现场原始压缩曲线及相关指标

前面得到的 $e\text{-}\lg p$ 是在室内侧限条件下得到的，目前由于钻探采样的技术条件不够理想，土样取出后不可避免地受到应力释放、人工扰动等因素的影响，因此必须对室内侧限条件下得到的压缩曲线进行修正，从而得到符合现场土体实际压缩性的原始压缩曲线，才能更好地用于地基沉降的计算。

1. 正常固结土

对于正常固结土，$e\text{-}\lg p$ 曲线中的 ab 段表示在形成土层的历史过程中已经达到固结稳定状态，b 点压力是土样在应力历史上所经受的先期固结压力 p_c，它等于现有的覆盖土自重应力 p_0。在现场应力增量的作用下，孔隙比 e 的变化将沿着 ab 段的延伸线发展。但是，原始压缩曲线 ab 段不能由室内试验直接测得，而是必须将一般室内压缩曲线加以修正后才能求得。这是由于扰动的影响，取到实验室的试样即使十分小心地保持其天然初始孔隙比不变，仍然会引起试样中有效应力的降低。当试样在室内加压时，孔隙比变化将沿着室内压缩曲线发展。

正常固结土的原始压缩曲线，可根据施门特曼（Schmertmann，1965）的方法，按下列步骤将室内压缩曲线加以修正后求得（如图 5-20a）：

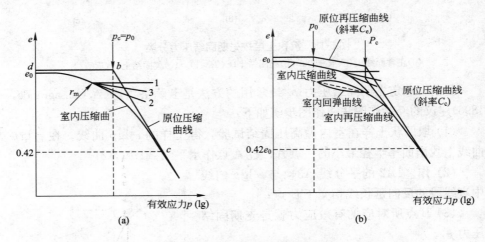

图 5-20　压缩曲线（及原位再压缩曲线）

(a)正常固结土；(b)超固结土

（1）先作 b 点，其横坐标为试样的现场自重压力 p_0，由 $e\text{-}\lg p$ 曲线资料分析 p_0 等于 B 点所对应的先期固结压力 p_c，其纵坐标为现场孔隙比 e_0；

（2）作 c 点，由室内压缩曲线上孔隙比等于 $0.42e_0$ 确定，这是根据许多室内压缩试验发现的，若将土试样加以不同程度的扰动，所得出的不同室内压缩曲线直线段，都大致相交于 $0.42e_0$ 这点，由此推想原始压缩曲线也大致相交于该点；

（3）然后作 bc 直线，这线段就是原始压缩曲线的直线段，于是可按该直线段的斜率定出正常固结土的压缩指数 C_c。

2. 超固结土

对于超固结土，相应于原始压缩曲线 abc 中 b 点的压力是土样在应力历史上曾经受到的最大压力，后来，有效应力减少到现有土自重应力（相当于原始回弹曲线 bb 上 b 点的压力）。与 b 点相应的压力就是先期固结压力 p_c（$p_c > p_0$）；与 b 点相应的压力则是现在的土自重压力 p_0。在现场应力增量的作用下，孔隙比将沿着原始再压缩曲线 bc 变化。当压力超过先期固结压力后，曲线将与原始压缩曲线的延伸线重新连接。同样，由于土样扰动的影响，在孔隙比保持不变情况下仍然引起了有效应力的降低，当试样在室内加压时，孔隙比变化将沿着室内压缩曲线发展。

超固结土的原始压缩曲线，可按下列步骤求得（如图 5-20b）：

（1）先作 b 点，其横、纵坐标分别为试样的现场自重压力 p_0 和现场孔隙比 e_0。

（2）过 b 点作一直线，其斜率等于室内回弹曲线与再压缩曲线的平均斜率，该直线与通过 B 点垂线（其横坐标相应于先期固结压力值）交于 b 点，bb 就作为原始再压缩曲线，其斜率为回弹指数 C_e（根据经验得知，因为试样受到扰动，使初次室内压缩曲线的斜率比原始再压缩曲线的斜率要大得多，而从室内回弹与再压缩曲线的平均斜率则比较接近于原始再压缩曲线的斜率）。

（3）作 c 点，由室内压缩曲线上孔隙比等于 $0.42e_0$ 处确定。

（4）连接 bc 直线，即得原始压缩曲线的直线段，取其斜率作为压缩指数 C_c。

3. 欠固结土

对于欠固结土，由于自重作用下的压缩尚未稳定，只能近似地按正常固结土一样的方法求得原始压缩曲线，从而确定压缩指数 C_c 值。

5.5.3　应力历史法计算基础最终沉降量

按应力历史法计算基础最终沉降量，通常采用分层总和法的侧限条件单向压缩公式，但三类固结土的压缩性指标从 $e\text{-}\lg p$ 曲线确定，即从原始压缩曲线或原始再压缩曲线确定。

1. 正常固结土的沉降

当土层属于正常固结土时，建筑物外荷引起的附加应力是对土层产生压缩的压缩应力，设现场土层的分层厚度为 h_i，由原始压缩曲线确定的压缩指数为 C_c，按下列公式计算固结沉降 s_c：

$$s_c = \sum_{i=1}^{n} \varepsilon_i h_i \qquad (5\text{-}35)$$

式中　ε_i——第 i 分层的压缩应变；

　　　h_i——第 i 分层的厚度（m）。

因为

$$\varepsilon_i = \frac{\Delta e_i}{1+e_{0i}} = \frac{1}{1+e_{0i}} C_{ci} \lg \frac{p_{1i}+\Delta p_i}{p_{1i}} \qquad (5\text{-}36)$$

则地基的总沉降量为：

$$s = \sum_{i=1}^{n} \frac{H_i}{1+e_{0i}} \left[C_{ci} \lg \left(\frac{p_{1i}+\Delta p_i}{p_{1i}} \right) \right] \qquad (5\text{-}37)$$

式中　Δe_i——从原始压缩曲线确定的第 i 层土的孔隙比变化；

　　　C_{ci}——从原始压缩曲线确定的第 i 层土的压缩指数；

　　　p_{1i}——第 i 层土自重应力的平均值，$p_{1i} = (\sigma_{ci}+\sigma_{c(i-1)})/2$；

　　　Δp_i——第 i 层土附加应力平均值（有效应力增量），$\Delta p_i = (\sigma_{zi}+\sigma_{z(i-1)})/2$；

　　　e_{0i}——第 i 层土的初始孔隙比。

2. 超固结土的沉降

计算超固结土层的沉降时，涉及使用压缩曲线的压缩指数 C_c 和 C_e，因此计算时应该区别两种情况：

（1）如果某分层土的有效应力增量 $\Delta p > (p_c - p_1)$ 时，分层土的孔隙比将先沿着原始再压缩曲线 $b_1 b$ 段减少 $\Delta e'$，然后沿着原始压缩曲线 bc 段减少 $\Delta e''$，即相应于 Δp 的孔隙比变化应等于这两部分之和（如图 5-21a）。其中：

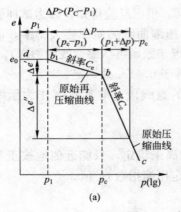 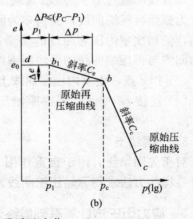

图 5-21　超固结土的孔隙比变化

$$\Delta e' = C_e \lg(p_c/p_1) \qquad (5\text{-}38)$$

$$\Delta e'' = C_c \lg[(p_1+\Delta p)/p_c] \qquad (5\text{-}39)$$

式中　C_e——回弹指数，其值为原始再压缩曲线的斜率；

　　　C_c——压缩指数，等于原始压缩曲线的斜率。

总的孔隙比变化 Δe 为：

$$\Delta e = \Delta e' + \Delta e'' = C_e \lg(p_c/p_1) + C_c \lg[(p_1+\Delta p)/p_c] \qquad (5\text{-}40)$$

因此，对于 $\Delta p > (p_c - p_1)$ 的各分层总和的固结沉降量 s_{cn} 为：

$$s_{cn} = \sum_{i=1}^{n} \frac{H_i}{1+e_{0i}} C_{ei} \lg \frac{p_{ci}}{p_{1i}} + C_{ci} \lg \left(\frac{p_{1i}+\Delta p_i}{p_{ci}} \right) \qquad (5\text{-}41)$$

式中　n——分层计算沉降时，压缩土层中有效应力增量 $\Delta p > (p_c - p_1)$ 的分层数；

p_{ci}——第 i 层土前期固结压力(kPa);

其余符号意义同前。

(2) 如果某分层土的有效应力增量时,分层土的孔隙比变化 Δe 只沿着再压缩曲线 b_1b 发生(如图 5-21b),其大小为:

$$\Delta e = C_e \lg[(p_1 + \Delta p)/p_1] \tag{5-42}$$

因此,对于 $\Delta p \leqslant (p_c - p_1)$ 的各分层总和的固结沉降量 s_{cm} 为:

$$s_{cm} = \sum_{i=1}^{m} \frac{H_i}{1+e_{0i}}[C_{ei} \lg(p_{1i} + \Delta p_i/p_{1i})] \tag{5-43}$$

式中　m——分层计算沉降时,压缩土层中具有 $\Delta p \leqslant (p_c - p_1)$ 的分层数。

总的地基固结沉降 S_c 为上述两部分之和,即:

$$s_c = s_{cn} + s_{cm} \tag{5-44}$$

3. 欠固结土的沉降

欠固结土的沉降包括由于地基附加应力所引起的沉降,以及原有自重应力作用下的固结还没有达到稳定的那一部分沉降。

欠固结土孔隙比的变化,可近似地按与正常固结土一样的方法求得原始压缩曲线确定(如图 5-22)。因此,这种土的固结沉降等于在土自重应力作用下继续固结的那一部分沉降与附加应力引起的沉降之和,计算公式如下:

$$s_c = \sum_{i=1}^{n} \frac{H_i}{1+e_{0i}}[C_{ci} \lg(p_{1i} + \Delta p_i/p_{ci})]$$

$$\tag{5-45}$$

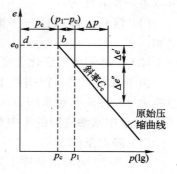

图 5-22　欠固结土的孔隙比变化

式中　p_{ci}——第 i 层土的实际有效应力,小于土的自重应力 p_{1i}。

在计算欠固结土的沉降时,必须考虑土自重应力作用下继续固结所引起的那一部分沉降,否则,若按正常固结的土层计算,所得结果将远小于实际观测的沉降量。

5.6 饱和土体渗透固结理论

前面介绍的方法确定地基的沉降量,是指地基土在建筑荷载作用下达到压缩稳定后的沉降量,因而称为地基的最终沉降量。然而,在工程实践中,常常需要预估建筑物施工期间及完工后某一时间的沉降量和达到某一沉降所需要的时间,这就要求解决沉降与时间的关系问题,以便控制施工速度,考虑建筑物不均匀沉降危害及时采取措施。另外,对于堆载预压加固处理的地基,也要验算变形与时间的关系。

5.6.1 饱和土的有效应力原理

1. 有效应力原理

作用于饱和土体内某截面上总的正应力 σ 由两部分组成:一部分为孔隙

水压力，它沿着各个方向均匀作用于土颗粒上，其中由孔隙水自重引起的称为静水压力，由附加应力引起的称为超静孔隙水压力（通常简称为孔隙水压力），用 u 表示；另一部分为有效应力，它作用于土的骨架（土颗粒）上，其中由土粒自重引起的即为土的自重应力，由附加应力引起的称为附加有效应力，用 σ' 表示。饱和土中总应力与孔隙水压力、有效应力之间存在如下关系：

$$\sigma = \sigma' + u \tag{5-46}$$

上式称为饱和土的有效应力公式。

水不能承受剪应力，因此孔隙水压力的变化不会引起土的抗剪强度的变化，而有效应力的增加将提高土体的抗剪强度，即土的强度变化只取决于有效应力的变化。土的变形主要是由土粒移动引起的，而孔隙水压力对土粒各方向的作用除了使土粒受到浮力外，只能使本身受到静水压力，因而不会引起土粒移动。如果忽略土体颗粒本身的压缩，而有效应力的变化将引起土粒的移动导致变形，土的变形只取决于有效应力的变化。因此，有效应力原理可以进一步表述为：

（1）饱和土体内任一平面上受到的总应力等于有效应力与孔隙水压力之和；

（2）土体强度的变化和变形只取决于土中有效应力的变化。

由于有效应力 σ' 作用在土骨架的颗粒之间，很难直接测定，通常在已知总应力 σ 和测定孔隙水压力 u 的条件下，采用式(5-46)计算求得。

2. 土中水渗流时的土中有效应力

（1）静水条件下

如图 5-23 为静水条件下某土层剖面，土中总应力为自重应力，相应各点的应力如下：

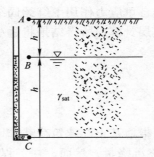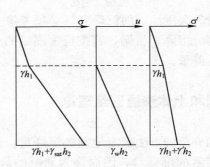

图 5-23　静水条件下土中的 σ、u 和 σ' 分布

地下水位以上，地面下深度 h_1 处 B 点：

$$\text{总应力 } \sigma_B = \gamma h_1 \tag{5-47}$$

地下水位以下，地面下深度 $h_1 + h_2$ 处 C 点，总应力等于该点以上单位土柱和水柱的总重。

$$\text{总应力：} \qquad \sigma_C = \gamma h_1 + \gamma_{sat} h_2 \tag{5-48}$$

$$\text{静水压力：} \qquad u = \gamma_w h_2 \tag{5-49}$$

有效应力： $\sigma' = \sigma - u = \gamma h_1 + \gamma_{\rm sat} h_2 - \gamma_{\rm w} h_2 = \gamma h_1 + \gamma' h_2$ (5-50)

得到：静水条件下，C 点的有效应力等于竖向自重应力。

（2）一维渗流条件下

当土中有地下水渗流时，土中水将对土粒产生渗流力的作用，这就必然会影响土中有效应力的分布。

在图 5-24(a)中水自上向下渗流，B、C 两点之间的水头差为 h；图 5-24 (b)中水自下向上渗流，B、C 两点之间的水头差也为 h。土中的总应力、孔隙水压力和有效应力分别计算标示于图中。通过对比可见，在不同渗流情况下土中总应力的分布保持不变，土中水的渗流不影响总应力值。水渗流时土中产生渗流力，致使土中有效应力和孔隙水压力发生变化。水自上向下渗流时，渗流力方向与土重力方向一致，有效应力增加，孔隙水压力相应减小。反之，土中水自下向上渗流时，有效应力减小，孔隙水压力增加。

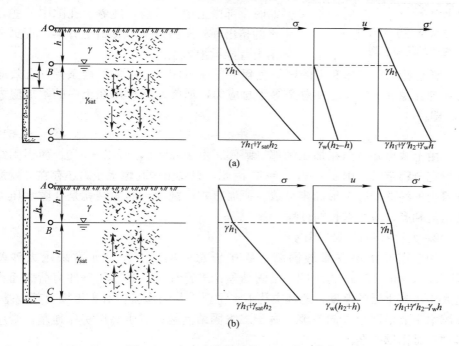

图 5-24　土中水渗流时的 σ、u 和 σ' 分布
(a)水自上向下渗流；(b)水自下向上渗流

5.6.2　土的单向固结理论

1. 饱和土的渗透固结

一般认为当土中孔隙体积的 95%～98% 以上为水充满时，土中虽有少量的气体存在，但大都是封闭气体，就可视为饱和土。饱和土的固结包括渗透固结和次固结两部分，前者由土孔隙中自由水的排出速度所决定；后者由土骨架的蠕变速度所决定。饱和土在附加压力作用下，孔隙中相应的一些自由水将随时间而逐渐被排出，同时孔隙体积也随之缩小，这个过程称为饱和土

147

的渗透固结。

饱和土的渗透固结，可借助弹簧活塞模型来说明。如图 5-25 所示，在一个盛满水的圆筒中装着一个带有弹簧的活塞，弹簧上下端连接活塞和筒底，

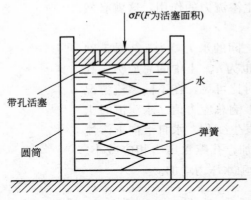

活塞上有许多透水的小孔。当在活塞上施加外压力的一瞬间，弹簧没有受压而全部压力由圆筒内的水所承担。水受到孔隙水压力后开始经活塞小孔逐渐排出，受压活塞随之下降，才使得弹簧受压而且承担的压力逐渐增加，直到外压力全部由弹簧承担时为止。设想以弹簧来模拟土骨架，圆筒内的水就相当于土孔隙中的水，则此模拟可以用来说明饱和土在渗透固结中，土骨架和孔隙水对压力的分担作用，即施加在饱和土上的外压力开始时全部由土中水承担，随着土孔隙中一些自由水的挤出，外压力逐渐转嫁给土骨架，直到全部由土骨架承担为止。

图 5-25　土骨架与土中水分担应力变化的简单模型

前已指出，在饱和土的固结过程中任一时间 t，根据平衡条件，有效应力 σ' 与孔隙水压力 u 之和总是等于总应力，通常是指作用在土中的附加应力 σ_z，即：

$$\sigma' + u = \sigma_z \qquad (5-51)$$

由上式可知，当在加压的那一瞬间，由于 $u = \sigma_z$，所以 $\sigma' = 0$；而当固结变形完全稳定时，则 $\sigma' = \sigma_z$；$u = 0$。因此，只要土中孔隙水压力还存在，就意味着土的渗透固结变形尚未完成。换而言之，饱和土的固结就是孔隙水压力的消散和有效应力增长的过程。

2. 太沙基一维固结理论

为求饱和土层在渗透固结过程中任意时间的变形，通常采用太沙基 (K. Terzaghi, 1925) 提出的一维固结理论进行计算。其适用条件为荷载面积远大于压缩土层的厚度，地基中孔隙水主要沿竖向渗流。对于堤坝及其地基，孔隙水主要沿两个方向渗流，属于二维固结问题；对于高层房屋地基，则应考虑三维固结问题。

(1) 基本假设

如图 5-26(a) 所示为一维固结的情况之一，其中厚度为 H 的饱和黏性土层的顶面是透水的，而其底面则不透水。假设该土层在自重作用下的固结已经完成，只是由于透水面上一次施加的连续均布荷载 p_0 才引起土层的固结。一维固结理论的基本假设如下：

① 土是均质、各向同性和完全饱和的；

② 土粒和土中水都是不可压缩的；

③ 土中附加应力沿水平面是无限均匀分布的，因此土层的压缩和渗流都是竖向的；

④ 土中水的渗流服从于达西定律；

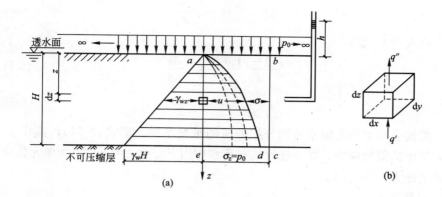

图 5-26 可压缩土层中孔隙水压力(或有效应力)的分布随时间而变化

(a)—维固结情况之一；(b)微单元体

⑤ 在渗透固结中，土的渗透系数 k 和压缩系数 a 都是不变的常数；

⑥ 外荷是一次骤然施加的，在固结过程中保持不变；

⑦ 土体变形完全是孔隙水压力消散引起的。

(2) 微分方程的建立

在饱和土层顶面下 z 深度处的一个微单元体(图 5-26b)，由于固结时渗流只能是自下向上的，在外荷载一次施加后某时间 $t(s)$ 流入和流出单元体的水量 q' 和 q'' 分别为：

$$q'=kiA=k\left(-\frac{\partial h}{\partial z}\right)\mathrm{d}x\mathrm{d}y \tag{5-52}$$

$$q''=k\left(-\frac{\partial h}{\partial z}-\frac{\partial^2 h}{\partial z^2}\mathrm{d}z\right)\mathrm{d}x\mathrm{d}y \tag{5-53}$$

式中 k——z 方向的渗透系数(cm/s)；

     i——水头梯度；

     h——透水面下 z 深度处的超静水头(cm)；

     A——微单元体的过水面积(cm^2)，$A=\mathrm{d}x\mathrm{d}y$。于是，单元体的水量变化为：

$$q'-q''=k\frac{\partial^2 h}{\partial z^2}\mathrm{d}x\mathrm{d}y\mathrm{d}z \tag{5-54}$$

已知单元体中孔隙体积 V_w(cm^3)的变化率(减少)为：

$$\frac{\partial V_\mathrm{w}}{\partial t}=\frac{\partial}{\partial t}\left(\frac{e}{1+e}\mathrm{d}x\mathrm{d}y\mathrm{d}z\right) \tag{5-55}$$

式中 e——土的天然孔隙比。

根据固结渗流的连续条件，单元体在某时刻 t 的水量变化应等于同一时刻 t 该单元中孔隙水体积的变化规律，因此可令上面两式相等，并考虑到单元体中土粒体积为不变的常数，从而得：

$$k\frac{\partial^2 h}{\partial z^2}=\frac{1}{1+e}\frac{\partial e}{\partial t} \tag{5-56}$$

再根据土的应力-应变关系的侧限条件，有：$\mathrm{d}e=-a\mathrm{d}p=-a\mathrm{d}\sigma'$

$$\text{则}\quad \frac{\partial e}{\partial t}=-a\,\frac{\partial \sigma'}{\partial t} \tag{5-57}$$

代入到上式得：

$$\frac{k(1+e)}{a}\,\frac{\partial^2 h}{\partial z^2}=-\frac{\partial \sigma'}{\partial t} \tag{5-58a}$$

$$k\,\frac{\partial^2 h}{\partial z^2}=-m_{\mathrm{v}}\,\frac{\partial \sigma'}{\partial t} \tag{5-58b}$$

根据土骨架和孔隙水共同分担外压的平衡条件，即式(5-51)，其中 σ_z 为单元体中的附加应力，如在连续均布荷载作用下，则 $\sigma_z=p_0$；u 为单元体中的孔隙水压力，$u=\gamma_{\mathrm{w}}h$。

于是有：

$$\frac{\partial^2 h}{\partial z^2}=\frac{1}{\gamma_{\mathrm{w}}}\frac{\partial^2 u}{\partial z^2},\qquad \frac{\partial \sigma'}{\partial t}=-\frac{\partial u}{\partial t}$$

则可得到：

$$\frac{k}{\gamma_{\mathrm{w}}}\frac{\partial^2 u}{\partial z^2}=-m_{\mathrm{v}}\,\frac{\partial u}{\partial t} \tag{5-59a}$$

$$\text{或}\qquad c_{\mathrm{v}}\,\frac{\partial^2 u}{\partial z^2}=-\frac{\partial u}{\partial t} \tag{5-59b}$$

式中　c_{v}——土的竖向固结系数，$c_{\mathrm{v}}=\dfrac{k(1+e)}{\gamma_{\mathrm{w}}a}$。

固结系数是渗透系数、压缩系数和天然孔隙比的函数，可通过固结实验直接测定。

上式即为饱和土的一维固结微分方程。

（3）微分方程的解析解

如图 5-26 所示的一维固结模型，其初始条件和边界条件如下：

当 $t=0$ 和 $0\leqslant z\leqslant H$ 时，$u=\sigma_z$；

当 $0<t<\infty$ 和 $z=0$ 时，$u=0$；

当 $0<t<\infty$ 和 $z=H$ 时，$\partial u/\partial z=0$；

当 $t=\infty$ 和 $0\leqslant z\leqslant H$ 时，$u=0$。

根据以上初始条件和边界条件，采用分离变量法求解固结方程的特解为：

$$u_{z,t}=\frac{4}{\pi}\sigma_z\sum_{m=1}^{\infty}\frac{1}{m}\sin\frac{m\pi z}{2H}\exp\left(-\frac{m^2\pi^2}{4}T_{\mathrm{v}}\right) \tag{5-60}$$

式中　m——正奇数(1，3，5，……)；

　　　H——压缩土层的厚度，当土层为单向排水时，H 取土层厚度；当土层为双向排水时，H 应取土层厚度的一半；

　　　T_{v}——竖向固结时间因素，无量纲，按下式计算：

$$T_{\mathrm{v}}=\frac{c_{\mathrm{v}}t}{H^2} \tag{5-61}$$

式中　c_{v}——竖向固结系数；

　　　t——固结时间(s)。

3. 固结度及其应用

所谓固结度，就是指在某一固结应力作用下，经某一时间 t 后，土体产生的固结变形量与最终固结变形量的比值，表示土体发生固结或孔隙水应力消散的程度，用 U_z 表示。对于土层任一深度 z 处经时间 t 后的固结度，按下式表示：

$$U_z = s_{ct}/s_c \tag{5-62}$$

$$U_z = (u_0 - u)/u_0 \tag{5-63}$$

式中　U_z——地基固结度；

　　　s_{ct}——某一时刻 t 的地基固结变形量；

　　　s_c——地基最终固结变形量，对于正常固结土，简化分析取分层总和法单向压缩基本公式计算的地基最终变形量；

　　　u_0——$t=0$ 时刻的初始孔隙水应力。

式(5-62)和式(5-63)分别为应变表达式和应力表达式，由于土体为非线性变形体，因此两式结果实际上是不相等的。

平均固结度($\overline{U}_z$)：某一时刻 t 土层各点土骨架承担的有效应力图面积与起始超孔隙水压力(或附加应力)图面积之比，称为 t 时刻土层的平均固结度，用 $\overline{U}_z$ 表示。

$$\overline{U}_t = \frac{\text{面积 } abec}{\text{面积 } abdc} = \frac{\int_0^H u_0 \,\mathrm{d}z - \int_0^H u_{zt} \,\mathrm{d}z}{\int_0^H u_0 \,\mathrm{d}z} = 1 - \frac{\int_0^H u_{zt} \,\mathrm{d}z}{\int_0^H u_0 \,\mathrm{d}z} = \frac{s_{ct}}{s_c} \tag{5-64}$$

积分化简后便得：

$$\overline{U}_t = 1 - \frac{8}{\pi^2} \sum_{m=1}^{m=\infty} \frac{1}{m^2} e^{-m^2 \left(\frac{\pi^2}{4}\right) T_V} \tag{5-65}$$

或

$$\overline{U}_t = 1 - \frac{8}{\pi^2} \left(e^{-\left(\frac{\pi^2}{4}\right) T_V} + \frac{1}{9} e^{-9\left(\frac{\pi^2}{4}\right) T_V} + \cdots \right) \tag{5-66}$$

由于括号内是快收敛级数，从实用目的考虑，通常采用第一项已经足够，因此，式(5-66)

亦可近似写成：

$$\overline{U}_t = 1 - \frac{8}{\pi^2} e^{-\left(\frac{\pi^2}{4}\right) T_V} \tag{5-67}$$

式(5-65)给出的 U_t 和 T_v 之间的关系可用图 5-27 中的曲线①表示。为计算简便，曲线①亦可用下列近似公式表达：

$$T_v = \frac{\pi}{4} U_t^2 \quad (U_t < 0.60) \tag{5-68a}$$

$$T_v = -0.933 \lg(1 - U_t) - 0.085 \quad (U_t > 0.60) \tag{5-68b}$$

$$T_v \approx 3 U_t \quad (U_t = 1.0) \tag{5-68c}$$

对于起始超静水压力 u_0 沿土层深度为线性变化的情况(图 5-28 中的情况 2 和 3)，可根据此时的边界条件，解微分方程(5-59)，并对式(5-64)进行积分，分别得：

情况 2：　$U_{t2} = 1 - 1.03 \left(e^{-\left(\frac{\pi^2}{4}\right) T_V} - \frac{1}{27} e^{-9\left(\frac{\pi^2}{4}\right) T_V} + \cdots \right) \tag{5-69}$

情况 3：　$U_{t3} = 1 - 0.59 \left(e^{-\left(\frac{\pi^2}{4}\right) T_V} - 0.37 e^{-9\left(\frac{\pi^2}{4}\right) T_V} + \cdots \right) \tag{5-70}$

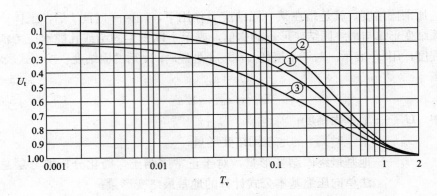

图 5-27　平均固结度 $\overline{U}_t$ 与时间因数 T_v 的关系曲线

　　这种情况下的 $U_t - T_v$ 关系曲线如图 5-27 中的曲线②和曲线③所示。可利用表 5-13 查相应于不同固结度的 T_v 值。

　　实际工程中，作用于饱和土层中的起始超静水压力分布要比图 5-28 所示的三种情况复杂，但实用上可以足够准确地把实际上可能遇到的起始超静水压力分布近似地分为五种情况处理（图 5-29）。

$U_t - T_v$ 对照表　　表 5-13

固结度 U_t（%）	时间因数 T_v		
	T_{v1}[曲线①]	T_{v2}[曲线②]	T_{v3}[曲线③]
0	0	0	0
5	0.002	0.024	0.001
10	0.008	0.047	0.003
15	0.016	0.072	0.005
20	0.031	0.100	0.009
25	0.048	0.124	0.016
30	0.071	0.158	0.024
35	0.096	0.188	0.036
40	0.126	0.221	0.048
45	0.156	0.252	0.072
50	0.197	0.294	0.092
55	0.236	0.336	0.128
60	0.287	0.383	0.160
65	0.336	0.440	0.216
70	0.403	0.500	0.271
75	0.472	0.568	0.352
80	0.567	0.665	0.440
85	0.676	0.772	0.544
90	0.848	0.940	0.720
95	1.120	1.268	1.016
100	2.000	2.000	2.000

情况1：　　曲线①　　曲线①

情况2：　　曲线②　　曲线①

情况3：　　曲线③　　曲线①

　　　　　(a)　　　　　(b)

图 5-28　一维渗流固结的
　　　　三种基本情况
　　(a)单面排水；(b)双面排水

　　情况 1：基础底面很大而压缩土层较薄的情况。

　　情况 2：相当于无限宽广的水力冲填土层，由于自重压力而产生固结的情况。

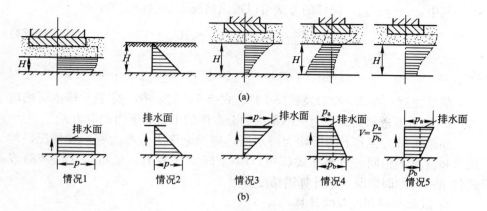

图 5-29　固结土层中的起始压应力分布

(a)实际分布图；(b)简化分布图(箭头表示水流方向)

情况 3：相当于基础底面积较小，在压缩土层底面的附加应力已接近零的情况。

情况 4：相当于地基在自重作用下尚未固结就在上面修建建筑物基础的情况。

情况 5：与情况 3 相似，但相当于在压缩土层底面的附加应力还不接近于零的情况。

情况 4 和情况 5 的固结度 U_{t4}、U_{t5} 可以根据土层平均固结度的物理概念，利用情况 1、2、3 的 U_t—T_v 关系式推算。根据式(5-64)的意义，土层在某时刻 t 的固结度等于该时刻土层中有效应力分布图的面积与总应力分布图面积之比。用虚线将图 5-29(a)情况 4 的总应力分布图(亦即起始孔隙水压力分布图)分成两部分，第一部分即为情况 1，第二部分即情况 2。经 t 时刻，第一部分的固结度 U_{t1} 可用式(5-68)计算，该时刻土层中的有效应力分布面积为：

$$A_1 = U_{t1} p_a H \tag{5-71a}$$

同一时刻第二部分，即情况 2 的固结度 U_{t2} 可用式(5-69)求得，该时刻土层中的有效应力面积应为：

$$A_2 = U_{t2} \cdot \frac{1}{2} H(p_b - p_a) \tag{5-71b}$$

因而 t 时刻土层中有效应力面积之和为 $A_1 + A_2$。按上述固结度定义，这时情况 4 的固结度为：

$$U_{t4} = \frac{A_1 + A_2}{A_0} \tag{5-71c}$$

式中 A_0 为土层中总应力分布图面积，即 $A_0 = \frac{H}{2}(p_a + p_b)$。将式 5-71(a)、式 5-71(b)、式 5-71(c)代入式(5-64)，得

$$U_{t4} = \frac{U_{t1} p_a H + \frac{1}{2} U_{t2}(p_b - p_a) H}{\frac{1}{2} H(p_a + p_b)} = \frac{2U_{t1} + U_{t2}(\alpha - 1)}{1 + \alpha} \tag{5-72}$$

153

其中，$\alpha = p_b / p_a$。同样的方法可以推出情况 5 的固结度为：

$$U_{t5} = \frac{1}{1+\alpha}\left[2U_{t1} - (1-\alpha)U_{t2}\right] \tag{5-73}$$

或

$$U_{t5} = \frac{1}{1+\alpha}\left[2\alpha U_{t1} + (1-\alpha)U_{t3}\right] \tag{5-74}$$

应当注意，在式(5-72)及式(5-73)、式(5-74)的 α 中，p_a 表示排水面的应力，p_b 表示不透水面的应力而不是应力分布图的上边和下边的应力。

如果压缩土层上下两层均为排水面，则无论压力分布为哪一种情况，均视为和情况 1 相同，只要在式(5-64)中以 $H/2$ 代替 H，就可按式(5-68)或式(5-69)，亦即情况 1 来计算固结度。

4. 沉降与时间关系的计算

以时间 t 为横坐标，沉降 S_t 为纵坐标，可以绘出沉降与时间关系曲线。比较建筑物不同点的沉降与时间关系曲线，就可以求出建筑物各点在任一时间的沉降差。

按土层平均固结度的定义：

$$U_t = \frac{\int_0^H \sigma'_{zt}\,\mathrm{d}H}{pH} = \frac{\dfrac{a}{1+e_1}\int_0^H \sigma'_{zt}\,\mathrm{d}H}{\dfrac{a}{1+e_1}pH} = \frac{S_t}{S_\infty}$$

故

$$S_t = U_t S_\infty \tag{5-75}$$

土层平均固结度即可按有效应力对全部附加应力的比值表示，也可根据土层某时刻的沉降量 s_t 与最终沉降量 s_∞ 之比来求得。

利用上面的固结理论可进行以下几方面的计算（U_t、S_t、t 三者之间的求算关系）：

(1) 已知固结度求相应的时间 t 和沉降量

查 U_t—T_v 关系图表，确定 T_v，则 $t = \dfrac{H^2}{C_v}T_v$，$s_t = s_\infty \cdot U_t$，其中最终沉降 s_∞ 和固结系数 C_v 可根据给定的参数（k、e、a、H 等）求得。

(2) 已知某时刻的沉降量求相应的固结度和时间

用 $U_t = s_t / s_\infty$ 直接求得 U_t，再用 U_t—T_v 关系图表求 T_v，即可求得 t。

(3) 已知某时间求相应的沉降量与固结度

用 $T_v = \dfrac{C_v}{H^2}t$ 求得 T_v，再用 U_t—T_v 关系图表求得 U_t，然后用 $U_t = s_t / s_\infty$ 可求得某时刻 t 的沉降量。

【例题 5-5】 某饱和黏性土层，厚 10m，在外荷载作用下产生的附加应力沿土层深度分布简化为梯度图，下为不透水层。已知初始孔隙比 $e_1 = 0.85$，压缩系数 $a = 2.5 \times 10^{-4}\ \mathrm{m^2/kN}$，渗透系数 $K = 2.5\ \mathrm{cm/a}$。求(1)加荷 1 年后的沉降量，(2)求土层沉降 15.0cm 所需时间。

【解】 (1) $s_t = s \cdot U_t$

固结应力：$\sigma_z = \dfrac{1}{2}(100 + 200) = 150\mathrm{kPa}$

最终沉降量：$s=\dfrac{a}{1+e_1}\sigma_z H=\dfrac{2.5\times10^{-4}}{1+0.85}\times150\times1000=20.27\text{cm}$

固结系数：$C_v=K(1+e_1)/ar_w=19\text{m}^2/a=1.9\times10^5\text{cm}^2/a$

时间因数：$T_v=\dfrac{C_v}{H^2}t=\dfrac{1.9\times10^5}{1000^2}\times1=0.19$

$\alpha=$透水面上固结应力/不透水面上固结应力$=200/100=2$

$$U_t=1-\dfrac{\alpha(\pi-2)+2}{1+\alpha}\dfrac{16}{\pi^3}e^{-\frac{\pi^2}{4}T_v}=1-\dfrac{2(\pi-2)+2}{1+2}\dfrac{16}{\pi^3}e^{-\frac{\pi^2}{4}\times0.19}=0.538$$

$$s_t=U_t s=0.538\times20.27=10.91\text{cm}$$

(2) $s_t=15.0\text{cm}$

$$U_t=s_t/s=15.0/20.27=0.740$$

$$T_v=-\dfrac{4}{\pi^2}\ln\left[\dfrac{\pi^3(1+\alpha)}{16(\alpha\pi-2\alpha+2)}(1-U_t)\right]=0.422$$

所以　　　　　$t=\dfrac{T_v H^2}{C_v}=\dfrac{0.422\times1000^2}{1.9\times10^5}\approx2.22\text{a}$

【例题 5-6】　若有一黏性土层，厚为 10m，上、下两面均可排水。现从黏土层中心取样后切取一厚 2cm 的试样，放入固结仪做试验（上、下均有透水面），在某一级固结压力作用下，测得其固结度达到 80% 时所需的时间为 10min，问该黏土层在同样固结压力作用下达到同一固结度所需的时间为多少？若黏性土改为单面排水，所需时间又为多少？

【解】　已知 $H_1=10\text{m}$，$H_2=20\text{m}$，$t_2=10\text{min}$，$U_t=80\%$。

由于土的性质和固结度均相同，因而由 $C_{v1}=C_{v2}$ 及 $T_{v1}=T_{v2}$ 的条件可得：

$$\dfrac{t_1 C_{v1}}{\left(\dfrac{H_1}{2}\right)^2}=\dfrac{t_2 C_{v2}}{\left(\dfrac{H_2}{2}\right)^2},\quad t_1=\dfrac{H_1^2}{H_2^2}t_2=\dfrac{1000^2}{2^2}\times10=4.76\text{a}$$

当黏土层改为单面排水时，其所需时间为 t_3，则由相同的条件可得：

$$\dfrac{t_3}{H_1^2}=\dfrac{t_1}{\left(\dfrac{H_1}{2}\right)^2},\quad t_3=4t_1\ 4\times4.76\approx19\text{a}$$

从上可知，在其他条件相同的条件下，单面排水所需的时间为双面排水的 4 倍。

思考题

5-1　有一个基础埋置在透水的可压缩性土层上，当地下水位上下发生变化时，对基础沉降有什么影响？当基础底面为不透水的可压缩性土层时，地下水位上下变化时，又有什么影响？

5-2　两个基础的底面面积相同，但埋置深度不同，若地基土层为均质各向同性体，其他条件相同，试问哪一个基础的沉降大？若基础底面积不同，但埋置深度相同，哪一个基础的沉降大？为什么？

5-3　简述有效应力原理的基本概念。在地基土的最终变形量计算中，土中附加应力是指有效应力还是总应力?

5-4 分层总和法计算地基最终沉降量的原理是什么? 为何计算土层的厚度要规定 $h_i \leqslant 0.4b$? 评价分层总和法沉降计算的优缺点。

5-5 《建筑地基基础设计规范》GB 50007 法和分层总和法的主要区别是什么?

5-6 一维固结微分方程的基本假设有哪些? 如何得出解析解?

5-7 何谓土层的平均固结度? 如何确定一次瞬时加载、一级加载和多级加载时的地基平均固结度?

习题

5-1 某住宅楼工程地质勘察,取原状土进行压缩试验,试验结果见表5-14所示。计算土的压缩系数 a_{1-2} 和相应侧限压缩模量 E_{s1-2},并评价该土的压缩性。

表 5-14

习题 5-1 表

压应力 σ(kPa)	50	100	200	300
孔隙比 e	0.964	0.952	0.936	0.924

5-2 已知一矩形基础底面尺寸为 5.6m×4.0m,基础埋深 $d = 2.0$m。上部结构总荷重 $P = 6600$kN,基础及其上填土平均重度 $\gamma_m = 20$kN/m³。地基土表层为人工填土,$\gamma_1 = 17.5$kN/m³,厚度 6.0m;第二层为黏土,$\gamma_2 = 16.0$kN/m³,$e_1 = 1.0$,$a = 0.6$MPa^{-1},厚度 1.6m;第三层为卵石,$E_s = 25$MPa,厚 5.6m。求黏土层的沉降量。

5-3 某建筑柱基底面尺寸为 2.0m×2.0m,基础埋深 $d = 1.5$m。上部中心荷载作用在基础顶面,$P = 576$kN。地基土表层为杂填土,$\gamma_1 = 17.0$kN/m³,厚度 1.5m;第二层为粉土,$\gamma_2 = 18.0$kN/m³,$E_{s2} = 3$MPa,厚度 4.4m;第三层为卵石,$E_{s3} = 20$MPa,厚 6.5m。用《建筑地基基础设计规范》GB 50007 法计算柱基最终沉降量。

5-4 一厚10m的饱和黏土层,其上面作用大面积均布荷载 $P = 120$kPa,已知该土层的初始孔隙比 $e_0 = 1$,压缩系数 $a = 0.3$MPa^{-1},压缩模量 $E_s = 6.0$MPa,渗透系数 $k = 5.7 \times 10^{-8}$cm/s。对黏土层在单面排水或双面排水条件下分别求:(1)加荷一年时的变形量;(2)变形量达到 156mm 所需的时间。

第6章
土 的 抗 剪 强 度

本章知识点

1. 了解土的抗剪强度的概念；
2. 掌握抗剪强度的库仑定律与摩尔-库仑强度理论；
3. 熟悉土的抗剪强度室内试验方法；
4. 掌握土的强度指标及其影响因素。

6.1 概述

土体承受荷载抵抗破坏的能力称为土的强度。强度是一个简单但又非常重要的概念。如果由荷载引起的应力（包括自重应力与附加应力）大于土体的强度，土体会发生破坏。在压应力条件下，土体不会压碎，常常是沿土体内某一个面发生剪切破坏。因此，土的破坏指的就是土的剪切破坏，抗剪强度对土的破坏起控制作用。

由土体产生的抵抗剪切破坏的能力称为抗剪强度。建筑物地基在外荷载作用下将产生剪应力和剪切变形，土具有抵抗剪应力的潜在能力——剪阻力，它随着土体应力的增加而逐渐发挥，当剪阻力完全发挥时，土就处于剪切破坏的极限状态，此时剪应力也达到极限值，这个极限值就是土的抗剪强度，如果土体内某一部分的剪应力达到土的抗剪强度，在该部分就开始出现剪切破坏。随着荷载的增加，剪切破坏的范围逐渐扩大，最终在土体中形成连续的滑动面，地基发生整体剪切破坏而丧失稳定性。

土体强度问题在工程实践中应用有以下三类（如图 6-1 所示）：

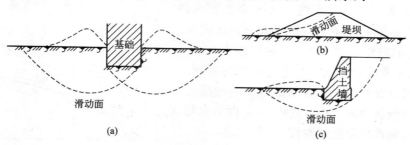

图 6-1　土的强度破坏有关的工程问题
(a)建筑物的地基承载力与地基稳定性；(b)土坡稳定性；(c)挡土墙地基的稳定性

（1）地基承载力与地基稳定性问题；

（2）土坡稳定性问题；

（3）挡土墙及地下结构土压力问题。

6.2　土的抗剪强度理论

前面已经提到，土的破坏指的就是土的剪切破坏，那么，如何确定某一土单元是否进入剪切破坏状态了呢？

要回答这个问题，至少需要知道两方面的内容，一方面要知道土能抵抗多少剪力，即土的抗剪强度是多少；另一方面，需要知道在当前应力状态下，土的实际剪力是多少，土实际所受剪力与土的抗剪强度相比较，即可知道是否进入破坏状态了。

确定土的抗剪强度，可以采用库仑公式和莫尔-库仑强度破坏理论，确定土中单元某个面的应力状态可以用莫尔应力圆确定，把抗剪强度与应力状态进行比较，可以进行土的极限平衡状态分析。

6.2.1　库仑定律和莫尔-库仑强度理论

关于材料强度理论有多种，不同的理论适用于不同的材料。通常认为，莫尔(O. Mohr)-库仑(C. A. Coulomb)理论最适合土体的情况。

1. 库仑定律

1773年，法国著名科学家库仑根据砂土的试验，将土的抗剪强度 τ_f 表达为滑动面上法向总应力 σ 的函数，二者成比，即

$$砂土：\tau_f = \sigma\tan\varphi \tag{6-1}$$

以后又提出了适合黏性土的更普遍的形式：

$$黏性土：\tau_f = c + \sigma\tan\varphi \tag{6-2}$$

式中　τ_f——土体破坏面上的剪应力，即土的抗剪强度(kPa)；

$\quad\quad\sigma$——作用在剪切面上的法向应力(kPa)；

$\quad\quad\varphi$——土的内摩擦角(°)；

$\quad\quad c$——土的黏聚力(kPa)；

将式(6-1)和式(6-2)统称为库仑公式或库仑定律。将库仑公式表示 $\sigma - \tau_f$ 在坐标系中为两条直线，如图6-2所示。直线与 σ 轴的夹角为内摩擦角 φ，直线在 τ_f 轴上的截距为黏聚力 c；对于砂土，$c=0$，图形表示为一条通过坐标原点的直线。由此可见黏聚力 c 和内摩擦角 φ 一般能反映土抗剪强度的大小，故将 c、φ 称为抗剪强度指标或抗剪强度参数。

经过长期试验，人们已认识到，土的抗剪强度指标是随试验时的若干条件而变

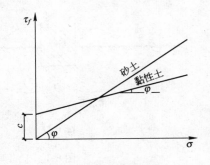

图6-2　库仑定律

的，其中最重要的是试验时的排水条件，也就是说，同一种土在不同排水条件下进行试验，可以得出不同的 c、φ 值。因此，也有将 c 称为"视黏聚力"，意思是它表面上看来好像是黏聚力，其实不能真正代表黏性土的黏聚力，而只能代表黏性土抗剪强度的一部分，是在一定试验条件下得出的 σ-τ_f 关系线在 τ_f 轴的截距。同样，φ 也只是由试验结果得出 σ-τ_f 关系线的倾斜角，不能真正代表粒间的内摩擦角。然而，由于按库仑定律建立的概念在应用上比较方便，许多分析方法也都建立在这种概念的基础上，故在工程上仍旧沿用至今。

2. 抗剪强度的有效应力原理

根据太沙基的有效应力概念，土体内的剪应力仅能由土的骨架承担，因此，土的抗剪强度应表示为剪切破坏面上法向有效应力的函数，库仑公式可写为：

$$砂土：\tau_f = \sigma' \tan\varphi' = (\sigma - u)\tan\varphi' \tag{6-3}$$

$$黏性土：\tau_f = c' + \sigma'\tan\varphi' = c' + (\sigma - u)\tan\varphi' \tag{6-4}$$

式中　σ'——作用在剪切面上的法向有效应力（kPa）；

　　　φ'——土的有效内摩擦角（°）；

　　　c'——土的有效黏聚力（kPa）；

　　　u——孔隙水压力（kPa）；

因此，土的抗剪强度有两种表达方法，一种是以总应力 σ 表示剪切破坏面上的法向应力，抗剪强度表达式即为库仑公式，称为抗剪强度总应力法，相应的 c、φ 称为总应力指标；另一种则是以有效应力 σ' 表示剪切破坏面上的法向应力，其表达式为式（6-3）和式（6-4），称为抗剪强度的有效应力法，c' 和 φ' 为有效应力指标。具体可参见本章第 6.3 节。

总应力法在操作上比较简便，运用方便，但不能反映地基土在实际固结情况下的抗剪强度；有效应力法，理论上比较严格，能较好地反映抗剪强度的实质，能检验土体处于不同固结情况下的稳定性，但是孔隙水压力的正确测定比较困难。

3. 莫尔—库仑强度理论

1910 年莫尔提出材料破坏是剪切破坏，当任一平面上的剪应力等于材料的抗剪强度时该点就发生破坏，并提出在破坏面上的剪应力 τ_f 是该面上法向应力 σ 的函数，即

$$\tau_f = f(\sigma) \tag{6-5}$$

这个函数在 σ-τ_f 坐标中是一条曲线，称为莫尔包线，如图 6-3 所示，莫尔包线表示材料受到不同应力作用达到极限状态时，滑动面上法向应力 σ 与剪应力 τ_f 的关系。理论分析和实验证明，莫尔理论对土比较合适，土的莫尔包线通常可以近似地用直线代替，该直线方程就是库仑公式表示的方程。由库仑公式表示莫尔

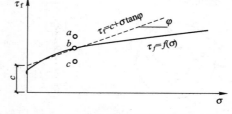

图 6-3　莫尔包线与库仑定律

包线的强度理论称为莫尔-库仑强度理论。

土体的抗剪强度 τ_f 是土体受剪面抵抗剪切破坏的最大能力，当斜截面上的剪应力 $\tau=\tau_f$ 时，材料内受剪点所对应的面上的剪应力处于极限平衡状态。当斜截面上的剪应力 $\tau>\tau_f$ 时，材料就会发生破坏。如图 6-3 所示，把剪切面上的法向应力 σ 与剪应力 τ 的实际值点绘在坐标系中，若受剪面上应力坐标点在包络线上方（如图 6-3 中 a 点），说明剪切面上的剪应力 $\tau>\tau_f$，因此该面被破坏；若坐标点在直线下方（如图 6-3 中 c 点），说明 $\tau<\tau_f$，受剪面稳定；若坐标点在库仑直线上（如图 6-3 中 b 点），则该面处于极限平衡状态，此时受剪面上的剪应力即是该面的抗剪强度值。

6.2.2　主平面与任意斜面上的应力

1. 最大主应力和最小主应力

假定土体是均匀、连续的半空间材料，研究水平地面下任一深度 z 处 A 点的应力状态，如图 6-4 所示，由 A 点取一微元体，并使微元体的上下面平行于地面，忽略微元体本身的质量，分析微元体的受力情况。

微元体顶面和底面的作用力，均为：

$$\sigma_1 = \gamma z \tag{6-6}$$

式中　σ_1——作用在微元体侧面的竖向法向应力，即土的自重应力（kPa）。

微元体侧面作用力为：

$$\sigma_3 = K_0 \gamma z \tag{6-7}$$

式中　σ_3——作用在微元体侧面的水平向法向应力（kPa）。

　　　　K_0——土的静止侧压力系数。

因为土体只受重力作用，在微元体各个面上没有剪应变，也没有剪应力，凡是没有剪应力的面成为主应面，作用在主应面上的力成为主应力。因此，σ_1 称为最大主应力，σ_3 称为最小主应力。

2. 任意斜面上的应力

如图 6-5(a) 所示，在微元体内与最大主应力 σ_1 作用平面成任意角 α 的 mn 平面上有法向应力 σ 与剪应力 τ。为了建立 σ、τ 与 σ_1、σ_3 之间的关系，取微棱柱体 abc 为隔离体，如图 6-5(b) 所示，将各力分别在水平和垂直方向投影，根据静力平衡条件可得：

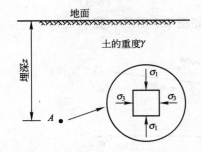

图 6-4　土体中任一点的应力

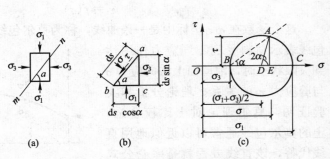

图 6-5　土体中任意斜截面的应力

$$\sigma_3 d_s \sin\alpha - \sigma d_s \sin\alpha + \tau d_s \cos\alpha = 0 \qquad (6\text{-}8a)$$

$$\sigma_3 d_s \sin\alpha - \sigma d_s \sin\alpha + \tau d_s \cos\alpha = 0 \qquad (6\text{-}8b)$$

联立求解以上方程可得 mn 平面上的法向应力 σ 与剪应力 τ 为：

$$\sigma = \frac{1}{2}(\sigma_1 + \sigma_3) + \frac{1}{2}(\sigma_1 - \sigma_3)\cos2\alpha \qquad (6\text{-}9a)$$

$$\tau = \frac{1}{2}(\sigma_1 - \sigma_3)\sin2\alpha \qquad (6\text{-}9b)$$

式中，σ——与大主应力 σ_1 作用面成 α 角的 mn 平面上的法向应力(kPa)；

τ——与大主应力 σ_1 作用面成 α 角的 mn 平面上的剪应力(kPa)。

3. 莫尔应力圆表示斜截面上的应力

由材料力学可知，对于式(6-9)，用莫尔应力圆可以简单地表示任意角度相应的 σ 和 τ，如图 6-5(c)所示，即在 σ-τ 直角坐标系中，按一定比例尺，沿 σ 轴截取 OB 和 OC 分别表示 σ_3 和 σ_1，以 D 为圆心，$(\sigma_1 - \sigma_3)$ 为直径作一圆，从 DC 开始逆时针旋转 2α 角，使 DA 线与圆周交于 A 点，可以证明，A 点的横坐标即为斜面 mn 上的正应力 σ，纵坐标即为剪应力 τ。证明如下：

由图 6-5 可知：

$$\sigma = \overline{OD} + \overline{DE} = \overline{OD} + \overline{AD}\cos2\alpha = \frac{1}{2}(\sigma_1 + \sigma_3) + \frac{1}{2}(\sigma_1 - \sigma_3)\cos2\alpha \qquad (6\text{-}10a)$$

$$\tau = \overline{AE} = \overline{AD}\sin2\alpha = \frac{1}{2}(\sigma_1 - \sigma_3)\sin2\alpha \qquad (6\text{-}10b)$$

这样，莫尔圆就可以表示土体中任一点的应力状态，莫尔应力圆周上各点的坐标就表示该点在相应平面上的正应力和剪应力。

6.2.3 土的极限平衡状态

如果给定了土的抗剪强度参数 φ 和 c 以及土中某点的应力状态，则可将抗剪强度包线与莫尔应力圆画在同一张坐标图上，如图 6-6 所示。它们之间的关系有以下三种情况：

(1) 圆 I：整个莫尔圆位于抗剪强度包线的下方，说明该点在任何平面上的剪应力都小于土所能发挥的抗剪强度，$\tau < \tau_f$，因此不会发生剪切破坏。

(2) 圆 III：抗剪强度包线是莫尔圆的一条割线，实际上这种情况是不可能存在的，因为该点任何方向上的剪应力都不可能超过土的抗剪强度(不存在 $\tau > \tau_f$ 的情况)。

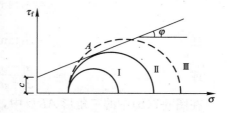

图 6-6　莫尔圆与抗剪强度的关系

(3) 圆 II：莫尔圆与抗剪强度包线相切，切点为 A，说明在 A 点所代表的平面上，剪应力正好等于抗剪强度，$\tau = \tau_f$，该点处于极限平衡状态。

圆 II 称为极限应力圆，根据极限应力圆与抗剪强度包线相切的几何关系，可建立以下极限平衡条件。

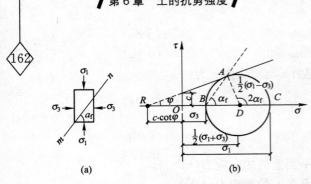

在土体中取一微元体，如图 6-7（a）所示，mn 为破裂面，它与大主应力 σ_1 的作用面呈 α_f 角。该点处于极限平衡状态时的莫尔圆如图 6-7（b）所示，将抗剪强度线延长与 σ 轴相交于 R 点，由三角形 ARD 可知：

$$\overline{AD}=\overline{RD}\sin\varphi \tag{a}$$

图 6-7　土体中一点达极限平衡状态时的莫尔圆

因

$$\overline{AD}=\frac{1}{2}(\sigma_1-\sigma_3) \tag{b}$$

$$\overline{RD}=c\cdot\cot\varphi+\frac{1}{2}(\sigma_1+\sigma_3) \tag{c}$$

故

$$\frac{1}{2}(\sigma_1-\sigma_3)=\left[c\cdot\cot\varphi+\frac{1}{2}(\sigma_1+\sigma_3)\right]\sin\varphi \tag{d}$$

化简后得：

$$\sigma_1=\sigma_3\frac{1+\sin\varphi}{1-\sin\varphi}+2c\frac{\cos\varphi}{1-\sin\varphi} \tag{e}$$

或

$$\sigma_1=\sigma_3\frac{1+\sin\varphi}{1-\sin\varphi}+2c\sqrt{\frac{1+\sin\varphi}{1-\sin\varphi}} \tag{f}$$

由三角函数可以证明：

$$\frac{1+\sin\varphi}{1-\sin\varphi}=\tan^2\left(45°+\frac{\varphi}{2}\right) \tag{g}$$

$$\frac{1-\sin\varphi}{1+\sin\varphi}=\tan^2\left(45°-\frac{\varphi}{2}\right) \tag{h}$$

代入式（f）可得黏性土的极限平衡条件：

$$\sigma_1=\sigma_3\tan^2\left(45°+\frac{\varphi}{2}\right)+2c\tan\left(45°+\frac{\varphi}{2}\right) \tag{6-11}$$

或

$$\sigma_3=\sigma_1\tan^2\left(45°-\frac{\varphi}{2}\right)-2c\tan\left(45°-\frac{\varphi}{2}\right) \tag{6-12}$$

对于无黏性土，由于 $c=0$，则由式（6-11）、式（6-12）可知，无黏性土的极限平衡条件为：

$$\sigma_1=\sigma_3\tan^2\left(45°+\frac{\varphi}{2}\right) \tag{6-13}$$

或

$$\sigma_3=\sigma_1\tan^2\left(45°-\frac{\varphi}{2}\right) \tag{6-14}$$

或

$$\frac{\sigma_1-\sigma_3}{\sigma_1+\sigma_3}=\sin\varphi \tag{6-15}$$

在图 6-7（b）中的三角形 ARD 中，由外角与内角的关系可得：

$$2\alpha_f=90°+\varphi \tag{6-16}$$

即破裂角

$$\alpha_f=45°+\frac{\varphi}{2} \tag{6-17}$$

这说明，破坏面与最大主应力 σ_1 作用面的夹角为 $\left(45°+\frac{\varphi}{2}\right)$，或破坏面与最小主应力 σ_3 作用面的夹角为 $\left(45°-\frac{\varphi}{2}\right)$。

【例题 6-1】　设黏性土地基中某点的主应力 $\sigma_1=430\text{kPa}$，$\sigma_3=220\text{kPa}$，土

的抗剪强度指标 $c=20kPa$，$\varphi=26°$，试问：（1）该点处于什么状态？（2）单元土体最大剪应力出现在哪个面上？是否会沿剪应力最大的面发生剪破？

【解】 已知 $\sigma_1=430kPa$，$\sigma_3=220kPa$，$c=20kPa$，$\varphi=26°$。

（1）由式：$\sigma_3=\sigma_1\tan^2\left(45°-\dfrac{\varphi}{2}\right)-2c\tan\left(45°-\dfrac{\varphi}{2}\right)$

可得土体处于极限平衡状态而最大主应力为 σ 时，所对应的最小主应力为：

$$\begin{aligned}\sigma_{3f}&=\sigma_1\tan^2\left(45°-\frac{\varphi}{2}\right)-2c\tan\left(45°-\frac{\phi}{2}\right)\\&=430\times\tan^2\left(45°-\frac{26°}{2}\right)-2\times20\times\tan\left(45°-\frac{26°}{2}\right)=142.9kPa\end{aligned}$$

计算结果表明：σ_{3f} 小于该单元土体实际的主应力 σ_3，实际应力圆半径小于极限应力圆半径，所以，该单元土体处于弹性平衡状态。

或：由 $\sigma_1=\sigma_3\tan^2\left(45°+\dfrac{\varphi}{2}\right)+2c\tan\left(45°+\dfrac{\varphi}{2}\right)$

得 $\sigma_{1f}=627.4kPa$

$\sigma_{1f}>\sigma_1$，所以该单元处于弹性平衡状态。

（2）由图 6-7（b）可知，最大剪应力面与主应力作用面呈 45°角，则

$$\tau_{max}=\frac{1}{2}(\sigma_1-\sigma_3)\sin90°=105kPa$$

最大剪应力面上的法向应力：

$$\sigma=\frac{1}{2}(\sigma_1+\sigma_3)+\frac{1}{2}(\sigma_1-\sigma_3)\cos90=325kPa$$

$$\tau_f=c+\sigma\tan\varphi=20+325\times\tan26°=178.5kPa$$

最大剪应力面上 $\tau<\tau_f$，所以，不会沿剪应力最大的面发生破坏。

6.3 土的抗剪强度试验方法

土的抗剪强度指标包括内摩擦角 φ 和黏聚力 c 两项，是土的重要力学性能指标，在计算地基承载力，评价地基的稳定性，码头、路堤、土坝等斜坡的稳定性以及计算挡土墙的土压力时，都要用到土的抗剪强度指标，因此，正确测定土的抗剪强度指标在工程上具有重要意义。

抗剪强度指标的测定方法有多种，测定土的抗剪强度指标的常用仪器主要有：直接剪切仪、三轴压缩仪、无侧限压力仪和十字板剪切仪等。各种仪器的构造与试验方法不同，应根据各类建筑工程的规模、用途与地基土的情况，选择相应的仪器与方法。

6.3.1 直接剪切试验

直剪试验是测定土抗剪强度的一种常用的、古老的、又最简单的方法，现已得到广泛应用，直剪试验的主要仪器为直剪仪，分为应变控制式和应力

控制式两种。两者的区别在于施加水平剪切荷载的方式不同，前者是等速推动试样产生位移，测定相应的剪应力，后者则是对试件分级施加水平剪应力测定相应的位移，目前我国普遍采用的是应变控制式直剪仪，如图 6-8 所示。

直接剪切试验的原理是根据库仑定律，土的内摩擦力与剪切面上的法向压力成正比，将同一种土制备成几个土样，分别在不同的法向压力下，沿固定的剪切面直接施加水平剪力，得其剪坏时剪应力，即为抗剪强度 τ_f，然后根据剪切定律确定土的抗剪强度指标 φ 和 c。

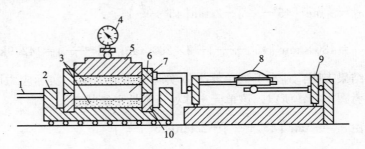

图 6-8　应变控制式直剪仪示意图

1—轮轴；2—底座；3—透水石；4—垂直变形量表；
5—活塞；6—上盒；7—土样；8—水平位移量表；9—量力环；10—下盒

应变控制式直剪仪由剪切盒、垂直加压设备、剪切传动装置、测力计、位移量测系统组成。环刀内径为 61.8mm，高度 20mm。位移量测设备是量程为 10mm、分度值为 0.01mm 的百分表，或准确度为全量程 0.2% 的传感器。

试验前，先制备好原状试样或扰动土试样，每组试样不得少于 4 个。

装样时，对准剪切容器上下盒，插入固定销，在下盒内放透水板和滤纸，将带有试样的环刀刃口向上，对准剪切盒口，在试样上放滤纸和透水板，将试样小心地推入剪切盒内，移动传动装置，使上盒前端钢珠刚好与测力计接触，依次放上传压板、加压框架，安装垂直位移和水平位移量测装置，并调至零位或测记读数。

根据工程实际和土的软硬程度施加各级垂直压力，对松软试样垂直压力应分级施加，以防土样挤出。施加压力后，向盒内注水，当试样为非饱和试样时，应在加压板周围包湿棉纱。

为了近似模拟土体在现场受剪的排水条件，考虑固结程度和排水条件对抗剪强度的影响，根据加荷速率的快慢将直接剪切试验分为快剪、固结快剪和慢剪三种方法。

快剪试验是在试样施加竖向力 σ 后，立即快速施加水平剪应力使试样剪切破坏。即，试验时在试样上施加垂直压力后，拔去固定销钉，立即以 0.8mm/min 的剪切速度进行剪切，使试样在 3～5min 内剪破。试样每产生剪切位移 0.2～0.4mm 测记测力计和位移读数，直至测力计读数出现峰值，或继续剪切至剪切位移为 4mm 时停机，记下破坏值；当剪切过程中测力计读数无峰值时，应剪切至剪切位移为 6mm 时停机，该试验所得的强度称为快剪强度，强度指标为 c_q、φ_q。

固结快剪是允许试样在竖向压力下充分排水，待固结稳定后，再快速施加水平剪应力使试样剪切破坏。试验时对试样施加垂直压力后，每小时测读垂直变形一次，直至变形稳定。变形稳定标准为变形量每小时不大于 0.005 mm，再拔去固定销，剪切过程同快剪试验。所得强度称为固结快剪强度，强度指标以 c_{cq}、φ_{cq} 表示。

慢剪试验则是允许试样在竖向压力下排水，待固结稳定后，以缓慢的速率施加水平剪应力使试样剪切破坏。对试样施加垂直压力后，待固结稳定后，再拔去固定销，以小于 0.02mm/min 的剪切速度使试样在充分排水的条件下进行剪切，这样得到的强度称为慢剪强度，其相应的指标称为慢剪强度指标，以 c_s、φ_s 表示。

当剪切结束时，吸去盒内积水，退去剪切力和垂直压力，移动加压框架，取出试样，测定含水率。

对同一种土至少取 4 个重度和含水量相同的试样，分别在不同垂直压力 σ 下剪切破坏，一般可取垂直压力为 100、200、300、400kPa，以剪应力为纵坐标，垂直压力为横坐标，绘制剪应力与剪切位移关系曲线（如图 6-9 所示），取曲线上剪应力的峰值为抗剪强度，无峰值时，取剪切位移 4mm 所对应的剪应力为抗剪强度。以抗剪强度为纵坐标，垂直压力为横坐标，绘制抗剪强度与垂直压力关系曲线，直线的倾角为摩擦角，直线在纵坐标上的截距为黏聚力（如图 6-10 所示）。

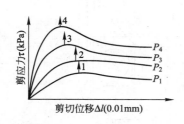

图 6-9　剪应力与剪切位移关系曲线

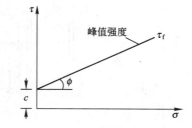

图 6-10　抗剪强度与垂直压力关系曲线

直接剪切仪具有构造简单，操作方便等优点，但它存在若干缺点，主要有：

（1）剪切面限定在上下盒之间的平面，而不是沿土样最薄弱的面剪切破坏；

（2）剪切面上的剪应力分布不均匀，土样剪切破坏时先从边缘开始，在边缘发生应力集中现象，仍按应力均布计算；

（3）在剪切过程中，土样在上、下盒之间错位，剪切面渐渐缩小，而在计算抗剪强度时却是按土样的原截面积计算的；

（4）试验时不能严格控制排水条件，不能量测孔隙水压力，也无法计算有效应力，在进行不排水剪切时，试件仍有可能排水，特别是对于饱和黏土，由于它的抗剪强度受排水条件的影响显著，故试验结果不够理想。

6.3.2 三轴压缩试验

三轴压缩试验是测定土抗剪强度的一种较为完善的方法。在重大工程与科学研究中常进行三轴压缩试验。

三轴压缩试验通常用 3～4 个圆柱形试样，分别在不同的恒定周围压力（σ_3）下施加轴向压力，即主应力差（$\sigma_1-\sigma_3$），进行剪切直到破坏；然后根据摩尔-库仑理论，求得抗剪强度参数，如图 6-11 所示。

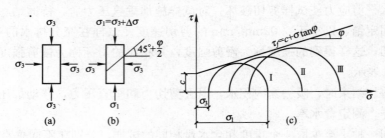

图 6-11 三轴压缩试验原理

应变控制式三轴仪（如图 6-12 所示）由压力室、轴向加压设备、周围压力系统、反压力系统、孔隙水压力量测系统、轴向变形和体积变化量测系统成。附属设备包括击样器、饱和器、切土器、原状土分样器、切土盘、承简和对开圆膜等。

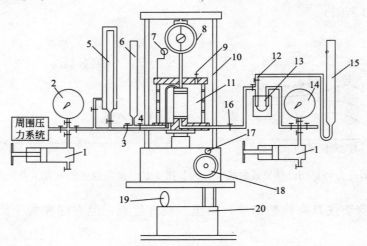

图 6-12 应变控制式三轴仪

1—调压筒；2—周围压力表；3—周围压力阀；4—排水阀；
5—体变管；6—排水管；7—变形量表；8—量力环；9—排气孔；
10—轴向加压设备；11—压力室；12—量管阀；13—零位指示器；14—孔隙
压力表；15—量管；16—孔隙压力阀；17—离合器；18—手轮；19—马达；20—变速箱

试验时，同一种土的一组试验需要 3～4 个试样，分别在不同围压下进行试验。试样的最小直径为 35mm，最大直径为 101mm，试样高度宜为试样直径的 2～2.5 倍。

制样时，先将土样制备成大于试样直径和高度的毛坯，放在切土器内用钢丝锯和修土刀，制备成所要求规格的试样。原状试样制备，应将土切成圆柱形试样，试样两端应平整并垂直于试样轴，当试样侧面或端部有小石子或凹坑时，允许用削下的余土修整，试样切削时应避免扰动，并取余土测定试样的含水量。扰动试样制备，应根据预定的干密度和含水量，在击实器内分层击实，粉质土宜为3～5层，黏质土宜为5～8层，各层土料数量应相等，各层接触面应刨毛。

试样饱和一般采用真空抽气饱和法，将切好的试样装入饱和器后，先浸没在带有清水的真空饱和缸内，连续真空抽气2～4h(黏土)，然后停止抽气，静置12h左右即可。

对于砂性土应先在压力室底座上依次放上不透水板、橡皮膜和对开圆膜。将砂料填入对开圆膜内，分三层按预定干密度击实。当制备饱和试样时，在对开圆膜内注入纯水至1/3高度，将煮沸的砂料分三层填入，达到预定高度。放上不透水板、试样帽，扎紧橡皮膜。对试样内部施加5kPa负压力使试样能站立，拆除对开圆膜。对制备好的试样，应量测其直径和高度。

试样安装时，首先检查压力管线，并连接管线。打开试样底座的开关，使量管里的水缓缓地流向底座，并依次放上透水石和滤纸，待气泡排除后，再放上试样，试样周围贴上滤纸条，关闭底座开关。把已检查过的橡皮薄膜套在膜筒上，两端翻起，用吸球从气嘴中不断吸气，使橡皮膜帖于筒壁，小心将它套在土样外面，然后让气嘴放气，使橡皮膜紧贴试样周围，翻起橡皮膜两端，扎紧橡皮膜，把土样装入压力室，安装轴向位移传感器。

若试样需要排水固结，首先施加周围压力，然后打开孔隙水压力阀，测定孔隙水压力。开排水阀。当需测定排水过程时，测记排水管水面及孔隙水压力值，直至孔隙水压力消散95％以上。固结完成后，关排水阀，测记排水管读数和孔隙水压力读数。

试样剪切时，首先关孔隙水压力阀，微调压力机升降台，使活塞与试样接触，此时轴向变形百分表的变化值为试样固结时的高度变化。将轴向测力计、轴向变形百分表及孔隙水压力读数均调整至零。选择剪切应变速率，进行剪切。黏质土每分钟应变为0.05％～0.1％；粉质土每分钟应变为0.1％～0.5％。测记轴向压力、孔隙水压力和轴向变形。试验结束，关电动机和各阀门，开排气阀，排除压力室内的水，拆除试样，描述试样破坏形状。称试样质量并测定含水量。

三轴压缩试验按剪切前的固结程度和剪切时的排水条件，分为以下三种试验方法：

(1) 不固结不排水试验(UU Test)：试样在施加周围压力和随后施加竖向压力直至剪切破坏的整个过程中都不允许排水，试验自始至终关闭排水阀门。

(2) 固结不排水试验(CU Test)：试样在施加周围压力 σ_3 后打开排水阀门，允许排水固结，稳定后关闭排水阀门，再施加竖向压力，使试样在不排水的条件下剪切破坏。

（3）固结排水试验（CD Test）：试样在施加周围压力 σ_3 时允许排水固结，待固结稳定后，再在排水条件下施加竖向压力至试样剪切破坏。

三轴压缩试验的优点是能较为严格地控制排水条件以及可以量测试件中孔隙水压力的变化。此外，试件中的应力状态也比较明确，破裂面是在最弱处，而不像直接剪切仪那样限定在上下盒之间。一般来说，三轴压缩试验的结果比较可靠，三轴压缩仪还可用以测定土的其他力学性质，因此，它是土工试验不可缺少的设备。三轴压缩试验的缺点是试件中的主应力 $\sigma_2 = \sigma_3$，而实际上土体的受力状态未必都属于这类轴对称情况。目前已经研制了很多不同结构形式的真三轴仪（$\sigma_1 \neq \sigma_2 \neq \sigma_3$）。

6.3.3　无侧限抗压强度试验

无侧限抗压强度试验实际上是三轴剪切试验的特殊情况，又称为单剪试验，如同在三轴仪中进行 $\sigma_3 = 0$ 的不排水剪切试验一样，适用于饱和黏性土。

试验时，将圆柱形试样放在无侧限抗压试验仪中，在不加任何侧向压力的情况下施加垂直压力，直到使试件剪切破坏为止，剪切破坏时试样所能承受的最大轴向压力 q_u 称为无侧限抗压强度。

应变控制式无侧限压缩仪（如图 6-13 所示）由测力计、加压框架、升降设备组成，试验时，先将原状土样按天然上层的方向置于切土器中，用切刀或钢丝锯细心切削，边转边削，直至切成所需的直径为止。从切土器中取出试件在承模筒中削去两端多余的土样，原则上按直径为 3.91cm，高为 5cm 的试样尺寸标准控制制作。将切好的试样立即称重，并测定试件的上、中、下段的直径和高度，另取切割下的余土测定含水量．将试样小心地置于无侧限压力仪的加压板上，转动手轮使土样上下两端加压板恰好与土样接触为止，调整量力环和位移量表的起始零点。以每分钟轴向应变为 1%～3% 的速度转动手轮，使试验在 8～20min 内完成。试验记 0.5% 的应变，测读和记录轴向压力即量力环的变形量，直至应变值达 20% 后停止试验。试验结束后反转手轮，取下试样，描述破坏后试样形状及滑动面的夹角。

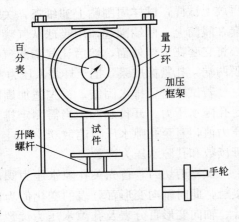

图 6-13　无侧限抗压强度试验装置

在施加轴向压力的过程中，相应地量测试样的轴向压缩变形，并绘制轴向压力 q 与轴向应变 ε 的关系曲线。当轴向压力与轴向应变的关系曲线出现明显的峰值时，则以峰值处的最大轴向压力作为土的无侧限抗压强度 q_u；当轴向压力与轴向应变的关系曲线不出现峰值时，则取轴向应变 $\varepsilon = 20\%$ 处的轴向压力作为土的无侧限抗压强度 q_u。求得土的无侧限抗压强度 q_u 后，即可绘出极限应力圆（如图 6-14 所示）。

　　根据试验结果，只能作一个极限应力圆（$\sigma_1 = q_u$、$\sigma_3 = 0$），如图 6-14(c)所示，因此对于一般黏性土就难以作出破坏包线。而对于饱和黏性土，根据其三轴不固结不排水试验的结果，其破坏包线近于一条水平线，即 $\varphi_u = 0$。这样，如仅为了测定饱和黏性土的不排水抗剪强度，就可以利用构造比较简单的无侧限抗压试验仪代替三轴仪。此时，取 $\varphi_u = 0$，则由无侧阻抗比强度试验所得的极限应力圆的水平线就是破坏包线，得：

$$\tau_f = c_u = q_u/2 \tag{6-18}$$

式中　c_u——土的不排水抗剪强度；

　　　q_u——无侧限抗压强度(kPa)。

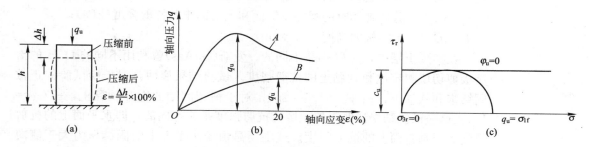

图 6-14　无侧限抗压强度试验
(a)试样变形情况；(b)应力与应变关系；(c)强度包线

　　无侧限抗压强度试验仪还可以用来测定土的灵敏度。无侧限抗压强度试验的缺点是试样的中段部位完全不受约束，因此，当试样接近破坏时，往往被压成鼓形，这时试样中的应力显然是不均匀的。

6.3.4　十字板剪切试验

　　室内的抗剪强度试验要求取得原状土试样，由于试样在取样、运输、保存和制备等方面不可避免地受到扰动，土的含水率也难以保持天然状态，特别是高灵敏度的黏性土，室内试验结果的精度会受到影响。因此，原位测试方法具有重要意义，十字板剪切试验是一种原位测定土的抗剪强度的试验方法，该方法适用于测定饱和软黏土的原位不排水抗剪强度，特别是均匀饱和的软黏土。

　　十字板剪切仪（如图 6-15）底端为两块薄钢板正交，横截面呈现十字形，故称十字板，中部为轴杆，顶端为旋转施加扭力

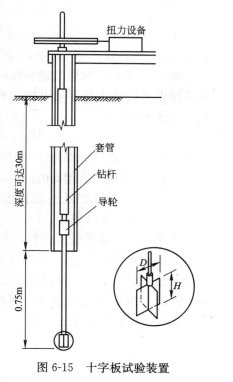

图 6-15　十字板试验装置

170

矩的装置。十字板剪切试验可在现场钻孔内进行。试验时，先将十字板插到要进行试验的深度，再在十字板剪切仪上端的加力架上以一定的转速对其施加扭力矩，使板内的土体与其周围土体产生相对扭剪，直至剪破，测出其相应的最大扭力矩。然后，根据力矩的平衡条件，推算出圆柱形剪破面上土的抗剪强度。设剪切破坏时所施加的扭矩为 M，则它应该与剪切破坏圆柱面（包括侧面和上、下面）上土的抗剪强度所产生的抵抗力矩相等，即

$$M = \pi D H \frac{D}{2} \tau_V + 2 \cdot \frac{\pi D^2}{4} \frac{D}{3} \tau_H$$

$$= \frac{1}{2} \pi D^2 H \tau_V + \frac{1}{6} \pi D^3 \tau_H \qquad (6\text{-}19)$$

式中 M——剪切破坏时的扭力矩（kN·m）；

τ_V、τ_H——剪切破坏时的圆柱体侧面和上下面土的抗剪强度（kPa）；

H、D——十字板的高度和直径（m）。

在实际土层中，τ_V 和 τ_H 是不同的。爱斯（G. Aas）曾利用不同的 D/H 的十字板剪切仪测定饱和软黏土的抗剪强度。试验结果表明：对于所试验的正常固结饱和软黏土，$\tau_H/\tau_V = 1.5 \sim 2.0$；对于稍超固结的饱和软黏土，$\tau_H/\tau_V = 1.1$。这一试验结果说明天然土层的抗剪强度是非等向的，即水平面上的抗剪强度大于垂直面上的抗剪强度。这主要是由于水平面上的固结压力大于侧向固结压力的缘故。

实际上为了简化计算，在常规的十字板试验中仍假设 $\tau_H = \tau_V = \tau_f$，将这一假设代入式（6-19）可得：

$$\tau_f = \frac{2M}{\pi D^2 \left(H + \dfrac{D}{3} \right)} \qquad (6\text{-}20)$$

式中 τ_f——在现场由十字板测定的土的抗剪强度（kPa）；

图 6-16 表示正常固结饱和软黏土用十字板测定的结果，在硬壳层以下的软土层中抗剪强度随深度基本上成直线变化，并可用下式表示：

$$\tau_f = c_0 + \lambda z \qquad (6\text{-}21)$$

式中 λ——直线段的斜率（kN/m）；

z——以地表为起点的深度（m）；

c_0——直线段的延长线在水平坐标轴（即原地面）上的截距（kPa）。

十字板剪切试验就地进行，它不需取原状土样，试验时的排水条件、受力状态与土所处的天然状态比较接近。由于十字板在现场测定的土的抗剪强度，属于不排水剪切的试验条件，因此其结果应与无侧阻抗压强度试验结果接近，即

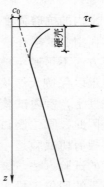

图 6-16 由十字板测定的
抗剪强度随深度变化

$$\tau_f \approx \frac{q_u}{2} \qquad (6\text{-}22)$$

十字板剪切试验是在原位直接进行的试验，它的优点是构造简单，操作方便，避免了取土样时对土体的扰动，十字板剪切仪适用于饱和软黏土，特别适用于难于取样或试样在自重作用下不能保持原有形状的软黏土。在实际中广泛得到应用。但在软土层中夹薄砂层时，测试结果可能会偏大。

6.4　孔隙压力系数

由有效应力原理可知，作用在试样剪切面上的总应力 σ，为有效应力 σ' 和孔隙水压力 u 之和，即 $\sigma = \sigma' + u$，在外荷 σ 作用下，随着时间的增长，孔隙水压力 u 因排水而慢慢消散，同时有效应力 σ' 相应地不断增加，因此，在给出土中总应力后，若要求取有效应力，则关键是孔隙水压力。

斯肯普顿(A. W. Skempton)在不排水常规三轴压缩试验基础上，提出以孔隙水压力力系数表示孔隙水压力的发展和变化。根据试验结果，引用孔隙水压力系数 A 和 B，建立轴对称应力状态下土中孔隙压力的发展，其中 A 反映试样在加载过程中的剪胀(缩)性，B 反映试样的饱和度。

设一土单元在各向相等的有效应力 σ'_c 作用下固结，初始孔隙水压力 $u_0 = 0$，意图是模拟试样的原位应力状态；如果受到各向相等的围压 $\Delta\sigma_3$ 的作用，孔隙压力增量为 Δu_3，有效应力增量为：

$$\Delta\sigma'_3 = \Delta\sigma_3 - \Delta u_3 \tag{6-23}$$

根据弹性理论，如果弹性材料的弹性模量和泊松比分别为 E 和 μ 在各向应力相等而无剪应力的情况下，土的体积变化为：

$$\Delta V = \frac{3(1-2\mu)}{E} V \cdot \Delta\sigma'_3$$

将式(6-23)代入上式得：

$$\Delta V = C_S V (\Delta\sigma_3 - \Delta u_3) \tag{6-24}$$

式中　C_S——土骨架的三向体积压缩系数，$C_S = 3(1-2\mu)/E$，它是土样在三轴压缩试验中骨架体积应变 $\Delta V/V$ 与三向有效应力增量($\Delta\sigma_3 - \Delta u_3$)的比值；

V——土试样体积。

土孔隙中由于增加了孔隙压力 Δu_3，使土中气和水被压缩，其压缩量为：

$$\Delta V_V = C_V n V \Delta u_3 \tag{6-25}$$

式中　C_V——孔隙的三向体积压缩系数，它是土样在三轴压缩试验中孔隙体积应变 $\Delta V_V/V_V$ 与孔隙压力增量 Δu_3 的比值；

n——土的孔隙率。

由于土固体颗粒的压缩量很小，可以认为骨架体积的变化 ΔV 等于孔隙体积的变化 ΔV_V，则由式(6-24)和式(6-25)得：

$$C_S V (\Delta\sigma_3 - \Delta u_3) = C_V n V \Delta u_3$$

整理后得：
$$\Delta u_3 = B \Delta\sigma_3 \tag{6-26}$$

式中，$B = 1/(1 + nC_V/C_S)$ 为在各向应力相等条件下的孔隙压力系数，即土体在等向压缩应力状态时单位围压增量所引起的孔隙压力增量。

对于饱和土，孔隙中完全充满水，由于水的压缩性比土骨架的压缩性小得多，$C_V/C_S \to 0$，因而 $B=1$，故 $\Delta u_3 = \Delta \sigma_3$；对于干土，孔隙的压缩性接近于无穷大，$C_V/C_S \to \infty$，因而 $B=0$，对于非饱和土，$0 < B < 1$，土的饱和度愈小，B 值也愈小。

图 6-17 为一种黏性土在某围压下的饱和度与孔隙水压力力系数间的试验结果，可见，随着饱和度的减小，B 急剧下降。

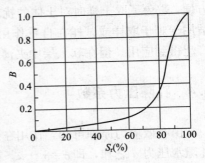

图 6-17　孔隙水压力系数 B
与土的饱和度

如图 6-18 所示，如果在试样上施加轴向压力增量 $(\Delta \sigma_1 - \Delta \sigma_3)$，设在试样中产生孔隙水压力增量为 Δu_1；相应地轴向和侧向的有效应力增量分别为：

$$\Delta \sigma_1' = (\Delta \sigma_1 - \Delta \sigma_3) - \Delta u_1 \tag{6-27}$$

和

$$\Delta \sigma_3' = -\Delta u_1 \tag{6-28}$$

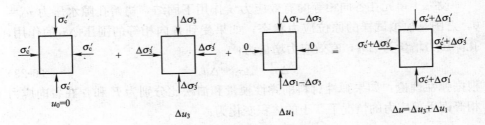

图 6-18　不排水剪中的孔隙水压力

根据弹性理论，其体积变化应为：

$$\Delta V = C_S V \frac{1}{3}(\Delta \sigma_1' + 2\Delta \sigma_3') \tag{6-29}$$

再将式(6-27)及式(6-28)代入，得：

$$\Delta V = C_S V \frac{1}{3}(\Delta \sigma_1 - \Delta \sigma_3 - 3\Delta u_1) \tag{6-30}$$

同理，由于孔隙压力增量 Δu_1 使得土体孔隙体积变化为：

$$\Delta V_V = C_V n V \Delta u_1 \tag{6-31}$$

因为 $\Delta V = \Delta V_V$，即得：

$$\Delta u_1 = B \frac{1}{3}(\Delta \sigma_1 - \Delta \sigma_3) \tag{6-32}$$

将式(6-26)和式(6-32)相加，得到 $\Delta \sigma_1$ 和 $\Delta \sigma_3$ 共同作用下总的孔隙压力增量为：

$$\Delta u = \Delta u_3 + \Delta u_1 = B\left[\Delta \sigma_3 + \frac{1}{3}(\Delta \sigma_1 - \Delta \sigma_3)\right] \tag{6-33}$$

因为土并非理想弹性体，上式系数 1/3 不适用，而以 A 代替，于是可写为：

$$\Delta u = B[\Delta\sigma_3 + A(\Delta\sigma_1 - \Delta\sigma_3)] \tag{6-34}$$

式中 A——在偏应力增量作用下的孔隙压力系数。

对于饱和土 $B=1$，在不排水试验中，总孔隙压力增量为：

$$\Delta u = \Delta\sigma_3 + A(\Delta\sigma_1 - \Delta\sigma_3) \tag{6-35}$$

在固结不排水试验中，由于试样在 $\Delta\sigma_3$ 作用下固结稳定，故 $\Delta u_3 = 0$，于是

$$\Delta u = \Delta\sigma_1 = A(\Delta\sigma_1 - \Delta\sigma_3) \tag{6-36}$$

在排水试验中，孔隙压力全部消散，则 $\Delta u = 0$。

A 值的大小受很多因素的影响，它随偏应力增加呈现非线性变化，高压缩性土的 A 值比较大，超固结黏土在偏应力作用下将发生体积膨胀，产生负的孔隙压力，故 A 是负值。就是同一种土，A 也不是常数，它还受应变大小、初始应力状态和应力历史等因素影响。各类土的孔隙压力系数 A 值可参考表 6-1，如要精确计算土的孔隙压力，应根据实际的应力和应变条件，进行三轴压缩试验，直接测定 A 值。

孔隙压力系数 A 表 6-1

土样（饱和）	A（用于验算土体破坏的数值）	土样（饱和）	A（用于验算地基变形的数值）
很松的细砂	2~3	很灵敏的软黏土	>1
灵敏黏土	1.5~2.5	正常固结黏土	0.5~1
正常固结黏土	0.7~1.3	轻度超固结黏土	0.25~0.5
轻度超固结黏土	0.3~0.7	严重超固结黏土	0~0.25
严重超固结黏土	-0.5~0		

6.5 土的剪切性状及抗剪强度指标

6.5.1 无黏性土的剪切性状和抗剪强度指标

由于砂土的透水性强，它在现场的受剪过程大多相当于固结排水剪情况，由固结排水剪试验求得的强度包线一般为通过坐标于原点的直线，可表达为：

$$\tau_f = \sigma\tan\varphi_d \tag{6-37}$$

式中 φ_d——固结排水剪测得的内摩擦角。

砂土的内摩擦角变化范围不是很大，中砂、粗砂、砾砂一般为 $\varphi=32°\sim40°$；粉砂、细砂一般为 $\varphi=28°\sim36°$。含水饱和粉砂、细砂很容易失稳，因此对其内摩擦角的取值宜慎重。砂土有时也可能有很小的黏聚力（约 10kPa 以内），这是由于砂土中夹有一些黏土颗粒，也可能是由于毛细黏聚力的缘故。

砂土的初始孔隙比不同，在受剪过程中将显示出非常不同的性状。如图 6-19 所示，松砂受剪时，颗粒滚落到平衡位置，排列得更紧密些，所以它的体积缩小，把这种因剪切而体积缩小的现象称为剪缩性；反之，紧砂受剪

174

时，颗粒必须升高以离开它们原来的位置而彼此才能相互滑过，从而导致体积膨胀，把这种现象称为剪胀性。然而，紧砂的这种剪胀趋势随着周围压力的增大，土粒的破碎而逐渐消失。在高周围压力下，不论砂土的松紧如何，受剪都将剪缩。

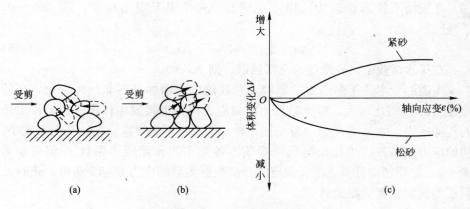

图 6-19　砂土的剪切性状

如图 6-20(a)所示，为砂土受剪时的应力—应变和体变的关系曲线，由图可见，密实的紧砂初始孔隙比较小，其应力—应变关系有明显的峰值，峰值过后，强度达一定值后，随着轴向应变的继续增加强度反而减小，应力—应变关系最后呈随应变软化型，它的体积开始时稍有减小，继而增加，超过了它的初始体积。剪应力在超过峰值后，便随剪应变的增加而降低，最后趋于与松砂相同的恒定值，如图 6-20(b)所示。这一恒定的强度通常称为残余强度或最终强度，以 τ_f 表示。松砂的强度逐渐增大，应力-应变关系呈应变硬化型，它的体积则逐渐减小。

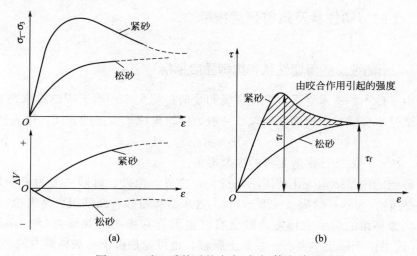

图 6-20　砂土受剪时的应力-应变-体变关系

不同初始孔隙比的试样在同一压力下进行剪切试验，可以得出初始孔隙比 e_0 与体积变化 ΔV 之间的关系，如图 6-21 所示，既然砂土在低周围压力下由于初始孔隙比的不同，剪破时的体积可能小于初始体积，也可能大于初始体积，那么，可以想象，砂土在某一初始孔隙比下受剪，它剪破时的体积将等于其初始体积，这一初始孔隙比称为临界孔隙比 e_{cr}。在三轴试验中，临界孔隙比是与围压 σ_3 有关系的，不同的 σ_3 可以得出不同的 e_{cr} 值。如果饱和砂土的初始孔隙比 e_0 大于临界孔隙比 e_{cr}，在剪应力作用下，由于剪缩必然使孔隙水压力增高，而有效应力降低，致使砂土的抗剪强度降低。当饱和松砂受到动荷载作用（例如地震），由于孔隙水来不及排出，孔隙水压力不断增加，就有可能使有效应力降低

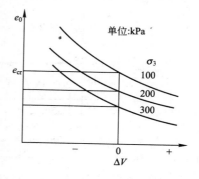

图 6-21　砂土的临界孔隙比

到零，因而砂土像流体那样完全失去抗剪强度，这种现象称为砂土的液化。因此，临界孔隙比对研究砂土液化也具有重要意义。

6.5.2　饱和黏性土的剪切性状和抗剪强度指标

黏性土的抗剪强度指标的变化范围很大，它与土的种类有关，并且与土的天然结构是否破坏，试样在法向压力下的排水固结程度及试验方法等因素有关。内摩擦角的变化范围大致为 $\varphi=0°\sim30°$；黏聚力则可从小于 10kPa 变化到 200kPa 以上。

在三轴剪切试验和直剪试验的不同方法中，分别通过"排水"与"不排水"，加荷载的"快"与"慢"来解决土样的排水条件，由此可以把土的抗剪强度分为不排水抗剪强度（快剪）、固结不排水抗剪强度（固结快剪）和排水抗剪强度（慢剪）。不同的试验方法测得土的抗剪强度指标有较大区别。而在工程应用中，选择的试验条件应当尽可能与实际工程条件相似。

1. 不排水抗剪强度

不排水试验要求在施加周围压力和轴向压力直至剪切破坏的整个试验过程中都不允许排水。不排水抗剪适用于加荷速率快，排水条件差的工程，如斜坡的稳定性、厚度很大的饱和黏土地基等。

三轴试验中，施加 σ_3、$\Delta\sigma$ 直至剪破的整个过程要关闭排水阀，不允许试样排水固结，使土样含水量不变，称为不固结不排水剪（UU），简称不排水剪。

直剪试验通过试验加荷的快慢来实现是否排水，施加垂直压力之后，立即施加水平剪力，并在 3～5min 之内剪破，称之为快剪（Q）。

如果有一组饱和黏性土试样进行不排水剪试验，分别在不同 σ_3 下剪切至破坏，试件中的初始孔隙水压力为静水压力，试验结果如图 6-22 所示，图中三个实线半圆 A、B、C 分别表示三个试件在不同的 σ_3 作用下破坏时的总应力圆，虚线是有效应力圆。试验结果表明，虽然三个试件的周围压力 σ_3 不同，但破坏时的主应力差相等，在 $\sigma\tau_f$ 图上表现出三个总应力圆直径相同，因而破

坏包线是一条水平线，即破坏时的主应力差相等，强度包线是一条水平线。

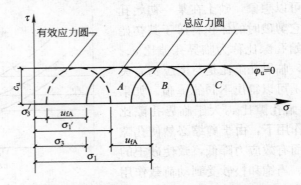

图 6-22　饱和黏性土、粉土的不排水试验结果

$$\varphi_u = 0 \tag{6-38a}$$

$$\tau_f = c_u = \frac{\sigma_1 - \sigma_3}{2} \tag{6-38b}$$

式中　φ_u——不排水内摩擦角(°)；

c_u——不排水黏聚力，即不排水抗剪强度(kPa)。

在试验中如果分别量测试样破坏时的孔隙水压力 u_f，试验成果可以用有效应力整理，结果表明，三个试件只能得到同一个有效应力圆，并且有效应力圆的直径与三个总应力圆直径相等，即

$$(\sigma_1' - \sigma_3') = (\sigma_1 - \sigma_3)_A = (\sigma_1 - \sigma_3)_B = (\sigma_1 - \sigma_3)_C \tag{6-39}$$

这是由于在不排水条件下，试样在试验过程中含水量不变，体积不变，饱和黏性土的孔隙压力系数 $B=1$，改变周围压力增量只能引起孔隙水压力的变化，并不会改变试样中的有效应力，各试件在剪切前的有效应力相等，因此抗剪强度不变。如果在较高的剪前固结压力下进行不固结不排水试验，就会得出较大的不排水抗剪强度 $c_u(\varphi_u=0)$。

由于一组试件试验的结果，有效应力是同一个，因而就不能得到有效应力破坏包线和 c'、φ' 值，所以这种试验一般只用于测定饱和土的不排水强度。

不固结不排水试验的"不固结"是在三轴压力室压力下不再固结，而保持试样原来的有效应力不变，如果饱和黏性土从未固结过，将是一种泥浆状态，抗剪强度必然等于零。一般从天然土层中取出的试样，相当于在某一压力下已经固结，总具有一定的天然强度。天然土层的有效固结压力是随深度变化的，所以不排水抗剪强度 c_u 也随深度变化，均质的正常固结不排水强度大致随有效固结压力成线性增大。饱和的超固结黏土的不固结不排水强度是一条水平线，即 $\varphi_u=0$。

2. 固结不排水抗剪强度

固结不排水试验是指试样在垂直压力下排水固结稳定后，施加剪应力时，保持土样的含水量在剪切前后基本不变。因此，对于工程中土层较薄、渗透性较大、施工速度较慢的情况，施工期分析时可采用固结不排剪强度指标，此外，固结不排水剪强度指标也可用于分析地基的长期稳定性，例如土坡的

长期稳定性分析，估计挡土结构物的长期土压力，位于软土地基上结构物地基长期稳定分析等。

三轴试验中，在施加 σ_3 时打开排水阀门，使试样完全排水固结。然后关闭排水阀门，再施加 $\Delta\sigma$，使试样在不排水条件下剪切破坏，称为固结不排水剪（CU）。

直剪试验中，剪前使试样在垂直荷载下充分固结，剪切时速率较快，尽量使土样在剪切过程中不再排水，这种剪切方法为称固结快剪（CQ）。

正常固结土的强度包线是一条通过原点的直线，如图 6-23 所示，图中以实线表示的为总应力圆和总应力破坏包线，其抗剪强度表达式为：

$$\tau_f = \sigma \tan\varphi_{cu} \tag{6-40}$$

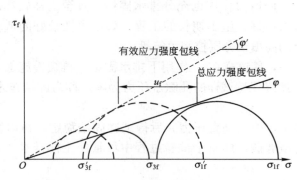

图 6-23　正常固结土固结不排水试验结果

如果试验时量测孔隙水压力，试验结果可以用有效应力整理，图中虚线表示有效应力圆和有效应力破坏包线，u_f 为剪切破坏时的孔隙水压力，破坏时的总应力中减去 u_f，可得到相应破坏时的有效大主应力 σ'_{1f} 和有效小主应力 σ'_{3f} 及破坏应力圆，绘出这些破坏应力圆的包线，可得有效应力强度包线。由于 $\sigma'_{1f} = \sigma_{1f} - u_f$，$\sigma'_{3f} = \sigma_{3f} - u_f$，故 $\sigma'_{1f} - \sigma'_{3f} = \sigma_{1f} - \sigma_{3f}$，即有效应力圆与总应力圆直径相等，但位置不同，两者之间的距离为 u_f，由于正常固结土剪破时的孔隙水应力为正值，则剪破时的有效应力圆总在总应力圆的左边。总应力破坏包线和有效应力破坏包线都通过原点，说明未受任何固结压力的土（如泥浆状态）不会具有抗剪强度。总应力破坏包线的倾角以 φ_{cu} 表示，一般在 $10°\sim20°$ 之间；有效应力破坏包线的倾角 φ' 称为有效内摩擦角，φ' 比 φ_{cu} 大一倍左右。有效应力的抗剪强度表达式为：

$$\tau_f = \sigma' \tan\varphi' \tag{6-41}$$

饱和黏性土的固结不排水抗剪强度在一定程度上受应力历史的影响，因此，在研究黏性土的固结不排水强度时，要区别试样是正常固结还是超固结。超固结饱和黏土的试验方法和过程仍与正常固结土的情况一样。但其试验结果不同，如图 6-24 所示，由于受前期固结压力的影响，超固结土的破坏包

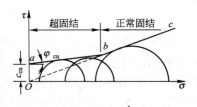

图 6-24　超固结土固结
不排水试验结果

线略弯曲，实用上用一条直线代替，总应力强度指标为 c_{cu} 和 φ_{cu}，c_{cu} 约为 5～25kPa，超固结土比正常固结土的内摩擦角要小。

于是，固结不排水剪切的破坏包线可表达为：

$$总应力表达：\tau_f = c_{cu} + \sigma\tan\varphi_{cu} \tag{6-42}$$

$$有效应力表达：\tau_f = c' + \sigma'\tan\varphi' \tag{6-43}$$

式中 c'、φ'——分别为固结不排水试验得出的有效应力强度参数，通常 $c' < c_{cu}$，$\varphi' < \varphi_{cu}$。

3. 固结排水抗剪强度

固结排水剪试验是指土样在垂直压力作用下，待充分排水固结达稳定后，再施加水平剪力，使剪力作用也充分排水固结，直至土样破坏。它适用于加荷速率慢、排水条件好、施工期长的工程，如透水性较好的低塑性土以及在软弱饱和土层上的高填土分层控制填筑等。

在三轴试验中，使试样在 σ_3 作用下排水固结，再缓慢施加轴向压力增量 $\Delta\sigma$，直至剪破，始终保持试样的孔隙水压力为零，称为固结排水剪（CD），简称排水剪。

在直剪试验中，施加垂直压力 σ 后待试样固结稳定，再以缓慢的速率施加水平剪力，直至剪破，即整个试验过程中尽量使土样排水。该试验方法称为慢剪（S）。

由于排水试验的整个过程中均允许试样排水固结，超孔隙水压力始终为零，剪切面上的总应力最后全部转化为有效应力，所以总应力圆就是有效应力圆，总应力破坏包线就是有效应力破坏包线。如图 6-25 所示，为排水试验结果，正常固结土的破坏包线通过原点，如图 6-25(a) 所示，黏聚力 $c_d = 0$，内摩擦角 φ_d 一般在 20°～40° 之间，超固结土的破坏包线略弯曲，实用上近似取为一条直线代替，如图 6-25(b) 所示，c_d 约为 5～25kPa，φ_d 比正常固结土的内摩擦角要小。

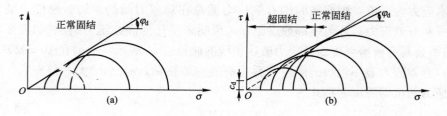

图 6-25 固结排水试验结果

试验证明，c_d、φ_d 与固结不排水试验得到的 c' 和 φ' 很接近，由于排水试验所需的时间太长，故实用上以 c' 和 φ' 代替 c_d 和 φ_d，但是两者的试验条件是有差别的，固结不排水试验在剪切过程中试样的体积保持不变，而固结排水试验在剪切过程中试样的体积一般要发生变化，c_d、φ_d 略大于 c' 和 φ'。

4. 几种强度指标的比较

如前所述，根据加荷快慢可以得到三种直接剪切试验抗剪强度指标，根据排水条件，可以得到三种三轴试验抗剪强度指标，如表6-2所示。

剪切试验成果表达 表6-2

直接剪切		三轴剪切	
试验方法	成果表达	试验方法	成果表达
快剪	c_q、φ_q	不排水剪	c_u、φ_u
固结快剪	c_{cq}、φ_{cq}	固结不排水剪	c_{cu}、φ_{cu}
慢剪	c_s、φ_s	排水剪	c_d、φ_d

对于直接剪切试验，三种试验方法所得的抗剪强度指标不相同，其库仑直线如图6-26所示。三种方法的内摩擦角有如下关系：

$$\varphi_s > \varphi_{cq} > \varphi_q$$

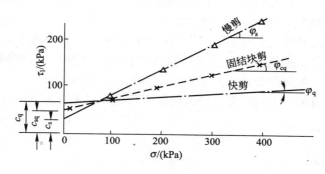

图 6-26　直接剪切试验不同试验方法的抗剪强度指标

图6-27表示三轴试验中同一种黏性土分别在三种排水条件下的试验结果，由图可知，如果以总应力表示，将得出完全不同的试验结果，而以有效应力表示，则不论采用哪种试验方法，都得到近乎同一条有效应力破坏包线（如图中虚线所示），由此可见，抗剪强度与有效应力有唯一的对应关系。

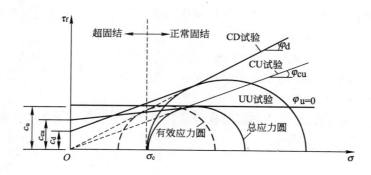

图 6-27　三轴剪切试验不同试验方法抗剪强度指标

6.6 影响抗剪强度的基本因素

由土的抗剪强度表达式可以看出，砂土的抗剪强度是由内摩擦力构成，而黏性土的抗剪强度则由内摩擦力和黏聚力两个部分所构成。

6.6.1 内摩擦力

内摩擦力包括土粒之间的表面摩擦力和由于土粒之间的连锁作用而产生的咬合力。咬合力是指当土体相对滑动时，将嵌在其他颗粒之间的土粒拔出所需的力，土越密实。连锁作用则越强。影响内摩擦力的主要因素有：

（1）土的原始密度。土的原始密度越大，土粒之间接触点就越多且紧密，则土粒之间的表面摩擦力和粗粒土之咬合力越大，即摩擦角越大。

（2）剪切面上的法向总应力。剪切面上法向总应力越大，土粒之间接触越紧密，摩擦力越大，且咬合力也越大。

（3）土粒的形状。土粒形状越尖锐，土粒之间的咬合力越大。

（4）土粒表面的粗糙程度。土粒表面越粗糙，土粒之间的摩擦系数就越大，从而提高土粒间的摩擦力，土粒表面越光滑，摩擦力越小。

（5）土粒级配。土粒级配良好，内摩擦角越大，土粒均匀，内摩擦角小。

6.6.2 黏聚力

黏聚力包括原始黏聚力、固化黏聚力和毛细黏聚力。

原始黏聚力是由于土粒间水膜受到相邻土粒之间的电分子引力而形成的，当土天然结构被破坏时，原始黏聚力将丧失一些，但会随着时间而恢复其中的一部分或全部。

固化黏聚力是由于土中化合物的胶结作用而形成的，当土的天然结构被破坏时，则固化黏聚力随之丧失，不能恢复。

毛细黏聚力是由于毛细压力所引起的，一般可忽略不计。影响黏聚力的主要因素有：

（1）粘粒含量。由于粘粒与水相互作用产生粘结力，所以粘粒含量越多，土的黏性越大，黏聚力越大。

（2）矿物成分。黏土矿物（蒙脱石等）越多，黏聚力越大。

（3）含水量。当土的含水率增加时，将使薄膜水变厚，甚至增加自由水，使黏聚力减小，抗剪强度降低。

（4）土的结构。黏性土具有结构强度，如黏性土的结构受扰动，颗粒联结破坏，则其黏聚力会降低。

思考题

6-1 何谓土的抗剪强度？黏性土和砂土的抗剪强度各有什么特点？

6-2 何谓土的极限平衡条件？土体中发生剪切破坏的平面是不是剪应力最大的平面？在什么情况下，破坏面与最大剪应力面是一致的？一般情况下，破裂面与大主应力作用面呈什么角度？

6-3 如何从库仑定律和莫尔应力圆原理说明：当σ_1不变时，σ_3越小越易破坏；反之σ_3不变时，σ_1越大越易破坏？

6-4 为什么直剪试验要分快剪、固结快剪及慢剪？这三种试验结果有何差别？

6-5 为什么说土的抗剪强度不是一个定值？

6-6 为什么饱和黏性土的不排水试验得到的强度包线是一条水平线？

6-7 测定土的抗剪强度指标主要有哪几种方法？简述之。

习题

6-1 在均布条形荷载作用下，土体中A点的大主应力$\sigma_1 = 400\mathrm{kPa}$，小主应力$\sigma_3 = 150\mathrm{kPa}$，土的抗剪强度指标$c = 0\mathrm{kPa}$，$\varphi = 30°$。试求：(1)与最大主应力面呈夹角$\alpha = 30°$，倾斜面上的正应力$\sigma$和剪应力$\tau$；(2)$A$点处土是否处于极限平衡状态；(3)最危险的剪应力面与最大主应面夹角为多少度？

6-2 一饱和黏性土试样在三轴仪中进行固结不排水实验，施加周围压力$\sigma_3 = 200\mathrm{kPa}$，试件破坏时主应力差$\sigma_1 - \sigma_3 = 280\mathrm{kPa}$，测得孔隙水压力$u_f = 180\mathrm{kPa}$，整理实验得$c' = 80\mathrm{kPa}$，$\varphi' = 24°$。试求破坏面上的法向应力和剪应力以及试件中的最大剪应力。

6-3 进行土得三轴固结不排水试验剪切试验，得到表6-3所示数据。求与这个土样有效应力相关的黏聚力c'，内摩擦角φ'。

表6-3

固结压力(kPa)	侧压力(kPa)	最大应力差(kPa)	最大应力差时的孔隙水压力(kPa)
100	100	57.1	49.0
200	200	110.1	94.5
300	300	193.8	128.2

6-4 在饱和状态正常固结黏土上进行固结不排水的三轴压缩试验，得到如下值，当侧压力$\sigma_3 = 200\mathrm{kPa}$时，破坏时的应力差$\sigma_1 - \sigma_3 = 350\mathrm{kPa}$，孔隙水压力$u_f = 220\mathrm{kPa}$，滑移面的方向和水平面呈60°。求这时滑移面上的法向应力σ_n和剪应力τ和σ_n'，另外，试验中的最大剪应力及其方向怎样呢？

第7章
挡土结构土压力

本章知识点

> 1. 了解挡土结构的基本类型及其特点；
> 2. 了解土压力的类型及其产生条件；
> 3. 熟悉静止土压力的计算方法；
> 4. 熟练掌握朗肯土压力理论及库仑土压力理论的基本原理和适用范围，能熟练掌握主动、被动土压力的计算方法；
> 5. 了解沟管式及上埋式管道土压力的计算方法。

7.1 概述

在土建、水利、港口和交通工程中，为了防止土体坍塌或滑坡，常用各种类型的挡土结构物进行支挡。设计挡土结构的关键是确定作用在挡土结构上的土压力(包括土压力的性质、大小、方向和作用点)。挡土结构按形式可分为：重力式、悬臂式、扶臂式、内撑式和锚杆式等，近三十年来，由于高层建筑的发展，基坑工程越来越多，出现了各种形式的围护结构，这些结构与传统的支挡结构相比，在结构和受力方面都有很大的不同。各种挡土结构都承受来自土体的压力，因此，土压力的计算与挡土结构的内力、变形和稳定性有着重要的影响。

7.1.1 挡土结构类型

挡土结构类型对土压力的分布有很大影响，挡土墙按其刚度及变形特点大致可分为刚性挡土墙、柔性挡土墙和临时支撑三类。

1. 刚性挡土墙

一般指用砖、石或混凝土所筑成的断面较大的挡土墙。由于刚度大，墙体在侧向土压力作用下，仅能发生整体平移或转动，墙身的挠曲变形则可忽略。对于这种类型的挡土墙，墙背受到的土压力呈线性(三角形或梯形)分布，最大压力强度发生在底部，见图 7-1。

2. 柔性挡土墙

当挡土结构物自身在土压力作用下发生挠曲变形时，则结构变形将影响土压力的大小和分布，称这种类型的挡土结构物为柔性挡土墙。例如在深基坑开挖中，为支护坑壁而打入土中的锚桩墙即属于柔性挡土墙。这时作用在

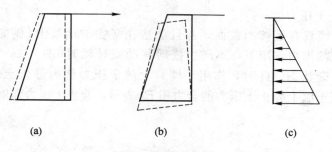

图 7-1 刚性挡土墙

(a)墙向前移动；(b)墙围绕墙根转动；(c)作用在墙背上的土压力分布

墙身上的土压力为曲线分布，但由于具体的分布形式和大小尚难以准确确定，计算时仍需简化为直线分布，如图 7-2 所示。

3. 临时支撑

基坑的坑壁围护有时还可采用由横板、立柱和横撑组成的临时支撑系统，见图 7-3(a)。受其施工过程和变位条件的影响作用于支撑上的土压力分布与前述两种类型的挡墙又有所不同。由于支撑系统的铺设都是在基坑开挖过程中自上而下，边挖、边铺、边撑，分层进行。因此，当在挖坑顶部放置了第一道横撑后，再向下开挖，至第二道横撑安置以前，在侧向土压力作用下，立柱的变位受顶部横撑的限制，只能发生绕顶部向坑内的转动。这种变位条件使得支撑上部的土压力要增加，而下部土压力要降低。作用在支撑上的土压力分布呈抛物线形，最大土压力不是发生在基底，而是在中间某一高度处，见图 7-3(b)。

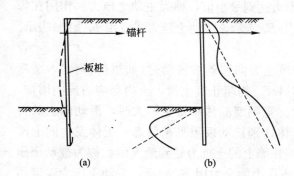

图 7-2 柔性挡土墙上的土压力分布

(a)固定端锚桩板桩墙的变形；

(b)板桩墙上的土压力分布(实线为实际土压力，虚线为计算用土压力)

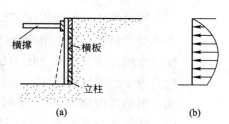

图 7-3 基坑支撑上的土压力

(a)支撑系统及其位移(虚线)；

(b)作用于支挡结构上的土压力分布

7.1.2 土压力类型

在影响土压力的诸多因素中，墙体位移方向和位移量的大小是最主要的因素，决定着所产生的土压力的性质和大小。按挡土墙的位移情况，可产生以下三种不同性质的土压力。

1. 静止土压力

当挡土墙具有足够的截面，并且建造在坚实的地基上（例如岩基），墙在墙后填土的推力作用下，不产生任何移动或转动时（图 7-4a），墙后土体处于弹性平衡状态。此时，作用于墙背上的土压力称为静止土压力。作用在每延米挡土墙上静止土压力的合力用 E_0 表示，静止土压力强度用 p_0（kPa）表示。

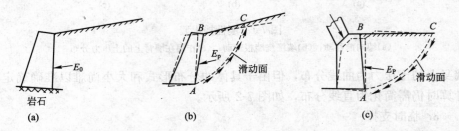

图 7-4 作用在挡土墙上的三种土压力
(a)静止土压力；(b)主动土压力；(c)被动土压力

2. 主动土压力

如果墙基可以变形，墙在土压力作用下产生向着离开填土方向的移动或绕墙根的转动时（图 7-4b），墙后土体因侧面所受限制的放松而有下滑趋势。为阻止其下滑，土内潜在滑动面上的抗剪强度得以发挥，从而使作用在墙背上的土压力减少。当墙的移动或转动达到某一数量时，滑动面上的抗剪强度得以全部发挥，墙后土体达到主动极限平衡状态，发生一般为曲线形状的滑动面 AC，这时作用在墙上的土推力达到最小值，称为主动土压力。作用在每延米挡土墙上主动土压力的合力用 E_a 表示，主动土压力强度用 p_a（kPa）表示。

3. 被动土压力

当挡土墙在外力作用下向着填土方向移动或转动时（如拱桥桥台），墙后土体受到挤压，有上滑趋势（图 7-4c）。为阻止其上滑，土内剪应力反向增加，使得作用在墙背上的土压力加大。直到墙的移动量足够大时，滑动面上的剪应力等于土的抗剪强度，墙后土体达到被动极限平衡状态，土体发生向上滑动，滑动面为曲面 AC，这时作用在墙上的土抗力达到最大值，称为被动土压力。作用在每延米挡土墙上被动土压力的合力用 E_p 表示，主动土压力强度用 p_p（kPa）表示。

土压力随挡土墙移动而变化的情况如图 7-5 所示。

图中横坐标 $\dfrac{\Delta}{H}$ 代表墙的移动量（或转动量）与墙高之比，$+\dfrac{\Delta}{H}$ 代表墙向离开填土方向移动，$-\dfrac{\Delta}{H}$ 则代表墙朝向填土方向移动；纵坐标 E 代表作用在墙上的土压力。从图中可以看出：

挡土墙所受土压力大小并不是一个常数。随着位移量的变化，墙上所受土压力值也在变化。为使墙后土体达到主动极限平衡状态，从而产生主动土

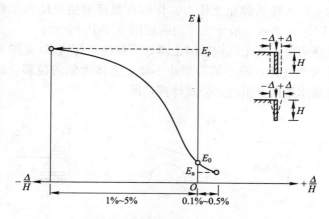

图 7-5　墙体位移与土压力关系曲线

压力 E_a 所需的墙体位移量很小，对密砂或中密砂来说，其值只需 $(0.1\sim 0.5)\%$，这样大小的位移在一般挡土墙中是容易发生的。因此，确定作用在这种形式的挡土墙上的土压力时，可以采用主动土压力 E_a。从图中也可看出，产生被动土压力 E_P 则要比产生主动土压力 E_a 困难得多，其所需的位移量很大，Δ/H 大致要达 $(1\sim 5)\%$，比达主动土压力状态的位移量约大 10 倍。显然，这么大的位移量在一般工程建筑中是不容许发生的，因为在墙后土体发生破坏之前，结构物可能已先破坏。因此，在估计挡土墙能抵抗多大外力作用而不发生滑动时（如图 7-4c），只能利用被动土压力的一部分。

在进行土压力计算时，一般假定为平面应变问题，即沿挡土结构长度方向的应变为零。对该问题的严格处理，将需要建立应力应变关系，平衡方程以及相应的边界条件。土压力问题的严格分析是非常困难的。然而，我们最关心的问题是土体的破坏条件，假如不考虑位移，则可以应用塑性破坏的概念，土压力问题可以被认为是塑性问题。

假定土的性质可以用理想的应力应变关系来表示，土屈服后完全为塑性材料，在恒应力作用下产生塑性流动，即屈服后应变完全是塑性的。使用上述关系就意味着屈服和剪切破坏在同样的应力状态下产生，如果土体中的每点剪应力达到屈服应力状态，则认为土体达到塑性状态。部分土体达到塑性平衡状态后，塑性破坏就产生了，这就会产生不稳定状态：一部分土体相对另一部分土体滑动，挡土墙上的主动与被动土压力就是根据土体塑性理论进行计算的。

本章将介绍静止土压力、主动土压力和被动土压力的基本理论，支挡结构物上的土压力的计算方法，重力式挡土墙和加筋土挡土墙的设计方法等内容。

7.2　静止土压力计算

静止土压力——当挡土结构静止不动，土体处于弹性平衡状态时，则作用在结构上的土压力称为静止土压力。作用在每延米挡土结构上静止土压力的合力用 E_0(kN/m)表示，静止土压力强度用 p_0(kPa)表示。

当静止土压力时，挡土结构后的土体处于弹性平衡状态（见图 7-6），若假定土体是半无限弹性体，挡土结构静止不动，土体无侧向位移，这时水平向静止土压力可按水平向自重应力公式计算，即

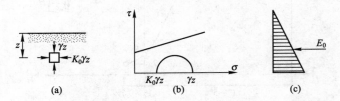

图 7-6　静止土压力状态

$$p_0 = K_0 \sigma_{cz} = K_0 \gamma z \tag{7-1}$$

式中　K_0——土的静止侧压力系数。

表 7-1 列出了不同土的静止土压力系数的参考值，图 7-7 给出了 K_0 与土的塑性指数 I_p 及超固结比 OCR 的试验关系曲线。

静止土压力系数 K_0 值　　　　　　　　　　　　　　表 7-1

土的类别	K_0	土的类别	K_0
砾石、卵石	0.20	粉质黏土	0.45
砂土	0.25	黏土	0.55
粉土	0.35		

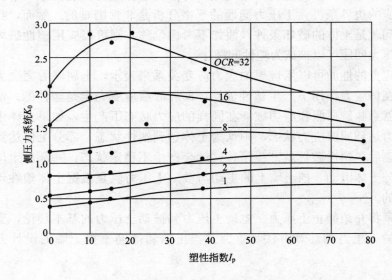

图 7-7　K_0 与土的塑性指数 I_p 及超固结比 OCR 的关系

土的静止土压力系数可以在三轴仪中测定，也可用专门的侧压力仪器测得。在缺乏试验资料时可按下面经验公式估算：

砂性土： $$K_0 = 1 - \sin\varphi' \tag{7-2}$$
黏性土： $$K_0 = 0.95 - \sin\varphi' \tag{7-3}$$
超固结黏土： $$K_0 = \sqrt{OCR}(1 - \sin\varphi') \tag{7-4}$$

式中 φ'——土的有效内摩擦角。

由式(7-1)可见，静止土压力 p_0 沿深度呈直线分布，如图 7-8(a)所示。作用在每延米挡土墙上的静止土压力合力 E_0 为：

$$E_0 = \frac{1}{2}K_0\gamma H^2 \tag{7-5}$$

式中 H——挡土墙的高度。

若墙后土体内有地下水，计算静止土压力时，水下土应考虑水的浮力作用，对于透水性的土应采用浮重度 γ' 计算，同时考虑作用在挡土墙上的静水压力，如图 7-8(b)所示。

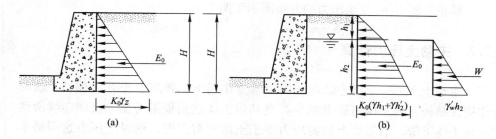

图 7-8 静止土压力的分布
(a)均匀土；(b)有地下水时

【例题 7-1】 计算作用在图 7-9 所示挡土墙上的静止土压力分布值 P_0 及其合力 E_0。

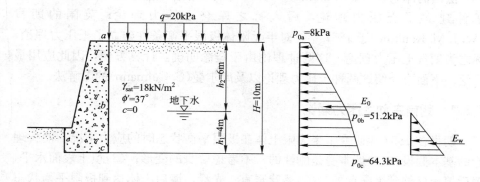

图 7-9 例题 7-1 图

【解】 按式(7-2)计算静止土压力系数：$K_0 = 1 - \sin\varphi' = 1 - \sin37° = 0.4$

按式(7-1)计算土中各点静止土压力 p_0 值：

a 点：$p_{0a} = K_0 q = 0.4 \times 20 = 8\text{kPa}$

b 点：$p_{0b} = K_0(q + \gamma h_1) = 0.4 \times (20 + 18 \times 6) = 51.2\text{kPa}$

c 点：$p_{0c} = K_0(q + \gamma h_1 + \gamma' h_2) = 0.4 \times [20 + 18 \times 6 + (18 - 9.81) \times 4] = 64.3\text{kPa}$

静止土压力的合力 E_0 为：

$$E_0 = \frac{1}{2}(p_{0a} + p_{0b})h_1 + \frac{1}{2}(p_{0b} + p_{0c})h_2 = \frac{1}{2}(8 + 51.2) \times 6 + \frac{1}{2}(6 + 64.3) \times 4$$

$$= 318.2 \text{kN/m}$$

E_0 的作用点位置离挡土墙底面为：

$$d = \frac{1}{E_0}\left[p_{0a}h_1\left(\frac{h_1}{2} + h_2\right) + \frac{1}{2}(p_{0b} - p_{0a})h_1\left(h_2 + \frac{h_1}{3}\right) + p_{0b}\frac{h_2^2}{2} + \frac{1}{2}(p_{0c} - p_{0b})\frac{h_2^2}{3}\right]$$

$$= \frac{1}{318.2}\left[8 \times 10 \times 7 + \frac{1}{2} \times 43.2 \times 6 \times \left(4 + \frac{6}{3}\right) + 51.2 \times \frac{4^2}{2} + \frac{1}{2}(64.3 - 51.2) \times \frac{4^2}{3}\right]$$

$$= 5.6 \text{m}$$

作用在墙上的静水压力合力为：

$$E_w = \frac{1}{2}\gamma_w h_2^2 = \frac{1}{2} \times 9.81 \times 4^2 = 78.5 \text{kN/m}$$

静止土压力 p_0 及水压力的分布图示于图 7-9。

7.3 主动土压力计算

主动土压力——挡土结构在填土压力作用下，背离填土方向移动，这时作用在结构上的土压力逐渐减小，当其后土体达到极限平衡，出现连续滑动面使土体下滑，滑动面上的剪应力等于土的抗剪强度，这时土压力达到最小值，相应的土压力称为主动土压力，用 E_A(kN/m) 表示合力，用 p_a(kPa) 表示分布强度。各种土产生主动土压力结构顶面的水平位移 Δx 值：密砂为 $(0.0005 \sim 0.001)H$（H 为挡土结构的高度）；松砂为 $(0.001 \sim 0.002)H$；硬黏土为 $0.01H$；软黏土为 $0.02H$。

法国的库仑(C. A. Coulomb)于 1776 年首先根据墙后砂性土达到极限平衡条件建立了土压力理论，后人称之库仑土压力理论；英国的朗肯(W. J. M. Rankine)于 1857 年针对半无限体极限平衡条件建立了土压力理论，称之为朗肯土压力理论。这两种理论由于概念明确，计算方便，因此应用最广泛。下面将介绍这两种土压力理论以及库尔曼(C. Culmann)的图解法。

7.3.1 朗肯主动土压力理论

朗肯在 1857 年研究了半无限土体在极限平衡状态时的应力情况。朗肯理论的基本假设：(1)墙本身是刚性的，不考虑墙身的变形；(2)填土表面水平，墙后填土延伸到无限远处；(3)墙背竖直、光滑，墙后土体达到极限平衡状态时的两组破裂面不受墙身的影响。

1. 朗肯主动极限平衡状态

图 7-10(a)表示具有水平表面的半无限土体。如前所述，当土体静止不动时，深度 z 处土单元体的应力为 $\sigma_z = \gamma z$，$\sigma_x = k_0\sigma_z = k_0\gamma z$，可用图 7-10(b)的应力圆①表示。若以某一竖直光滑面 mn 代表挡土墙墙背，用以代替 mn 左侧的土体而不影响右侧土体中的应力状态，则当 mn 面向外平移时，右侧土体中

的水平应力 σ_h 将逐渐减小,而 σ_v 保持不变。因此,应力圆的直径逐渐加大,当侧向位移至 $m'n'$,其量已足够大,以至应力圆与土体的抗剪强度包线相切,如图 7-10b 中圆②,表示土体达到主动极限平衡状态。这时 $m'n'$ 后面的土体进入破坏状态(图 7-10a),土体中的抗剪强度已全部发挥出来,使得作用在墙上的土压力 σ_x 达到最小值,即为主动土压力 p_a。

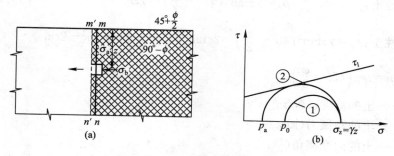

图 7-10　朗肯主动极限平衡状态

土体处于静止状态时,$\sigma_z = \gamma z$,$\sigma_x = K_0 \gamma z$,其应力圆与土的强度包线不相交。直到土体达到极限平衡,则其应力圆与强度包线相切,该应力状态称为朗肯主动状态,土体中产生的两组滑动面与水平面呈 $(45° + \varphi/2)$ 夹角。朗肯认为可以用挡土墙代替半无限土体的一部分,而不影响土体的应力情况。这样,朗肯土压力理论的极限平衡问题只有一个边界条件,即半无限土体的表面情况,而不考虑墙背与土体接触面上的边界条件。

下面讨论最简单条件下的朗肯土压力解,即如图 7-10(b)所示的情况:墙背是竖直的,填土面是水平的,这样就可以应用土体处于极限平衡状态时的最大和最小主应力间的关系式来计算作用于墙背上的土压力。

2. 基本计算公式

图 7-11(a)所示挡土墙墙背竖直,填土面水平,若墙背 AB 在填土压力作用下背离填土向外移动,达到极限平衡状态,即朗肯主动状态。在墙背深度 z 处取单元土体,其竖向应力 $\sigma_z = \gamma z$ 是最大主应力 σ_1,水平应力 σ_x 是最小主应力 σ_3,也就是要计算的主动土压力 p_a。

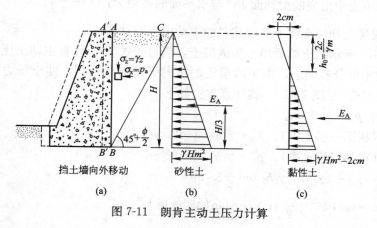

图 7-11　朗肯主动土压力计算

土体处于极限平衡时，其主应力间满足下述关系式：

$$\sigma_3 = \sigma_1 \tan^2\left(45° - \frac{\varphi}{2}\right) - 2c\tan\left(45° - \frac{\varphi}{2}\right) \tag{7-6}$$

以 $\sigma_3 = p_a$，$\sigma_1 = \gamma z$ 代入上式，即得朗肯主动土压力计算公式为：

砂性土： $$p_a = \gamma z \tan^2\left(45° - \frac{\varphi}{2}\right) = \gamma z m^2 \tag{7-7a}$$

黏性土： $$p_a = \gamma z \tan^2\left(45° - \frac{\varphi}{2}\right) - 2c\tan\left(45° - \frac{\varphi}{2}\right) = \gamma z m^2 - 2cm \tag{7-7b}$$

式中 $m = \tan\left(45° - \dfrac{\varphi}{2}\right)$；

γ——土的重度（kN/m³）；

c——土的黏聚力（kPa）；

φ——土的内摩擦角（°）；

z——计算点距填土面的深度（m）。

由式（7-7）可知，主动土压力 p_a 沿深度 z 呈直线分布，如图 7-11(b)、(c) 所示。从图可见，作用在墙背上的主动土压力的合力 E_A 即为 p_a 分布图形的面积，其作用点位置在分布图形的形心处，即

砂性土： $$E_A = \frac{1}{2}\gamma m^2 H^2 \tag{7-8}$$

E_A 作用于距挡土墙底面 $\dfrac{1}{3}H$ 处。

对黏性土，令 $p_a = 0$，可解得拉力区的高度为：

$$h_0 = \frac{2c}{\gamma m} \tag{7-9}$$

由于填土与墙背之间不能承受拉应力，因此在拉力区范围内将出现裂缝，在计算墙背上的主动土压力合力时，不应考虑拉力区的作用，即

$$E_A = \frac{1}{2}\gamma m^2 (H - h_0)^2 \tag{7-10}$$

墙后填土中出现的滑动面 BC 与水平面的夹角为 $\left(45° + \dfrac{\varphi}{2}\right)$。

3. 成层土和填土面上有超载时的主动土压力计算

图 7-11 所示挡土墙后填土为成层土，仍可按式（7-7）计算主动土压力。但应注意在土层分界面上，由于两层土的抗剪强度指标不同，使土压力的分布在界面有突变（见图 7-12）。其计算方法如下：

a 点： $p_{a1} = -2c_1 m_1$

b 点（在第一层土中）： $p'_{a2} = \gamma_1 h_1 m_1^2 - 2c_1 m_1$

b 点（在第二层土中）： $p''_{a2} = \gamma_1 h_1 m_1^2 - 2c_2 m_2$

c 点： $p_{a3} = (\gamma_1 h_1 + \gamma_2 h_2) m_2^2 - 2c_2 m_2$

式中 $m_1 = \tan\left(45° - \dfrac{\varphi_1}{2}\right)$；$m_2 = \tan\left(45° - \dfrac{\varphi_2}{2}\right)$；

其余符号意义见图 7-12。

如挡土墙后填土表面作用连续均布荷载 q，见图 7-13，计算时相当于在深度 z 处的竖应力 σ_z 增加了一个 q 值。因此，只要用 $(q+\gamma z)$ 代替式(7-7)中的 γz，就能得到填土面有超载时的主动土压力计算公式：

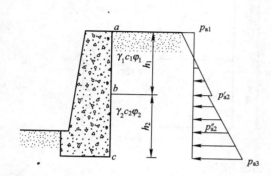

图 7-12 成层土的主动土压力计算

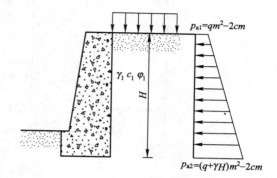

图 7-13 填土上有超载时的主动土压力计算

砂性土：
$$p_a = (\gamma z + q)m^2 \qquad (7-10a)$$
黏性土：
$$p_a = (\gamma z + q)m^2 - 2cm \qquad (7-10b)$$

【例题 7-2】 已知挡土墙后填土为砂土，填土面作用均布荷载 $q=19\text{kPa}$，试计算朗肯主动土压力分布及其合力。

【解】 已知 $\varphi_1 = 30°$，$\varphi_2 = 35°$，则：

$$m_1^2 = \tan^2\left(45° - \frac{\varphi}{2}\right) = \tan^2\left(45° - \frac{30°}{2}\right) = 0.33$$

$$m_2^2 = \tan^2\left(45° - \frac{\varphi}{2}\right) = \tan^2\left(45° - \frac{35°}{2}\right) = 0.27$$

墙上各点的主动土压力为：

a 点：$p_{a1} = qm_1^2 = 19 \times 0.33 = 6.3\text{kPa}$

b 点(在第一层土中)：$p'_{a2} = (\gamma_1 h_1 + q)m_1^2 = (18 \times 6 + 19) \times 0.33 = 41.9\text{kPa}$

b 点(在第二层土中)：$p''_{a2} = (\gamma_1 h_1 + q)m_2^2 = (18 \times 6 + 19) \times 0.27 = 34.3\text{kPa}$

c 点：$p_{a3} = (\gamma_1 h_1 + \gamma_2 h_2 + q)m_2^2 = (18 \times 6 + 20 \times 4 + 19) \times 0.27 = 55.9\text{kPa}$

根据计算结果绘出主动土压力分布图 7-14。由分布图可求得主动土压力合为 E_A 及其作用点位置为：

$$E_A = \left(6.3 \times 6 + \frac{1}{2} \times 35.6 \times 6\right) + \left(34.3 \times 4 + \frac{1}{2} \times 21.6 \times 4\right) = 325\text{kN/m}$$

E_A 离挡土墙底面为：

$$d = \frac{1}{325} \times \left[6.3 \times 6 \times \left(4 + \frac{6}{2}\right) + \frac{1}{2} \times (41.9 - 6.3) \times 6 \times \left(4 + \frac{6}{3}\right) + 34.3 \times 4 \times \frac{4}{2} \right.$$
$$\left. + \frac{1}{2}(55.9 - 34.3) \times 4 \times \frac{4}{3} \right] = 3.8\text{m}$$

4. 填土表面上有局部荷载时的土压力

若填土表面上的均布荷载不是全面分布的，而是从墙背后一定距离开始，如图 7-15 所示，在这种情况下的土压力计算可按以下步骤进行。

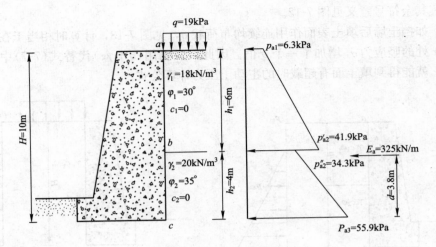

图 7-14　例题 7-2 图

　　自均布荷载的起点 o 作两条辅助线 oa 和 ob，oa 与水平面夹角为 φ，ob 与填土破坏面平行，与水平面的夹角为 $\theta=45°+\varphi/2$。oa 和 ob 分别交墙背于 a 和 b 点。可以认为 a 点以上的土压力不受表面均布荷载的影响，按无荷载情况计算，b 点以下的土压力则按连续均布荷载情况计算，a 与 b 点间的土压力以直线连接，沿墙背面 AB 上的土压力分布如图中阴影所示。阴影部分的面积就是总的主动土压力 E_A，E_A 作用于阴影部分的形心处。

　　若填土表面的均布荷载在一定宽度范围内，如图 7-16 所示。从荷载首尾 o 及 o' 点作四条辅助线 oa、ob、$o'c$ 及 $o'd$，oa 和 $o'c$ 与水平面夹角为 φ，ob 和 $o'd$ 均与破坏面平行，且交墙背于 a、b、c 和 d 四点。认为 a 点以上及 d 点以下墙背面的土压力不受荷载影响，b 和 c 之间按有均布荷载情况计算。a、b 之间及 c、d 之间用直线连接。图中阴影面积就是总的主动土压力 E_A，E_A 作用于阴影面积形心处。

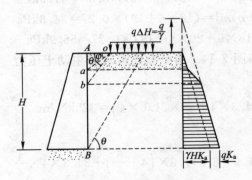

图 7-15　均布荷载不是全面分布的情况

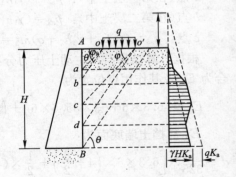

图 7-16　条形分布荷载的情况

7.3.2　库仑主动土压力理论

　　库仑(A. Coulomb)在 1776 年提出的土压力理论假定挡土墙后的填土是均

匀的砂性土，当墙背离土体移动或推向土体时，墙后土体达到极限平衡状态，其滑动面是通过墙脚 B 的二组平面（如图 7-17 所示），一个是沿墙背的 AC 面，另一个是产生在土体中的 BC 面。假定滑动土楔 ABC 是刚体的，根据土楔 ABC 的静力平衡条件，按平面问题解得作用在挡土墙上的土压力。因此也有把库仑土压力理论称为滑楔土压力理论。

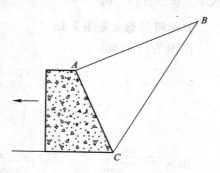

图 7-17　库仑土压力理论

图 7-18 所示挡土墙，已知墙背 AC 倾斜，与竖直线的夹角为 ε；填土表面 AB 是一平面，与水平面的夹角为 β。若挡土墙在填土压力作用下背离填土向外移动，当墙后土体达到主动极限平衡状态时，土体中产生两个通过墙脚 B 的滑动面 AC 及 BC。若滑动面 BC 与水平面间夹角为 α，取单位长度挡土墙，把滑动土楔 ABC 作为脱离体，考虑其静力平衡条件，作用在滑动土楔 ABC 上的作用力有：

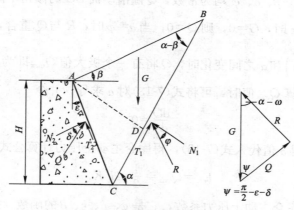

图 7-18　库仑主动土压力计算

（1）土楔 ABC 的重力为 G。若 α 值已知，则 G 的大小、方向及作用点位置均确定。

（2）土体作用在滑动面 BC 上的反力为 R。R 是 BC 面上摩擦力 T_1 与法向反力 N_1 的合力，它与 BC 面的法线间的夹角等于土的内摩擦角 φ。由于滑动土楔 ABC 相对于滑动面 BC 右边的土体是向下移动，故摩擦力 T_1 的方向向上，R 的作用方向已知，大小未知。

（3）挡土墙对土楔的作用力为 Q。它与墙背法线间的夹角等于墙背与填土间的摩擦角 δ。同样，由于滑动土楔 ABC 相对于墙背是向下滑动，故墙背在 AB 面产生的摩擦力 T_2 的方向向上。Q 的作用方向已知，大小未知。

考虑滑动土楔 ABC 的静力平衡条件，绘出 G、R 与 Q 的力三角形，如图 7-18 所示。由正弦定律得：

$$\frac{G}{\sin[\pi-(\psi+\alpha-\varphi)]}=\frac{Q}{\sin(\alpha-\varphi)} \tag{7-11}$$

式中　$\psi=\dfrac{\pi}{2}-\varepsilon-\delta$；

其他符号意义见图 7-18。

由图 7-18 可知：

$$G=\frac{1}{2}\overline{AD}\ \overline{BC}\gamma \tag{7-12}$$

$$\overline{AD}=AB\sin\left(\frac{\pi}{2}+\varepsilon-\alpha\right)=H\frac{\cos(\varepsilon-\alpha)}{\cos\varepsilon}$$

$$\overline{BC}=\overline{AB}\frac{\sin\left(\frac{\pi}{2}+\beta-\varepsilon\right)}{\sin(\alpha-\beta)}=H\frac{\cos(\beta-\varepsilon)}{\cos\varepsilon\sin(\alpha-\beta)}，\text{故}$$

$$G=\frac{1}{2}\gamma H^2\frac{\cos(\varepsilon-\alpha)\cos(\beta-\varepsilon)}{\cos^2\varepsilon\sin(\alpha-\beta)}$$

将 G 代入式 (7-12) 得：

$$Q=\frac{1}{2}\gamma H^2\left[\frac{\cos(\varepsilon-\alpha)\cos(\beta-\varepsilon)\sin(\alpha-\varphi)}{\cos^2\varepsilon\sin(\alpha-\beta)\cos(\alpha-\varphi-\varepsilon-\delta)}\right] \tag{7-13}$$

式中，γ、H、ε、β、δ、φ 均为常数，Q 随滑动面 BC 的倾角 α 而变化。

当 $\alpha=\dfrac{\pi}{2}+\varepsilon$ 时，$G=0$，则 $Q=0$；当 $\alpha=\varphi$ 时，R 与 Q 重合，则 $Q=0$；因此当 α 在 $\left(\dfrac{\pi}{2}+\varepsilon\right)$ 和 α 之间变化时，Q 将有一个极大值 $Q_{\max}$ 即为所求的主动土压力 E_A。要计算 $Q_{\max}$ 值时，可将式 (7-13) 对 α 求导，并令

$$\frac{\mathrm{d}Q}{\mathrm{d}\alpha}=0 \tag{7-14}$$

因此，解得 α 值代入式 (7-13)，得库仑主动土压力计算公式：

$$E_A=Q_{\max}=\frac{1}{2}\gamma H^2 K_a \tag{7-15}$$

式中　K_a——库仑主动土压力系数，它是 φ、δ、ε、β 的函数，按下式计算：

$$K_a=\frac{\cos^2(\varphi-\varepsilon)}{\cos^2\varepsilon\cos(\delta+\varepsilon)\left[1+\sqrt{\dfrac{\sin(\delta+\varphi)\sin(\varphi-\beta)}{\cos(\delta+\varepsilon)\cos(\varepsilon-\beta)}}\right]^2} \tag{7-16}$$

　　γ——墙后填土的重度；

　　φ——墙后填土的内摩擦角；

　　H——挡土墙的高度；

　　ε——墙背与竖直线间夹角，墙背俯斜时为正（如图 7-18），反之为负值；

　　δ——墙背与填土间的摩擦角，$\delta=\dfrac{1}{2}\varphi\sim\dfrac{2}{3}\varphi$；

　　β——填土面与水平面间的倾角。

若填土面水平，墙背竖直，以及墙背光滑时，$\beta=0$、$\varepsilon=0$ 及 $\delta=0$，由式 (7-16) 可得：

$$K_a=\frac{\cos^2\varphi}{(1+\sin\varphi)^2}=\frac{1-\sin^2\varphi}{(1+\sin\varphi)^2}=\frac{1-\sin\varphi}{1+\sin\varphi}=\tan^2\left(45°-\frac{\varphi}{2}\right)=m^2$$

故有
$$E_A = \frac{1}{2}\gamma H^2 m^2$$

此式与填土为砂性土时的朗肯主动土压力公式相同（见式7-7）。由此可见，在特定条件下，两种土压力理论得到的结果是相同的。

为了计算滑动土楔（也称破坏棱体）的长度（即 AC 长），须求得最危险滑动面 BC 倾角 α 值。若填土表面 AB 是水平面，即 $\beta=0$ 时，根据式(7-16)的条件，可解得 α 的计算公式如下：

墙背俯斜时（即 $\varepsilon > 0$）：

$$\cot\alpha = \tan(\varphi+\delta+\varepsilon) + \sqrt{[\cot\varphi + \tan(\varphi+\delta+\varepsilon)][\tan(\varphi+\delta+\varepsilon) - \tan\varepsilon]}$$

$$(7\text{-}17)$$

墙背仰斜时（即 $\varepsilon < 0$）：

$$\cot\alpha = -\tan(\varphi+\delta-\varepsilon) + \sqrt{[\cot\varphi + \tan(\varphi+\delta-\varepsilon)][\tan(\varphi+\delta-\varepsilon) + \tan\varepsilon]}$$

$$(7\text{-}18)$$

墙背竖直时（即 $\varepsilon = 0$）：

$$\cot\alpha = -\tan(\varphi+\delta) + \sqrt{\tan(\varphi+\delta)[\cot\varphi + \tan(\varphi+\delta)]} \qquad (7\text{-}19)$$

由式(7-16)可以看到，主动土压力 E_A 是墙高 H 的二次函数，故主动土压力强度 p_a 是沿墙高按直线规律分布的，如图7-19所示。合力 E_A 的作用方向与墙背法线呈 δ 角，与水平面呈 θ 角，其作用点在墙高的 $\frac{1}{3}$ 处。

作用在墙背上的主动土压力 E_A 可以分解为水平分力 E_{Ax} 和竖向分力 E_{Ay}，则

$$E_{Ax} = E_A\cos\theta = \frac{1}{2}\gamma H^2 K_a\cos\theta \qquad (7\text{-}20a)$$

$$E_{Ay} = E_A\sin\theta = \frac{1}{2}\gamma H^2 K_a\sin\theta \qquad (7\text{-}20b)$$

式中　　θ——E_A 与水平面的夹角，$\theta = \delta + \varepsilon$；

E_{Ax}、E_{Ay} 都是线性分布，见图7-19。

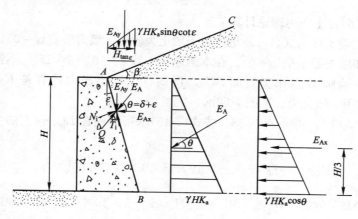

图7-19　主动土压力的分布

【**例题 7-3**】 如图 7-20 所示，已知挡土墙墙高 $H=5\text{m}$，墙背倾角 $\varepsilon=10°$，填土为细砂，填土面水平，重度 $\gamma=19\text{kN/m}^3$，内摩擦角 $\varphi=30°$，墙背与填土间的摩擦角 $\delta=15°$，按库仑土压力理论求作用在墙上的主动土压力 E_A。

【**解**】 （1）按库仑主动土压力式计算

当 $\beta=0$，$\varepsilon=10°$，$\delta=15°$，$\varphi=30°$ 时，主动土压力系数由式(7-16)得：

$$K_a=\frac{\cos^2(\varphi-\varepsilon)}{\cos^2\varepsilon\cos(\delta+\varepsilon)\left[1+\sqrt{\dfrac{\sin(\delta+\varphi)\sin(\varphi-\beta)}{\cos(\delta+\varepsilon)\cos(\varepsilon-\beta)}}\right]}$$

$$=\frac{\cos^2(30-10)}{\cos^2 10\cos(15+10)\left[1+\sqrt{\dfrac{\sin(15+30)\sin(30-0)}{\cos(15+10)\cos(10-0)}}\right]}$$

$$=0.378$$

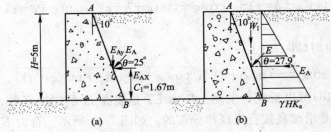

图 7-20 例题 7-3 图

由式(7-15)、式(7-20a)和式(7-20b)求得作用在每延米长挡土墙上的主动土压力为：

$$E_A=\frac{1}{2}\gamma H^2 K_a=\frac{1}{2}\times 19\times 5^2\times 0.378=89.78\text{kN/m}$$

$$E_{Ax}=E_A\cos\theta=89.78\times\cos(15°+10°)=81.36\text{kN/m}$$

$$E_{Ay}=E_A\sin\theta=89.78\times\sin 25°=37.94\text{kN/m}$$

E_A 的作用点位置距墙底面为：

$$C_1=\frac{H}{3}=\frac{5}{3}=1.67\text{m}$$

（2）按朗肯土压力理论计算

朗肯主动土压力式(7-15)是适用于填土为砂土，墙背竖直($\varepsilon=0$)，墙背光滑($\delta=0$)和填土面水平($\beta=0$)。在本例题挡土墙 $\varepsilon=10°$，$\delta=15°$，不符合上述情况。现从墙脚 B 点作竖直面 BC_1，用朗肯主动土压力计算是 E_A 与土体 ABC_1 重力 W_1 的合力，见图 7-20b。

当 $\varphi=30°$ 时，得 $m^2=0.33$。按式(7-15)求得作用在 BC_1 面上的主动土压力 E_A 为：

$$E_A=\frac{1}{2}\gamma H^2 m^2=\frac{1}{2}\times 19\times 5^2\times 0.33=79.09\text{kN/m}$$

土体 ABC_1 的重力 W_1 为：$W_1=\frac{1}{2}\gamma H^2\tan\varepsilon=\frac{1}{2}\times 19\times 5^2\times\tan 10°=41.88\text{kN/m}$

作用在墙背 AB 上的合力 E 为：$E=\sqrt{E_A^2+W_1^2}=\sqrt{79.09^2+41.88^2}=$

89.49kN/m

合力 E 与水平面夹角 θ 为：$\theta = \arctan\dfrac{W_1}{E_A} = \arctan\dfrac{41.88}{79.09} = 27.9°$

由此可见，用这种近似方法求得的土压力合力 E 值与库仑公式的结果比较接近。

7.3.3　库尔曼图解法确定主动土压力

自从库仑在 1776 年发表土压力理论以来，许多学者对库仑土压力理论作了改进和发展，而利用图解法计算土压力及确定最危险滑动面也是其中很重要的方面。式(7-16)的库仑主动土压力解析解，仅适用于填土表面是平面，若填土表面为不规则或作用各种荷载时，就不能应用解析解计算土压力，这时可以用图解法来解决。

库尔曼(C. Culmann)在 1875 年提出的图解法是目前较常采用的一种图解方法。在图 7-21 中表示用库尔曼图解法求主动土压力的方法，其作图步骤如下：

(1) 过墙脚 B 作水平线 BH；

(2) 过 B 点作 φ 线，与水平线呈 φ 角；

(3) 过 B 点作 ψ 线，与 φ 线呈 ψ 角，$\psi = \dfrac{\pi}{2} - \varepsilon - \delta$；

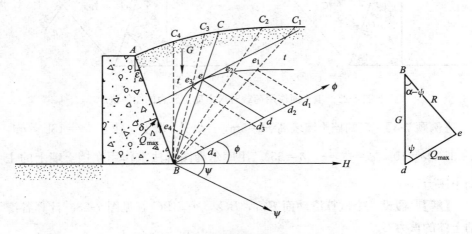

图 7-21　库尔曼法求主动土压力

(4) 任意假定一个试算的滑动面 BC_1，它与水平线呈 α 角；计算滑动土楔 ABC_1 的重力 G_1，按适当的比例尺在 φ 线上量 Bd_1 代表 G_1 的大小，由 d_1 作 d_1e_1 线与 ψ 线平行与 BC_1 线交于 e_1 点。由 $\triangle Bd_1e_1$ 可以看出它就是滑动土楔 ABC_1 的静力平衡力三角形，d_1e_1 就表示相应于试算滑动面 BC_1 时，墙背对土楔的作用力 Q 值。

(5) 重复上述步骤，假定多个试算滑动面 BC_2、BC_3、BC_4…，得到相应的 d_2e_2、d_3e_3、d_4e_4…，即得到一系列的 Q 值。

(6) 将 e_1、e_2、e_3…连成曲线，称 E 线，也称库尔曼线。作 E 线的切线

$t-t$，它与 φ 线平行，得切点 e。作 de 使它平行 ψ 线，则 de 表示 Q 值中的最大值 Q_{max}，且知 $Q_{max}=E_A$，连 Be 延长到 C，AC 就是最危险滑动面。

（7）按与 G 同样的比例量 de 线，即得主动土压力 E_A 值。

库尔曼图解法的证明，可以看图 7-21 中的三角形 Bde，已知 Bd 是滑动土楔的重力 G，$\angle eBd=\alpha-\varphi$，$\angle edB=\psi=\dfrac{\pi}{2}-\delta-\varepsilon$（因为 $ed//\psi$ 线），故三角形 Bde 与图 7-21 中的滑动土楔静力平衡的力三角形相等，这就证明了 $\triangle Bde$ 就是力平衡三角形，ed 就表示 Q 值。

按上述库尔曼图解法可以求得主动土压力 E_A 值，但是不能确定 E_A 的作用点位置。这时可以采用一种近似的方法来解决。如图 7-21 所示，若根据库尔曼图解法已经求得最危险滑动面 BC，和滑动土楔 ABC 的重心 O 点，通过 O 点作平行于滑动面 BC 的平行线交墙背于 O_1 点，O_1 点即为 E_A 的作用点。

如果在填土表面作用任意分布的荷载时，仍可用库尔曼图解法求主动土压力。这时可把假定滑动土楔 ABC_1 范围内的分布荷载的合力 Σq 和移动土楔的重力 G_1 叠加后，按上述作图方法求解，见图 7-22。

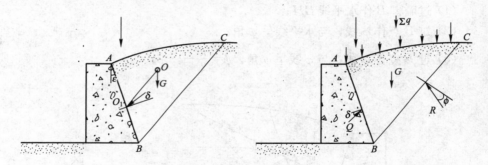

图 7-22 填土面作用荷载时求主动土压力的图解法

【例题 7-4】 已知挡土墙墙高 $H=5\mathrm{m}$，$\varepsilon=15°$，填土为砂土，$\gamma=18\mathrm{kN/m^3}$，$\varphi=35°$，$\delta=10°$，$\psi=\dfrac{\pi}{2}-\varepsilon-\delta=65°$。用库尔曼图解法求作用在挡土墙上的主动土压力。

【解】 假设 5 个试算滑动面 BC_1，BC_2，…，BC_5，见图 7-23。计算各滑动土体的重力 G_i：

$$G_1=W_{\triangle ABC_1}=\frac{1}{2}\times\overline{AD}\times\overline{BC_1}\times\gamma=\frac{1}{2}\times1.79\times6.08\times18=97.95\mathrm{kN/m}$$

$$G_2=W_{\triangle ABC_1}+W_{\triangle C_1BC_2}=97.95+\frac{1}{2}\times1\times6\times18=97.95+54=151.95\mathrm{kN/m}$$

$$G_3=G_2+W_{\triangle C_2BC_3}=151.95+54=205.95\mathrm{kN/m}$$

$$G_4=G_3+W_{\triangle C_3BC_4}=205.95+54=259.95\mathrm{kN/m}$$

$$G_5=G_4+W_{\triangle C_4BC_5}=259.95+54=313.95\mathrm{kN/m}$$

绘 φ 线及 ψ 线。将 $G_1\sim G_5$ 按比例绘于 φ 线，即令 $Bd_1=G_1$，$Bd_2=G_2$，$Bd_3=G_3$，$Bd_4=G_4$，$Bd_5=G_5$。作 $d_ie_i//\psi$ 线，得 $e_1\sim e_5$ 点，连成光滑曲线

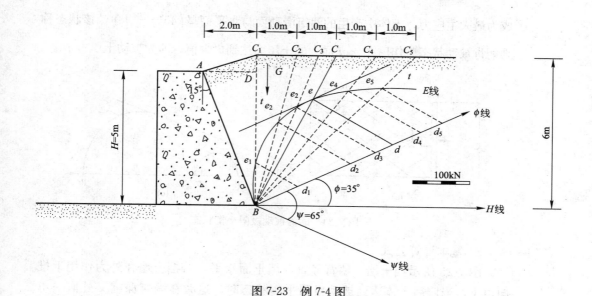

图 7-23　例 7-4 图

为 E 线。作 E 线的切线 $t-t$，使 $t-t//\varphi$ 线，得切点 e，量 ed 线的长度并按 G_i 的比例换算得 $\overline{ed}=Q_{max}=E_A=108\text{kN/m}$

7.4　被动土压力计算

　　挡土结构在外力作用下，向填土方向移动或转动，这时作用在结构上的土压力将由静止土压力逐渐增大，一直到土体达到极限平衡，并出现连续滑动面，滑动面上的剪应力等于土的抗剪强度，这时土压力增至最大值，相应的土压力称为被动土压力，用 E_p（kN/m）表示合力，用 p_P（kPa）表示分布强度。各种土产生被动土压力墙顶的水平位移 Δ_x 值：密砂为 $0.0005H$（H 为挡土墙的高度）；松砂为 $0.01H$；硬黏土为 $0.02H$；软黏土为 $0.04H$。

　　库仑和朗肯在建立主动土压力理论的同时也建立了被动土压力理论。

7.4.1　朗肯被动土压力理论

　　1. 朗肯被动极限平衡状态

　　朗肯土压力理论认为：若在半无限土体取一竖直切面 mn，如图 7-24（a）所示，在 mn 面上深度 z 处取一单元土体，作用的法向应力为 σ_x、σ_z，因为 AB 面上无剪应力，所以 σ_x 和 σ_z 均为主应力。当土体处于弹性平衡状态时，$\sigma_z=\gamma z$，$\sigma_x=K_0\gamma z$，其应力圆如图 7-24（b）中的圆①，与土的强度包线不相交。

　　与土的主动状态情况相反，在 σ_z 不变的条件下，若 mn 面在外力作用下向填土方向移动挤压土体，将 σ_x 逐渐增加，土中剪应力最初减小，后来又逐渐反向增加，直至剪应力增加到土的抗剪强度时，应力圆又与强度包线相切，达到被动极限平衡状态，如图 7-24（b）中的圆③所示。这时，σ_z 成为最小主应力，σ_x

成为最大主应力，土体中产生的两组滑动面与水平面呈 $\left(45°-\dfrac{\varphi}{2}\right)$ 角，该状态称为朗肯被动状态。作用在 $m''n''$ 面上的土压力达到最大值，即为被动土压力 p_p。

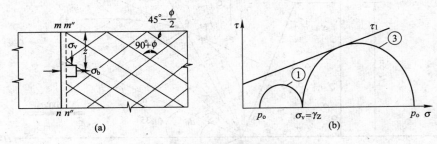

图 7-24　朗肯被动极限平衡状态

2. 基本计算公式

图 7-25 所示挡土墙，墙背竖直，填土面水平，若挡土墙在外力作用下推向填土，当墙后土体达到被动极限平衡状态时，这时在墙背深度 z 处取一单元土体，其竖向应力 $\sigma_z=\gamma z$ 是最小主应力 σ_3，而水平应力为 σ_1，即被动土压力 p_p。土体处于极限平衡时，朗肯被动土压力计算公式：

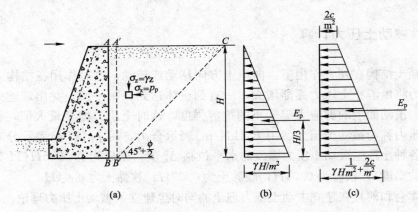

图 7-25　朗肯被动土压力计算
(a)挡土墙向填土移动；(b)砂性土；(c)黏性土

砂性土：
$$p_p=\gamma z\tan^2\left(45°+\frac{\varphi}{2}\right)=\gamma zm^2 \tag{7-21a}$$

黏性土：$p_p=\gamma z\tan^2\left(45°+\dfrac{\varphi}{2}\right)+2c\tan\left(45°+\dfrac{\varphi}{2}\right)=\gamma zm^2+2cm$　　(7-21b)

式中，$m=\tan\left(45°+\dfrac{\varphi}{2}\right)$。

从上式可知，被动土压力 p_p 沿深度 z 呈直线分布，如图 7-25(b)、(c)所示。作用在墙背上的被动土压力合力 E_p，可由 p_p 的分布图形面积求得。墙后填土中出现的滑动面 BC 与水平面的夹角为 $\left(45°-\dfrac{\varphi}{2}\right)$。

若填土为成层土，填土中有地下水或填土表面有超载时，被动土压力的计算方法与前述主动土压力计算相同，可参见下例。

【例题 7-5】 计算作用在图 7-26 所示挡土墙上的被动土压力分布图及其合力。

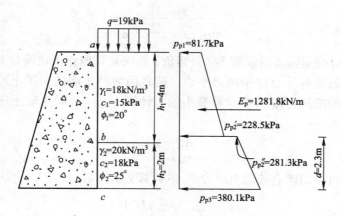

图 7-26　例 7-5 图

【解】 已知 $\varphi_1 = 20°$，$\varphi_2 = 25°$，则 $\dfrac{1}{m_1} = 1.43$，$\dfrac{1}{m_1^2} = 2.04$，$\dfrac{1}{m^2} = 1.57$，$\dfrac{1}{m_2^2} = 2.47$。

墙上各点被动土压力 p_p 为：

a 点：$p_{p1} = q\dfrac{1}{m_1^2} + \dfrac{2c_1}{m^1} = 19 \times 2.04 + 2 \times 15 \times 1.43 = 81.7\text{kPa}$

b 点(位于第一层土中)：

$$p_{p2}' = (q + \gamma_1 h_1)\dfrac{1}{m_1^2} + \dfrac{2c_1}{m^1} = (19 + 18 \times 4) \times 2.04 + 2 \times 15 \times 1.43 = 228.5\text{kPa}$$

b 点(位于第二层土中)：

$$p_{p2}'' = (q + \gamma_1 h_1)\dfrac{1}{m_2^2} + \dfrac{2c_2}{m^2} = (19 + 18 \times 4) \times 2.47 + 2 \times 18 \times 1.57 = 281.3\text{kPa}$$

c 点：$p_{p3} = (q + \gamma_1 h_1 + \gamma_2 h_2)\dfrac{1}{m_2^2} + \dfrac{2c_2}{m^2} = (19 + 18 \times 4 + 20 \times 2) \times 2.47$
$\qquad\qquad + 2 \times 18 \times 1.57 = 380.1\text{kPa}$

将上述计算结果绘出被动土压力 p_p 的分布图，如图 7-27 所示。被动土压力 E_p 及其作用点位置 d 为：

$E_p = 81.7 \times 4 + \dfrac{1}{2}(228.5 - 81.7) \times 4 + 281.3 \times 2 + \dfrac{1}{2}(380.1 - 281.3) \times 2$

$\quad = 326.8 + 293.6 + 562.6 + 98.8 = 1281.8\text{kN/m}$

$d = \dfrac{1}{1281.8} \times (326.8 \times 4 + 293.6 \times 3.33 + 562.6 \times 1 + 98.8 \times 0.67) = 2.3\text{m}$

7.4.2　库仑被动土压力理论

库仑土压力理论认为：挡土墙在外力作用下推向填土，墙后土体达到极限平衡状态时，假定滑动面是通过墙脚的两个平面 AB 和 BC，如图 7-23 所示。由于滑动土体 ABC 向上挤出，故在滑动面 AB 和 BC 上的摩阻力 T_2 及 T_1 的方向与主动土压力相反，是向下的。这样得到的滑动土体 ABC 的静力平衡力三角形如图 7-23 所示，由正弦定律可得：

$$Q=G\frac{\sin(\alpha+\varphi)}{\sin\left(\frac{\pi}{2}+\varepsilon-\delta-\alpha-\varphi\right)} \tag{7-22}$$

同样，Q 值是随着滑动面 BC 的倾角 α 而变化，但作用在墙背上的被动土压力值，应该是各反力 Q 中的最小值。这是因为挡土墙推向填土时，最危险的滑动面上的抵抗力 Q 值一定是最小的。计算 $Q_{\min}$ 时，同主动土压力计算原理相似，可令

$$\frac{\mathrm{d}Q}{\mathrm{d}\alpha}=0 \tag{7-23}$$

由此，可导出库仑被动土压力 E_{p} 的计算公式为：

$$E_{\mathrm{p}}=Q_{\min}=\frac{1}{2}\gamma H^2 K_{\mathrm{p}} \tag{7-24}$$

式中　K_{p}——被动土压力系数，按下式计算：

$$K_{\mathrm{p}}=\frac{\cos^2(\varphi+\varepsilon)}{\cos^2\varepsilon\cos(\varepsilon-\delta)\left[1-\sqrt{\dfrac{\sin(\varphi+\delta)\sin(\varphi+\beta)}{\cos(\varepsilon-\delta)\cos(\varepsilon-\beta)}}\right]} \tag{7-25}$$

其他符号意义均同前（见图 7-27）。

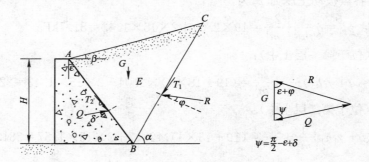

图 7-27　库仑被动土压力计算图式

E_{p} 的作用方向与墙背法线呈 δ 角。由式（7-24）可知被动土压力强度沿墙高为直线规律分布。

7.5　土压力计算的讨论

7.5.1　非极限状态下的土压力

（1）在挡土墙计算中很少按静止土压力计算，这是因为大部分挡土结构都有不同程度的变位，可能产生主动土压力或被动土压力，如挡土墙上的土压力。因此，挡土墙的土压力通常都按朗肯与库仑土压力理论进行计算。

（2）朗肯与库仑土压力理论都是计算填土达到极限平衡状态时的土压力，发生这种状态的土压力必须要求挡土结构的位移足以使墙后填土的剪应力达到抗剪强度。实际上，挡土结构移动的大小和方式不同，影响着墙背面土压力的大小与分布。在实际工程中真正要达到主动极限状态或被动极限状态并不容易，因此对处于非极限状态下的土压力计算需要采用新的土压力理论进行计算，这方面研究工作正在进行。

（3）被动土压力发生在墙向填土方向的位移比较大的情况，要求位移量达到墙高的 0.02 到 0.05 倍，这样大的位移是一般建筑物所不允许的。因此，在验算挡土墙的稳定性时，不能全部采用被动土压力的数值，一般取 30%。

7.5.2 土拱效应

成拱作用会影响土压力的大小和分布性态。挡土结构移动并使填土内产生不均匀的变形，则会引起附加剪应力，这些应力要使移动着的土体保持其原来的位置，因而作用在移动部分上的力就减少，而作用在不动部分土上的力增大。如果土体在不同部位有着某种约束而不能自由移动，也会出现同样情况，在这些部位可能的摩擦阻力不能充分发挥，相应的剪应力比破坏状态时小，所以作用在挡土结构这一部分上的土压力将较大。

7.5.3 朗肯与库仑土压力理论的比较

对于无黏性土，朗肯理论由于忽略了墙背面的摩擦影响，计算的主动土压力偏大，用库仑理论则比较符合实际。但是，在工程设计中常用朗肯理论计算，这是因为计算公式简便，误差偏于安全方面。对于有黏聚力的黏性填土，用朗肯土压力公式可以直接计算，用库仑理论却不能计算，往往用等效内摩擦角的办法考虑黏聚力的影响，误差可能较大。计算被动土压力用假定平面破坏面的库仑理论，误差太大，用朗肯理论计算，误差相对小一些，但也是偏大的。

若墙后填土中有水时，设计挡土墙还应考虑墙背面水压力的作用。为了降低墙后的水压力，应设置排水孔，或用粗砂作填料，这比准确计算土压力更为重要。

朗肯土压力理论与库仑土压力理论是在各自的假定条件下，应用不同的分析方法得到的土压力计算公式。对无黏性土，在填土面水平（$\beta=0$）、墙背竖直（$\varepsilon=0$）、墙背光滑（$\delta=0$）的条件下，两种理论得到的结果是一样的。但两种理论都有它们各自的特点：朗肯理论是从土体处于极限平衡状态时的应力情况出发求解的。本章所介绍的朗肯土压力公式，仅是在简单条件下（墙背竖直、光滑和填土面水平）得到的解。

库仑理论是根据滑动土楔的静力平衡条件求解土压力的，并假定两组滑动面是通过墙脚 B 点的平面 AB 及 BC，见图 7-28。但若墙背倾斜角 ε 较大时，也即所谓坦墙时，则一组滑动面不会沿墙背 AB 产生，而是发生在土中 $A'B$，一般称为第二滑裂面。这时求得的土压力 E 是作用在第二滑裂面上，作用在墙背上的总土压力是土体 ABA' 的重力 G 与第二滑裂面上的土压力 E 的合力。

204

库仑理论的适用范围较广，它可用于填土面是任意形状，倾斜墙背，考虑墙背的实际摩擦角，但假定填土是砂土（即 $c=0$）。若填土是黏土时，也可采用近似的方法计算。比较简单的是采用等代内摩擦角法，即不考虑黏土的黏聚力 c 值，而用等代内摩擦角 φ_D 代替黏土的两个强度指标 c、φ 值。

库仑理论假定滑动面是平面 BC（或 BC_1）但实际滑动面因受墙背摩擦的影响而是曲面，如图 7-29 所示的 BC'（或 BC_1'）。这对主动土压力计算引起的误差一般不大，但对被动土压力则会产生较大的误差，同时，这一误差随着土内摩擦角 φ 值的增大而加大，这是不安全的。因此，在实践中一般不用库仑理论计算被动土压力。

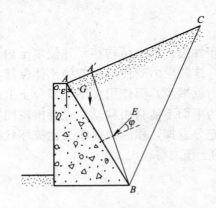

图 7-28 坦墙的第二滑裂面

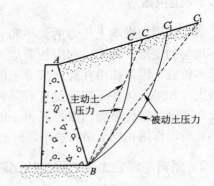

图 7-29 曲面滑动面对主动及被动土压力的影响

7.6 重力式挡土结构

重力式挡土结构（见图 7-30），由于刚度大，墙体在侧向土压力作用下，只考虑其整体平移或转动，忽略变形，属刚性结构。这类结构多用浆砌块石或混凝土做成，用来保持天然边坡或人工填土边坡稳定的建筑物。它广泛用于支挡路堤或路堑边坡、隧道洞口、桥梁两端及河流岸壁等。挡土墙的类型很多，设计时应根据当地的地形地质条件及挡土墙的重要性，考虑经济、安全和美观等，合理地选择类型，优化截面尺寸。下面介绍重力式挡土墙的设计。

图 7-30 重力式挡土结构

1. 挡土墙的设计过程的步骤：

（1）首先根据地形和地质条件确定挡土墙的类型；

（2）然后根据工程经验拟定初步尺寸；

（3）再进行各种验算，验算不满足要求，应采取各种可能的措施，直至满足要求为止。验算包括抗滑稳定性验算、抗倾覆稳定性验算、基底应力验算、墙身截面强度验算。各种措施包括：①修改挡土墙断面尺寸；②挡土墙底面做砂石垫层，以加大摩阻力；③挡土墙底做逆坡，利用滑动面上部分反力来抗滑；④在软土地基上，其他方法无效或不经济时，可在墙踵后加拖板，利用拖板上的土重来抗滑，拖板与挡土墙之间用钢筋连接。

2. 墙后回填土的选择

墙后回填土的选择原则上应该是减小作用在挡土墙上的土压力值、减小挡土墙断面和节省土方量。因此，(1)理想的回填土为卵石、砾石、粗砂、中砂；要求砂砾料洁净、含泥量小。用这类填土可以使挡土墙产生较小的主动土压力。(2)可用的回填土为粉土、粉质黏土，要求含水量接近最优含水量，易压实。(3)不能用的回填土为软黏土、成块的硬黏土、膨胀土和耕植土，这类土产生的土压力大，在冬季冰冻时或吸水膨胀会产生额外压力，对挡土墙的稳定不利。

3. 墙后排水措施

在挡土墙建成使用期间，如遇暴雨渗入墙后填土，使填土重度增加，内摩擦角降低，导致填土对墙的土压力的增大同时墙后积水，增加水压力，对墙的稳定性不利。因此，墙背应做泄水孔，一般泄水孔直径为 5～10cm，间距 2～3m。泄水孔应高于墙前水位，以免倒灌（见图 7-31）。如墙后填土倾斜，还应做截水沟，排除地表水流。

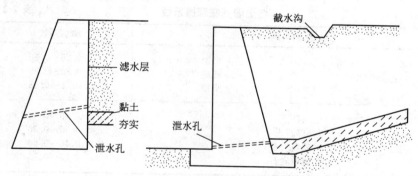

图 7-31　挡土墙的排水措施

4. 重力式挡土墙稳定性验算

(1) 抗倾覆稳定验算

作用在挡土墙上的荷载有：土压力、挡土墙的自重以及基底反力（图 7-32）。墙面埋入土中部分受到被动土压力作用，一般忽略不计，基底反力假定为线性分布。挡土墙倾覆破坏通常是在土压力作用下绕墙趾 o 点转动外倾。将主动土压力 E_a 分解为垂直分力 E_y 和水平分力 E_x，计算力

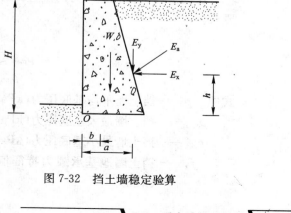

图 7-32　挡土墙稳定验算

系对墙趾 o 的力矩，要求抗倾覆安全系数 K_t 有：

$$K_t = \frac{抗倾覆力矩}{倾覆力矩} = \frac{Wb + E_y a}{E_x h} \geqslant K_a \tag{7-26}$$

其中 K_a 为抗倾覆安全系数，理论上应大于 1.0，一般应按设计规范结合实际工程条件确定。

在软弱地基上，倾覆时墙趾可能陷入土中，力矩中心点将向内移动，抗倾覆安全系数将会降低，必须注意，甚至会发生沿圆弧滑动面而整体破坏的危险。

（2）抗滑动稳定验算

在土压力的水平分力 E_x 作用下，挡土墙有可能沿基础底面发生滑动破坏。抗滑动稳定验算时，应保证使得由于土压力的垂直分力 E_y 和墙重 W 产生在基底的摩擦阻力大于滑动力 E_x。抗滑稳定安全系数 K_s 应满足：

$$K_s = \frac{(E_y + W)\mu}{E_x} \geqslant K_a \tag{7-27}$$

式中 μ——挡土墙基底与土的摩擦系数，应由试验测定，也可参考表 7-2 确定；

     K_a——抗滑移安全系数，理论上应大于 1.0，一般应按设计规范结合实际工程条件确定。

墙底面倾斜时，应将力分解为与底面平行和垂直的分力，再作抗滑动稳定验算。

挡土墙基底摩擦系数   表 7-2

土的类别		摩擦系数 μ
黏性土	可塑	0.25～0.30
	硬塑	0.30～0.35
	坚塑	0.35～0.45
砂土		0.40
碎石土		0.50～0.60
软质岩石		0.40～0.60
硬质岩石		0.65～0.75

（3）地基承载力验算

在挡土墙自重及土压力的垂直分力作用下基底压力按直线分布假定计算，要求：

$$p \leqslant f_k \tag{7-28a}$$
$$p_{max} \leqslant 1.2 f_k \tag{7-28b}$$
$$p_{min} \geqslant 0 \tag{7-28c}$$

式中 p——挡土墙平均基底压力（kPa）；

     p_{max}——挡土墙最大基底压力（kPa）；

     p_{min}——挡土墙最小基底压力（kPa）；

     f_k——挡土墙地基承载力特征值，一般应按相应的设计规范规定取值（kPa）。

除此之外，挡土墙结构应满足结构强度要求。墙身材料强度验算应根据有关规范、取最不利位置计算，如断面急剧变化或转折处，一般在墙身与基础接触处应力可能最大。

【例题 7-6】 图 7-33 所示之挡土墙高 $H=6.0\mathrm{m}$，墙背直立，填土面水平，墙背光滑，用毛石和 M2.5 水泥砂浆砌筑；砌体重度为 $22\mathrm{kN/m^3}$，填土内摩擦角为 $40°$，黏聚力为 0，基底摩擦系数，地基承载力标准值 $f_k=180\mathrm{kPa}$，试计算挡土墙土压力并验算其稳定性。

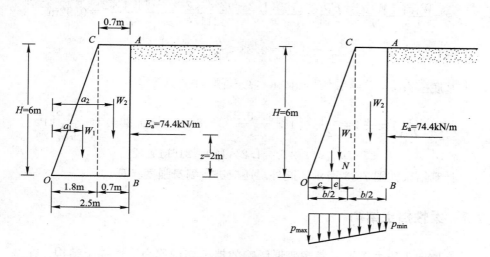

图 7-33 例题 7-6 图

【解】 （1）挡土墙断面尺寸的拟定

重力式挡土墙的顶宽取 $1/12H$，底宽取 $(1/2\sim1/3)H$，初步选择顶宽为 0.7m，底宽 2.5m。

（2）土压力计算

$$E_a=\frac{1}{2}\gamma H^2\tan^2\left(45°-\frac{\varphi}{2}\right)=\frac{1}{2}\times19\times6.0^2\times\tan^2\left(45°-\frac{40°}{2}\right)=74.4\mathrm{kN/m}$$

土压力作用点离墙底的距离为：

$$z=\frac{1}{3}H=\frac{1}{3}\times6.0=2.0\mathrm{m}$$

（3）挡土墙自重及重心

将挡土墙截面分成一个三角形和一个矩形，分别计算其自重：

$$W_1=\frac{1}{2}(2.5-0.7)\times6\times22=119\mathrm{kN/m},\quad W_2=0.7\times6\times22=92.4\mathrm{kN/m}$$

重力作用点离 o 点的距离分别为：

$$a_1=\frac{2}{3}\times1.8=1.2\mathrm{m},\ a_2=1.8+\frac{1}{2}\times0.7=2.15\mathrm{m}$$

（4）倾覆稳定性验算

$$K_t=\frac{W_1a_1+W_2a_2}{E_ah}=\frac{119\times1.2+92.4\times2.15}{74.4\times2}=2.29>1.5$$

（5）滑动稳定性验算

$$K_s = \frac{(W_1 + W_2)\mu}{E_a} = \frac{(119 + 92.4) \times 0.5}{74.4} = 1.42 > 1.3$$

（6）地基承载力验算

作用在基底的总垂直力：

$$N = W_1 + W_2 = 119 + 92.4 = 211.4 \text{ kN/m}$$

合力作用点离 o 点距离：

$$c = \frac{W_1 a_1 + W_2 a_2 - E_a h}{N} = \frac{119 \times 1.2 + 92.4 \times 2.15 - 74.4 \times 2}{211.4} = 0.92 \text{m}$$

偏心距 $e = \frac{b}{2} - c = \frac{2.5}{2} - 0.92 = 0.33 < \frac{b}{6} = 0.42$

基底压力 $p = \frac{N}{b} = \frac{211.4}{2.5} = 84.6 < f_k = 180 \text{kPa}$

$$p_{\min}^{\max} = \frac{N}{b}\left(1 \pm \frac{6e}{b}\right) = \frac{211.4}{2.5}\left(1 \pm \frac{6 \times 0.33}{2.5}\right) = 84.6(1 \pm 0.804) = \frac{152.8}{16.6} \text{kPa}$$

$$p_{\max} < 1.2 f_k = 1.2 \times 180 = 216 \text{kPa}$$

计算结果如图 7-33 所示。此外，还应进行墙身强度验算。

7.7　柔性挡土结构

在侧向土压力作用下考虑变形影响的挡土结构称为柔性挡土结构。在基坑开挖工程中，坑壁常用围护结构进行保护，这些围护结构物多是施工中的临时性结构物，但也有用作永久性结构物的，如地下连续墙，由于其相对刚度较小，在计算土压力时要考虑变形对其的影响。柔性挡土结构的种类很多，按受力分有：悬臂式结构、内撑式结构、锚碇式结构等，按材料分有：水泥搅拌桩、钢筋混凝土地下连续墙、钢板桩等。

柔性挡土结构上的土压力计算与前述挡土墙不同，这是因为它们的刚度、施工方法、墙体的位移，以及受力后的破坏形式有所差别。挡土墙是刚度很大的整体结构物，它的施工方法是先筑墙后填土，墙体的位移是墙背保持为一平面的平移或转动，挡土墙受力后是作为一个整体而破坏的。而柔性挡土结构，它的施工方法与结构构造有关，如多支撑板桩往往是随挖土随支撑，墙身的位移受到支撑的约束，它的破坏是从一个或几个支撑点开始，而后发展到整个围护系统。因此，作用在柔性挡土结构上的土压力计算，不能直接采用前面的朗肯或库仑土压力公式，而应按柔性挡土结构的不同构造形式，采用相应的方法来计算。下面介绍悬臂式板桩墙的设计计算，其他的结构形式可参考有关专著。

图 7-29 所示的悬臂式板桩墙，由于不设支撑，因此墙身位移较大，通常用于挡土高度不大的临时性支撑结构。

悬臂式板桩墙的破坏一般是板桩绕桩底端 b 点以上的某点 o 转动。这样在转动点 o 以上的墙身前侧以及 o 点以下的墙身后侧，将产生被动土压力，在相应的另一侧产生主动土压力。

由于精确地确定土压力的分布有困难，一般假定土压力的线性分布如图 7-29 所示，墙身前侧是被动土压力，其合力为 E_{p1}，并考虑有一定的安全系数 K，一般取 $K=2$；在墙身后方为主动土压力，合力为 E_A。另外在桩下端还作用被动土压力 E_{p2}，由于 E_{p2} 的作用位置不易确定，计算时假定作用在桩端 b 点。考虑到 E_{p2} 的实际作用位置应在桩端以上一段距离，因此，在最后求得板桩的入土深度 t 后，再适当增加 $10\%\sim20\%$。

按图 7-34 所示的土压力分布图形计算板桩墙的稳定性及板桩的强度。

【例题 7-7】 已知桩周土为砂砾，$\gamma=19\mathrm{kN/m^3}$，$\varphi=30°$，$c=0$。基坑开挖深度 $h=1.8\mathrm{m}$。安全系数取用 $K=2$，计算图 7-35 所示悬臂式板桩墙需要的入土深度 t 及桩身最大弯矩值。

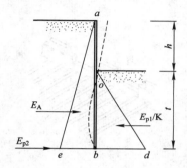
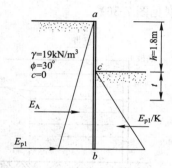

图 7-34　悬臂式板桩墙的计算　　　图 7-35　例 7-7 图

【解】 当 $\varphi=30°$ 时，计算得朗肯主动土压力系数 $m^2=0.333$，被动土压力系数为 $\dfrac{1}{m^2}=3$。若令板桩入土深度为 t，取 1 延米长的板桩墙，计算墙上作用力对桩端 b 点的力矩平衡条件 $\Sigma M_b=0$，得：

$$\frac{1}{6}\gamma t^3 \frac{1}{m^2}\frac{1}{K}-\frac{1}{6}\gamma(h+t)^3 m^2=0$$

$$\frac{1}{6}\times19\times t^3\times3\times\frac{1}{2}-\frac{1}{6}\times19\times(18+t)^3\times0.333=0$$

解得 $t=2.76\mathrm{m}$。

板桩的实际入土深度较计算值增加 20%，则可求得板桩的总长度 L 值为：

$$L=h+1.2t=1.8+1.2\times2.76=5.12\mathrm{m}$$

若板桩的最大弯矩截面在基坑底深度 t_0 处，该截面的剪力应等于零，$\Sigma T_0=0$，即

$$\Sigma T_0=\frac{1}{2}\gamma\frac{1}{m^2}\frac{1}{K}t_0^2-\frac{1}{2}\gamma m^2(h+t_0)^2=0$$

$$\Sigma T_0=\frac{1}{2}\times19\times3\times\frac{1}{2}\times t_0^2-\frac{1}{2}\times19\times0.333(1.8+t_0)^2=0$$

解得 $t_0=1.49\mathrm{m}$。

求得每延米板桩墙的最大弯矩 M_{max} 为：

$$M_{max}=\frac{1}{6}\times19\times0.333(1.8+1.49)^3-\frac{1}{6}\times19\times3\times\frac{1}{2}\times1.49^3=21.6\mathrm{kN\cdot m}$$

7.7　柔性挡土结构

210

7.8 加筋土挡土结构

加筋土挡土结构是法国工程师亨利维达尔(Henri Vidal)在 1963 年发明的一类新型挡土结构。已在众多的工程得到应用,世界各地不同环境下的加筋土挡土结构,已经受了各种荷载和位移的考验,通过整体观测与分项研究,从理论与实践两方面均取得了许多成果。

7.8.1 加筋土挡土墙构造

加筋土挡土结构是由填料和填料中布置的筋带(或筋网)以及墙面面板三部分组成(见图 7-36)。

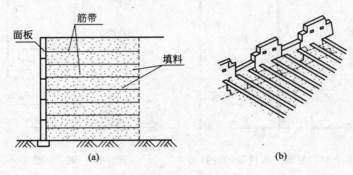

图 7-36 加筋土基本结构

1. 填料是加筋体的主体材料,由它与筋带产生摩擦力。填料应符合土工标准、化学标准和电化学标准。土工标准包括力学标准和施工标准。规定土工标准是为了使填料和筋带间能发挥较大摩擦力,以确保结构的稳定。力学标准主要是确定填料的计算内摩擦角和填料与筋带间的视摩擦系数。施工标准是确保力学标准的重要条件,主要是确定填料的级配和压实密度。填料的化学和电化学标准,主要为保证筋带的长期使用品质和填料本身的稳定。

2. 筋带的作用是承受垂直荷载和水平拉力作用并与填料产生摩擦力。因此,筋带材料必须具有以下特性:抗拉性能强,不易脆断,蠕变量小,与填料间的摩擦系数大,具有良好的柔性、耐久性。筋带为带状,国内以聚丙烯土工带和钢筋混凝土带为主,国外广泛使用镀锌钢带。

3. 面板的作用是防止填料侧向挤出及传递土压力。各种形式的面板设计均应满足坚固、美观以及运输与安装的方便。国内常用的面板为混凝土或钢筋混凝土预制件。面板类型有十字形、六角形、槽形、L 形以及矩形等。各种面板的组合情况如图 7-37 所示。

加筋土挡土墙可能因各种因素导致不能正常工作,如筋带裂缝造成的断裂、填料与筋带之间结合力不足造成的加筋体断裂、外部不稳定造成的破坏等,因此,需要进行内部稳定性验算、外部稳定性验算和整体稳定性验算。

由于精确地确定土压力的分布有困难，一般假定土压力的线性分布如图 7-29 所示，墙身前侧是被动土压力，其合力为 E_{p1}，并考虑有一定的安全系数 K，一般取 $K=2$；在墙身后方为主动土压力，合力为 E_A。另外在桩下端还作用被动土压力 E_{p2}，由于 E_{p2} 的作用位置不易确定，计算时假定作用在桩端 b 点。考虑到 E_{p2} 的实际作用位置应在桩端以上一段距离，因此，在最后求得板桩的入土深度 t 后，再适当增加 $10\%\sim20\%$。

按图 7-34 所示的土压力分布图形计算板桩墙的稳定性及板桩的强度。

【例题 7-7】 已知桩周土为砂砾，$\gamma=19kN/m^3$，$\varphi=30°$，$c=0$。基坑开挖深度 $h=1.8m$。安全系数取用 $K=2$，计算图 7-35 所示悬臂式板桩墙需要的入土深度 t 及桩身最大弯矩值。

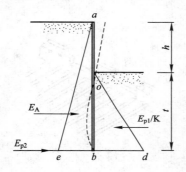 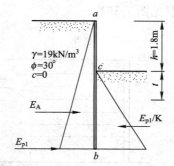

图 7-34　悬臂式板桩墙的计算　　　图 7-35　例 7-7 图

【解】 当 $\varphi=30°$ 时，计算得朗肯主动土压力系数 $m^2=0.333$，被动土压力系数为 $\frac{1}{m^2}=3$。若令板桩入土深度为 t，取 1 延米长的板桩墙，计算墙上作用力对桩端 b 点的力矩平衡条件 $\Sigma M_b=0$，得：

$$\frac{1}{6}\gamma t^3 \frac{1}{m^2}\frac{1}{K}-\frac{1}{6}\gamma(h+t)^3 m^2=0$$

$$\frac{1}{6}\times19\times t^3\times3\times\frac{1}{2}-\frac{1}{6}\times19\times(18+t)^3\times0.333=0$$

解得 $t=2.76m$。

板桩的实际入土深度较计算值增加 20%，则可求得板桩的总长度 L 值为：

$$L=h+1.2t=1.8+1.2\times2.76=5.12m$$

若板桩的最大弯矩截面在基坑底深度 t_0 处，该截面的剪力应等于零，$\Sigma T_0=0$，即

$$\Sigma T_0=\frac{1}{2}\gamma\frac{1}{m^2}\frac{1}{K}t_0^2-\frac{1}{2}\gamma m^2(h+t_0)^2=0$$

$$\Sigma T_0=\frac{1}{2}\times19\times3\times\frac{1}{2}\times t_0^2-\frac{1}{2}\times19\times0.333(1.8+t_0)^2=0$$

解得 $t_0=1.49m$。

求得每延米板桩墙的最大弯矩 M_{max} 为：

$$M_{max}=\frac{1}{6}\times19\times0.333(1.8+1.49)^3-\frac{1}{6}\times19\times3\times\frac{1}{2}\times1.49^3=21.6kN\cdot m$$

210

7.8 加筋土挡土结构

加筋土挡土结构是法国工程师亨利维达尔(Henri Vidal)在 1963 年发明的一类新型挡土结构。已在众多的工程得到应用,世界各地不同环境下的加筋土挡土结构,已经受了各种荷载和位移的考验,通过整体观测与分项研究,从理论与实践两方面均取得了许多成果。

7.8.1 加筋土挡土墙构造

加筋土挡土结构是由填料和填料中布置的筋带(或筋网)以及墙面面板三部分组成(见图 7-36)。

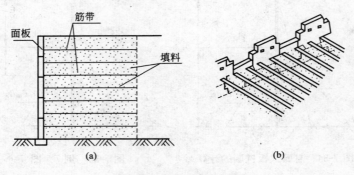

图 7-36 加筋土基本结构

1. 填料是加筋体的主体材料,由它与筋带产生摩擦力。填料应符合土工标准、化学标准和电化学标准。土工标准包括力学标准和施工标准。规定土工标准是为了使填料和筋带间能发挥较大摩擦力,以确保结构的稳定。力学标准主要是确定填料的计算内摩擦角和填料与筋带间的视摩擦系数。施工标准是确保力学标准的重要条件,主要是确定填料的级配和压实密度。填料的化学和电化学标准,主要为保证筋带的长期使用品质和填料本身的稳定。

2. 筋带的作用是承受垂直荷载和水平拉力作用并与填料产生摩擦力。因此,筋带材料必须具有以下特性:抗拉性能强,不易脆断,蠕变量小,与填料间的摩擦系数大,具有良好的柔性、耐久性。筋带为带状,国内以聚丙烯土工带和钢筋混凝土带为主,国外广泛使用镀锌钢带。

3. 面板的作用是防止填料侧向挤出及传递土压力。各种形式的面板设计均应满足坚固、美观以及运输与安装的方便。国内常用的面板为混凝土或钢筋混凝土预制件。面板类型有十字形、六角形、槽形、L 形以及矩形等。各种面板的组合情况如图 7-37 所示。

加筋土挡土墙可能因各种因素导致不能正常工作,如筋带裂缝造成的断裂、填料与筋带之间结合力不足造成的加筋体断裂、外部不稳定造成的破坏等,因此,需要进行内部稳定性验算、外部稳定性验算和整体稳定性验算。

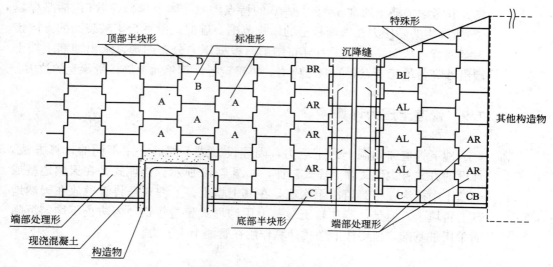

图 7-37　各种十字形面板的组合

7.8.2　土压力计算问题

1. 基本假定

（1）加筋体填料为非黏性土；（2）加筋体墙面顶部能产生足够的侧向位移，从而使墙面后达到主动极限平衡状态（即加筋体的墙面绕面板底端旋转），在加筋体内产生与垂直面呈 θ 角的破裂面，将加筋体分为活动区与稳定区（如图 7-38a 所示）；（3）加筋体中形成的楔体相当于刚体，面板与填料之间的摩擦忽略不计。作用于面板上的侧土压力为主动土压力，压力强度呈线形分布（如图 7-38b 所示）；（4）筋带的拉力随深度成直线比例增长（如图 7-38c 所示），在筋带长度方向上，自由端拉力为零，沿长度逐渐增加至近墙面处为最大；（5）只有破裂面后，稳定区内的筋带与土的相互作用产生抗拔阻力。

2. 筋带受力计算

根据以上基本假定，以库仑理论为基础，采用重力式挡土墙计算土压力的方法（参见图 7-39），按加筋体上填土表面的形态和车辆荷载的分布情况不

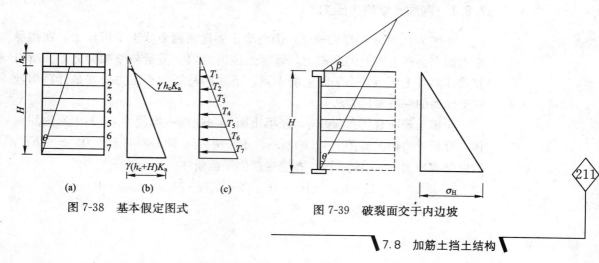

图 7-38　基本假定图式　　　　　图 7-39　破裂面交于内边坡

同，并考虑加筋土通常 $\alpha=0$、$\delta=0$ 的特点。加筋体上局部荷载(包括路堤填土)所产生的侧压力在墙面板上的影响范围，近似地沿平行于破裂面的方向传递至墙背，从而绘制侧压力分布图形，根据压力分布图形，求出加筋土挡土墙沿墙高各单元节点处的侧压应力，再确定各计算单元上筋带所承受的拉力。

7.9 管道土压力计算

地下管道和涵洞上的土压力，因埋设方式不同而采用不同的计算方法。埋设的方式有沟埋式和上埋式二种，如图 7-40 所示。沟埋式是在天然地基或老填土中挖沟，将管道放至沟底，在其上填土。上埋式是将管道放在天然地基上再填土。但是，若在软土地基上用沟埋式建造管道，为防止不均匀沉降而采用桩基础，也要按上埋式计算作用在管涵上土压力。

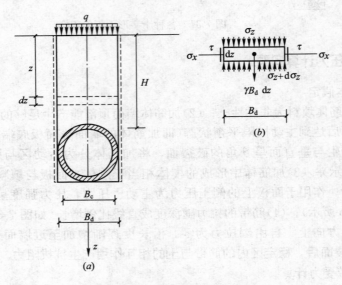

图 7-40 沟埋式管道

7.9.1 沟埋式管道土压力

如图 7-40 所示沟埋式管道，沟内填土要比两侧原状土下沉量大，在沟侧垂直面上会产生向上的摩擦力，管顶土压力为填土重量与摩擦力之差。所以其管顶垂直土压力常小于其上的土重。下述的马斯顿土压力公式是计算沟埋式土压力的一般常用方法。

设填土表面有均布荷载 q，在填土面 z 深处取一厚度为 dz 的土层为脱离体，分析受力情况如图 7-40(b)所示。水平应力 σ_x 即为侧向土压力，$\sigma_x=K\sigma_z$，沟壁摩擦应力 $\tau=\sigma_x\tan\varphi+c$。按竖向静力平衡条件：

$$\gamma B_d dz+B_d\sigma_z-B_d(\sigma_z+d\sigma_z)-2cdz-2K\sigma_z\tan\varphi dz=0$$

令 $B_d=2B$，化简为：

$$\gamma B dz - B d\sigma_z - c dz - K\sigma_z \tan\varphi dz = 0$$

故
$$\frac{d\sigma_z}{dz} = \gamma - \frac{c}{B} - K\sigma_z \frac{\tan\varphi}{B} \tag{7-29}$$

上式为一阶常微分方程，依据边界条件：$z=0$ 时，$\sigma_z=q$，解出：

$$\sigma_z = \frac{B\left(\gamma - \dfrac{c}{B}\right)}{K\tan\varphi}(1 - e^{-K\frac{z}{B}\tan\varphi}) + qe^{-K\frac{z}{B}\tan\varphi} \tag{7-30}$$

式中　K——土压力系数，一般采用主动土压力系数 K_a；

　　　γ——沟中填土的重度(kN/m^3)；

　　　c——填土与沟壁之间的黏聚力(kPa)；

　　　φ——填土与沟壁之间的摩擦角(°)；

　　B_d——沟的宽度(m)，如图 7-40 所示，$B_d=2B$。

管顶竖向总土压力(指 $z=H$ 处的土压力)E_d 为：

$$E_d = \sigma_H B_d = \frac{\gamma B - c}{K\tan\varphi}(1 - e^{-K\frac{H}{B}\tan\varphi}) + B_d qe^{-K\frac{H}{B}\tan\varphi} \tag{7-31}$$

当 $q=0$，$c=0$ 时，有：

$$E_d = C_d \gamma B_d^2 \tag{7-32}$$

式中　E_d——管顶竖向土压力(kN/m)；

　　C_d——土压力综合系数，依据 H/B_d 从图 7-41 中查取。

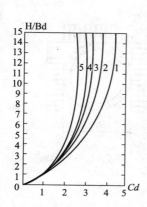

图 7-41　沟埋式管道土压力系数 C_d

1—饱和黏土；2—一般黏土；3—饱和表土；

4—砂与砾石土；5—无黏性土料

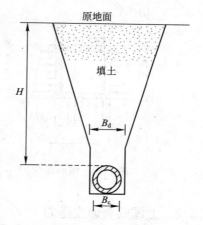

图 7-42　沟宽 B_d

式(7-31)中的 B_d 指沟壁为竖直面的沟宽。若沟壁需按斜坡开挖，则底部应保持侧壁为竖直面，B_d 按图 7-36 取值。经验证明，沟宽 B_d 值对土压力影响极大，应尽量减小 B_d，挖窄沟，开挖宽度要符合设计要求。

式(7-31)适合于刚性埋管管顶垂直土压力计算，对柔性埋管，管两侧填土夯压较密实，管身与填土刚度接近，则管侧填土将能承受部分土柱重量，减小管顶土压力，需采用折减系数 B_c/B_d 对公式(7-31)加以修正：

214

$$E_d = C_d \gamma B_d^2 \frac{B_c}{B_d} = C_d \gamma B_d B_c \tag{7-33}$$

式中　　B_c——埋管外径(m)。

埋管侧向土压力计算：将公式(7-33)代入 $\sigma_x = K\sigma_z$ 中，有：

$$\sigma_x = \frac{B\left(\gamma - \dfrac{c}{B}\right)}{\tan\varphi}(1 - e^{-K\frac{z}{B}\tan\varphi}) + Kqe^{-K\frac{z}{B}\tan\varphi} \tag{7-34}$$

另外侧向土压力也可近似按朗肯主动土压力计算，视埋管为刚性管，管顶土压力近似作均布荷载 $q = \gamma H$ 处理，对矩形管道如图 7-43，设黏聚力 $c = 0$，则管侧土压力为：

$$p_{a1} = qK_a, \quad p_{a2} = (q + \gamma D)K_a\left(K_a = \tan^2\left(45° - \frac{\varphi}{2}\right)\right)$$

土压力作用点通过梯形压力分布图形的形心，方向水平。对圆形埋管，若按主动土压力计算侧向力，因管壁方向的变化，土体自重对土压力有影响（图 7-44），圆管上部侧向力会略大于计算值，反之下部会小于计算值，故可用管高一半处侧向土压力强度沿管高均匀分布计算：

$$p_a = \left(q + \frac{B_c}{2}\gamma\right)K_a \tag{7-35}$$

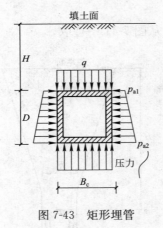

图 7-43　矩形埋管

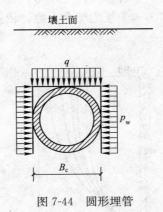

图 7-44　圆形埋管

7.9.2　上埋式管道土压力

在天然地基上敷设管道后，大范围回填土体，则管顶垂直土压力除包含填土自重外，还会有附加压力，原因是管两侧填土比管顶土层厚，必然存在沉降差，管顶土层沉降量小，两侧填土沉降量大，于是沿 aa'、bb' 出现竖向剪切面，管顶土柱受到向下的摩擦力作用，该作用力对管顶产生了附加土压力。上埋式管道管顶土压力比其上土柱自重大（图 7-45），比沟埋式管道垂直土压力大很多。

与沟埋式管道受力分析方法相同，同样可导

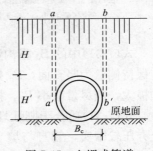

图 7-45　上埋式管道

出上埋式管道垂直土压力强度公式：

$$\sigma_z = \frac{B_c\left(\gamma+\frac{2c}{B_c}\right)}{2K\tan\varphi}(e^{2K\frac{H}{B_c}\tan\varphi}-1)+qe^{2K\frac{H}{B_c}\tan\varphi} \tag{7-36}$$

管顶总垂直土压力为：

$$E_c = \sigma_z B_c \tag{7-37}$$

当 $q=0$，$c=0$ 时，有：

$$E_c = C_c\gamma B_c^2 \tag{7-38}$$

式中　E_c——为上埋式管顶垂直总土压力(kN/m)；

　　　γ——填土重度(kN/m³)；

　　　B_c——管道顶部最大宽度（外径）(m)；

　　　C_c——综合土压力系数，与 H/B_c、γ_{sd}(实验系数)、ρ(凸出比)有关；

　　　γ_{sd}——实验系数，称为沉降比，由表 7-3 查取。

刚性埋管沉降比的参考值　　　　　　　　　　　　表 7-3

埋管下地基情况	γ_{sd}
管置于岩基或变形极微的土基上	1.0
管置于一般土基上	0.5～—0.8
管置于相对于周围原地面有较大变形的地基上	0～0.5

ρ 称凸出比，为埋管顶部突出原地面的高度与管高之比（图 7-40）。C_c 值可由图 7-41 查取。

作用于埋管侧向土压力强度为：

$$\sigma_x = K\sigma_z = \frac{B_c\left(\gamma+\frac{2c}{B_c}\right)}{2tg\phi}(e^{2K\frac{E}{B_c}\tan\varphi}-1)+Kqe^{2K\frac{Z}{B_c}\tan\phi} \tag{7-39}$$

式中，符号意义同前。

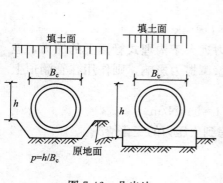

图 7-46　凸出比

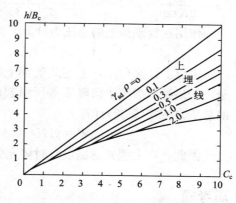

图 7-47　上埋式管道土压力系数 C_c

式(7-36)、式(7-37)适用于埋管顶部填土厚度小的情况，若填土厚度过大，管顶部填土与管两侧填土在某一深度处沉降量相同，在该深度以下出现

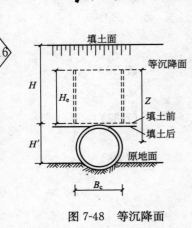

图 7-48 等沉降面

沉降差，则该深度称为等沉降面(图 7-48)。该面以下存在如图中所示的剪切面，用 $H-H_e$ 及 H_e 代入式(7-36)与式(7-39)，则作用于埋管上的竖向与侧向土压力强度分别为：

$$\sigma_z=\frac{B_c\left(\gamma+\frac{2c}{B_c}\right)}{2K\tan\varphi}(e^{2K\frac{H_e}{B_c}\tan\varphi}-1)+[q+\gamma(H-H_e)]e^{2K\frac{H_e}{B_c}\tan\varphi}$$

(7-40)

$$\sigma_x=K\sigma_z=\frac{B_c\left(\gamma+\frac{2c}{B_c}\right)}{2\tan\varphi}(e^{2K\frac{Z}{B_c}\tan\varphi}-1)+K[q+\gamma(H-H_e)]e^{2K\frac{Z}{B_c}\tan\varphi}$$

(7-41)

上两式中的 H_e 可按下式计算：

$$e^{2K\frac{H_e}{B_c}\tan\varphi}-2K\tan\varphi\frac{H_e}{B_c}=2K\tan\varphi\gamma_{sd}\rho+1$$

(7-42)

式中，符号意义同前。

【例题 7-8】 图 7-45 所示管涵，外径 $D=1m$，填土为砂土，重度 $\gamma=18kN/m^3$，内摩擦角 $\varphi=30°$，管涵顶上的填土厚度 $H=3m$。(1)计算沟埋式施工时作用在管涵顶上的土压力，设沟宽 $2B=1.6m$，(2)计算上埋式施工时作用在管涵顶上的土压力。

【解】 (1) 沟埋式管涵上的竖向压力计算

$$K=K_a=\tan^2(45°-\varphi/2)=\tan^2(45°-30°/2)=0.33$$

$$\sigma_z=\frac{B\gamma}{K\tan\varphi}(1-e^{-K\frac{H}{B}\tan\varphi})=\frac{0.8\times18}{0.33\times\tan30°}(1-e^{-0.33\times\frac{3}{0.8}\tan30°})=38.6kPa$$

作用在管涵顶上的总压力计算，即

$$W=\sigma_z D=38.6\times1=38.6kN/m$$

(2) 上埋式管涵上的竖向压力计算

$$\sigma_z=\frac{D\gamma}{2K\tan\varphi}(e^{2K\frac{H_e}{D}\tan\varphi}-1)=\frac{1.0\times18}{2\times0.33\times\tan30°}(e^{2\times0.33\times\frac{3}{1}\times\tan30°}-1)=119.4kPa$$

作用在管涵顶上的总压力计算，即

$$W=\sigma_z D=119.4\times1=119.4kN/m$$

由以上计算可见，上埋式管涵上的压力远大于沟埋式管涵上的压力，但是，如果都考虑填土沉降不等所引起的侧壁摩擦力影响，则作用在管涵顶上的总压力按式(7-37)计算为：

$$W=\gamma HD=18\times3\times1=54kN/m$$

因此，在上埋式管涵设计时要充分考虑到土压力的变化情况。

思考题

7-1 土的侧压力系数反应什么内涵，如何更好地体现土性？

7-2 土压力有几种？影响土压力的最主要因素是什么？

7-3 对非极限状态下的土压力该如何计算？

7-4 为什么成层界面上土压力会有两个值？实际情况如何？怎样处理更合理？

7-5 被动土压力可否用库尔曼图解法？

7-6 重力式挡土墙有什么特点？断面尺寸如何确定？要进行哪些验算？

习题

7-1 按朗肯土压力理论计算图7-49所示挡土墙上的主动土压力及其分布图。

7-2 已知桥台背宽度 $B=5$m，桥台高度 $H=6$m。填土性质为：$\gamma=18$kN/m^3，$\varphi=20°$，$c=13$kPa；地基土为黏土，$\gamma=17.5$kN/m^3，$\varphi=15°$，$c=15$kPa；土的侧压力系数 $K_0=0.5$。用朗肯土压力理论计算图7-50所示拱桥桥台墙背上的静止土压力及被动土压力，并绘出其分布图。

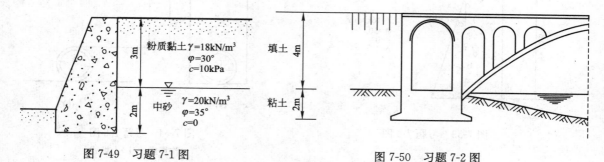

图 7-49 习题 7-1 图   图 7-50 习题 7-2 图

7-3 已知墙高 $H=6$m，墙背倾角 $\varepsilon=10°$，墙背摩擦角 $\delta=\varphi/2$；填土面水平 $\beta=0$，$\gamma=19.7$kN/m^3，$\varphi=35°$，$c=0$。用库仑土压力理论计算图7-51所示挡土墙上的主动土压力值及滑动面方向。

7-4 已知填土 $\gamma=20$kN/m^3，$\varphi=30°$，$c=0$；挡土墙高度 $H=5$m，墙背倾角 $\varepsilon=10°$，墙背摩擦角 $\delta=\varphi/2$。用库尔曼图解法计算图7-52所示挡土墙上的主动土压力。

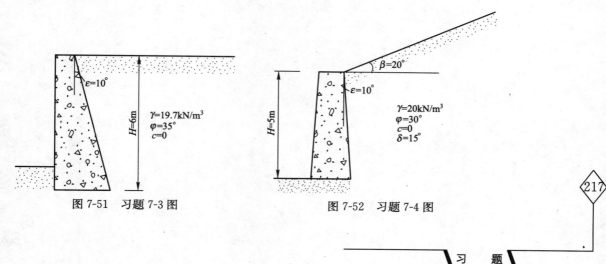

图 7-51 习题 7-3 图   图 7-52 习题 7-4 图

7-5　已知填土 $\gamma=16\text{kN/m}^3$，$\varphi=30°$，$c=0$；图 7-53 所示挡土墙高度 $H=10\text{m}$，墙背倾角 $\varepsilon=17°$，墙背摩擦角 $\delta=15°$，地震时的合成地震系数 $k=0.2(k=\tan\theta_e)$。试计算作用在挡土墙上的土压力，并与没有地震时的土压力进行比较。

7-6　如图 7-54 所示管道，外径 $D=1.5\text{m}$，填土为砂土，重度 $\gamma=18.5\text{kN/m}^3$，内摩擦角 $\varphi=31°$，管道顶上的填土厚度 $H=3.0\text{m}$。(1)计算沟埋式施工时作用在管道顶上的土压力，设沟宽 $2B=2.1\text{m}$，(2)计算上埋式施工时作用在管道顶上的土压力。

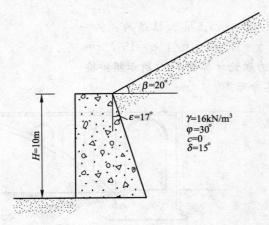

图 7-53　习题 7-5 图

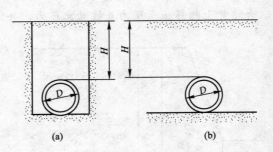

图 7-54　习题 7-6 图

(a)沟埋式；(b)上埋式

第8章
地基承载力理论

本章知识点

1. 了解地基破坏的模式和影响因素；
2. 掌握地基临塑荷载、临界荷载的概念、定义及计算方法；
3. 熟悉掌握静止土压力的计算方法；
4. 熟练掌握普朗特尔、太沙基及魏西克地基承载力理论；了解汉森地基承载力理论等；
5. 了解影响地基承载力的各种因素及其影响规律性。

8.1 概述

地基承受建筑物荷载的作用后，一方面附加应力引起地基内土体变形，造成建筑物沉降；另一方面，引起地基内土体的剪应力增加。当某一点的剪应力达到土的抗剪强度时，这一点土就处于极限平衡状态。若土体中某一区域内各点都达到极限平衡状态，就形成极限平衡区，或称为塑性区。如果荷载继续增大，地基内极限平衡区的发展范围随之不断增大，局部的塑性区发展成为连续贯穿到地表的整体滑动面。这时，基础下的一部分土体将沿滑动面产生整体滑动，称为地基失去稳定。建筑物将发生严重的倒陷、倾倒等灾害性的破坏。

地基基础设计时，必须满足上部结构荷载通过基础传到地基土的压力不得大于地基承载力的要求，以确保地基土不丧失稳定性。因此，地基承载力是地基所具有的承受荷载的能力，是指地基土单位面积上所能承受的荷载。地基承载力取决于地基土的抗剪强度，是地基土抗剪强度的一种宏观表现，影响地基土抗剪强度的因素对地基承载力也产生类似影响。

总之，建筑物荷载通过基础作用于地基上，内部应力的变化表现在两方面：一种是由于地基土在建筑物荷载作用下产生压缩变形，引起基础过大的沉降量或沉降差，使上部结构倾斜、开裂以致损坏或失去使用价值；另一种是由于建筑物的荷载过大，超过了基础下持力层土所能承受荷载的能力而使地基产生滑动破坏。因此进行地基基础设计时必须满足以下两个基本条件：

（1）变形条件，即建筑物基础的沉降或沉降差必须在该建筑物所允许的范围内；

（2）强度条件，即建筑物的基底压力应该在地基土所允许的承载能力之内。

对于水工建筑物的地基来说，还应该满足抗渗、防冲等特殊要求。另外，设计的基础必须是经济和合理的。关于基础的沉降计算已在第 5 章中作了介绍，本章将讨论由于地基承载力不足而引起的破坏以及地基承载力的确定问题。

8.2　浅基础的地基破坏模式

8.2.1　地基的三种破坏模式

1. 地基的变形阶段

地基土的现场载荷试验可得到其荷载 p 与沉降 s 的 p-s 关系曲线，从 p-s 曲线形态来看，地基破坏的过程一般将经历如下 3 个阶段，如图 8-1 所示。

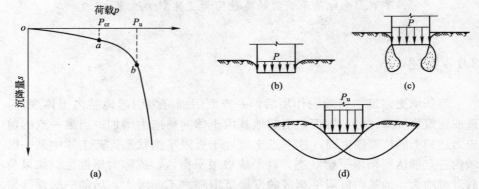

图 8-1　地基的变形阶段

（1）压密阶段

压密阶段又称弹性变形阶段，相当于图示 p-s 曲线上的 oa 段，p-s 曲线接近于直线，土中各点的剪应力小于土的抗剪强度，土体处于弹性状态。载荷板的沉降主要是由于土体的压密引起的，直线阶段终点的对应荷载 p_{cr} 称为比例界限或临塑荷载，亦可称为拐点压力，表示荷载板底面以下的地基土体将要出现而尚未出现塑性变形区时的基底压力。地基的压密变形状态如图 8-1(b)所示。

（2）剪切阶段

剪切破坏也称弹塑性变形阶段，相当于 p-s 曲线上的 ab 段，在这一阶段 p-s 曲线不再保持线性关系，沉降的增长率 $\Delta s/\Delta p$ 随荷载的增大而增加。其变形特征表示土体中已局部发生剪切变形，产生塑性区。塑性区首先从基础边缘处出现，随着荷载的继续增加，地基中的塑性区范围逐步扩大，如图 8-1(c)所示，直至达到土中形成连续的滑动面，从载荷板两侧挤出而破坏。可见，剪切阶段也就是地基中塑性区的发生与发展的阶段。剪切阶段终点的对应荷载 p_u 称为极限荷载。

（3）破坏阶段

破坏阶段也称完全塑性变形阶段，相当于 p-s 曲线上的 bc 段。当荷载超过极限荷载 p_u 后，载荷板急剧下沉，即使不增加荷载，沉降也不能稳定，p-s 曲线直线下降，由于地基中塑性区不断发展，最后在土体中形成连续滑动面，土从载荷四周挤出，地基土失稳而破坏，如图 8-1(d) 所示。

2. 地基的破坏形式

地基破坏的形式是多种多样的，根据土的性质、基础的埋深、加荷速率等因素而异，大体上可分为如图 8-2 所示的三种主要形式。

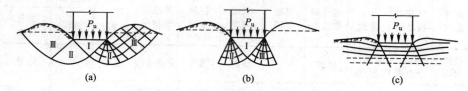

图 8-2　地基破坏模式

（a)整体剪切破坏；（b)局部剪切破坏；（c)刺入剪切破坏

（1）整体剪切破坏

图 8-2(a) 给出了整体剪切破坏的特征。

当基础上荷载较小时，基础下形成一个三角形压密区 I，随着荷载增大，压密区向两侧挤压，土中产生塑性区，从基础边缘逐步扩大为图中的 II、III 塑性区，直到最后形成连续的滑动面延伸到地面，土从基础两侧挤出并隆起，基础的沉降急剧增大，整个地基失稳破坏。其 p-s 曲线如图 8-3 中曲线 a 所示，有一个明显的拐弯点。整体剪切破坏通常发生在浅埋基础下的密砂或硬黏土等坚硬地基中。

（2）局部剪切破坏

图 8-2(b) 给出了局部剪切破坏的特征。随着荷载的增加，地基中也产生压密区 I 及塑性区 II，但塑性区的发展限制在地基中的某一范围以内，地基内的滑动面并不延伸到地面，仅在地基两侧地面微微隆起。其 p-s 曲线如图 8-3 中曲线 b 那样有一个转折点，但不像整体剪切破坏那么明显，压力超过转折点以后的沉降也没有整体剪切破坏那样急剧增加。局部剪切破坏通常发生在中等实砂土中。

（3）刺入剪切破坏

这种破坏模式通常发生在松砂或软土地基中。其破坏特征是随着荷载 p 的增加，基础下面的土层产生压缩变形，基础下沉并在基础两侧产生竖向的剪切变形，使基础"切入"土中，但侧向变形比较小，基础附近的地面没有明显的隆起现象，如图 8-2(c) 所

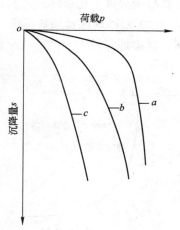

图 8-3　浅基础的 p-s 曲线

a—整体剪切破坏 b—局部剪切破坏 c—刺入剪切破坏

示。冲剪破坏的 $p\text{-}s$ 曲线如图 8-3 中曲线 c，曲线上没有明显的特征点，没有比例界限，也没有极限荷载。冲剪破坏的主要特征是基础发生了显著的沉降。

地基的剪切破坏形式与多种因素有关，目前尚无合理的理论作为统一的判别标准。

表 8-1 综合列出了条形基础在中心荷载下不同剪切破坏形式的各种特征，以供参考。

表 8-1

条形基础在中心荷载下地基破坏形式的特征

破坏形式	地基中滑动面	$p\text{-}s$ 曲线	基础四周地面	基础沉降	基础表现	控制指标	事故出现情况	适用条件		
								地基土	埋深	加荷速率
整体剪切	连续，至地面	有明显拐点	隆起	较小	倾斜	强度	突然倾斜	密实	小	缓慢
局部剪切	连续，地基内	拐点不易确定	有时稍有隆起	中等	可能倾斜	变形为主	较慢下沉时有倾斜	松散	中	快速或冲击荷载
冲剪	不连续	拐点无法确定	沿基础下陷	较大	仅有下沉	变形	缓慢下沉	软弱	大	快速或冲击荷载

8.2.2　破坏模式的影响因素和判别

地基的破坏形式主要与基础埋深、加荷速率和地基土的性质有关，尤其是土的压缩性质有关。

（1）土的压缩性。一般来说，对于较坚硬或密实的土，具有较低的压缩性，通常呈现整体剪切破坏；对于软弱黏土或松砂土地基，具有中高压缩性，常常呈现局部剪切破坏或冲剪破坏。

（2）基础埋深及加荷速率。基础浅埋，加荷速率慢，往往出现整体剪切破坏；基础埋深较大，加荷速率较快时，往往发生局部剪切或刺入剪切破坏。

由于整体剪切破坏有连续的滑动面，较易建立理论研究模型，并已获得一些地基承载力的计算公式。局部剪切破坏和冲剪破坏的过程和特征比较复杂，目前理论研究方面还未能得出地基承载力的计算公式，而且是将整体剪切破坏所得到的公式进行适当修正后加以应用。不过，一般建筑物很少选择松软土层作为地基；否则，应进行地基处理或设计合理的基础形式，因而建筑物以松软土层作为其天然地基的情况在实际工程中将很少碰到。

魏西克（A. B. Vesic）给出了在砂土上的模型试验结果，如图 8-4 所示。该图说明了地基破坏模式与砂土的相对密实度的关系，可供

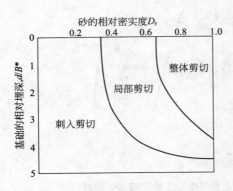

图 8-4　砂土模型基础的破坏模式（根据 Vesic，1963，由 De Beer 修改，1970）

对于方形和圆形基础，$B^* = B$（边长或直径）；对于矩形基础，$B^* = BL/2(B+L)$。

参考。

同时，魏西克提出用刚度指标 I_r 的方法定量地判别地基土的破坏形式。刚度指标可用下式表示：

$$I_r = \frac{E}{2(1+\mu)(c+q\tan\varphi)} \tag{8-1}$$

式中　E——地基土的变形模量；

　　　μ——地基土的泊松比；

　　　c——地基土的黏聚力；

　　　φ——地基土的内摩擦角；

　　　q——基础的侧面荷载，$q=\gamma d$，d 为基础埋置深度，γ 为埋置深度以上土的重度。

式(8-1)表示，土愈硬，基础埋深愈小，刚度指标愈高。魏西克还提出整体剪切破坏和局部剪切破坏的临界值，称为临界刚度指标 $I_{r(cr)}$，可用下式表示：

$$I_{r(cr)} = \frac{1}{2}\exp\left[\left(3.30-0.45\frac{B}{L}\right)\cot\left(45°-\frac{\varphi}{2}\right)\right] \tag{8-2}$$

式中　B——基础的宽度；

　　　L——基础的长度。

当 $I_r > I_{r(cr)}$ 时，地基将发生整体剪切破坏，反之则发生局部剪切破坏或刺入剪切破坏。

【例题 8-1】　条形基础宽 1.5m，埋置深度 1.2m。地基为均匀粉质黏土，土的重度 $\gamma=17.6\text{kN/m}^3$，$c=15\text{kPa}$，$\varphi=24°$，$E=10\text{MPa}$，$\mu=0.3$，试判断地基的失稳形式。

【解】　（1）用式(8-1)求地基的刚度指标：

$$I_r = \frac{E}{2(1+\nu)(c+q\tan\varphi)} = \frac{10000}{2\times(1+0.3)\times(1.5+17.6\times1.2\times\tan24°)} = 157.6$$

（2）用式(8-2)求临界刚度指标：

条形基础 $B/L=0$

$$I_{r(cr)} = \frac{1}{2}\exp\left[\left(3.30-0.45\frac{B}{L}\right)\cot\left(45°-\frac{\varphi}{2}\right)\right] = \frac{1}{2}\exp[3.30\times\cot33°] = 80.5$$

（3）判断：$I_r > I_{r(cr)}$，故地基将发生整体剪切破坏。

8.3　地基临界荷载

地基变形的剪切阶段也是土中塑性区范围随着作用荷载的增加而不断发展的过程，土中塑性区刚刚开始形成时对应的荷载称为临塑荷载，土中塑性区开展到不同深度时，其相应的荷载称为临界荷载。

8.3.1　塑性区边界方程的推导

临塑荷载和临界荷载的大小与塑性区的开展深度有关，要确定塑性区最

大开展深度 z_{max}，要先求得土中塑性区边界的表达式。

如图 8-5(a)所示。在地基表面作用条形均布荷载 p，计算土中任意点 M 由 p 引起的最大与最小主应力 σ_1 和 σ_3 时，可按第 4 章中土中应力计算的弹性力学解答得:

$$\left.\begin{array}{r}\sigma_1\\\sigma_3\end{array}\right\}=\frac{p_0}{\pi}(\beta_0\pm\sin\beta_0) \tag{8-3}$$

式中 σ_1——M 点处附加最大主应力(kPa);

   σ_3——M 点处附加最小主应力(kPa);

   p_0——均布条形荷载大小(kPa);

   β_0——M 点与荷载两端点的夹角(rad)。

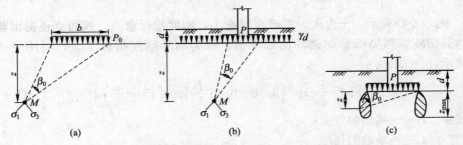

图 8-5 条形均布荷载作用下的地基主应力及塑性区

若考虑土体重力的影响时，则 M 点由土体重力产生的竖向应力为 $\sigma_{cz}=\gamma z$，水平应力为 $\sigma_{cx}=K_0\gamma z$。若土处于极限平衡状态时，可假定土的侧压应力系数 $K_0=1.0$，则土的重力产生的压应力如同静水压力一样，在各个方向是相等的，均为 γz。这样，如图 8-5(a)所示情况，当考虑土的重力时，M 点的最大及最小主应力为:

$$\left.\begin{array}{r}\sigma_1\\\sigma_3\end{array}\right\}=\frac{p_0}{\pi}(\beta_0\pm\sin\beta_0)+\gamma z \tag{8-4}$$

若条形基础的埋置深度为 d 时，如图 8-5(b)。基底附加压力为 $p-\gamma_0 d$，由土自重作用在 M 点产生的主应力为 $\gamma_0 d+\gamma z$。由此可得，土中任意点 M 的主应力为:

$$\left.\begin{array}{r}\sigma_1\\\sigma_3\end{array}\right\}=\frac{p-\gamma_0 d}{\pi}(\beta_0\pm\sin\beta_0)+\gamma_0 d+\gamma z \tag{8-5}$$

式中 γ_0——基础埋深范围内土的加权重度(kN/m³);

   γ——基底下土的重度(kN/m³);

若 M 点位于塑性区的边界上，它就处于极限破坏状态。根据第 6 章土体强度理论得知土中某点处于极限破坏状态时，其主应力应该满足下述条件:

$$\sin\varphi=\frac{\frac{1}{2}(\sigma_1-\sigma_3)}{\frac{1}{2}(\sigma_1+\sigma_3)+c\cdot\cot\varphi} \tag{8-6}$$

将式(8-5)代入上式得:

$$\sin\varphi = \cfrac{\cfrac{p-\gamma_0 d}{\pi}\sin\beta_0}{\cfrac{p-\gamma_0 d}{\pi}\cdot\beta_0+\gamma_0 d+\gamma\cdot z+c\cdot\cot\varphi} \tag{8-7}$$

整理后得：

$$z=\frac{p-\gamma_0 d}{\gamma\pi}\left(\frac{\sin\beta_0}{\sin\varphi}-\beta_0\right)-\frac{c\cdot\cot\varphi}{\gamma}-d\cdot\frac{\gamma_0}{\gamma}=z(\beta_0) \tag{8-8}$$

式(8-8)就是土中塑性区边界的表达式。若已知条形基础的尺寸 b 和 d，荷载 p，以及土的指标 γ、c、φ 时，假定不同的视角 β_0 值代入式(8-8)，求出相应的深度 z 值，把一系列由对应的 β_0 与 z 值决定其位置的点连起来，就可绘出条形均布荷载 p 作用下土中塑性区的边界线，即土中塑性区的发展范围，如图 8-5(c)所示。

8.3.2 临塑荷载和临界荷载的确定

在条形均布荷载 p 作用下，计算地基中塑性区开展的最大深度 z_{max} 值时，可以把式(8-8)对 β_0 求导数，并令此导数等于零，即

$$\frac{\mathrm{d}z}{\mathrm{d}\beta_0}=\frac{2(p-\gamma_0 d)}{\gamma\pi}\left(\frac{\sin\beta_0}{\sin\varphi}-1\right)=0 \tag{8-9}$$

由此解得：

$$\cos\beta_0=\sin\varphi \tag{8-10}$$

$$\beta_0=\frac{\pi}{2}-\varphi \tag{8-11}$$

将式(8-10)代入式(8-8)，即得地基中塑性区开展最大深度的表达式：

$$z_{max}=\frac{p-\gamma_0 d}{\gamma\pi}\left[\cot\varphi-\left(\frac{\pi}{2}-\varphi\right)\right]-\frac{c\cdot\cot\varphi}{\gamma}-d\cdot\frac{\gamma_0}{\gamma} \tag{8-12}$$

由式(8-12)也可得到相应的基底均布荷载 p 的表达式：

$$p=\frac{\pi}{\cot\varphi+\varphi-\frac{\pi}{2}}\cdot\gamma\cdot z_{max}+\frac{\cot\varphi+\varphi+\frac{\pi}{2}}{\cot\varphi+\varphi-\frac{\pi}{2}}\cdot\gamma_0 d+\frac{\pi\cdot\cot\varphi}{\cot\varphi+\varphi-\frac{\pi}{2}}\cdot c \tag{8-13}$$

式(8-13)是计算临塑荷载及临界荷载的基本公式，由此可知：地基承载力由黏聚力 c、基底以上超载 $\gamma_0 d$ 和基底以下塑性区土的重力 γz_{max} 提供的三部分承载力所组成。

如令 $z_{max}=0$ 并将其代入式(8-13)，此时的基底压力为临塑荷载 p_{cr}，即

$$p_{cr}=N_q\gamma_0 d+N_c c \tag{8-14}$$

式中 $\quad N_q=\cfrac{\cot\varphi+\varphi+\frac{\pi}{2}}{\cot\varphi+\varphi-\frac{\pi}{2}}$；$\quad N_c=\cfrac{\pi\cdot\cot\varphi}{\cot\varphi+\varphi-\frac{\pi}{2}}$。

工程实践表明，即使地基发生局部剪切破坏，地基中塑性区有所发展，只要塑性区范围不超出某一限度，就不致影响建筑物的安全和正常使用，因此以 p_{cr} 作为地基土的承载力偏于保守。塑性荷载就是指地基土中已经出现塑

性变形区，但尚未达到极限破坏时的基底压力（$p_{1/4}$、$p_{1/3}$ 等）。地基塑性区发展的容许深度与建筑物类型、荷载性质以及土的特性等因素有关，目前在国际上尚无一致意见。

一般认为，在中心垂直荷载下，塑性区的最大发展深度可控制在基础宽度的 $1/4$，即 $z_{\max} = b/4$（b 为条形基础宽度），相应的塑性荷载用 $p_{1/4}$ 表示：

$$p_{1/4} = \gamma b N_{\gamma(1/4)} + \gamma_0 d N_q + c N_c \tag{8-15}$$

式中　$N_{\gamma(1/4)} = \dfrac{\pi}{4\left(\cot\varphi + \varphi - \dfrac{\pi}{2}\right)}$，其他符号意义同前。

上式经过与载荷试验结果对比后，发现该公式计算结果较适合黏性土，对内摩擦角 φ 较大的砂类土，N_γ 值偏低。

而对于偏心荷载作用的基础，也可取 $z_{\max} = b/3$ 相应的塑性荷载 $p_{1/3}$ 作为地基的承载力，即

$$p_{1/3} = \gamma b N_{\gamma(1/3)} + \gamma_0 d N_q + c N_c \tag{8-16}$$

式中　$N_{\gamma(1/3)} = \dfrac{\pi}{3\left(\cot\varphi + \varphi - \dfrac{\pi}{2}\right)}$，其他符号意义同前。

N_q、N_c、$N_{\gamma(1/4)}$、$N_{\gamma(1/3)}$ 称为承载力系数，它只与土的内摩擦角 φ 有关，为方便查用，已制成表格，可从表8-2查得。

临塑荷载及临界荷载的承载力系数表　　　　　　表8-2

$\varphi(°)$	$N_{\gamma(1/4)}$	$N_{\gamma(1/3)}$	N_q	N_c	$\varphi(°)$	$N_{\gamma(1/4)}$	$N_{\gamma(1/3)}$	N_q	N_c
0	0.00	0.00	1.00	3.14	24	0.72	0.95	3.87	6.45
2	0.03	0.04	1.12	3.32	26	0.84	1.11	4.37	6.90
4	0.06	0.08	1.25	3.51	28	0.98	1.30	4.93	7.40
6	0.10	0.13	1.39	3.71	30	1.15	1.52	5.59	7.95
8	0.14	0.18	1.55	3.93	32	1.34	1.77	6.35	8.55
10	0.18	0.24	1.73	4.17	34	1.55	2.06	7.21	9.22
12	0.23	0.31	1.94	4.42	36	1.81	2.40	8.25	9.97
14	0.29	0.39	2.17	4.69	38	2.11	2.79	9.44	10.80
16	0.36	0.47	2.43	5.00	40	2.45	3.25	10.84	11.73
18	0.43	0.57	2.72	5.31	42	2.90	3.87	12.70	12.80
20	0.51	0.68	3.06	5.66	44	3.20	4.26	14.50	14.00
22	0.61	0.81	3.44	6.04	45	3.70	4.93	15.60	14.60

8.3.3　临塑荷载和临界荷载计算公式的适用条件

通过上述临塑荷载及临界荷载计算公式的推导过程，可以看到这些公式是建立在下述假定基础之上的：

（1）计算公式适用于条形基础。这些计算公式是从平面问题的条形均布荷载情况下导出的，若将它近似地用于矩形基础，其结果是偏于安全的。

（2）计算土中由自重产生的主应力时，假定土的侧压力系数 $K_0=1$，这是与土的实际情况不符，但这样可使计算公式简化。

（3）在计算临界荷载时，土中已出现塑性区，但这时仍按弹性理论计算土中应力，这在理论上是互相矛盾的，所引起的误差是随着塑性区范围的扩大而增大。

【例题 8-2】 某工程为粉质黏土地基，已知土的重度 $\gamma=18.8\text{kN/m}^3$，黏聚力 $c=16\text{kPa}$，内摩擦角 $\varphi=14°$，如果设置一个宽度 $b=1\text{m}$，埋深 $d=1.2\text{m}$ 条形基础，地下水位与基底持平。试求：基础的临塑荷载 p_{cr}、临界荷载 $p_{1/4}$。

【解】 已知土的内摩擦角 $\varphi=14°$，查表 8-2 得承载力系数 $N_{\gamma(1/4)}=0.29$，$N_q=2.17$，$N_c=4.69$，因此，由式（8-14）得临塑荷载为：

$$p_{cr}=N_q\gamma_0 d+N_c c=2.17\times18.8\times1.2+4.69\times16=124\text{kPa}$$

由式（8-15）得临界荷载为：

$$p_{1/4}=\gamma b N_{\gamma(1/4)}+\gamma_0 d N_q+c N_c=0.29\times(18.8-10)\times1.0+124=126.6\text{kPa}$$

8.4 地基极限承载力计算理论

地基的极限承载力，也称极限荷载 p_u，是指地基土体中的塑性变形区充分发展并形成连续贯通的滑动面时，地基所能承受的最大荷载。

地基极限承载力的理论公式主要有两种：一种是根据土体的极限平衡理论，建立微分方程，根据边界条件求出地基达到极限平衡时各点的精确解。采用这种方法求解时在数学上遇到的困难太大，目前尚无严格的一般解析解，仅能对某些边界条件比较简单的情况求解。另一种是假定滑动面的形状，然后根据滑动土体的静力平衡条件求解。这种方法概念明确、计算简单，在工程实践中得到广泛应用。本节介绍几个著名的承载力公式。

8.4.1 普朗特尔极限承载力计算理论

1. 普朗特尔基本解

1920 年，普朗特尔（L. Prandtle）根据塑性理论，研究了刚性物体压入均匀、各向同性、较软的无重量介质时，导出了当介质达到破坏时的滑动面的形状及其相应的极限承载力公式。在推导公式时，假定条形基础置于地基表面（$d=0$），地基土无重量（$\gamma=0$），且基础底面光滑无摩擦力。

当基础下形成连续的塑性区而处于极限平衡状态时，根据塑性力学得到的地基滑动面形状如图 8-6 所示。地基的极限平衡区可分为 3 个区：在基底下的 Ⅰ 区，因为假定基底无摩擦力，故基底平面是最大主应力面，基底竖向压力是大主应力，对称面上的水平压力是小主应力（即朗肯主动土压力），两组滑动面与基础底面间呈 $\left(45°+\dfrac{\varphi}{2}\right)$ 角，也就是说 Ⅰ 区是朗肯主动状态区；随着基础下沉，Ⅰ 区土楔向两侧挤压，则 Ⅲ 区因水平向应力成为大主应力（即朗肯被动土压力）而为朗肯被动状态区，滑动面也是由两组平面组成，由于地基表面为最小主应力平面，故滑动面与地基表面呈 $\left(45°-\dfrac{\varphi}{2}\right)$ 角；Ⅰ区与Ⅲ区的中间是过渡区Ⅱ区，第Ⅱ区的滑动面一组是辐射线，另一组是对数螺旋曲线，如图 8-6 所示的 CD 及 CE，其方程式为：

$$r=r_0^{\theta\tan\varphi} \tag{8-17}$$

式中　r——从起点 o 到任意点 m 的距离，如图 8-7 所示；

$\qquad r_0$——是沿任一所选择的轴线 on 的距离；

$\qquad \theta$——是 on 与 om 之间的夹角，任一点 m 的半径与该点的法线成呈 φ 角。

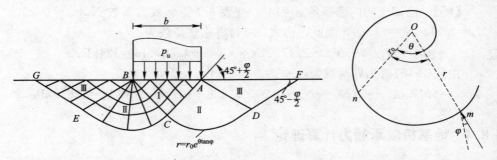

图 8-6　普朗特尔公式地基滑动面形状　　　　图 8-7　对数螺旋曲线

对以上情况，普朗特尔得出极限荷载的理论公式如下：

$$p_{\mathrm{u}}=c\left[e^{\pi\tan\varphi}\cdot\tan^2\left(45°+\dfrac{\varphi}{2}\right)-1\right]\cdot\cot\varphi=c\cdot N_c \tag{8-18}$$

式中，承载力系数 $N_c=\left[e^{\pi\tan\varphi}\cdot\tan^2\left(45°+\dfrac{\varphi}{2}\right)-1\right]\cdot\cot\varphi$，是土内摩擦角 φ 的函数，由表 8-3 查得。

2. 瑞斯诺对普朗特尔的公式的补充

一般基础均有一定的埋置深度，若埋置深度较浅时，为简化起见，可忽略基础底面以上两侧土的抗剪强度，而将这部分土作为分布在基础两侧的均布荷载 $q=\gamma d$ 作用在 AF 面上（图 8-8）。这部分超载限制了塑性区的滑动隆起，使地基极限承载力得到了提高。

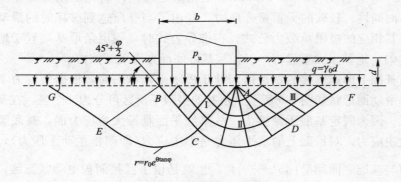

图 8-8　基础有埋深时的瑞斯诺解

1924 年，瑞斯诺（H. Reissner）在普朗特尔公式假定的基础上，导出了由

超载 q 产生的极限荷载公式：

$$p_u = qe^{\pi\tan\varphi} \cdot \tan^2\left(45° + \frac{\varphi}{2}\right) = qN_q \tag{8-19}$$

式中　承载力系数 $N_q = e^{\pi\tan\varphi} \cdot \tan^2\left(45° + \frac{\varphi}{2}\right)$，是土内摩擦角 φ 函数，由表 8-3 查得。

当不考虑土重力时，将式(8-18)及式(8-19)合并，得到埋置深度为 d 的条形基础的极限荷载公式：

$$p_u = qN_q + cN_c \tag{8-20}$$

从公式(8-20)可看出，当基础放置在砂土地基($c=0$)表面上($d=0$)时，地基的承载力将等于零，这显然是不合理的，这种不符合实际现象的出现，主要是假定地基土无重力($\gamma=0$)所造成的。

若考虑土的重力时，普朗特尔导出的滑动面 Ⅱ 区中的 CD、CE(图 8-6、图 8-8)就不再是对数螺旋曲线了，其滑动面形状很复杂，目前尚无法按极限平衡理论求得其解析解。为了弥补这一缺陷，许多学者对普朗特尔-瑞斯诺公式作了一些近似修正。

3. 泰勒对普朗特尔公式的补充

1948 年，泰勒(D. W. Taylor)提出，若考虑土体重力时，假定其滑动面与普朗特尔公式相同，那么图 8-7 中的滑动土体 $ABGECDF$ 的重力，将使滑动面 $GECDF$ 上的土的抗剪强度增加。泰勒假定其增加值可用一个换算黏聚力 $c' = \gamma h\tan\varphi$ 来表示，其中 γ、φ 为土的重度及内摩擦角，h 为滑动土体的换算高度，假定 $h = \frac{b}{2} \cdot \tan\left(45° + \frac{\varphi}{2}\right)$。这样用 $c+c'$ 代替式(8-20)中的 c，即得考虑滑动土体重力时普朗特尔极限荷载计算公式：

$$\begin{aligned}
p_u &= qN_q + (c+c')N_c = qN_q + c'N_c + cN_c \\
&= qN_q + cN_c + \gamma \cdot \frac{b}{2}\tan\left(45° + \frac{\varphi}{2}\right)\left[e^{\pi\tan\varphi}\tan^2\left(45° + \frac{\varphi}{2}\right) - 1\right] \\
&= \frac{1}{2}\gamma \cdot bN_\gamma + qN_q + cN_c
\end{aligned} \tag{8-21}$$

式中，承载力系数 $N_\gamma = \tan\left(45° + \frac{\varphi}{2}\right)\left[e^{\pi\tan\varphi}\tan^2\left(45° + \frac{\varphi}{2}\right) - 1\right]$，由表 8-3 查得。

承载力系数 N_c、N_q、N_γ 取值表　　　　表 8-3

$\varphi/(°)$	0	5	10	15	20	25	30	35	40	45
N_c	5.14	6.49	8.35	11.0	14.8	20.7	30.1	46.1	75.3	133.9
N_q	1.00	1.57	2.47	3.94	6.40	10.7	18.4	33.3	64.2	134.9
N_γ	0	0.62	1.75	3.82	7.71	15.2	30.1	62.0	135.5	322.7

8.4.2　太沙基极限承载力计算理论

实际上，地基土是有质量的介质，即 $\gamma \neq 0$；基础底面并不完全光滑，而

230

是粗糙的，基础与地基之间存在着摩擦力。摩阻力阻止了基底处剪切位移的发生，因此直接在基底以下的土不发生破坏而处于弹性平衡状态，此部分土体称为弹性楔体（或称为弹性核），如图 8-9(a)中的Ⅰ区。由于荷载的作用，基础向下移动，弹性楔体与基础成为整体向下移动。弹性楔体向下移动时，挤压两侧地基土体，使两侧土体达到极限平衡状态，地基土随之破坏。

1943 年，太沙基(K. Terzaghi)在求解地基极限承载力公式时作了如下三条假设：(1)条形基础底面是粗糙的；(2)除弹性楔体外，滑动区域范围内的土体均处于塑性平衡状态；(3)基础底面以上两侧的土体用相当均布荷载 $q=\gamma d$ 代替。根据这三条假设，滑动面的形状如图 8-9(a)所示。

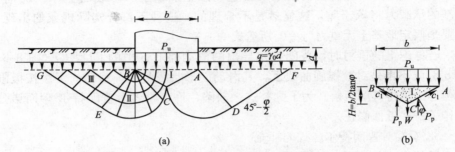

图 8-9 太沙基承载力课题
(a)地基滑动面形状；(b)土楔 ABC 受力示意图

滑动土体共分为三个区：Ⅰ区为基础下的弹性楔体（弹性核），代替普朗特尔解的朗肯主动区，与水平面呈 φ 角。Ⅱ区为过渡区，假定与普朗特尔公式一样，滑动面一组是通过 A、B 点的辐射线，另一组是对数螺旋曲线 CD、CE。前面已指出，如果考虑土的重度时，滑动面就不会是对数螺旋曲线，太沙基也忽略了土的重度对滑动面的影响，也是一种近似解。由于滑动面 AC 与 CD 间的夹角应该等于 $(90°+\varphi)$，所以对数螺旋曲线在 C 点切线是竖直的。Ⅲ区为朗肯被动状态区，即处于被动极限平衡状态。滑动面 AD 及 DF 与水平面呈 $\left(45°-\dfrac{\varphi}{2}\right)$ 角。

弹性体形状确定后，以图 8-9(a)中的弹性楔体 ABC 为隔离体，分析其力的平衡条件来推求地基的极限承载力。如图 8-9(b)所示，在弹性楔体上受到下列诸力的作用：

(1) 弹性土楔的自重，竖直向下，其值为：

$$W=\frac{1}{2}\gamma Hb=\frac{1}{4}\gamma b^2\tan\varphi \tag{8-22}$$

(2) AB 面（即基底面）上的极限荷载，竖直向下，它等于地基极限承载力 p_u 与基础宽度 b 的乘积，即：

$$P_u=p_u b \tag{8-23}$$

(3) 弹性楔体两斜面 AC、BC 上总的黏聚力 C，与斜面平行、方向向上，它等于土的黏聚力 c 与 $\overline{AC}$、$\overline{BC}$ 的乘积，即：

$$C=c\,\overline{AC}=c\,\overline{BC}=\frac{cb}{2\cos\varphi} \tag{8-24}$$

（4）作用在弹性楔体两斜面上的反力 P_p，它与 AC、BC 面的法线呈 φ 角。

现将上述各力，在竖直方向建立平衡方程，即：

$$P_u = 2C\sin\varphi + 2P_p - W \tag{8-25}$$

$$p_u = c\tan\varphi + 2\frac{P_p}{b} - \frac{1}{4}\gamma b\tan\varphi \tag{8-26}$$

若被动力 P_p 为已知，就可按式(8-24)求得极限荷载 p_u。

被动力 P_p 是由土的重度 γ、黏聚力 c 及超载 q 三种因素引起的总值，要精确地求得它是很困难的。太沙基从实际工程要求的精度出发作了适当简化，认为浅基础的地基极限承载力可近似地假设为分别由三种情况近似结果的总和：①土是无质量、有黏聚力和内摩擦角，没有超载，即 $\gamma=0$，$c\neq0$，$\varphi\neq0$，$q=0$；②土是无质量、无黏聚力，但有内摩擦角、有超载，即 $\gamma=0$，$c=0$，$\varphi\neq0$，$q\neq0$；③土是有质量的，没有黏聚力，但有内摩擦角，没有超载，即 $\gamma\neq0$，$c=0$，$\varphi\neq0$，$q=0$。即：$P_p = P_{p\gamma} + P_{pq} + P_{pc}$。代入式(8-24)，经整理后得到太沙基极限承载力计算公式为：

$$p_u = \frac{1}{2}\gamma bN_\gamma + qN_q + cN_c \tag{8-27}$$

$$N_q = \frac{e^{\frac{3}{2}(\pi-\varphi)\tan\varphi}}{2\cos^2\left(45°+\frac{\varphi}{2}\right)} \tag{8-28}$$

$$N_c = (N_q-1)\cot\varphi \tag{8-29}$$

式中　N_γ、N_q、N_c——承载力系数，都是土的内摩擦角 φ 的函数。

但是，对 N_γ 太沙基未给出显式，需用试算法求得。各承载力系数可通过表 8-4 查得。

太沙基承载力系数 N_γ、N_q、N_c 取值表　　　　表 8-4

$\varphi(°)$	N_γ	N_q	N_c	$\varphi(°)$	N_γ	N_q	N_c
0	0	1.00	5.7	24	8.6	11.4	23.4
2	0.23	1.22	6.5	26	11.5	14.2	27.0
4	0.39	1.48	7.0	28	15	17.8	31.6
6	0.63	1.81	7.7	30	20	22.4	37.0
8	0.86	2.2	8.5	32	28	28.7	44.4
10	1.20	2.68	9.5	34	36	36.6	52.8
12	1.66	3.32	10.9	36	50	47.2	63.6
14	2.20	4.00	12.0	38	90	61.2	77.0
16	3.0	4.91	13.6	40	130	80.5	94.8
18	3.9	6.04	15.5	42		109.4	119.5
20	5.0	7.42	17.6	44		147.0	151.0
22	6.5	9.17	20.2	45	326	173	172

几点说明：

（1）当把基础底面假定为完全光滑时，则基底以下的弹性楔体就不存在，

（231）

而成为朗肯主动区了。整个滑动区域将完全与普朗特尔的情况相同。因此，由 c、q 所引起的承载力系数公式即可直接取用普朗特尔的结果，而由土重度 γ 所引起的承载力系数则采用下列经验公式来表示，即：

$$N_\gamma = 1.8 N_c \tan^2\varphi \qquad (8\text{-}30)$$

再代入式(8-25)中，即可求得基础底面完全光滑情况下的地基极限承载力。

（2）太沙基承载力公式都是在整体剪切破坏的条件下得到的。对于局部剪切破坏时的承载力，他建议先把土的强度指标进行修正，即：

$$c' = \frac{2}{3}c \qquad (8\text{-}31)$$

$$\tan\varphi' = \frac{2}{3}\tan\varphi \quad \text{或} \quad \varphi' = \arctan'\left(\frac{2}{3}\tan\varphi\right) \qquad (8\text{-}32)$$

再用修正后的 c'、φ'，就可计算局部剪切破坏时松软土的地基承载力：

$$p_u = \frac{1}{2}\gamma b N'_\gamma + q N'_q + c' N'_c \qquad (8\text{-}33)$$

式中　N'_c、N'_q、N'_γ——修正后承载力系数，都是土的内摩擦角 φ' 的函数。

（3）当基础不是条形时，太沙基建议按以下公式计算：

对于边长为 b 的方形基础

$$p_u = 0.4\gamma b N_\gamma + q N_q + 1.2 c N_c \text{（整体破坏）} \qquad (8\text{-}34a)$$

$$p_u = 0.4\gamma b N'_\gamma + q N''_q + 1.2 c' N'_c \text{（局部破坏）} \qquad (8\text{-}34b)$$

对于半径为 R 的圆形基础

$$p_u = 0.6\gamma R N_\gamma + q N_q + 1.2 c N_c \text{（整体破坏）} \qquad (8\text{-}35a)$$

$$p_u = 0.6\gamma R N'_\gamma + q N''_q + 1.2 c' N'_c \text{（局部破坏）} \qquad (8\text{-}35b)$$

对于边长为 b 和 l 的矩形基础可按 b/l 值在条形基础($b/l=0$)和和方形基础($b/l=1$)之间内插求得极限承载力。

【例题 8-3】　某办公楼采用砖混结构条形基础。设计基础底宽 $b=2.00\text{m}$，基础埋深 $d=1.50\text{m}$。地基为粉土，天然重度 $\gamma=18.0\text{kN/m}^3$，内摩擦角 $\varphi=30°$，黏聚力 $c=10\text{kPa}$。地下水位深 7.5m。计算此地基的极限荷载（假定基底完全粗糙）。

【解】　应用太沙基条形基础极限荷载公式(8-25)求得：

$$p_u = \frac{1}{2}\gamma b N_\gamma + q N_q + c N_c$$

式中各 N_c、N_q、N_γ 承载力系数根据土的内摩擦角 $\varphi=30°$ 查表 8-4 得 $N_c=37.0$、$N_q=22.4$、$N_\gamma=20$。

代入式(8-25)可得地基的极限荷载：

$$p_u = \frac{1}{2}\times 18\times 2.0\times 20 + 18\times 1.5\times 22.4 + 10\times 37.0 = 1334.8\text{kPa}$$

【例题 8-4】　在例题 8-3 中，若地基的内摩擦角改为 $\varphi=20°$，其余条件不变，计算极限荷载。

【解】　根据土的内摩擦角 $\varphi=30°$ 查表 8-4 得承载力系数：

$$N_c = 17.6 \text{、} N_q = 7.42 \text{、} N_\gamma = 5.00 \text{。}$$

代入式(8-25)可得地基的极限荷载：

$$p_u = \frac{1}{2}\gamma b N_\gamma + q N_q + c N_c = \frac{1}{2} \times 18 \times 2.0 \times 5 + 18 \times 1.5 \times 7.42 + 10 \times 17.6 = 466.3 \text{kPa}$$

由例题 8-3 与例题 8-4 的计算结果可见，基础的形式、尺寸与埋深相同，地基土的天然重度 γ 与黏聚力 c 不变，只是内摩擦角由 $\varphi = 30°$ 减少为 $\varphi = 20°$，极限荷载则降低为原来的 35%。由此可知，地基土的内摩擦角 φ 的大小，对极限荷载的影响很大。

8.4.3 魏西克极限承载力计算理论

20 世纪 70 年代，魏西克(A. S. Vesic)提出了条形基础在中心荷载作用下的极限承载力公式：

$$p_u = \frac{1}{2}\gamma b N_\gamma + q N_q + c N_c \tag{8-36}$$

公式的形式虽然与太沙基公式相同，但承载力系数 N_γ、N_q、N_c 取值都有所不同，可按下式计算：

$$N_q = e^{\pi \tan\varphi} \tan^2\left(45° + \frac{\varphi}{2}\right) \tag{8-37}$$

$$N_c = (N_q - 1)\cot\varphi \tag{8-38}$$

$$N_\gamma = 2(N_q + 1)\tan\varphi \tag{8-39}$$

魏西克承载力系数也可查表 8-5。

魏西克承载力系数 N_γ、N_q、N_c取值表   表 8-5

$\varphi(°)$	N_γ	N_q	N_c	$\varphi(°)$	N_γ	N_q	N_c
0	0.00	1.00	5.14	24	9.44	9.60	19.32
2	0.15	1.20	5.63	26	12.54	11.85	22.25
4	0.34	1.43	6.19	28	16.72	14.72	25.80
6	0.57	1.72	6.81	30	22.40	18.40	30.14
8	0.86	2.06	7.53	32	30.22	23.18	35.49
10	1.22	2.47	8.35	34	41.06	29.44	42.16
12	1.60	2.97	9.28	36	56.31	37.75	50.59
14	2.29	3.59	10.37	38	78.03	48.93	61.35
16	3.06	4.34	11.63	40	109.41	64.20	75.31
18	4.07	5.26	13.10	42	155.55	85.38	93.71
20	5.39	6.40	14.83	44	224.64	115.31	118.37
22	7.13	7.82	16.88	46	330.35	158.51	152.10

应该指出，许多地基极限承载力公式形式相同，其中承载力系数 N_q 和 N_c 相同，而 N_γ 差别较大。魏西克用式(8-37)计算，并指出与实际分析的结果相比较所引起的误差是偏安全的。当 $15° < \varphi < 45°$ 时，误差不超过 10%；当

233

$20°<\varphi<45°$时，误差不超过 5%。

魏西克还研究了基础底面的形状、荷载偏心、倾斜、基础两侧覆盖土层的抗剪强度、基底和地面倾斜、土的压缩性影响等，对承载力公式进行了修正。

1. 基础形状的影响

一般承载力都是根据条形基础导出的。对于方形和圆形基础，采用半经验的基础形状系数加以修正。修正后的极限承载力公式为：

$$p_u = \frac{1}{2}\gamma b N_\gamma S_\gamma + q N_q S_q + c N_c S_c \tag{8-40}$$

式中 S_γ、S_q、S_c——基础形状系数，按下式计算：

矩形基础（宽为 b，长为 l）：

$$S_\gamma = 1 - 0.4\frac{b}{l}, \quad S_q = 1 + \frac{b}{l}\tan\varphi, \quad S_c = 1 + \frac{b}{l}\frac{N_q}{N_c} \tag{8-41}$$

圆形和方形基础：

$$S_\gamma = 0.6, \quad S_q = 1 + \tan\varphi, \quad S_c = 1 + \frac{N_q}{N_c} \tag{8-42}$$

2. 荷载偏心和倾斜的影响

分析表明，荷载的偏心和倾斜都将降低地基极限承载力。当荷载只有偏心时，对于条形基础可采用 $b' = b - 2e$（e 为偏心距）代替原来的宽度 b；若为矩形基础，则用 $b' = b - 2e_b$，$l' = l - 2e_l$ 分别代替原来的 b，l，e_b、e_l 分别为沿基础短边和长边的偏心距。

当荷载倾斜时，可用荷载倾斜系数对承载力加以修正。

当荷载偏心和倾斜都存在时，可按下式计算极限承载力：

$$p_u = \frac{1}{2}\gamma b N_\gamma S_\gamma i_\gamma + q N_q S_q i_q + c N_c S_c i_c \tag{8-43}$$

式中 i_γ、i_q、i_c——荷载倾斜系数，按下式计算：

$$i_\gamma = \left(1 - \frac{H}{Q + b'lc\cot\varphi}\right)^{m+1} \tag{8-44}$$

$$i_q = \left(1 - \frac{H}{Q + b'lc\cot\varphi}\right)^{m} \tag{8-45}$$

$$i_c = \begin{cases} 1 - \dfrac{mH}{b'lcN_c}, & \varphi = 0 \\[2mm] i_q - \dfrac{1-i_q}{N_c\tan\varphi}, & \varphi > 0 \end{cases} \tag{8-46}$$

Q——倾斜荷载在基础底面上的垂直分力；

H——水平分力；

m——系数，由下式确定。

当荷载在短边方向倾斜时：

$$m_b = \frac{2 + (b/l)}{1 + (b/l)} \tag{8-47}$$

当荷载在长边方向倾斜时：

$$m_i = \frac{2+(l/b)}{1+(l/b)} \tag{8-48}$$

条形基础：
$$m_i = 2$$

若荷载在任意方向倾斜：
$$m_n = m_i \cos^2\theta_n + m_b \sin^2\theta_n \tag{8-49}$$

式中　θ_n——荷载在任意方向的倾角。

3. 基础两侧覆盖层抗剪强度的影响

若考虑基础两侧覆盖层抗剪强度，可按下式计算极限承载力：

$$p_u = \frac{1}{2}\gamma b N_\gamma S_\gamma i_\gamma d_\gamma + q N_q S_q i_q d_q + c N_c S_c i_c d_c \tag{8-50}$$

式中　d_γ、d_q、d_c——基础埋深修正系数，$d_\gamma = 1$，其余按下式计算：

$$d_q = \begin{cases} 1+2\tan\varphi(1-\sin\varphi)^2(d/b) & d\leqslant b \\ 1+2\tan\varphi(1-\sin\varphi)^2\tan^{-1}(d/b) & d>b \end{cases} \tag{8-51}$$

$$d_c = \begin{cases} 1+0.4(d/b) & \varphi=0,\ d\leqslant b \\ 1+0.4\tan^{-1}(d/b) & \varphi=0,\ d>b \\ d_q - \dfrac{1-d_q}{N_c\tan\varphi} & \varphi>0 \end{cases} \tag{8-52}$$

8.4.4　汉森极限承载力计算理论

1. 极限承载公式

与魏西克公式相似，汉森(J. B Hanson)在极限承载力公式中也考虑了基础形状与荷载倾斜的影响，其形式如下：

$$p_u = \frac{1}{2}\gamma b' N_\gamma S_\gamma i_\gamma + q N_q S_q i_q d_q + c N_c S_c i_c d_c \tag{8-53}$$

式中　　　b'——基础有效宽度，$b' = b - 2e_b$，e_b为合力作用点的偏心距；
N_γ、N_q、N_c——承载力系数，根据地基土的内摩擦角 φ 值查表8-6确定。
S_γ、S_q、S_c——基础形状系数，按下式近似计算：

$$S_\gamma = 1 - 0.4 i_\gamma \frac{b'}{l'}, \quad S_q = S_c = 1 + 0.2 i_c \frac{b'}{l'} \tag{8-54}$$

对于条形基础：$S_\gamma = S_q = S_c = 1$
d_q、d_c——基础埋深修正系数，近似按下式计算：

$$d_q = 1 + 2\tan\varphi(1-\sin\varphi)^2(d/b) \tag{8-55}$$

$$d_c = 1 + 0.35\frac{d}{b} \tag{8-56}$$

i_γ、i_q、i_c——荷载倾斜系数，与荷载的倾斜角 δ 有关，根据 δ 和 φ 查表8-7确定。

从上述公式可知，汉森公式考虑的承载力影响因素是比较全面的，在国外许多设计规范中得到广泛的采用，西欧运用颇多。我国上海、天津等地区用汉森公式进行工程校核，其结果较满意，与《建筑地基基础设计规范》GB 50007基本吻合。

汉森承载力系数 N_γ、N_q、N_c取值表　　　　　　表 8-6

$\varphi(°)$	N_γ	N_q	N_c	$\varphi(°)$	N_γ	N_q	N_c
0	0.00	1.00	5.14	24	6.90	9.61	19.33
2	0.01	1.20	5.69	26	9.53	11.83	22.25
4	0.05	1.43	6.17	28	13.13	14.71	25.80
6	0.14	1.72	6.82	30	18.09	18.40	30.15
8	0.27	2.06	7.52	32	24.95	23.18	35.50
10	0.47	2.47	8.35	34	34.54	29.45	42.18
12	0.76	2.97	9.29	36	48.08	37.77	50.61
14	1.16	3.58	10.37	38	67.43	48.92	61.36
16	1.72	4.33	11.62	40	95.51	64.23	75.36
18	2.49	5.25	13.09	42	136.72	85.36	93.69
20	3.54	6.40	14.83	44	198.77	115.35	118.41
22	4.96	7.82	16.89	45	240.95	134.86	133.86

倾斜系数 i_γ、i_q、i_c取值表　　　　　　表 8-7

$\varphi(°)$ $\diagdown$ $\tan\delta$ i	0.1			0.2			0.3			0.4		
	i_γ	i_q	i_c	i_γ	i_q	i_c	i_γ	i_q	i_c	i_γ	i_q	i_c
6	0.643	0.802	0.526									
7	0.689	0.830	0.638									
8	0.707	0.841	0.691									
9	0.719	0.848	0.728									
10	0.724	0.851	0.750									
11	0.728	0.853	0.768									
12	0.729	0.854	0.780	0.396	0.629	0.441						
13	0.729	0.854	0.791	0.426	0.653	0.501						
14	0.731	0.855	0.798	0.444	0.666	0.537						
15	0.731	0.855	0.806	0.456	0.675	0.565						
16	0.729	0.854	0.810	0.462	0.680	0.583						
17	0.728	0.853	0.814	0.466	0.683	0.600	0.202	0.449	0.304			
18	0.726	0.852	0.817	0.469	0.685	0.611	0.234	0.484	0.362			
19	0.724	0.851	0.820	0.471	0.686	0.621	0.250	0.500	0.397			
20	0.721	0.849	0.821	0.472	0.687	0.629	0.261	0.510	0.420			
21	0.719	0.848	0.822	0.471	0.686	0.635	0.267	0.517	0.438			
22	0.716	0.846	0.823	0.469	0.685	0.637	0.271	0.521	0.451	0.100	0.317	0.217
23	0.712	0.844	0.824	0.468	0.684	0.643	0.275	0.524	0.462	0.122	0.350	0.266
24	0.711	0.843	0.824	0.465	0.682	0.645	0.276	0.525	0.470	0.134	0.365	0.291
25	0.706	0.840	0.823	0.462	0.680	0.648	0.277	0.526	0.477	0.140	0.374	0.310

$\varphi(°)$ \ $\tan\delta$	0.1			0.2			0.3			0.4		
	i_γ	i_q	i_c	i_γ	i_q	i_c	i_γ	i_q	i_c	i_γ	i_q	i_c
26	0.702	0.838	0.823	0.460	0.678	0.648	0.276	0.525	0.481	0.145	0.381	0.324
27	0.699	0.836	0.823	0.456	0.675	0.649	0.275	0.524	0.485	0.148	0.384	0.334
28	0.694	0.833	0.821	0.452	0.672	0.648	0.274	0.523	0.488	0.149	0.386	0.341
29	0.691	0.831	0.820	0.448	0.669	0.648	0.273	0.520	0.489	0.150	0.387	0.348
30	0.686	0.828	0.819	0.444	0.666	0.646	0.268	0.518	0.490	0.150	0.387	0.352
31	0.682	0.826	0.817	0.438	0.662	0.645	0.265	0.515	0.490	0.150	0.387	0.356
32	0.676	0.822	0.814	0.434	0.659	0.643	0.262	0.512	0.490	0.148	0.385	0.357
33	0.672	0.820	0.813	0.428	0.654	0.640	0.258	0.508	0.489	0.146	0.382	0.358
34	0.668	0.817	0.811	0.422	0.650	0.638	0.254	0.504	0.486	0.144	0.380	0.358
35	0.663	0.814	0.808	0.417	0.646	0.635	0.250	0.500	0.485	0.142	0.377	0.358
36	0.658	0.811	0.806	0.411	0.641	0.631	0.245	0.495	0.482	0.140	0.374	0.357
37	0.653	0.808	0.803	0.404	0.636	0.628	0.240	0.490	0.478	0.137	0.370	0.355
38	0.646	0.804	0.800	0.398	0.631	0.624	0.235	0.485	0.474	0.133	0.365	0.352
39	0.642	0.801	0.797	0.392	0.626	0.619	0.230	0.480	0.470	0.130	0.361	0.349
40	0.635	0.797	0.794	0.386	0.621	0.615	0.226	0.475	0.466	0.127	0.356	0.346
41	0.629	0.793	0.790	0.377	0.614	0.609	0.219	0.468	0.461	0.123	0.351	0.342
42	0.623	0.789	0.787	0.371	0.609	0.605	0.213	0.462	0.456	0.119	0.345	0.337
43	0.616	0.785	0.783	0.365	0.604	0.600	0.208	0.456	0.451	0.115	0.339	0.333
44	0.610	0.781	0.779	0.356	0.597	0.594	0.202	0.449	0.444	0.111	0.333	0.327
45	0.602	0.776	0.775	0.349	0.591	0.588	0.195	0.442	0.438	0.107	0.327	0.322

2. 地基为多层土时的计算

（1）对于成层土所组成的地基，如图 8-10 所示。当各土层的强度相差不太悬殊的情况下，汉森建议先按下式近似确定持力层的最大深度：

$$z_{max}=\lambda b \tag{8-57}$$

式中　λ——系数，根据土层平均内摩擦角 $\bar{\varphi}$ 和荷载的倾角 δ 从表 8-8 中查取。

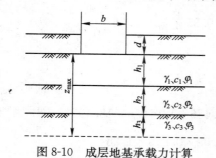

图 8-10　成层地基承载力计算

	λ　值　表 8-8		
$\tan\delta$	$\bar{\varphi}$		
	$\leqslant 20°$	$21°\sim 35°$	$36°\sim 45°$
$\leqslant 0.2$	0.6	1.20	2.00
$0.21\sim 0.30$	0.4	0.90	1.60
$0.31\sim 0.40$	0.2	0.60	1.20

（2）将持力层范围内土的重度和强度指标按层厚求其平均值，即：

$$\bar{\gamma}=\frac{\sum\gamma_i h_i}{\sum h_i} \tag{8-58}$$

237

$$\bar{c}=\frac{\sum c_i h_i}{\sum h_i} \tag{8-59}$$

$$\bar{\varphi}=\frac{\sum \varphi_i h_i}{\sum h_i} \tag{8-60}$$

式中 γ_i、c_i、φ_i——第 i 层土的重度、黏聚力和内摩擦角；

h_i——第 i 层土的厚度。

具体应用时，一般先假定土层的平均内摩擦角 $\bar{\varphi}$，从表 8-8 中查得 λ 值，并按式(8-58)求出 $z_{\max}$，然后算出 $\bar{\gamma}$、$\bar{c}$、$\bar{\varphi}$。若计算所得的 $\bar{\varphi}$ 与假定不符，则应重新试算，直至符合为止。最后，将平均的 $\bar{\gamma}$、$\bar{c}$ 及 $\bar{\varphi}$ 代入极限承载力公式中进行计算。

【例题 8-5】 某工程设计采用天然地基，浅埋矩形基础。基础底面尺寸：长度 $l=4.00$m，宽度 $b=2.00$m，基础埋深 $d=1.50$m。地基为粉质黏土，天然重度 $\gamma=18$kN/m³，内摩擦角 $\varphi=30°$，黏聚力 $c=10$kPa。地下水位埋深 8.90m。荷载倾斜角(1)$\delta=5°42'$；(2)$\delta=16°42'$。试按汉森公式计算其地基极限荷载。

【解】 (1) 荷载倾斜角 $\delta=5°42'$ 的情况，应用式(8-51)：

$$p_u=\frac{1}{2}\gamma b' N_\gamma S_\gamma i_\gamma + q N_q S_q i_q d_q + c N_c S_c i_c d_c$$

根据土的内摩擦角 $\varphi=30°$ 查表 8-6 得承载力系数 $N_\gamma=18.09$、$N_q=18.40$、$N_c=30.15$。

由 $\varphi=30°$ 和 $\delta=5°42'$ 即 $\tan\delta=0.1$ 查表 8-7 得倾斜系数 $i_\gamma=0.686$、$i_q=0.828$、$i_c=0.819$。

按式(8-52)计算基础形状系数：

$$S_\gamma=1-0.4 i_\gamma \frac{b'}{l'}=1-0.4\times0.686\times\frac{2.00}{4.00}=0.86$$

$$S_q=S_c=1+0.2 i_c \frac{b'}{l'}=1+0.2\times0.819\times\frac{2.00}{4.00}=1.08$$

按式(8-53)、式(8-54)计算基础埋深修正系数：

$$d_q=1+2\tan\varphi(1-\sin\varphi)^2(d/b)=1+2\tan30°(1-\sin30°)^2(2.00/4.00)=1.14$$

$$d_c=1+0.35\frac{d}{b}=1+0.35\frac{1.50}{2.00}=1.26$$

将上列数据代入式(8-54)得：

$$p_u=\frac{1}{2}\gamma b' N_\gamma S_\gamma i_\gamma + q N_q S_q i_q d_q + c N_c S_c i_c d_c$$

$$=\frac{1}{2}\times18\times2\times18.09\times0.86\times0.686+18\times1.5\times18.40\times1.08\times$$

$$0.828\times1.14+10\times30.15\times1.08\times0.819\times1.26$$

$$=1034.6 \text{kPa}$$

(2) 荷载倾斜角 $\delta=16°42'$ 的情况，同理应用式(8-54)，承载力系数、基础形状系数、埋深修正系数均不变，只有倾斜系数变化。

由 $\varphi=30°$ 和 $\delta=16°42'$ 即 $\tan\delta=0.3$ 查表 8-7 得倾斜系数 $i_\gamma=0.268$、$i_q=$

0.518、$i_c=0.490$。

代入式(8-51)得：

$$p_u=\frac{1}{2}\gamma b'N_\gamma S_\gamma i_\gamma+qN_qS_qi_q^*d_q+cN_cS_ci_cd_c$$

$$=\frac{1}{2}\times18\times2\times18.09\times0.86\times0.268+18\times1.5\times18.40\times1.08\times$$

$$0.518\times1.14+10\times30.15\times1.08\times0.490\times1.26=593.0kPa$$

由例题 8-5 与例题 8-3 计算结果可知，基础尺寸、埋深与地基土性质相似，荷载倾斜角 δ 不大，地基极限荷载与无倾斜荷载时相差不大。但当荷载倾斜角 δ 由 $5°42'$ 变为 $16°42'$ 时，地基极限荷载降低为 57%，不可忽视。

【例题 8-6】 有一宽为 4m 的条形基础，埋置在中砂层下 2m 深处，其上作用着倾斜的中心荷载(竖直分力为 900kN/m、水平分力为 150kN/m)。中砂层的内摩擦角 $\varphi=32°$，天然重度 $\gamma=18.5kN/m^3$，有效重度 $\gamma'=9.5kN/m^3$。距基底 2m 处有一粉质黏土层，其固结不排水剪的强度指标为 $c=18kPa$、$\varphi=22°$，有效重度 $\gamma'=9.7kN/m^3$。设地下水位与基底齐平，试按汉森公式确定地基的极限承载力。

【解】 荷载的倾斜率 $\tan\delta=\dfrac{150}{900}=0.17$。

该地基属层状地基，应先确定持力层的最大深度 Z_{max} 值。假定土层的平均内摩擦角 $\bar{\varphi}=21°\sim35°$，从表 8-8 查得 $\lambda=1.20$。于是，由式(8-55)可得：

$$Z_{max}=\lambda b=1.20\times4=4.80m$$

从而可求出持力层内土层的平均指标为：

$$\bar{\gamma}=\frac{\Sigma\gamma_ih_i}{\Sigma h_i}=\frac{9.5\times2+9.7\times(4.80-2)}{4.80}=9.6kN/m^3$$

$$\bar{c}=\frac{\Sigma c_ih_i}{\Sigma h_i}=\frac{0\times2+18\times(4.80-2)}{4.80}=10.5kPa$$

$$\bar{\varphi}=\frac{\Sigma\varphi_ih_i}{\Sigma h_i}=\frac{32\times2+22\times(4.80-2)}{4.80}=26°$$

求得的 $\bar{\varphi}$ 在假定的范围之内，于是由 $\bar{\varphi}=26°$，查表 8-6 得承载力系数 $N_\gamma=9.53$、$N_q=11.83$、$N_c=22.25$；查表 8-7 得倾斜系数 $i_\gamma=0.53$、$i_q=0.73$、$i_c=0.70$。

由式(8-53)、式(8-54)可求得基础埋深修正系数：

$$d_q=1+2\tan\varphi(1-\sin\varphi)^2(d/b)=1+2\tan26°(1-\sin26°)^2(2/4)=1.158$$

$$d_c=1+0.35\frac{d}{b}=1+0.35\times\frac{2}{4}=1.175$$

最后，由式(8-54)求得地基承载力为：

$$p_u=\frac{1}{2}\gamma b'N_\gamma S_\gamma i_\gamma+qN_qS_qi_qd_q+cN_cS_ci_cd_c$$

$$=\frac{1}{2}\times9.6\times4\times9.53\times0.53+18.5\times2\times11.83\times0.73\times1.158+$$

$$10.5\times22.25\times1.175\times0.70=659.25kPa$$

8.5 影响地基承载力因素分析

地基的极限荷载与建筑物的安全与经济密切相关，尤其对重大工程或承受倾斜荷载的建筑物更为重要。各类建筑物采用不同的基础形式、尺寸、埋深，置于不同地基土质情况下，极限荷载的大小可能相差悬殊。影响地基承载力的因素很多，可归纳为以下几个方面：

8.5.1 地基的破坏形式

在极限荷载作用下，地基发生破坏的形式有多种，通常地基发生整体剪切破坏时，极限荷载大；地基发生刺入剪切破坏时，极限荷载小。现分述如下：

（1）地基整体剪切破坏

当地基土良好或中等，上部荷载超过地基极限荷载 p_u 时，地基中塑性变形区扩展连成整体，导致地基发生整体剪切破坏。若地基中有软弱的夹层，则必然沿着软弱夹层滑动；若为均匀地基，则滑动面为曲面；理论计算中，滑动曲线近似采用折线、圆弧或两端为直线中间为曲线表示。

（2）地基局部剪切破坏

当基础埋深大、加荷速率快时，因基础旁侧荷载 $q = \gamma d$ 大，阻止地基整体滑动，使地基发生基础底部局部剪切破坏。

（3）刺入剪切破坏

若地基为松砂或软土，在外荷作用下使地基产生大量沉降，基础竖向切入土中，发生刺入剪切破坏。

8.5.2 地基土的指标

地基土的物理力学指标很多，与地基极限荷载有关的主要是土的强度指标黏聚力 c、内摩擦角 φ 和土的重度 γ。地基土的 c、φ、γ 越大，则极限荷载 p_u 也越大。

（1）土的黏聚力

如地基土的黏聚力 c 增大，则极限荷载一般公式中的第三项增大，即 p_u 增大。

（2）土的内摩擦角

土的内摩擦角 φ 的大小，对地基极限荷载的影响最大。如 φ 越大，即 $\tan\left(45° + \dfrac{\varphi}{2}\right)$ 越大，则承载力系数 N_γ、N_q 和 N_c 都大，对极限荷载 p_u 计算公式中三项数值都起作用，故极限荷载值就越大。

（3）土的重度

地基土的重度 γ 增大时，极限荷载公式中第一、二两项增大，即 p_u 增大。例如松砂地基采用强夯法压密，使 γ 增大（同时 φ 也增大）则极限荷载增大，即地基承载力提高。

土的重度除了与土的种类有关外，还将受到地下水位的影响。若地下水位在理论滑动面以下，则土的重度一律采用湿重度。若地下水位从理论滑动面以下上升到地面或地面以上，则土的重度由原来的天然湿重度降为有效重度（浮重度），此时地基的承载力也将相应地降低。这种情况，对于 c 为零的无黏性土尤为显著。因为无黏性土的承载力将与土的重度成正比地减小。一般土的浮重度约为湿重度的一半，所以承载力也仅为原来的50%左右。

8.5.3 基础的宽度

地基的承载力不仅决定于土的性质，而且与基础的尺寸和形状有关。基础设计宽度 b 加大时，地基极限荷载公式第一项增大，即 p_u 增大。因此，工程上常采用加大基础宽度来提高地基的承载力，借以增加地基的稳定性。但是，根据一些研究指出，当基础的宽度达到某一数值以后，承载力不再随着宽度的增加而增加。因此，不能无限制地采取加大基础宽度的办法来提高承载力。《港口工程技术规范》第五篇中规定，当 $b > 8m$ 时就采用 $b = 8m$ 进行宽度修正，其限制也含有此意。

另外，对于黏土地基，由于宽度增加，虽然基底压力减小，但应力影响深度增加，有可能使基础的沉降加大。

在饱和软土地基中，b 增大后对 p_u 几乎没有影响，这是因为饱和软土地基的内摩擦角 $\varphi = 0$，则承载力系数 $N_\gamma = 0$，无论 b 增大多少，p_u 的第一项均为零。

8.5.4 基础的埋置深度、覆盖层抗剪强度

增加基础的埋深 d 同样可以提高地基的承载力。当基础埋深 d 增大时，则基础旁侧荷载 $q = \gamma d$ 增加，即极限荷载公式第二项增加，因而 p_u 也增大。另外，由于埋置深度增加，基底的净压力将减少，相应地可以减少基础的沉降。因此，增加埋深对提高软黏土地基的稳定性和减少沉降均有明显效果，常被采用。但基础埋置越深，基坑开挖也越困难。

此外，基底以上覆盖层抗剪强度越高，地基承载力显然越高，因而基坑开挖的大小和施工回填质量的好坏对地基承载力有影响。

8.5.5 荷载作用方向

（1）荷载为倾斜方向

倾斜角 δ 越大，则相应的倾斜系数 i_γ、i_q、i_c 就越小，因而极限荷载 p_u 也越小，反之则越大。倾斜荷载为不利因素。

（2）荷载为竖直方向

即倾斜角 $\delta = 0$，倾斜系数 $i_\gamma = i_q = i_c = 1$，则极限荷载大。

8.5.6 荷载作用时间

（1）荷载作用时间短暂

若荷载作用时间很短，如地震荷载，则极限荷载可以提高。

（2）荷载长时期作用

如地基为高塑性黏土，呈可塑或软塑状态，在长时期荷载作用下，使土产生蠕变，降低土的强度，即极限荷载降低。例如，伦敦附近威伯列铁路通过一座 17m 高的山坡，修筑 9.5m 高挡土墙支挡山坡土体，正常通车 13 年后，土坡因黏土强度降低而滑动，长达 162m 的挡土墙移滑达 6.1m。

总之，地基承载力的确定是一个比较复杂的问题，影响因素较多。其大小除了与地基土的性质有关以外，还取决于基础的形状、荷载作用方式以及建筑物对沉降控制要求等多种因素。因此，在进行地基稳定验算时需要综合分析各种因素对地基承载力的影响，以确定一个切合工程实际情况的地基承载力值。

思考题

8-1 浅基础的地基破坏模式有哪几种？其中整体剪切破坏的过程和特征怎样？地基的破坏形式分别在什么情况下容易发生？

8-2 何谓地基的临塑荷载？临塑荷载如何计算？有何用途？根据临塑荷载设计是否需除以安全系数？临塑荷载、临界荷载与极限荷载三者有什么关系？

8-3 什么是地基的极限荷载？理论计算公式有哪些？它们有何优缺点？其适用条件是什么？地基的极限荷载是否可作为地基承载力？

8-4 为何地基的极限荷载有时相差悬殊？极限荷载的大小取决于哪些因素？地下水位的升降对地基承载力有无影响？通常什么因素对极限荷载的影响最大？

习题

8-1 某条形基础埋置深度 $d=1.2$m，地基土 $\gamma=18.0$kN/m^3，内摩擦角 $\varphi=15°$，黏聚力 $c=25.0$kPa。试计算该地基的临塑荷载 p_{cr}。

8-2 某条形基础宽 $b=5.0$m，基础埋置深度 $d=1.2$m，地基土 $\gamma=18.0$kN/m^3，内摩擦角 $\varphi=22°$，黏聚力 $c=15.0$kPa。（1）试计算该地基的临塑荷载 p_{cr} 及临界荷载 $p_{1/4}$。（2）若该地基属于整体剪切破坏，试分别采用太沙基公式及汉森公式确定其极限承载力。（3）若安全系数取 3，试计算地基极限承载力值，并与其临界荷载 $p_{1/4}$ 进行比较。

第9章
土坡稳定分析

本章知识点

> 1. 了解土坡的基本类型、土坡失稳原因及形态；
> 2. 重点掌握无黏性土坡和黏性土坡的稳定性的基本分析方法；
> 3. 了解复杂土坡稳定分析的若干方法；
> 4. 掌握土坡稳定分析中的若干关键技术问题；掌握条分法的基本概念及在黏性土坡稳定性分析中的应用，确定黏性土坡最危险滑裂面的方法；
> 5. 了解土坡稳定分析中一些较为特殊的技术问题。

9.1 概述

9.1.1 基本概念

土坡就是具有倾斜坡面的土体，土坡可分为天然土坡与人工土坡。天然土坡是由于地质作用自然形成的土坡，如天然河道的土坡、山麓堆积的坡积层等；人工土坡是由人工开挖或回填而形成的土坡，如坝、防波堤、公路及铁路的路堤、人工开挖的引河、基坑等。土坡的简单外形和各部位的名称如图 9-1 所示。

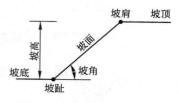

图 9-1 土坡各部位名称

由于土坡表面倾斜，使得土坡在其自身重力及周围其他外力作用下，有从高处向低处滑动的趋势，如果土体内部某个面上的滑动力超过土体抵抗滑动的能力，就会发生滑坡。

9.1.2 土坡失稳原因分析

土坡的失稳受内部和外部因素制约，当超过土体平衡条件时，土坡便发生失稳现象。

1. 土坡失稳内部因素

（1）斜坡的土质：各种土质的抗剪强度、抗水能力是不一样的，如钙质或石膏质胶结的土、湿陷性黄土等，遇水后软化，使原来的强度降低很多。

244

（2）斜坡的土层结构：如在斜坡上堆有较厚的土层，特别是当下伏土层（或岩层）不透水时，容易在交界上发生滑动。

（3）斜坡的外形：突肚形的斜坡由于重力作用，比上陡下缓的凹形坡易于下滑；由于黏性土有黏聚力，当土坡不高时尚可直立，但随时间和气候的变化，也会逐渐塌落。

2. 土坡失稳的外部因素

（1）降雨或地下水作用

持续的降雨或地下水渗入土层中，使土中含水量增高，土中易溶盐溶解，土质变软，强度降低；还可使土的重度增加，以及孔隙水压力的产生，使土体作用有动、静水压力，促使土体失稳，故设计斜坡应针对这些原因，采用相应的排水措施。

（2）振动的作用

如地震的反复作用下，砂土极易发生液化；黏性土振动时易使土的结构破坏，从而降低土的抗剪强度；施工打桩或爆破，由于振动也可使邻近土坡变形或失稳等。

（3）人为影响

由于人类不合理的开挖，特别是开挖坡脚；或开挖基坑、沟渠、道路边坡时将弃土堆在坡顶附近；在斜坡上建房或堆放重物时，都可引起斜坡变形破坏。

9.2　无黏性土坡稳定分析

无黏性土坡即是由粗颗粒土所堆筑的土坡。相对而言，无黏性土坡的稳定性分析比较简单，可以分为下面两种情况进行讨论。

9.2.1　均质干坡和水下坡

均质的干坡系指由一种土组成，完全在水位以上的无黏性土坡。水下土坡亦是由一种土组成，但完全在水位以下，没有渗透水流作用的无黏性土坡。在上述两种情况下，只要土坡坡面上的土颗粒在重力作用下能够保持稳定，那么，整个土坡就是稳定的。

在无黏性土坡表面取一小块土体来进行分析（图 9-2）。设该小块土体的重量为 W，其法向分力 $N=W\cos\alpha$，切向分力 $T=W\sin\alpha$。法向分力产生摩擦阻力，阻止土体下滑，称为抗滑力，其值为 $R=N\tan\varphi=W\cos\alpha\tan\varphi$。切向分力 T 是促使小土体下滑的滑动力，则土体的稳定安全系数 F_s 为：

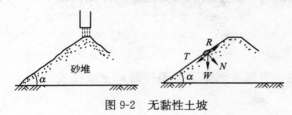

图 9-2　无黏性土坡

$$F_s=\frac{抗滑力}{滑动力}=\frac{R}{T}\frac{W\cos\alpha\tan\varphi}{W\sin\alpha}=\frac{\tan\varphi}{\tan\alpha} \tag{9-1}$$

式中　　φ——土的内摩擦角(°)；

　　　　α——土坡坡角(°)。

由上式可见，当 $\alpha=\varphi$ 时，$F_s=1$，即其抗滑力等于滑动力，土坡处于极限平衡状态，此时的 α 就称为天然休止角。当 $\alpha<\varphi$ 时，土坡就是稳定的。为了使土坡具有足够的安全储备，一般取 $F_s=1.1\sim1.5$。

9.2.2　有渗透水流的均质土坡

当土坡的内、外出现水位差时，例如基坑排水、坡外水位下降时，在挡水土堤内形成渗流场，如果浸润线在下游坡面逸出(图9-3)，这时，在浸润线以下，下游坡内的土体除了受到重力作用外，还受到由于水的渗流而产生的渗透力作用，滑动力加大，抗滑力减小，因而使下游土坡的稳定性降低。

渗流力可用绘流网的方法求得。

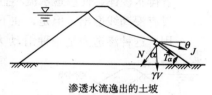

图 9-3　渗透水流逸出的土坡

作法是先绘制流网，求滑弧范围内每一流网网格的平均水力梯度 i，从而求得作用在网格上的渗透(流)力：

$$J_i=\gamma_w i A_i \tag{9-2}$$

式中　　γ_w——水的重度(kN/m³)；

　　　　A_i——网格的面积(m²)。

求出每一个网格上的渗透力 J_i 后，便可求得滑弧范围内渗透力的合力 T_J。将此力作为滑弧范围内的外力(滑动力)进行计算，在滑动力矩中增加一项：

$$\Delta M_s=T_J L_J \tag{9-3}$$

式中　　L_J——T_J 距圆心的距离(m)。

如果水流方向与水平面呈夹角 θ，则沿水流方向的渗透力 $j=\gamma_w i$。在坡面上取土体 V 中的土骨架为隔离体，其有效的重量为 $\gamma'V$。分析这块土骨架的稳定性，作用在土骨架上的渗透力为 $J=jV=\gamma_w iV$。因此，沿坡面的包括重力和渗透力因素的全部滑动力为：

$$T=\gamma'V\sin\alpha+\gamma_w iV\cos(\alpha-\theta) \tag{9-4}$$

而坡面的正压力为：

$$N=\gamma'V\cos\alpha-\gamma_w iV\sin(\alpha-\theta) \tag{9-5}$$

则土体沿坡面滑动的稳定安全系数为：

$$F_s=\frac{N\tan\varphi}{T}=\frac{[\gamma'V\cos-\gamma_w iV\sin(\alpha-\theta)]\tan\varphi}{\gamma'V\sin\alpha+\gamma_w iV\cos(\alpha-\theta)} \tag{9-6}$$

式中　　i——水力梯度；

　　　　γ'——土的浮重度(kN/m³)；

　　　　γ_w——水的重度(kN/m³)；

　　　　φ——土的内摩擦角(°)。

若水流在逸出段顺着坡面流动，即 $\theta=\alpha$。这时，流经路途 ds 的水头损失为 dh，故有

$$i=\frac{\mathrm{d}h}{\mathrm{d}s}=\sin\alpha \tag{9-7}$$

将其代入式(9-6)，得：

$$F_s=\frac{\gamma'\tan\varphi}{\gamma_{sat}\tan\alpha} \tag{9-8}$$

由此可见，当逸出段为顺坡渗流时，土坡稳定安全系数降低 γ'/γ_{sat}。因此，要保持同样的安全度，有渗流逸出时的坡角比没有渗流逸出时要平缓得多。

为了使土坡的设计既经济又合理，在实际工程中，一般要在下游坝址处设置排水棱体，使渗透水流不直接从下游坡面逸出(图9-4)。这时的下游坡面虽然没有浸润线逸出，但是，在下游坡内，浸润线以下的土体仍然受到渗透力的作用。这种渗透力是一种滑动力，它将降低从浸润线以下通过的滑动面的稳定性。这时深层滑动面(如图9-4中虚线表示)的稳定性可能比下游坡面的稳定性差，即危险的滑动面向深层发展。这种情况下，除了要按前述方法验算坡面的稳定性外，还应该用圆弧滑动法验算深层滑动的可能性。

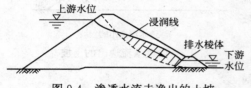

图9-4　渗透水流未逸出的土坡

9.3　黏性土坡稳定分析

9.3.1　瑞典圆弧滑动法

一般而言，黏性土由于黏聚力的存在，黏性土坡不像无黏性土坡一样仅沿坡面表面滑动。研究表明，均质黏性土坡的滑动面为对数螺线曲面，形状近似于圆柱面，由于剪切而破坏的滑动面大多数为曲面，一般在破坏前坡顶先有张裂缝发生，继而沿某一曲线产生整体滑动。在理论分析时可以近似地将其假设为圆弧，如图中虚线所示。建立在这一假定基础上的土坡稳定分析方法称为圆弧滑动法。它是极限平衡法的一种常用分析方法。

瑞典彼得森(K. E. Petterson)于1915年采用圆弧滑动法分析了边坡的稳定性。此后，该法在世界各国的土木工程界得到了广泛的应用。所以，整体圆弧滑动法也被称为瑞典圆弧法。

如图9-6所示为一个均质的黏性土坡，它可能沿圆弧面 AC 滑动。土坡失

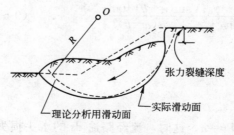

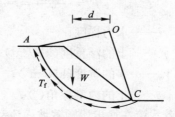

图9-5　黏性土坡的滑动面　　　　图9-6　整体圆弧滑动受力示意图

去稳定就是滑动土体绕圆心 O 发生转动。这里把滑动土体当成一个刚体，滑动土体的重量 W 为滑动力，将使土体绕圆心 O 旋转，滑动力矩 $M_s = Wd$（d 为通过滑动土体重心的竖直线与圆心 O 的水平距离）。

1. 基本假设

均质黏性土坡失去稳定滑动时，滑动土体绕圆心发生转动，其滑动面常近似为圆弧形状，假定滑动面以上的土体为刚性体，即设计中不考虑滑动土体内部的相互作用力，假定土坡稳定属于平面应变问题。

2. 基本公式

取圆弧滑动面以上滑动体为脱离体，土体绕圆心 O 下滑的滑动力矩为 M_s，抗滑力矩 M_R 由两部分组成：

（1）滑动面 AC 上黏聚力产生的抗滑力矩，值为 $M_R = \tau_f \widehat{AC}$。

（2）滑动土体的重量 W 在滑动面上的反力所产生的抗滑力矩。反力的大小和方向与土的内摩擦角 φ 值有关。当 $\varphi = 0$ 时，滑动面是一个光滑曲面，反力的方向必定垂直于滑动面，即通过圆心 O，它不产生力矩，所以，抗滑力矩只有前一项 $c \widehat{AC} R$。这时，可定义黏性土坡的稳定安全系数为：

$$F_s = \frac{抗滑力矩}{滑动力矩} = \frac{M_R}{M_s} = \frac{c_u \widehat{AC} R}{Wd} \tag{9-9}$$

此式即为整体圆弧滑动法计算边坡稳定安全系数的公式。注意，它只适用于 $\varphi = 0$ 的情况。对于饱和黏土，在不排水条件下，$\varphi_u = 0$，$\tau_f = c_u$ 时，滑动面是一个光滑面，反力的方向必垂直于滑动面，即通过圆心 O，不产生力矩。

9.3.2 条分法

1. 条分法基本原理

为了将圆弧滑动法应用于 $\varphi > 0$ 的黏性土，通常采用条分法。当按滑动土体这一整体力矩平衡条件计算分析时，由于滑面上各点的斜率都不相同，自重等外荷载对弧面上的法向和切向作用分力不便按整体计算，因而整个滑动弧面上反力分布不清楚；另外，对于 $\varphi > 0$ 的黏性土坡，特别是土坡为多层土层构成时，求重力大小和重心位置就比较麻烦，故在土坡稳定分析中，为便于计算土体的重量，并使计算的抗剪强度更加精确，常将滑动土体分成若干竖直土条，求各土条对滑动圆心的抗滑力矩和滑动力矩，各取其总和，计算安全系数，这就是条分法的基本原理。

把滑动土体分成若干个土条后，土条的两个侧面分别存在着条块间的作用力。作用在条块 i 上的力，除了重力 W_i 外，条块侧面 ac 和 bd 上作用有法向力 P_i、P_{i+1}，切向力 H_i、H_{i+1}，法向力的作用点至滑动弧面的距离为 h_i、h_{i+1}。滑弧段 cd 的长度 l_i，其上作用着法向力 N_i 和切向力 T_i，T_i 包括黏聚阻力 $c_i \cdot l_i$ 和摩擦阻力 $N_i \cdot \tan\varphi_i$。

考虑到条块的宽度不大，W_i 和 N_i 可以看成是作用于 cd 弧段的中点。在所有的作用力中，P_i、H_i 在分析前一土条时已经出现，可视为已知量，因此，待定的未知量有 P_{i+1}、H_{i+1}、h_{i+1}、N_i 和 T_i 共 5 个。每个土条可以建立三个静力平衡方程和一个极限平衡方程，包括静力平衡方程 $\Sigma F_{xi}=0$，$\Sigma F_{zi}=0$ 和 $\Sigma M_i=0$，极限平衡方程 $T_i=\dfrac{N_i\tan\varphi_i+c_il_i}{F_s}$。

在条分法中，未知数和方程个数是不同的。如果滑动土体分成 n 个条块，则条块间的分界面有 $(n-1)$ 个。土条界面上力的未知量为 $3(n-1)$，滑动面上力的未知量为 $2n$，加上待求的安全系数 F_s，总计未知量个数为 $(5n-2)$。可以建立的静力平衡方程和极限平衡方程为 $4n$ 个。待求未知量与方程数之差为 $(n-2)$。一般条分法计算中，n 在 10 以上，因此是一个高次的超静定问题。为使问题求解，必须进行简化计算。

要使问题得解，必须建立新的条件方程。一般有两个可能的途径：①抛弃刚体平衡的概念，把土当成变形体，通过有限元法对土坡进行应力变形分析，计算滑动面上的应力分布，从而分析土坡的稳定性。②以条分法为基础，但对条块间作用力进行简化假定，以减少未知量或增加方程数。

目前有许多种不同的条分法，其差别都在于采用不同的简化假定上。各种简化假定，大体上分为三种类型：①不考虑条块间作用力或仅考虑其中的一个（瑞典条分法和简化毕肖普法）；②假定条间力的作用方向或规定 P_i 和 H 的比值（折线滑动面分析方法）；③假定条块间力的作用位置，即规定 h_i 的大小，如等于侧面高度的 $1/2$ 或 $1/3$（普遍条分法）。

2. 简单条分法

（1）基本原理

该法假定各土条为刚性体，不考虑土条两侧面间的作用力。所谓瑞典条分法，就是将滑动土体竖直分成若干个土条，把土条看成是刚体，分别求出作用于各个土条上的力对圆心的滑动力矩和抗滑力矩，然后求土坡的稳定安全系数，如图 9-7 所示。

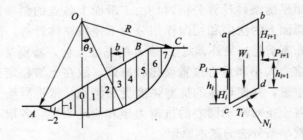

图 9-7 条分法及土条受力示意图

费伦纽斯对非黏性土提出简单土坡最危险的滑弧是通过坡角的圆弧，其圆心 O 是为位于图中 AO 与 CO 两线的交点。

（2）计算步骤

条分法的计算步骤如下：

1）按一定比例尺画坡；

2）确定圆心 O 和半径 R，画弧 AB；

3）分条并编号，为了计算方便，土条宽度可取滑弧半径的 $1/10$，即 $b=$

$0.1R$，以圆心 O 为垂直线，向上顺序编为 0、1、2、3、……，向下顺序为 -1、-2、-3、……，这样，0 条的滑动力矩为 0，0 条以上土条的滑动力矩为正值，0 条以下滑动力矩为负值。其中，令 n 为土数目，L 为滑弧 AB 总长。

4）计算每个土条的自重：$W_i = \gamma h_i b$（h_i 为土条的平均高度）；

5）分解滑动面上的两个分力：$N_i = W_i \cos\theta_i$，$T_i = W_i \sin\theta_i$；

6）计算滑动力矩：$M_T = R \sum\limits_{i=1}^{n} W_i \sin\theta_i$；

7）计算抗滑力矩：$M_R = R\tan\varphi \sum\limits_{i=1}^{n} W_i \cos\theta_i + RcL$；

8）计算稳定安全系数为：

$$F_s = \frac{M_R}{M_T} = \frac{\tan\varphi \sum\limits_{i=1}^{n} W_i \cos\theta_i + cL}{\sum\limits_{i=1}^{n} W_i \sin\theta_i} \tag{9-10}$$

9）求最小安全系数，即找最危险的滑弧，重复 2）～8），选不同的滑弧，求 F_{s1}、F_{s2}、F_{s3}……值，取 F_s 最小者。

该法计算简便，有长时间的使用经验，但工作量大，可用计算机进行，由于它忽略了条间力对 N_i 值的影响，可能低估安全系数 5%～20%。

9.3.3 简化毕肖普法

1. 基本假定

毕肖普法是条分法的一种，假定滑动面是一个圆弧面，考虑土条侧面的作用力，并假定各土条底部滑动面上的抗滑安全系数均相同，即等于整个沿动面的平均安全系数。

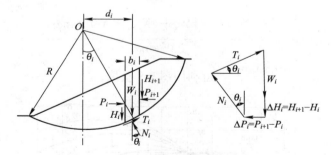

图 9-8 条分法土条受力分析

2. 土条受力分析

如图 9-8 所示，若土条处于静力平衡状态，根据竖向力平衡条件 $\Sigma F_z = 0$，应有：

$$W_i + \Delta H_i = N_i \cos\theta_i + T_i \sin\theta_i, \qquad N_i \cos\theta_i = W_i + \Delta H_i - T_i \sin\theta_i$$

根据满足安全系数为 K 时的极限平衡条件：

整理可得：$T_i = \dfrac{(c_i + \sigma_i \tan\varphi_i) l_i}{F_s} = \dfrac{c_i l_i + N_i \tan\varphi_i}{F_s}$

考虑整个滑动土体的整体力矩平衡条件，各土条的作用力对圆心力矩之和为零。这时条间力 P_i 和 H_i 成对出现。大小相等，方向相反，相互抵消，对圆心不产生力矩。滑动面上的正压力 N_i；通过圆心，也不产生力矩。因此，只有重力 W_i 和滑动面上的切向力 T_i 又对圆心产生力矩。

3. 安全系数计算

由整体力矩平衡，简化后得：

$$\Sigma W_i d_i = \Sigma T_i R, \quad \Sigma W_i R \sin\theta_i = \Sigma \frac{1}{F_s}(c_i l_i + N_i \tan\varphi_i)R$$

这就是毕肖普法的土坡稳定一般计算公式。式中 $\Delta H = H_{i+1} - H_i$ 仍然是未知量。毕肖普进一步假定 $\Delta H = 0$，实际上也就是认为条块间只有水平作用力 P_i 而不存在切向力 H_i，于是上式进一步简化为：

$$F_s = \frac{\Sigma \frac{1}{m_{\theta i}}(c_i b_i + (W_i + \Delta H_i)\tan\varphi_i)}{\Sigma W_i \sin\theta_i} \tag{9-11}$$

毕肖普法提出的土坡稳定系数的含义是整个滑动面上土的抗剪力 T_f 与实际产生剪应力 T 的比，并考虑了各土条侧面间存在着作用力，其原理与方法如下：

假定滑动面是以圆心为 O、半径为 R 的滑弧，从中任取一土条 i 为分离体，其分离体的周边作用力为：土条重 W_i 引起的切向力 T_i 和法向反力 N_i，并分别作用于底面中心处；土条侧面作用法向力 E_i、E_{i+1} 和切向力 X_i、X_{i+1}。

根据静力平衡条件和极限平衡状态时各土条力对滑动圆心的力矩之和为零等，可得毕肖普法求土坡稳定系数的普遍公式，即

$$F_s = \frac{\Sigma \frac{1}{m_{\theta i}}\{c_i l_i \cos a_i + [W_i + (X_{i+1} - X_i)]\tan\varphi_1\}}{\Sigma W_i \sin a_i} \tag{9-12}$$

或

$$F_s = \frac{\Sigma \frac{1}{m_{\theta i}}\{c_i b_i + [W_i + (X_{i+1} - X_i)]\tan\varphi_i\}}{\Sigma W_i \sin a_i} \tag{9-13}$$

式中 $m_{\theta i} = \cos a_i + \dfrac{\sin a_i \tan\varphi_i}{F_s}$，可利用图 9-9 查取。

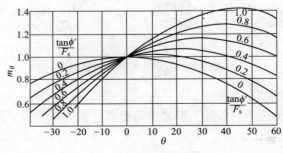

图 9-9 m_θ 值曲线图

上式用起来十分繁杂，毕肖普忽略了条间切向力，即 $X_{i+1} - X_i = 0$，这样就得到了国内外广泛使用的毕肖普简化式

$$F_s = \frac{\sum \dfrac{1}{m_{\theta i}}(c_i l_i \cos a_i + W_i \tan \varphi_i)}{\sum W_i \sin a_i} \tag{9-14}$$

由于推导中只忽略了条间切向力，此法比瑞典条分法更为合理，与更精确的方法相比，可能低估安全系数 2%～7%。

4. 简单条分法和简化毕肖普法对比

简单条分法是忽略条块间力影响的一种简化方法，它只满足滑动土体整体力矩平衡条件，而不满足条块的静力平衡条件，此法应用的时间很长，积累了丰富的工程经验，一般得到的安全系数偏低，即误差偏于安全方面，故目前仍然是工程上常用的方法。

简化毕肖普法是在不考虑条块间切向力的前提下，满足力多边形闭合条件，就是说，隐含着条块间有水平力的作用，虽然在公式中水平作用力并未出现。其特点是：

（1）满足整体力矩平衡条件；

（2）满足各条块力的多边形闭合条件，但不满足条块的力矩平衡条件；

（3）假设条块间作用力只有法向力没有切向力；

（4）满足极限平衡条件。

由于考虑了条块间水平力的作用，得到的安全系数较瑞典条分法略高一些。很多工程计算表明，毕肖普法与严格的极限平衡分析法，即满足全部静力平衡条件的方法（如下述的简布法）相比，结果甚为接近。由于计算不很复杂，精度较高，所以是目前工程中很常用的一种方法。

【例题 9-1】　某一简单的黏性土坡，高 25m，坡比 1∶2，辗压土的重度 $\gamma = 20\text{kN/m}^3$，内摩擦角 $\varphi = 26.6°$（相当于 $\tan \varphi = 0.5$），粘结力 $c = 10\text{kPa}$，滑动圆心 O 点如图 9-10 所示，试分别用瑞典条分法和简化毕肖普法求该滑动圆弧的稳定安全系数，并对结果进行比较。

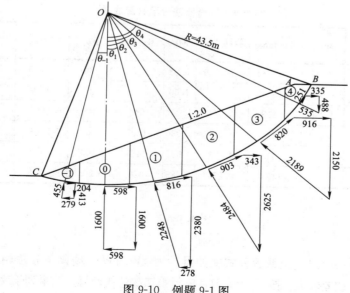

图 9-10　例题 9-1 图

【解】 为了使例题计算简单，只将滑动土体分成 6 个土条，分别计算各条块的重量 W_i，滑动面长度 l_i，滑动面中心与过圆心铅垂线的圆心角 θ_i，然后，按照瑞典条分法和简化毕肖普法进行稳定分析计算。

(1) 简单条分法

简单条分法分项计算结果见表 9-1。

$$\Sigma W_i \sin\theta_i = 3584 \text{kN}, \quad \Sigma W_i \cos\theta_i \tan\varphi_i = 4228 \text{kN}, \quad \Sigma c_i l_i = 650 \text{kN}$$

土坡稳定安全系数为：

$$F_s = \frac{\Sigma(W_i \cos\theta_i \tan\varphi_i + c_i l_i)}{\Sigma W_i \sin\theta_i} = \frac{4228 + 650}{3584} = 1.36$$

(2) 简化毕肖普法

根据瑞典条分法得到计算结果 $F_s = 1.36$，由于毕肖普法的稳定安全系数稍高于瑞典条分法。设 $F_{s1} = 1.55$，按简化的毕肖普条分法列表分项计算，结果如表 9-2。

$$\Sigma \frac{c_i b_i + W_i \tan\varphi_i}{m_{\theta i}} = 5417 \text{kN}$$

例题 9-1 瑞典条分法计算成果　　　　　　　表 9-1

条块编号	$\theta_i(°)$	W_i(kN)	$\sin\theta_i$	$\cos\theta_i$	$W_i\sin\theta_i$(kN)	$W_i\cos\theta_i$(kN)	$W_i\cos\theta_i\tan\varphi_i$(kN)	l_i(m)	$c_i l_i$(kN)
−1	−9.93	412.5	−0.172	0.985	−71.0	406.3	203	8.0	80
0	0	1600	0	1.0	0	1600	800	10.0	100
1	13.29	2375	0.230	0.973	546	2311	1156	10.5	105
2	27.37	2625	0.460	0.888	1207	2331	1166	11.5	115
3	43.60	2150	0.690	0.724	1484	1557	779	14.0	140
4	59.55	487.5	0.862	0.507	420	247	124	11.0	110

例题 9-1 毕肖普法分项计算成果　　　　　　　表 9-2

编号	$\cos\theta_i$	$\sin\theta_i$	$\sin\theta_i\tan\varphi_i$	$\dfrac{\sin\theta_i\tan\varphi_i}{F_s}$	$M_{\theta i}$	$W_i\sin\theta_i$	$c_i b_i$	$W_i\tan\varphi_i$	$\dfrac{c_i b_i + W_i\tan\varphi_i}{m_{\theta i}}$
−1	0.985	−0.172	−0.086	−0.055	0.93	−71	80	206.3	307.8
0	1.00	0	0	0	1.00	0	100	800	900
1	0.973	0.230	0.115	0.074	1.047	546	100	1188	1230
2	0.888	0.460	0.230	0.148	1.036	1207	100	1313	1364
3	0.724	0.690	0.345	0.223	0.947	1484	100	1075	1241
4	0.507	0.862	0.431	0.278	0.785	420	50	243.8	374.3

安全系数：
$$F_{s2} = \frac{\Sigma \frac{1}{m_{\theta i}}(c_i b_i + W_i \tan\varphi_i)}{\Sigma W_i \sin\theta_i} = \frac{5417}{3586} = 1.51$$

毕肖普法稳定安全系数公式中的滑动力 $\Sigma W_i \sin\theta_i$ 与瑞典条分法相同。$F_{s1} - F_{s2} = 0.04$，误差较大。按 $F_{s2} = 1.51$，进行第二次迭代计算，结果列于表 9-3 中。

$$\sum \frac{c_i b_i + W_i \tan\varphi_i}{m_{\theta i}} = 5404.8$$

稳定安全系数：$F_{s2} = \dfrac{\sum \dfrac{1}{m_{\theta i}}(c_i b_i + W_i \tan\varphi_i)}{\sum W_i \sin\theta_i} = \dfrac{5404.8}{3586} = 1.507$

$F_{s2} - F_{s3} = 0.003$，十分接近，因此，可以认为 $F_s = 1.51$。

例题 9-1 毕肖普法第二次迭代计算成果　　　　　表 9-3

编号	$\cos\theta_i$	$\sin\theta_i$	$\sin\theta_i \tan\varphi_i$	$\dfrac{\sin\theta_i \tan\varphi_i}{F_s}$	$M_{\theta i}$	$W_i \sin\theta_i$	$c_i b_i$	$W_i \tan\varphi_i$	$\dfrac{c_i b_i + W_i \tan\varphi_i}{m_{\theta i}}$
-1	0.985	-0.172	-0.086	-0.057	0.928	-71	80	206.3	308.5
0	1.00	0.0	0	0	1.00	0	100	800	900
1	0.973	0.230	0.115	0.076	1.045	546	100	1188	1232.5
2	0.888	0.460	0.230	0.152	1.040	1207	100	1313	1358.6
3	0.724	0.690	0.345	0.228	0.952	1484	100	1075	1234.2
4	0.507	0.862	0.431	0.285	0.792	420	50	243.8	371

计算结果表明，简化毕肖普法的稳定安全系数较简单条分法高，约大0.15，与一般结论相同。

9.3.4　泰勒图表法

黏性土坡稳定分析方法，即便是最简单的瑞典条分法，由于要找到最危险的滑动圆弧，都需要大量的计算工作。土坡稳定分析大都需要经过试算，计算工作量很大，因此，曾有不少人寻求简化的图表法。图 9-11 是泰勒(Taylor)根据计算资料整理得到的极限状态时均质土坡内摩擦角 φ、坡角 α 与稳定因数 $N = c/\gamma H$ 之间关系曲线（c 是黏聚力，γ 是重度，H 是土坡高度）。

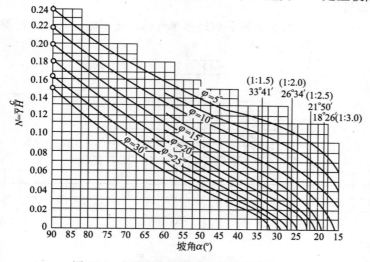

图 9-11　极限状态时均质土坡内摩擦角 φ、
坡角 α 与稳定因数 $N = c/\gamma H$ 之间关系曲线

254

利用这个图表，可以很快地解决下列两个主要的土坡稳定问题：

（1）已知坡角 α、土的内摩擦角 φ、黏聚力 c、重度 γ，求土坡的容许高度 H。

（2）已知土的性质指标 φ、c、γ 及坡高 H，求许可的坡角 α。

此法可用来计算高度小于 10m 的小型堤坝，作初步估算堤坝断面之用。

为简化计算工作量，泰勒(Taylor)根据所掌握的大量计算资料，内摩擦角 φ、坡角 a 与系数 $N=c/\gamma H$ 之间的关系曲线，并绘成图表供直接查用。

9.4 复杂土坡稳定分析方法

当土坡相邻土层的强度相差太大时，就有可能有部分滑动面沿着强度较低的土层界面生成，不沿圆弧剪破，滑动面可能为任意滑动面。对于形状、土层及荷载较复杂的土坡，可采用有限单元法分析，通过计算土坡的力场与塑性区开展范围来预测土坡的稳定性。对于土层软硬变化的土坡，其滑动面往往是非圆弧的复合滑动面。针对非圆弧滑动，提出了很多计算方法，其中有詹布(N. Janbu)法、传递系数法等，这些方法已为一些专业规范推荐使用。

9.4.1 有限单元法

从瑞典条分法到普遍条分法的基本思路都是把滑动土体切成有限宽度的土体，把土体当成刚体，根据静力平衡条件和极限平衡条件求得滑动面上力的分布，从而可计算出稳定安全系数。但由于土体是变形体，并不是刚体，用分析刚体的办法，不满足变形协调条件，因而计算出滑动面上的应力状态不可能是真实的，有限元法就是把土坡当成变形体，按照土的变形特性，计算出土坡内的应力分布，然后再引入圆弧滑动面的概念，验算滑动土体的整体抗滑稳定性。

如图 9-12 所示，将土坡划分成许多单元体，用有限元法可以计算出每个

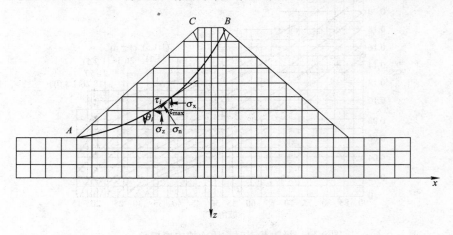

图 9-12 土坝的有限元网格和滑弧面

土单元的应力、应变和每个节点的节点力和位移。这种计算目前已经成为土石坝应力变形分析的常用方法，有各种现成的程序可供应用。

土坡的应力计算出来以后，再引入圆弧滑动面的概念。图 9-12 表示一个可能的圆弧滑动面。把可能的圆弧滑动面划分成若干个小弧段 Δl_i，该小弧段上的应力用弧段中点的应力代表，其值可以按照有限元法应力分析的结果，根据弧段中点所在的单元的应力确定，表示为 σ_{xi}、σ_{zi}、σ_{xzi}。如果小弧段 Δl_i 与水平线的倾角为 θ_i，则作用在弧段上的法向应力和剪应力分别为：

$$\sigma_{ni} = \frac{1}{2}(\sigma_{xi} + \sigma_{zi}) - \frac{1}{2}(\sigma_{xi} - \sigma_{zi})\cos 2\theta_i + \tau_{xzi}\sin 2\theta_i \tag{9-15}$$

$$\tau_i = -\tau_{xzi}\cos 2\theta_i - \frac{1}{2}(\sigma_{xi} - \sigma_{zi})\sin 2\theta_i \tag{9-16}$$

根据莫尔—库仑强度准则，该点土的抗剪强度为：

$$\tau_{fi} = c_i + \sigma_{ni}\tan\varphi_i \tag{9-17}$$

将滑动面上所有小弧段的剪应力和抗剪强度分别求出来以后，再累加求得沿着滑动面总的剪切力 $\Sigma\tau_i\Delta l_i$ 和抗剪力 $\Sigma\tau_{fi}$。因此，土坡稳定安全系数为：

$$F_s = \sum_{i=1}^{n}(c_i + \sigma_{ni}\tan\varphi_i)\Delta l_i \Big/ \sum_{i=1}^{n}\tau_i\Delta l_i \tag{9-18}$$

很显然，有限元分析方法的优点是把土坡稳定分析与坝体的应力和变形分析结合起来。这时，滑动土体自然满足静力平衡条件而不必如条分法那样引入人为的假定。但是，当土坡接近失稳时，滑裂面通过的大部分土单元处于临近破坏状态，这时，用有限元法分析土坡内的应力和变形所需要的土的基本特性，如变形特性，强度特性等均变得十分复杂，因此，要提出一种能反映土体实际受力状况的计算模型是很不容易的。尽管如此，与极限平衡法相比，有限元法仍有突出的优点，即：(1)能考虑土的非线性本构关系，复杂的边界条件和作用，真实的模拟土体内部的应力场和位移场；(2)能模拟基坑的开挖、路基的填筑等施工过程，考虑时间的因素，紧密跟踪安全系数随时间变化的过程。

有限元方法分析土坡稳定问题，是土坡稳定分析发展的趋势。如果说在土坡稳定性分析中极限平衡分析法是当前工程上主要应用的方法，那么，有限元方法则是一种潜在的具有很大发展前景的方法。

9.4.2　复合滑动面分析法

当土坡相邻土层的强度相差太大时，就有可能有部分滑动面沿着强度较低的土层界面生成，不沿圆弧剪破。当土坡地基中存在有软弱薄土层时，则滑动面可能由三种或三种以上曲线组成，形成复合滑动面。如图 9-13 所示为几种典型的复合滑动面。

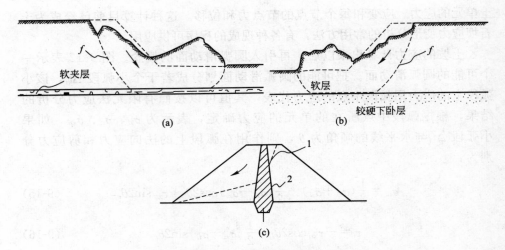

图 9-13　土坡复合滑动面

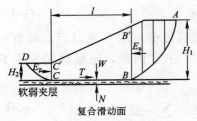

图 9-14　土坡复合滑动面受力分析

当土坡地基中存在有软弱薄土层时，则滑动面可能由三种或三种以上曲线组成，形成复合滑动面。

图 9-14 所示的土坡下有一软黏土薄层。假定滑动面为 $ABCD$。其中 AB 和 CD 为圆柱面，而 BC 为通过软弱土层的平面。

如果取土体 $BCC'B'$ 为脱离体，同时不考虑 BB' 和 CC' 面上的切向力，则整个土体所受的力有：（1）土体 ABF 对 $BCC'B'$ 的推力 E_a；（2）土体 CDE 对 $BCC'B'$ 的抗滑力 E_p；（3）土体自重 W 及 BC 面上的反力 N，$W = N$；（4）BC 面上的抗滑阻力 T。故可计算土坡复合滑动时的抗滑稳定安全系数为：

$$F_s = \frac{(cl + W\tan\varphi) + E_p}{E_a} \tag{9-19}$$

式中　E_a、E_p——分别为主动、被动土压力，可按朗肯理论计算。

如果图 9-13 中软层本身是均匀的，只需验算沿软层底面的滑动；如果软层顶部强度低，底部强度高，沿软层底面、顶面的滑动都需要验算，取 F_s 小者。

9.4.3　詹布法

詹布法又称普遍条分法，是詹布（N. Janbu）提出的一种方法。其特点是假定条块间水平作用力的位置：当黏聚力 $c = 0$ 时，一般在土条侧面高度的下部三分点处；当黏聚力 $c > 0$ 时，在受压区、被动区或边坡出口处，水平推力作用点在三分点稍高处，而在主动区则选在三分点稍低处。这样各个水平推力作用点连成一条推力作用线。在这一假定前提下，每个土条块都满足全部的静力平衡条件和极限平衡条件，滑动土体的整体力矩平衡条件也自然得到满足。而且，它适用于任何滑动面，而不必规定滑动面是一个圆弧面，所以称为普遍条分法。

从图9-15(a)滑动土体ABC中取任意条块i进行静力分析。作用在条块上的力及其作用点见图9-15(b)所示。按照静力平衡条件分析如下：

由$\Sigma F_z = 0$，得：

$$W_i + \Delta H_i = N_i \cos\theta_i + T_i \sin\theta_i$$

$$N_i \cos\theta_i = W_i + \Delta H_i - T_i \sin\theta_i \tag{9-20}$$

由$\Sigma F_x = 0$，得：

$$\Delta P_i = T_i \cos\theta_i - N_i \sin\theta_i \tag{9-21}$$

将式(9-20)代入式(9-21)，整理后得：

$$\Delta P_i = T_i \left(\cos\theta_i + \frac{\sin^2\theta_i}{\cos\theta_i} \right) - (W_i + \Delta H_i)\tan\theta_i \tag{9-22}$$

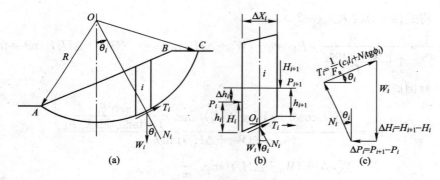

图9-15　詹布法条块作用力分析

根据极限平衡条件，考虑土坡稳定安全系数F_s，有：

$$T_i = \frac{1}{F_s}(c_i l_i + N_i \tan\varphi_i) \tag{9-23}$$

由式(9-20)得：

$$N_i = \frac{1}{\cos\theta_i}(W_i + \Delta H_i - T_i \sin\theta_i) \tag{9-24}$$

代入式(9-23)，整理后得：

$$T_i = \frac{\dfrac{1}{F_s}\left[c_i l_i + \dfrac{1}{\cos\theta_i}(W_i + \Delta H_i \tan\varphi_i) \right]}{1 + \dfrac{\tan\theta_i \tan\varphi_i}{F_s}} \tag{9-25}$$

将式(9-25)代入式(9-22)，得：

$$\Delta P_i = \frac{1}{F_s} \cdot \frac{\sec^2\theta_i}{1 + \dfrac{\tan\theta_i \tan\varphi_i}{F_s}}\left[c_i l_i \cos\theta_i + (W_i + \Delta H_i)\tan\theta_i \right] - (W_i + \Delta H_i)\tan\theta_i$$

$$\tag{9-26}$$

图9-16表示作用在土条条块侧面的法向力P，显然有$P_1 = \Delta P_1$，$P_2 = P_1 + \Delta P_2 = \Delta P_1 + \Delta P_2$，依此类推，有：

258

$$P_i = \sum_{j=1}^{i} \Delta P_j \tag{9-27}$$

若全部土条条块的总数为 n，则有：

$$P_n = \sum_{i=1}^{n} \Delta P_i = 0 \tag{9-28}$$

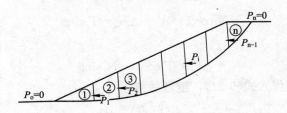

图 9-16 条块侧面法向力

将式(9-26)代入式(9-28)，得：

$$\Sigma \frac{1}{F_s} \cdot \frac{\mathrm{sen}^2\theta_i}{1+\dfrac{\tan\theta_i\tan\varphi_i}{F_s}}[c_i l_i \cos\theta_i+(W_i+\Delta H_i)\tan\varphi_i] - \Sigma(W_i+\Delta H_i)\tan\theta_i = 0$$

整理后得：

$$F_s = \frac{\Sigma[c_i l_i \cos\theta_i+(W_i+\Delta H_i)\tan\varphi_i]\dfrac{\mathrm{sen}^2\theta_i}{1+\tan\theta_i\tan\varphi_i/F_s}}{\Sigma(W_i+\Delta H_i)\tan\theta_i}$$

$$= \frac{\Sigma[c_i b_i+(W_i+\Delta H_i)\tan\varphi_i]\dfrac{1}{m_{\theta i}}}{\Sigma(W_i+\Delta H_i)\sin\theta_i} \tag{9-29}$$

通过分析土条受力关系可知：

$$H_i = P_i\frac{\Delta h_i}{\Delta X_i}+\Delta P_i\frac{h_i}{\Delta X_i} \tag{9-30}$$

$$\Delta H_i = H_{i+1} - H_i \tag{9-31}$$

由公式(9-26)、式(9-27)、式(9-23)、式(9-29)，利用迭代法可以求得普遍条分法的土坡稳定安全系数 F_s。其步骤如下：

(1) 假定 $\Delta H_i=0$，利用式(9-29)，迭代求第一次近似的土坡稳定安全系数 F_{s1}。

(2) 将 F_{s1} 和 $\Delta H_i=0$ 代入式(9-26)，求相应的 ΔP_i(对每一条块，从 1 到 n)。

(3) 用式(9-27)求条块间的法向力(对每一条块，从 1 到 n)。

(4) 将 P_i 和 ΔP_i 代入式(9-30)和式(9-31)，求条块间的切向作用力 H_i(对每一条块，从 1 到 n)和 ΔH_i。

(5) 将 ΔH_i 重新代入式(9-29)，迭代求新的稳定安全系数 F_{s2}。

如果 $F_{s2}-F_{s1}>\Delta$(Δ 为规定的计算精度)，重新按上述步骤(2)~(5)进行第二轮计算。如此反复进行，直至 $F_{s(k)}-F_{s(k-1)}\leqslant\Delta$ 为止。$F_{s(k)}$ 就是该假定滑动面的稳定安全系数。土坡真正的稳定安全系数还要计算很多滑动面，进行比较，找出最危险的滑动面，其土坡稳定安全系数才是真正的安全系数。这种计算工作量相当大，一般要在计算机上进行。

9.4.4 其他方法

山区一些土坡往往覆盖在起伏变化的基岩面上，土坡失稳多数沿着这些界面发生，对这种起伏不平的滑动面分析，国内常用不平衡推力传递法。此外，还有斯宾塞法、莎玛法、传递系数法、洛巴索夫图表法等土坡稳定分析方法，这些方法应用较少，可参见有关文献。

9.5 土坡稳定分析关键技术

土坡稳定分析，除了采用什么方法计算安全系数外，尚存在若干关键技术问题，包括针对土体的不同透水性与破坏历程选择按照总应力法或有效应力法进行计算的安全系数，确定土坡最危险的潜在滑动面的位置，以及根据土坡工程特性及重要性选择允许的稳定安全系数。

9.5.1 总应力法和有效应力法

选用的土抗剪强度指标是否合理，对土坡稳定性分析结果有密切关系，如果使用过高的指标值来设计土坝，就有发生滑坡的可能。因此，应尽可能结合边坡实际加荷情况、填料性质和排水条件等，去合理选用土的抗剪强度指标。

由于许多情况下土体内存在孔隙水压力，因此，在讨论边坡稳定计算方法中，作用在滑动土体上的力是用总应力表示还是用有效应力表示，这是一个十分重要的问题。

当土坡中因某种原因存在孔隙水压力，计算摩阻力时如果扣除孔隙水压力，完全由有效应力计算，抗剪强度指标应用有效强度指标，这样的分析方法称为有效应力法；如果不扣除孔隙水压力，摩擦阻力直接用公式 $T_{fi}=N_i\tan\varphi$ 计算，这就是总应力法。

对几个控制时期如何应用总应力法和有效应力法作较详细的探讨，其基本规律如下：

1. 稳定渗流期土坡稳定分析

由于土体内各点的孔隙水压力均能由流网确定，因此原则上用有效应力法分析，而不用总应力法。

2. 施工期的边坡稳定分析

可以分别用总应力法和有效应力法，前者不直接考虑孔隙水压力的影响，后者必须先计算施工期填土内孔隙水压力的发生和发展情况，然后才能进行稳定计算。

3. 地震对边坡稳定的影响

有两种作用：一是在边坡土体上附加作用一个随时间变化的加速度，因而产生随时间变化的惯性力，促使边坡滑动；另一种作用是振动使土体趋于密实，引起孔隙水压力上升，即产生振动孔隙水压力，从而减小土的抗剪强度。对于密实的黏性土，惯性力是主要作用，对于饱和、松散的无黏性土和低塑性黏性土，则第二种的作用影响更大，目前用有效应力法进行地震边坡稳定分析尚有一定的难度，一般情况下均采用总应力法。计算时将随时间变化的惯性力等价成一个静的地震惯性力，作用在滑动土体上，故称拟静力法。

9.5.2 最危险滑裂面的确定

以上介绍的是计算某个位置已经确定的滑动面稳定安全系数的几种方法。这一稳定安全系数并不代表边坡的真正稳定性，因为边坡的滑动面是任意选取的。假设边坡的一个滑动面，就可计算其相应的安全系数。真正代表边坡稳定程度的稳定安全系数应该是稳定安全系数中的最小值。相应于边坡最小的稳定安全系数的滑动面称为最危险滑动面，它才是土坡真正的滑动面。

确定土坡最危险滑动面圆心的位置和半径大小是稳定分析中最繁琐、工作量最大的工作。需要通过多次的计算才能完成。这方面费列纽斯(W. Fellenius)提出的经验方法，对于较快地确定土坡最危险的滑动面很有帮助。

费列纽斯认为，对于均匀黏性土坡，其最危险的滑动面一般通过坡趾。在 $\varphi=0$ 的边坡稳定分析中，最危险滑弧圆心的位置可以由图 9-17(a)中 β_1 和 β_2 夹角的交点确定。β_1、β_2 的值与坡角 α 大小的关系，可由表 9-4 查用。

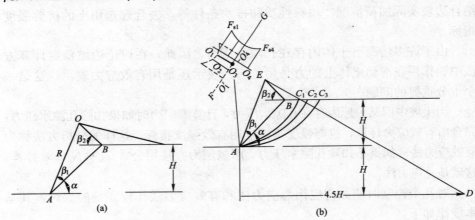

图 9-17 确定最危险滑动面的经验方法

对于 $\varphi>0$ 的土坡，最危险滑动面的圆心位置如图 9-17(b)所示。首先按图 9-17(b)中所示的方法确定 DE 线。自 E 点向 DE 延线上取圆心 O_1、O_2…，通过坡趾 A 分别作圆弧，AC_1、AC_2、…，并求出相应的边坡稳定安全系数 F_{s1}、F_{s2}…。

各种坡角的 β_1、β_2 值			表 9-4
坡角 α	坡度 $1:m$	β_1	β_2
60°	1：0.58	29°	40°
45°	1：1.0	28°	37°
33°41′	1：1.5	26°	35°

坡角 α	坡度 $1:m$	β_1	β_2
26°34′	1:2.0	25°	35°
18°26′	1:3.0	26°	35°
14°02′	1:4.0	25°	36°
11°19′	1:5.0	25°	39°

然后，再用适当的比例尺标在相应的圆心点上，并且连接成安全系数 F_s 随圆心位置的变化曲线。曲线的最低点即为圆心在 DE 线上时安全系数的最小值。但是真正的最危险滑弧圆心并不一定在 DE 线上。通过这个最低点，引 DE 的垂直线 FG。在 FG 线上，在 DE 延长线的最小值前后再定几个圆心 $O_1', O_2'\cdots$，用类似步骤确定 FG 线上对应于最小安全系数的圆心，这个圆心是通过坡趾滑出时的最危险滑动圆弧中心。

当地基土层性质比填土软弱，或者坝坡不是单一的土坡，或者坝体填土种类不同、强度互异时，最危险的滑动面就不一定从坡趾滑出。这时寻找最危险滑动面位置就更为繁琐。实际上，对于非均质的、边界条件较为复杂的土坡，用上述方法寻找最危险滑动面的位置将是十分困难的。随着计算机技术的发展和普及，目前可以采用最优化方法，通过随机搜索，寻找最危险的滑动面的位置。国内已有这方面的程序可供使用。

9.5.3 允许稳定安全系数

从理论上讲，处于极限平衡状态的土坡，其安全系数 $F_s=1$，所以：若设计土坡时的 $F_s>1$，就应满足稳定要求，但实际工程中，有些土坡安全系数虽大于 1，还是发生了滑动；而有些土坡安全系数小于 1，却是稳定的。在土坡稳定的分析中，从土体材料的强度指标到计算方法，很多因素都无法准确确定。因此，如果计算得到的土坡稳定安全系数等于 1 或稍大于 1，并不表示边坡的稳定性能得到可靠的保证。安全系数必须满足一个最起码的要求，称为容许安全系数。

这是因为影响安全系数的因素很多，如抗剪强度指标的选用、计算方法的选择、计算条件的选择等。容许安全系数值是以过去的工程经验为依据并以各种规范的形式确定。因此采用不同的抗剪强度试验方法和不同的稳定分析方法所得到的安全系数差别甚大，所以在应用规范所给定的土坡稳定容许安全系数时，一定要注意它所规定的试验方法和计算方法。

目前对土坡稳定容许安全系数的数值，各部门尚无统一标准，选用时要注意计算方法、强度指标和容许安全系数必须相互配合，并要根据工程不同情况，结合当地经验确定。

前面已谈到，采用何种方法与指标，既有技术上的合理性问题，又有习惯上的用法问题。所谓习惯用法就是工作中积累了使用经验。我国《港口工程地基规范》JTS 147—1—2010 总结了我国港工土坡稳定分析的经验，提出了计算方法、抗剪强度指标和抗力分项系数即允许安全系数，主要指标列于表 9-5。我国《建筑边坡技术规范》GB 50330—2002 根据边坡安全等级、安全系数计算方法等因素提出的允许安全系数列于表 9-6。这些数据可供工程设计使用或参考。

边坡稳定系数 F_s 及相应的强度指标 　　　　　　表 9-5

强度指标实验方法	最小安全系数 F_s
直剪快剪、三轴不排水剪、无侧限抗压强度试验	根据经验取值
直剪固结快剪	1.2～1.5
有效剪	1.3～1.5
十字板剪	1.1～1.3

边坡稳定分析方法及允许安全系数 　　　　　　表 9-6

稳定安全系数　　边坡工程安全等级　　计算方法	一级边坡	二级边坡	三级边坡
平面滑动法 折线滑动法	1.35	1.30	1.25
圆弧滑动法	1.30	1.25	1.20

注：对地质条件很复杂或破坏后果极严重的边坡工程，其稳定安全系数宜适当提高。

9.6　土坡稳定分析若干特殊问题

9.6.1　渗流作用下的土坡稳定问题

当土坡前后出现水位差时，在水头作用下，土坡中的水将要产生渗流。例如，基坑排水、水库蓄水或库水降落时，基坑土坡及土坝坝坡都要受到渗流的影响。向外渗流所产生的渗流力对土坡的稳定是不利的，在对土坡进行稳定分析时必须考虑渗流力的作用。下面以简单条分法为例介绍渗流力的计算方法。

1. 流网法

渗流力的计算可以采用绘制流网的方法求得。具体做法是：先绘制渗流区域内的流网，如图 9-18 所示，求滑弧范围内各流网网格的平均水力梯度 i，然后用公式求出每一网格上作用的渗流力：

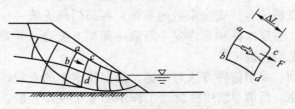

图 9-18　渗流流网示意图

$$T_{Ji} = \gamma_w i A_i \qquad (9-32)$$

式中 γ_w——水的重度；

  A_i——流网网格的面积。

T_{Ji}作用于网格的形心，方向与流线的方向一致。若T_{Ji}对滑弧圆心的力臂为l_{Ji}，则第i网格的渗流力T_{Ji}所产生的滑动力矩为$T_{Ji}l_{Ji}$，整个滑动体范围内由渗流力产生的滑动力矩等于所有网格渗流力矩之和，即$\Sigma T_{Ji}l_{Ji}$。一般不考虑渗流力所产生的抗滑作用，因此在土坡稳定分析中，只在滑动力矩中增加一项，即

$$\Delta M_s = \Sigma T_{Ji}l_{Ji} = \Sigma \gamma_w i A_i l_{Ji} \qquad (9-33)$$

在计算中，还应注意在计算土条重量时，浸润线以下的土应取有效重度。

2. 代替法

采用流网的办法计算渗流力比较复杂。目前国内外在土坡稳定分析中常采用代替法。代替法就是用滑动体周界上的水压力和滑动体范围内水重的作用来代替渗流力的作用。

如图9-19(a)所示的土坡，ae线表示渗流水面线即浸润线。取滑动面以上，浸润线以下的滑动土体中的孔隙水体作为脱离体，在稳定渗流情况下，其上的作用力有：

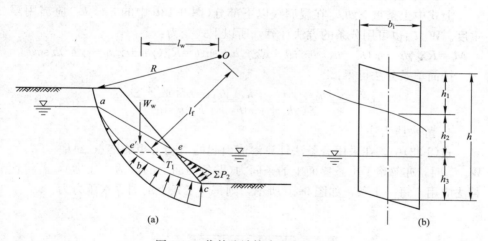

图9-19 代替法计算渗流力的图形

(1) 滑弧面abc上的水压力，用ΣP_1表示，方向指向圆心；

(2) 坡面ce上的水压力ΣP_2，方向垂直于坡面；

(3) 孔隙水的重量与浮反力的合力W_w，方向竖直向下。

由于这三个力不能自相平衡，所以产生了渗流，即渗流力为以上三个力的合力，有

$$\vec{T}_J' = \vec{W}_w + \Sigma \vec{P}_1 \Sigma \vec{P}_2 \qquad (9-34)$$

上式为一个力系的矢量和，表示滑动体范围内的渗流力的合力T_J等于所取脱离体范围内全部充满水时的水重W_w与脱离体周界上水压力ΣP_1、ΣP_2的矢量和。此即为代替法的基本思想。

将式(9-34)中等式两侧的各力对圆心 O 取力矩，其力矩必相等。$\Sigma \vec{P}_1$ 的作用方向指向圆心，其力矩为零，$\Sigma \vec{P}_2$ 与 ee' 面以下的水重对圆 O 取矩后相互抵消，因而由式(9-34)得到：

$$T_J l_J = W_{wl} L_{wl} \qquad (9\text{-}35)$$

式中 T_J——渗流力(kN/m)；

     l_J——T_J 对圆心 O 的力臂；

     W_{wl}——下游水位面 ee' 以上，浸润线 ae 以下滑弧 ae' 范围内充满水时的水重(kN/m)；

     l_{wl}——W_{wl} 对圆心 O 的力臂(m)。

式(9-35)证明了渗流力的力矩可以用下游水位以上浸润线以下滑弧范围内全部充满水时的水重(相当于孔隙水重与浮反力之和)对圆心 O 的力矩来代替。

滑动力矩为：

$$M_s = \Sigma W_i R \sin\theta_i + W_{wl} l_{wl} = R\Sigma \gamma h_i b_i \sin\theta_i + W_{wl} l_{wl} \qquad (9\text{-}36)$$

式中 γ——土的重度(kN/m³)；

   b_i、h_i——土条的宽度和高度(m)。

上式中土条重 $\Sigma \gamma h_i b_i$ 在浸润线以下部分(图 9-18b 中的 $h_2 + h_3$)应当用浮重度。$W_{wl} l_{wl}$ 也可用分条的方法计算，所以上式变为：

$$M_s = R\Sigma[\gamma h_1 + \gamma'(h_2 + h_3)]b_i \sin\theta_i + R\Sigma\gamma_w h_2 b_i \sin\theta_i = R\Sigma(\gamma h_1 + \gamma_m h_2 + \gamma' h_3)b_i \sin\theta_i$$

按简单条分法可得：

$$F_s = \frac{\Sigma[rh_1 + \gamma'(h_2 + h_3)]b_i \cos\theta_i \tan\varphi_i' + \Sigma c_i' l_i}{\Sigma(\gamma h_1 + \gamma_s a t h_2 + \gamma' h_3)b^i \sin\theta_i} \qquad (9\text{-}37)$$

3. 静水压力法

式(9-33)中，在采用分条法计算渗流引起的滑动力矩的增量 $\Delta M_s = T_J l_J = W_{wl} l_{wl}$ 时，亦忽略了土条界面上的条间力(即条间面上的渗透水压力)，若将代替法应用于每一土条，如图 9-20 所示，则每一土条上的周界水压力为：

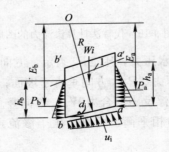

图9-20   各分界面上孔隙水应力的分布

1—浸润线

a-a'边界上 $P_a = \dfrac{1}{2}\gamma_w h_a^2$

b-b'边界上 $P_b = \dfrac{1}{2}\gamma_w h_b^2$

滑弧面 ab 上 $U_i = \gamma_w \dfrac{h_a + h_b}{2} \cdot \dfrac{b_i}{\cos\theta_i}$

浸润线以下滑动体范围内的水重(即孔隙水重与浮反力之和)为:

$$W_i = \gamma_w \frac{h_a + h_b}{2} \cdot b_i = \gamma_w (h_2 + h_3) b_i$$

由上述各力求出抗滑力矩和滑动力矩的增量代入瑞典条分法公式中,得到:

$$F_s = \frac{R\Sigma\{[(\gamma h_{i1} + \gamma_{sat} h_{i2} + \gamma_{sat} h_{i3}) b_i \cos\theta_i - U_i - (P_a - P_b)\sin\theta_i]\tan\varphi_i' + c_i' l_i\}}{R\Sigma(\gamma h_{i1} + \gamma_{sat} h_{i2} + \gamma_{sat} h_{i3}) b\sin\theta_i + P_a Z_a - P_b Z_b}$$

(9-38)

其抗滑力中不计渗流的影响,上式变为:

$$F_s = \frac{R\Sigma\{[\gamma h_{i1} + \gamma'(h_{i2} + h_{i3})] b_i \cos\theta_i \tan\varphi_i' + c_i' l_i\}}{R\Sigma[\gamma h_{i1} + \gamma_{sat}(h_{i2} + h_{i3})] b\sin\theta_i + P_a Z_a - P_b Z_b}$$

(9-39)

上述公式推导中,采用了边界面上的水压力直线分布的假设,故上式也是一个近似式。

9.6.2 挖方土坡与填方土坡问题

天然存在的土坡是在天然地层中形成的,但与人工填筑土坡相比有独特之处。对均质挖方土坡和天然土坡稳定性分析,与人工填筑土坡相比,求得的安全系数比较符合实测结果,但对于超固结裂隙黏土,算得的安全系数虽远大于1,表面上看来已稳定,实际上都已破坏,这是由超固结黏土的特性决定的。随着剪切变形的增加,抗剪力增大到峰值强度,随后降至残余值,特别是黏聚力下降较大,甚至接近于零,这些特性对土坡稳定性有很大影响。

在土木工程建筑中,如果土坡失去稳定造成塌方,不仅影响工程进度,有时还会危及人的生命安全,造成工程失事和巨大的经济损失。因此,土坡稳定问题在工程设计和施工中应引起足够的重视。

图 9-21 表示在饱和软土挖方的情况。挖土使 a 点的平均上覆压力减少,并引起孔隙水压力下降,出现负的超孔隙水压力。若孔隙水压力系数 $B=1$,则孔隙水压力的变化为:

$$\Delta u = \Delta\sigma_3 + A(\Delta\sigma_1 + \Delta\sigma_3)$$

(9-40)

在挖方边坡中,小主应力 σ_3 要比大主应力 σ_1 下降得多。于是 $\Delta\sigma_3$ 为负值,在大多数情况下 Δu 为负值。

施工结束时,坡中 a 点剪应力达到最大值,由于负有超孔隙水压力,a 点的抗剪强度仍等于施工前的抗剪强度。随后伴着软黏土的膨胀,负超孔隙水压力逐渐消散,土的抗剪强度也随之下降。在开挖后较短一段时间里,负超孔隙应力消散至零,土的强度降至最低值。

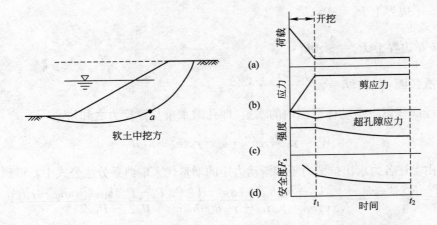

图 9-21　开挖边坡稳定性变化

　　跟挖方情况相反，填方边坡的稳定性变化如图 9-22 所示。竣工时的稳定性低于长期稳定性，稳定安全度随着时间而增长。

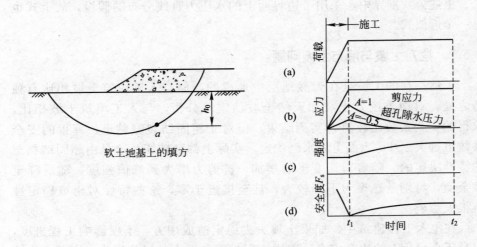

图 9-22　填土地基稳定性变化

　　图 9-23 表示在坡顶超载对基坑稳定性的影响。在坡顶附近大面积堆荷，建造重型建筑物或打桩等工程活动时所引起的超孔隙水压力，将沿着辐射向排水而消散。水从 b 到 a 流动，使 a 点的孔隙水压力慢慢增高。

　　基坑边坡的稳定性条件示于图 9-22(d) 中。假设荷载离边坡有一定距离，故荷载并不影响滑动圆弧上的应力状态，并且剪应力随时间保持为常数，如图 12-22(a) 所示。荷载使 b 点孔隙水压力增加，随着辐射向排水，跟着 a 点的超孔隙水压力也慢慢增至最大值，孔隙水压力上升使 a 点抗剪强度和安全度下降。可以看出，在某一中间时间 t_2 时，安全度达到最小值。这种情况，使边坡潜伏着很大的危险性，因为，尽管边坡具有足够的瞬时稳定性和长期稳定性，破坏仍有可能发生。

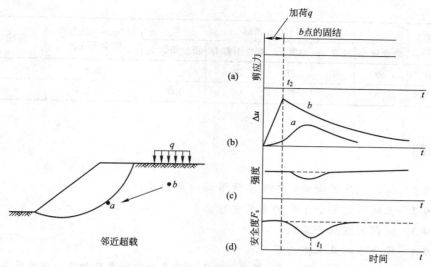

图 9-23　边坡顶作用超载对边坡稳定性的影响变化

9.6.3　裂隙硬黏土边坡稳定性问题

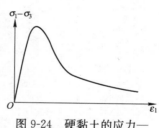

图 9-24　硬黏土的应力——
应变关系曲线

硬黏土通常为超固结土，其应力—应变关系曲线属应变软化型曲线，如图 9-24 所示。这类土如果也按一般的天然土坡稳定分析办法，认为剪切过程中密度不变，故宜采用不固结不排水强度指标。用 $\varphi_u = 0$ 法计算，得到的稳定安全系数一般过大，造成偏于不安全的结果。

表 9-7 是 5 个已发生滑坡的这类土的天然土坡或挖方的稳定性分析实例。表中数据表明，用 $\varphi_u = 0$ 法分析时，稳定安全系数均很大，但实际上都发生了不稳定破坏。其原因是土坡内滑动面上的剪应力分布不均匀，各点不能同时达到破坏。破坏过程是在某些部位土的剪应力首先达到峰值，而其他部位的土尚未破坏，于是随着应变的不断加大，已经破坏部位的强度不断减小，直至变成残余强度。其他点也会相继发生这种情况，形成所谓渐进性的破坏现象。在这种情况下，边坡破坏的时间持续很长，而滑裂面的强度降至很低。有些天然滑坡体以及断层带，在其历史年代上发生过多次的滑移，经受很大的应变，土的强度下降很多。在这种情况下验算其稳定性时需注意选取其残余强度。

几个超固结土滑坡的实例 表 9-7

边坡类型	黏土特性指标					（按 $\varphi_u = 0$ 法分析）安全系数 F_s	备注
	含水量 w	液限 w_L	塑限 w_P	塑性指数 I_P	液性指数 I_L		
挖方	24	57	27	30	−0.10	3.2	
天然土坡	20	45	20	25		4.0	超固结
挖方	30	86	30	56		4.0	裂隙硬黏土

续表

边坡类型	黏土特性指标					（按 $\varphi_u=0$ 法分析）安全系数 F_s	备注
	含水量 w	液限 w_L	塑限 w_P	塑性指数 I_P	液性指数 I_L		
挖方	30	81	28	33		3.8	
天然土坡	28	110	20	90	0.09	6.3	

思考题

9-1 何谓土体的滑动？产生土体滑动的原因是什么？

9-2 土坡稳定安全系数的意义是什么？

9-3 何谓天然休止角？

9-4 条分法的基本概念是什么？

9-5 瑞典条分法、简化毕肖普条分法和普遍条分法的求解前提分别是什么？

9-6 什么是最危险滑裂面？最危险滑裂面是怎样确定的？

第10章
土 的 动 力 特 性

本章知识点

1. 了解土动力参数的类型及其室内与原位测试方法；
2. 了解土体在冲击荷载、周期性荷载作用下的动强度特性；
3. 了解土体液化的现象、机理及影响因素，掌握土体液化的室内及原位试验判别方法；
4. 了解土的动变形的规律性，了解土的动力本构关系及其参数。

10.1 概述

随着社会和经济的迅速发展，人口越来越集中于城市。世界上的多次破坏性地震都集中于城市，如 1995 年 7.2 级日本"阪神地震"，神户市地铁车站、地下隧道、地下综合管廊等大量地下工程发生严重破坏。神户市内 2 条地铁线路的 18 座车站中，神户高速铁道的大开站、高速铁道长田站及其之间的隧道，神户市营铁道的三宫站、上泽站、新长田站、上泽站西侧的隧道及新长田站东侧的隧道均发生严重破坏。这是世界地震史上首次出现地铁主体结构严重震害，其中大开车站最为严重(图 10-1)，一半以上的中柱完全坍塌，导致顶板坍塌破坏和上覆土层的沉降，与其平行的一条国道在长 90m 的范围内发生坍陷，最大沉降量达 2.5m。

图 10-1　1995 年日本阪神地震中大开地铁车站震害现象

2008 年 5 月 12 日的汶川大地震造成 69227 人遇难，重灾区面积约 50 平方公里，受灾人口 4625 万人，直接经济损失 8451 亿人民币。地震造成成都地下车站出现轻微裂缝，华西坝车站主体结构存在多处轻微裂纹，部分裂纹出现渗水现象，区间盾构隧道产生比较明显的管片衬砌裂缝、剥落、错台、螺栓拉坏和渗水等震害现象（图 10-2）。

(a)　　　　　　　　　　　　(b)　　　　　　　　　　　　(c)

图 10-2　2008 年中国汶川地震成都地铁盾构隧道震害现象
(a)管片拼缝处渗漏；(b)管片局部破损；(c)管片环向连接处错台

由于世界范围内地震活动频繁，如 1906 年美国旧金山大地震、1923 年日本关东大地震、1957 年墨西哥城地震、1960 年智利南部地震、1964 年美国阿拉斯加大地震、1968 年日本十胜冲大地震、1976 年中国唐山大地震、1987 年日本宫城县地震、1989 年美国洛马普里埃塔地震、1994 年美国诺斯雷齐地震、2004 年日本新潟中越地区 6.8 级地震等。特别是 1964 年日本新潟地震、美国阿拉斯加地震引起的饱和砂土液化和地基失效造成结构的大规模破坏，极大地推动了人们对土体地震失稳破坏的认识，使从事地震工程的研究人员和岩土工作者必须进行更为深入的研究，对现有和即将建设的工程建筑物及设施的抗震性能进行准确评估和预测，进而指导抗震设计并采取必要的减震防灾措施。

所谓动荷载是指荷载的大小、方向或作用位置随时间迅速变化，其在土体中引起的加速度不容忽视时的荷载。动荷载的基本要素是：荷载的幅值、频率和持续时间。不同原因引起的动荷载的幅值、频率和持续时间有很大的差异，为了解决不同动荷作用下地基及上部结构物稳定性的发展和变化趋势，一方面要了解动荷载的类型和特点；另一方面要了解土的动力特性，了解它在动应力过程中所表现出的变化规律。

作用在地基或土工建筑物上的动荷载种类很多，如机器运转的惯性力、车辆行驶的移动荷载、爆破引起的冲击荷载、风荷载、波浪荷载及地震荷载等。这些荷载的幅值、频率和持续时间有很大的差异。如机器运行中的动荷载，根据机器的类型，其幅值和频率的变化范围较大，且有随时间变化的多样性和作用时间的长期性等特点，属于周期荷载。重物坠落、爆破、打桩等，引起的动荷载为冲击荷载，持续的时间很短，荷载的强度很大。地震引起的地震荷载，其荷载随时间的变化没有规律可循，属于随机振动荷载（不规则的周期荷载）。车辆移动荷载、波浪的动荷载、风荷载等也都是极不规则的随机振动荷载。正是由于存在种种复杂多变的动荷载，土的动力性质的研究显然不像在静力作用下那么单一。在不同类型的动荷载作用下，土的动力性质有不同的特征。目前，关于动荷载类型的划分主要为三种：

1. 周期荷载

以同一振幅和周期往复循环作用的荷载称为周期荷载，其中最简单的是荷载随时间 t 的变化规律可用正弦或余弦函数表达的简谐荷载，如图 10-3 和下式所示：

$$P(t) = P_0 \sin(\omega t + \theta) \tag{10-1}$$

式中　P_0——简谐荷载的单幅值；

　　　ω——圆频率(rad/s)；

　　　θ——初相位角。

简谐荷载是工程中常用的荷载，许多机械振动以及一般波浪荷载都属于这种荷载，所以实验室中的动力试验也常采用这种荷载。

2. 冲击荷载

非常迅速加载和卸载的荷载，一般用来模拟爆破荷载，用以研究瞬间荷载作用下土的强度和变形特性，如图 10-4 所示，图中 t_1 为加载时间。

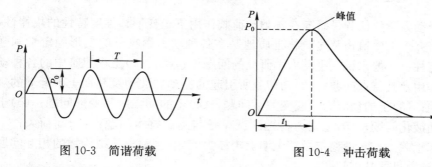

图 10-3　简谐荷载　　　　　　　图 10-4　冲击荷载

3. 不规则荷载

荷载随时间的变化没有规律可循，即为不规则荷载，如地震荷载。图 10-5 是唐山地震在迁安测得的余震记录，就是一种不规则荷载。

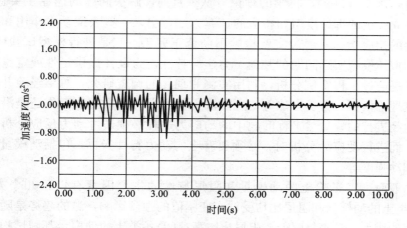

图 10-5　唐山余震迁安加速度记录(1976 年)

动荷载的共同特点是大小随时间而发生变化，对地基土体产生两种动荷载效应：速率效应和循环效应。前者指荷载在不同的时间内以不同的速率施加于土体所引起的效应，也可以用加载时间的长短来表示。具有较短加载时间的可看作是具有较短周期或较高频率的振动和波动问题；相反，具有较长加载时间的可被看做是具有较长周期的振动和波动问题。后者是指施加于土体荷载的多次增减及往复循环变化而引起的动效应。动荷载在应力数量级及其变化规律上可能差别很大，由此而引起的土体应变量级及其发展规律也有很大的不同。与静荷载相比，动荷载对土体变形、强度及稳定性等的影响有很大的不同。

本章主要介绍土的动力特性参数及其测试方法、动荷载下土的应力—应变关系特性、土的动强度问题以及土的振动液化问题。

10.2 土的动力特性参数

10.2.1 概述

土动力学的任务是研究在各类动荷载作用下土变形、强度特性的规律性，分析研究土工建筑物及建筑物土质地基在各种动力影响下的变形稳定性和强度稳定性。一般来说，土动力学研究的问题可包括：(1)工程建筑中的各种动荷载作用及其特点问题；(2)动荷载所引起的振动和波动及其在土中运动的规律问题；(3)土的动应力—应变关系问题；(4)土的动强度和变形问题；(5)土的振动液化问题；(6)土动力特性测试设备与测试技术问题；(7)动荷条件下的地基承载力，土坡稳定及挡土墙上土压力问题；(8)土与结构物的相互问题(包括动力机器基础问题)。

对于以上这些问题的解决，必须建立在土力学、地震工程学、结构动力学、土工抗震学等一系列学科的基础上，充分利用各种室内外量测技术和工程资料，建立合理的、科学的理论方法。目前，解决问题的途径主要包括：一是建立一定的理论模型和相应的计算方法，引入一些表征动力作用和土动力特性的相应指标，通过实践检验不断修正完善；二是进行模型试验研究。根据相似律模拟实际问题的几何、力学等特性，为设计提供定性或定量的依据；三是通过工程实例分析，利用实测和现场的调查研究，总结经验并检验和改进理论模型、分析方法等。现阶段土动力学研究的主要工作还是沿着第一条途径进行的，显然工程问题中的动应力过程必须通过动力反应分析方能确定。而进行动应力分析时，必须要有土的动力特性指标，包括动模量、动阻尼和动强度等。

一般而言，影响土的动模量和阻尼特性的主要因素有以下几个方面：(1)各类土的动模量和阻尼比均受动应变幅值的强烈影响，总的趋势是随着应变幅值的增大，动模量降低，阻尼比增高；(2)各类土的动模量都随试样的平均约束应力的加大而增高，这种现象在野外的表现是动模量随着土层埋深的加大而增高；(3)土的一些静的物理力学性质对动模量有某种影响。这些性质包括黏性土的压缩模量、孔隙比和饱和度，砂类土的相对密度等。各类土的应力历史或超固结比对动力特性都有一定的影响；（4）循环次数和强迫频率也可能对动模量产生某种影响。一般地说，影响动模量的因素都会影响阻尼特性，使动模量降低的因素常常使阻尼常数提高，反之亦然。

土的动力参数可用室内试验或现场测试两种方法求得。前者系指首先在钻孔内取得试样，然后在室内用不同种类的仪器进行试验研究；后者则是在现场进行地表的或孔内的原位试验，通过适当的换算直接求出。两种方法的优、缺点比较如下：

（1）原位测试中，有较大范围的土体参与试验，因而试验结果较有代表性；在室内试验中，土样尺寸较小，如果在试样采取过程中掌握不当，有时对单个试样的试验结果难以体现整个土层的性质。

（2）原位测试对土体扰动较小；室内试验在取样、运输、贮存、制样过程中，对土样的扰动是不可避免的。试验时的边界条件也很难与土的原位条件完全相符。

（3）原位测试几乎在所有的土类中都可进行；室内试验则限于取样技术和试件尺寸，对砂类土和碎石类土的试验存在一定的缺陷或困难。

（4）在室内试验中，由于便于对应力、应变和孔隙水压力等试验参数进行控制，因而便于对某些专门性课题进行研究。在系列性的试验中，价格亦较便宜；原位测试只能对土在自然条件下进行研究。

（5）在土作为土工构筑物的材料时，对其施工控制条件第一步只能在室内研究确定。

（6）一般来说，限于设备的能量输出能力，原位试验只能在小应变条件下进行；而在室内由于试样较小，可以研究在大应变振幅下的动力性能。

综上所述，两类试验各有其长处和缺点，在作用上也是不可相互代替的。因此，目前需要对工程中的土体动力问题进行这两类试验，以取得必要的测试成果。

10.2.2　土的动力参数的室内测试方法

土的动力参数室内试验是将土的试样按照要求的湿度、密度、结构和应力状态制备于一定的试样容器之中，然后施加不同形式和不同强度的振动荷载作用，再量测出在振动作用下试样的应力和应变，从而对土性和有关指标的变化规律做出定性和定量的判断。

早期的摆式加荷试验装置，虽可以进行快速瞬态加荷试验。但该试验装置没有考虑动荷载与静荷载的叠加，不能模拟实际地震时土样在多次循环荷载作用下的特性。为了克服上述缺点，动三轴试验在国外得到了迅速的发展，虽可模拟地震施加循环荷载作用，但其应力条件与土的现场地震应力条件有差异。如实际地震时，土的变形大部分是由自下而上传递的剪切波引起的，若地表为水平，则水平面上的法向应力保持不变，这时只产生循环剪应力，

274

而动三轴试验只能近似模拟这种应力状态。

室内实验的仪器设备，除了放置土试样的压力室外，主要是激振系统、量测系统和数据处理系统三个部分组成。这三部分的配套组合就成为室内土动力特性试验的专用仪器设备，例如振动单剪仪、振动扭剪仪、振动三轴仪以及共振柱等。其中振动单剪仪比较接近于地震作用下土单元的理想化应力条件，因而对研究地震作用下的剪应力和剪应变比较适合。但由于试样成型比较困难、应力分布不均匀、侧压力不好控制、侧壁摩阻力无法估计等缺点，实际中较少应用；扭转单剪仪可控制动剪应力和侧压力大小，且剪应力比较均匀（近似纯剪状态），但采用的筒状试样制备困难，试样装置也较为复杂，一般只在科学研究中应用。

在实际工程中，为了进行地震反应分析和抗震设计，通常采用振动三轴仪做大应变条件下土的动力参数试验。该试验的优点是试验土样制备简单、操作方便，缺点是不适合做小应变试验，而共振柱试验可以解决这一问题，但由于室内试验的土样尺寸较小，试样直径一般为 $40\sim60\text{mm}$，高 $2d\sim2.5d$，因而其代表性较差，且难以模拟现场边界条件，使得试验结果与实际出入较大。

1. 动三轴试验

动三轴试验是从静三轴试验发展而来的，它利用与静三轴试验相似的轴向应力条件，通过对试样施加模拟的动主应力，同时测得试样在承受施加的动荷载作用下所表现的动态反应。其中最基本和最主要的是动应力（或动主应力比）与相应的动应变的关系（$\sigma_d - \varepsilon_d$ 或 $\sigma_1/\sigma_3 - \varepsilon_d$），动应力与相应的孔隙水压力的变化关系（$\sigma_d - u_d$）。根据这些相对关系，可以推求出岩土的各项动弹性参数及黏弹性参数，以及试样在模拟某种实际振动的动应力作用下表现的性状，例如饱和砂土的振动液化等。

（1）动三轴试验的基本分类

动三轴试验的设备是动三轴仪，按其激振方式的不同可分为电磁式、液压式、气压式和惯性式等。按试验方法的不同可分为两种，即单向激振式和双向激振式。

1）单向激振

单向激振三轴试验（常侧压动三轴试验）是将试样所受的水平轴向应力保持静态恒定，通过周期性地改变竖向轴压的大小，使土样在轴向上经受循环变化的大主应力。从而在土样内部相应地产生循环变化的正应力与剪应力。周围压力的施加要求与静三轴试验基本相同。动应力的施加需最大限度地模拟实际地基可能承受的动荷载。

2）双向激振

双向激振三轴试验（变侧压动三轴试验）是针对单向激振动三轴试验的不足之处而设计的。其初始应力状态以恢复试样的天然应力条件为准则，然后在施加动荷载时，则是控制竖轴向应力与水平轴向应力同时变化，但二者以 180° 相位差交替地旋加动荷载。两者施加以 $\sigma_d/2$ 为幅值的动荷载后，土样内

45°斜面上产生的正应力始终维持 σ_0 不变，而动剪应力值为正负交替的 $\sigma_d/2$。从而可以在不受应力比 σ_1/σ_3 局限的条件下，模拟液化土层所受的地震剪应力作用。

（2）动三轴试验条件的选择

土动力特性指标的大小取决于一定的土性条件、动力条件、应力条件和排水条件，因此，当要为解决某一具体问题而提供土的动力特性指标时，应从上述四个方面模拟实际情况。

1）土性条件

主要是模拟所研究土体实际的粒度、含水量、密实度和结构。对于原状土样，只需要注意不使其在制样过程中受到扰动即可；对于制备土样，则主要是含水量和密实度。如果是饱和砂土，所要模拟的主要土性条件就是密实度，即按砂土在地基内的实际密实度或砂土在坝体内的填筑密实度来控制。如果实际密实度在一定范围内变化，则应控制几种代表性的状态。当没有直接实测的密实度资料时，可以按野外标准贯入的击数所对应的相对密实度来控制试样的密实度。在粒度、含水量和密实度相同情况下，不同的试样制备方法而引起土结构的不同，对土的动力特性有极大影响。因此，对于某些重要工程，须花费很大的代价，来获得未扰动的原状土样。

2）动力条件

主要是模拟动力作用的波形、方向、频幅和持续的时间。对于地震来说，如果按照西特等（1971）的方法，则可以将地震随机变化的波形简化为一种等效的谐波作用，谐波的幅值剪应力为 $0.65\tau_{max}$，谐波的等效循环数按地震的震级确定（6.5、7、7.5、8 级时分别为 8、12、20 和 30 次），频率为 $1\sim2\text{Hz}$，地震方向按水平剪切波考虑。这种方法是目前在振动三轴试验中所用的主要方法。

3）应力条件

主要是模拟土在静、动条件下实际所处的应力状态。在动三轴试验中，常用 σ_1 和 σ_3 及其变化来表示，地震前的固结应力用 σ_{1c} 和 σ_{3c} 来表示，地震时的应力用 σ_{1e} 和 σ_{3e} 来表示，以下分析两种情况：

① 水平地面情况

对于水平地面的情况（图 10-6a），由于地震作用以水平剪切波向上传播，故在任一深度 Z 的水平面上，地震前作用的应力为 $\sigma_c=\sigma_0=\gamma z$，$\tau_c=0$；地震时，$\sigma_e=\sigma_0$，$\tau_e=\pm\tau_d$。这种应力状态在三轴试验中可以用均等固结时 45°面上的应力来模拟，从双向激振动三轴试验中获得。在某些情况下，也可利用单向激振三轴仪，代之以等效的外加应力状态。

② 倾斜地面情况

对于倾斜地面的情况（图 10-6b），在地面上任一深度 z 的水平面上，地震前作用的应力为 $\sigma_c=\sigma_0=$

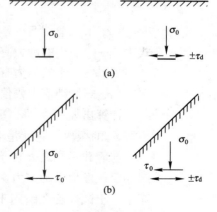

（a）

（b）

图 10-6　实际地基的应力条件

γZ，$\tau_c = 0$；地震时，$\sigma_e = \sigma_0$，$\tau_e = \tau_0 \pm \tau_d$。这种应力状态，在三轴试验中，应以偏压固结时在 45°面上的应力变化来模拟，容易用双向激振的三轴仪来实现。

4）排水条件

主要模拟由于土的不同排水边界对于地震作用下孔压发展实际速率的影响。可以通过在孔压管路上，安装一个允许部分排水的砂管，然后用改变砂管长度和砂土渗透系数的方法来控制排水条件。不过，在目前仪器设备条件下，考虑到地震作用的短暂性和试验成果应用上的安全性，振动三轴试验仍多在不排水条件下进行。

（3）动三轴试验的破坏标准

动三轴试验是利用圆柱体土样，先施加周围压力 σ_3 和轴压力 σ_1 进行固结，以模拟土体振动前的应力状态。振动前应力状态通常以 σ_3 和固结应力比 $K_c = \sigma_1/\sigma_3$ 表示。土样固结后，通过动力加载系统对试样施加均匀的周期应力。在试验过程中，用传感器测出试件的动应力、动应变和孔隙水压力的时程曲线。

在动三轴试验的资料整理中，目前常用的破坏标准有如下三种：

1）极限平衡标准

假定土的静力极限平衡条件也适用于动力试验中，而且动载和静载的莫尔-库仑破坏包线相同，即土的动力有效内摩擦角等于静力有效内摩擦角。

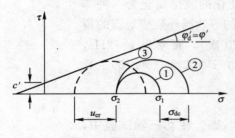

图 10-7 临界孔隙水压力

图 10-7 中，应力圆①表示试件振前的应力状态。应力圆②表示加动载过程中最大的应力圆，也就是动应力等于幅值 σ_{d0} 瞬间的应力圆。如果加动荷载的过程中，试件内的孔隙水压力不断发展，显然用有效应力表示时，应力圆②将不断向破坏包线移动。当孔隙水压力达到临界值 u_{cr} 时，应力圆与破坏包线相切。按极限平衡条件，这时试件达到破坏状态。根据几何条件，可以推导极限平衡状态时的孔隙水压力如下式：

$$u_{cr} = \frac{\sigma_1 + \sigma_3}{2} - \frac{\sigma_1 - \sigma_3 - \sigma_{d0}(1 - \sin\varphi')}{2\sin\varphi'} + \frac{c'}{\tan\varphi'} \tag{10-2}$$

式中　φ'——土的静力有效内摩擦角；

　　　c'——土的静力有效黏聚力；

　　　σ_{d0}——动应力幅值。

计算出 u_{cr} 后，在试验中所记录的孔隙水压力发展曲线上可找到孔隙水压力等 u_{cr} 的振次，它就是动应力幅为 σ_{d0} 时的破坏振次 N_f。

与静载不同之处在于，由于动应力是随时间而变化的，因此，图中破坏圆③仅仅发生于动应力达到幅值 σ_{d0} 的瞬间。过后，动应力减小，应力圆相应缩小。土试件若在瞬间不破坏，则又恢复其稳定状态。一般来说，用这种标准将过低估计土的动强度，因而具有过高的安全度。

2）液化标准

当周期荷载所产生的累积孔隙水压力 $u=\sigma_3$ 时，土完全丧失强度，处于黏滞液体状态，称为液化状态。以这种状态作为土的破坏标准，即为液化标准。通常只有饱和松散的砂或粉土，且振前的应力状态为固结应力比为 1.0 时，才会出现累积孔压 $u=\sigma_3$ 的情况。

3）破坏应变标准

对于不出现液化破坏的土，随着振动次数的不断增加，孔隙水压力增长的速率将逐渐减慢并趋向于一个小于 σ_3 的稳定值，但是变形却随着振次而继续发展。因此，和静力试验一样，对于周期荷载可以规定一个限制应变作为破坏标准。例如等压固结时，采用双幅轴向动应变 $2\varepsilon_d$ 等于 5% 或 10% 作为破坏应变。固结应力比大于 1.0 时，则以总应变（包括残留应变和动应变）达 5% 或 10% 作为破坏应变。

在以上三种破坏标准中，当土不可能液化时，常以限制应变值作为破坏标准。

（4）土的动力参数的确定

动三轴试验测定的是动弹性压缩模量 E_d、阻尼比 D、饱和砂土的液化势等指标，动剪切模量 G_d 可以通过它与 E_d 之间的关系换算得出。

图 10-8 反映了某一级动应力 σ_d 作用下动应力与动应变的关系。如果试样是理想的弹性体，则动应力与动应变的两条波形线必然在时间上是同步对应的。由于土体并非理想弹性体，因此，它的动应力与相应的动应变波形并不在时间上同步，而是动应变波形线较动应力波形线有一定的时间滞后。如果把每一个周期的振动波形按照同一时刻的 σ_d 与 ε_d 值一一对应地描绘到坐标上，则可得到图 10-8（b）所示的滞回曲线。定义此滞回环的平均斜率为动弹性模量，即 $E_d=\sigma_{dmax}/\varepsilon_{dmax}$。

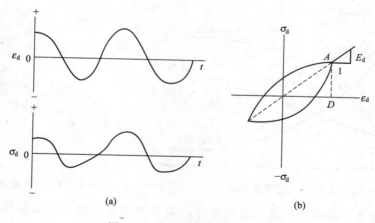

图 10-8　应变滞后与滞回曲线

动弹性模量 E_d 是在一个周期振动下所得滞回曲线上获得的，但随着振动周数的增加，土体结构遭到破坏，应变值随之增加。因此，每一周振动 $\sigma_d\sim\varepsilon_d$

滞回环并不重合。一般来说，随着振动周数的增加，动弹性模量将不断减小，如图 10-9 所示。

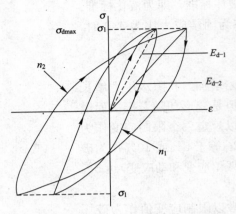

图 10-9　随着振次增加滞回环的变化规律

如果改变给定的 σ_d 值，则又将得出另一套数据及滞回环线族。在给定振次情况下，例如 10 次，每一个动应力 σ_d 将对应一个滞回环，这样在多个动应力作用下可分别得到对应的动应变和相应的动弹性模量。通过这些数据可以绘出 $\sigma_d \sim \varepsilon_d$ 和 $E_d \sim \varepsilon_d$ 曲线，如图 10-10 所示。

与动弹性模量 E_d 相应的动剪切模量可按下式计算：

$$G_d = \frac{E_d}{2(1+\mu)} \qquad (10\text{-}3)$$

式中　μ——泊松比，饱和砂土可取 0.5。

图 10-8(b) 所示的滞回曲线已说明土的黏滞性对应力应变关系的影响。这种影响的大小可以从滞回环的形状来衡量，如果黏滞性愈大，环的形状就愈趋于宽厚，反之则趋于扁薄。所谓黏滞性实质上是一种阻尼作用，其大小与动力作用的速率成正比。根据 Hardin 等的研究，这种阻尼作用可用等效滞回阻尼比 D 来表征，其值可从滞回曲线求得，如图 10-11 所示。

$$D = \frac{A_L}{4\pi A_T} \qquad (10\text{-}4)$$

式中　A_L——滞回曲线所包围的面积；

　　　A_T——图中影线部分三角形所示的面积。

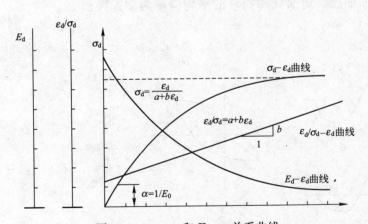

图 10-10　σ_d—ε_d 和 E_d—ε_d 关系曲线

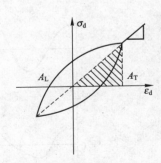

图 10-11　滞回曲线与阻尼比

由于土的动应力—动应变关系是随振动次数及动应变的幅值而变化的。因此，当根据应力—应变滞回曲线确定阻尼比 D 值时，也应与动弹性模量相对应。对于动应变幅值较大的情况，在应力作用一周时，将有残余应变产生，使得滞回曲线并不闭合，而且它的形状会与椭圆曲线相差甚远。此时，阻尼比的计算尚无合理的方法，需作进一步的研究。

动三轴试验可得到图 10-12 所示的轴向动变形 ε_d、孔隙水压力 u_d 和动应力 σ_d 随不同振次变化的过程线（图中所示为锯齿波形）。在一定的固结比和固结压力下，切取不同试样进行不同幅值的动荷载三轴试验，每一个试样都可获得如上所述的三条过程线，并在过程线上定出初始液化点。对于初始液化的判别，可用孔隙水压力标准，即取孔隙水压力等于侧压力为破坏标准，也可以采用变形标准，例如取易液化的砂土 $\varepsilon_d=5\%$，不易液化的黏土 $\varepsilon_d=10\%$ 为初始液化点。

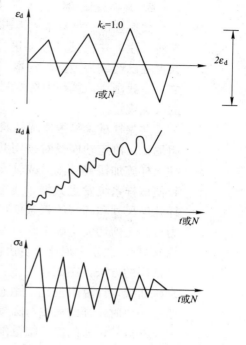

根据初始液化点，从过程线上找出相应的振次。对于同一组试样，在同一固结压力下，分别施加不同的动应力幅值后，各试样达到液化时的动荷载次数各不相同。因此，根据试验结果可以整理出 $\sigma_d/2\sigma_0 - \lg N$ 关系曲线。在所得的关系曲线上，按一定地震震级对应的等效循环作用次数 $\overline{N}$，可求出相应的抗液化应力比 $(\sigma_d/2\sigma_0)_{\overline{N}}$ 或 $(\tau_d/\sigma_0)_{\overline{N}}$。

图 10-12　动三轴试验测得的变量过程线

（5）动三轴试验的优、缺点

动三轴试验对所有土样都能适用，在研究工作和工程实践中应用都比较广泛。一般地说，试样制备和试验操作也比较简单，这是它的主要优点。

这种试验方法的主要局限性是：

1）它只能直接求出杨氏模量 E_d。计算中需要的动剪切模量必须经过换算得到，然而这种换算只是在弹性范围内才是正确的，换算中所用的泊松比又很难用试验求出。因此，这个换算过程有可能带来误差。

2）试样在试验过程中经受的应力状态与土单元体在原位经历地震过程时的应力状态有较大的差别：土在原位状态，最大主应力基本上是在垂直方向上，在受到地震循环剪应力时也只在一个很小的角度上旋转；在室内，特别是在通常采用的等向固结条件下，中主应力和最小主应力在轴向压缩的半周内是相等的，而在轴向拉伸的半周内转换为最大主应力。在每次循环中，这种主应力方向的 90°转向在原位状态中显然是不存在的。

3）试样两端与试样帽直剪的摩擦，使局部应力状态发生改变，有时甚至导致该部分的局部失效。为减小这种现象对试验结果的影响，必须采取适当措施减少试样两端的摩擦，并要适当增加试样的高度。一般认为：试样的高径比用 2.5 比较合适。

在土动力试验室中，循环三轴试验仪是最普遍的一种设备。只要在试验操作和结果评价中，能够注意到上述缺陷的影响并适当加以克服或修正，仍然能够得出令人满意的结果。

2. 共振柱试验

共振柱试验是日本人饭田在 1938 年所创，到 20 世纪 50 年代才开始被学者所关注，并在其基础上进行了端部条件、激振方法等方面的改进。目前，共振柱已经成为美国、日本、德国、加拿大等国家土动力学试验的主要设备之一。我国《地基动力特性测试规范》GB/T 50269—97 也已列入共振柱试验的有关规定。

共振柱试验是根据圆柱状试样中弹性波的传播理论来测定土的动模量和阻尼比。测定动模量时采用共振法，即对一定湿度、密度和应力条件下的圆柱土样施加扭转激振力或轴向激振力，弹性波在试样内传播，调节激振频率致使试样系统发生共振，测定共振频率和相应的应变幅值。由共振频率、试样几何尺寸和两端约束条件可确定弹性波在试样中的传播速度。加扭转激振力可测定剪切波速确定剪切模量；加轴向激振力可测定压缩波速确定压缩（弹性）模量。测定阻尼比有自由振动法和稳态强迫振动法两种方法。自由振动法是常用的方法，在试样发生共振时切断激振力，使试样自由振动，记录振动衰减曲线，计算阻尼比。稳态强迫振动法是对试样顶端稳态激振，测定不同激振频率时试样的振幅与圆频率的关系曲线，计算阻尼比。

共振柱试验的应变幅范围较宽，一般为 $10^{-5} \sim 10^{-3}$ 的应变量级，可用于测试大应变幅和小应变幅情况下的动力参数。常用的共振柱仪按试样端部约束条件的不同可分为：一种是一端固定一端自由；另一种是一端固定一端用弹簧和阻尼器支承两种形式。测试过程中试样制备与安装方法与动三轴试验相同，待试样固结后，由土试样底座下安装的电磁式激振器（也有的装在土试样顶端，试样顶端通常附加一个集中质量块）施加激振频率，试验开始时施加低于土试样自振频率的激振频率，使土样产生振动，然后逐渐改变激振频率使土样产生共振，此时土样顶端振幅达到最大值。测记振动衰减曲线，根据土柱的共振频率、土试样几何尺寸以及端部限制条件来计算动弹性模量，根据振动衰减曲线计算阻尼比。

以下简要介绍动模量和阻尼比的计算。

（1）动模量的测试

对于一端固定，另一端自由的土样，其扭转振动的波速为：

$$c_t = \frac{2\omega_t L}{(2n-1)\pi} = 4 f_{mt} L \qquad (10\text{-}5)$$

式中　ω_t——试样固有振动频率（rad/s）；

　　　L——试样长度（m）；

　　　f_{mt}——扭转振动共振频率，由试验测得（Hz）。

于是土试样的动剪切模量为：

$$G_d = \rho c_t^2 = 16 f_{mt}^2 L^2 \rho \qquad (10\text{-}6)$$

式中　G_d——试样的动剪切模量（MPa）；

　　　ρ——土样密度（kg/m³）。

需要指出，由于振波是在具有一定几何尺寸的土柱体中传播，其速度 c_t

和在无限弹性介质中传播的速度 c_s 并不一致，但试验表明，当土试样长度 $L \geqslant 2d$ 时，两者的误差约 5%，故可近似采用式(10-5)来计算扭转波速。

试样的动弹性模量为：

$$E_d = \rho c_p^2 = \rho \left(\frac{2\pi f_{mt} L}{\beta_p} \right)^2 \tag{10-7}$$

式中　c_p——试样的纵波波速(m/s)；

β_p——中间变量，满足 $\frac{W_m}{W} \beta_p \tan \beta_p = 1$，其中，$W$ 为试样自重，W_m 为附

加块重；当附加块重量很小可忽略不计时，$\beta_p = \frac{\pi}{2}$。

土的泊松比：

$$\mu = \frac{E_d}{2G_d} - 1 \tag{10-8}$$

一般黏土，$\mu = 0.45 \sim 0.50$；粉质黏土，$\mu = 0.40 \sim 0.45$；黏质粉土，$\mu = 0.35 \sim 0.40$；砂土，$\mu = 0.30 \sim 0.35$。

(2) 阻尼比的测试

对于试样的阻尼比，可以通过强迫改变振动频率作出完整的幅频曲线，再以 $\sqrt{2}/2$ 倍共振峰值截取曲线，得出两个频率 f_1 和 f_2，即可按下式计算阻尼比：

$$D = \frac{1}{2} \left(\frac{f_2 - f_1}{f_n} \right) \tag{10-9}$$

对于阻尼比还可以通过自由振动法测得。当试样发生共振时，此时切断动力，使试样在无干扰力的条件下自由振动，并测其衰减曲线，作出振次 N 与相对振幅 A 之间的曲线。可按下式计算阻尼比：

$$D = \frac{1}{2\pi} \delta = \frac{1}{2\pi} \frac{1}{m} \ln \frac{A_N}{A_{N+m}} \tag{10-10}$$

式中　δ——对数衰减率；

A_N——第 N 次振幅(m)；

A_{N+m}——第 $N+m$ 次振幅(m)。

10.2.3　土的动力参数的原位测试方法

原位测试是研究土动力特性和土体动力稳定性的重要手段。在地基和建筑物的地震反应分析和动力机器基础的设计中，地基动力参数必须事先予以测定。但由于技术水平限制，对于砂土、软弱土层、粗粒土以及完整性较差的岩土，采样较为困难，室内试验结果的精度难以得到保证。而实践表明，采用现场测试方法测定岩土体的动力参数是一种有效简便的途径，近年来得到了迅速发展和应用。

现场原位测试不仅能测试小应变范围内的弹性参数(动模量、动泊松比和阻尼比)，而且能研究大应变范围内土的动强度、动变形、液化以及土体稳定性问题。按照使用目的可分为三类：(1)土的动力参数测定，例如小应变下土

的弹性参数及土体中波的传播速度等；(2)土体的动力反应试验，例如振动衰减试验等；(3)土体结构受振条件下的原型观测，例如各种动力作用下土体振动性状的实际观测等。

1. 波速试验

波速试验一般包括跨孔法、下孔法、表面波法、折射波法和反射波法，用来测定地基中 P 波(压缩波)、S 波(剪切波)和 R 波(瑞利波)的速度 V_p、V_s 和 V_R。其中跨孔法和下孔法统称为钻孔法，需在地层中钻一个或多个孔。表面波法、折射波法和反射波法统称为表面法，无须在地层中钻孔，振源和检波器均布置在地表面上，其测试和数据分析均比钻孔法复杂。表面波法按振源又分为稳态和瞬态振动法，是一种有效的浅层勘测方法；折射波法不能检测软夹层，测试结果精度低，故多作为初步勘测之用；反射波法由于对测试仪器要求高等，在工程中应用还不广泛。

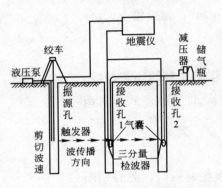

图 10-13　跨孔法试验布置图

跨孔法是 1972 年美国土动力学家提出的，可测 S 波和 P 波，测试对象涉及各类岩土，并可测定低速软弱夹层的波速。常用的布置方式如图 10-13 所示。试验孔应尽量布置在地面高程相近的地段。三个孔应布置在一条直线上，一个为振源孔，两个为接收孔，这样可以根据相邻两接收孔间波传播历时之差来计算波速，消除了触发器、钻孔套管和回填等方面的部分影响，提高测试精度。

钻孔间距，土层中一般为 3～5m，岩石中为 8～10m，钻孔直径为保证振源和检波器能顺利地在孔中或套管中上下移动为宜。当在易缩孔或孔壁易塌的土层中钻孔测试时，试验孔应下套管，套管与孔壁之间的间隙大多采用灌浆填实。浆液配比的原则，使其固结后的密度与周围介质一致。对于土层，浆液中的膨润土、水泥和水的配比可采用 1∶6∶6.25。采用水泥砂浆灌注时，会使套管很好地嵌固在地层中，套管不便重复使用。为确保跨孔法试验结果的精度，一般要求测试深度大于 10m，必须对所有试验孔按一定的间距(不大于10m)进行测斜，以准确计算出振源与检波器间的水平距离。

跨孔法一般按下列步骤计算波速值：(1)利用竖向传感器的波形记录确定每一测试深度 S 波到达每个接收孔的初至时间 t_{S1}、t_{S2}；(2)利用水平传感器的波型记录，确定在每一测试深度 P 波到达每个接收孔的初至时间 t_{P1}、t_{P2}；(3)按测斜资料，计算由振源到每个接收孔的距离 S_1、S_2 及差值 $\Delta S = S_2 - S_1$；(4)按下列公式计算在每一测试深度的 S 波及 P 波速度值：

$$V_S = \Delta S / (t_{S2} - t_{S1}) \tag{10-11}$$
$$V_P = \Delta S / (t_{P2} - t_{P1}) \tag{10-12}$$

对于同一测点 P 波或 S 波的三个试验波速值的相对误差应在 5%～10%以内，否则须分析原因或重新测试。

下孔法又称单孔法或检层法，一次试验只需钻一个钻孔，只要能安装钻机的场地就能采用这种方法，甚至适用于已有建筑室内地基波速测试。试验布置如图 10-14 所示。现场测试包括如下内容：钻孔、设置振源和波动测试等。一次试验原则上只需一个钻孔，用来安放检波器。因下孔法所测定的波是沿孔壁地层传播的，为尽可能能使试验与实际情况相符，钻孔孔径应取较小值，以减少对孔壁土体扰动。孔应尽可能垂直，必要时应进行测斜，以便资料整理时将检波器送至地层进行下孔法试验，如图 10-15 所示，可同时获得地层的动、静力学指标，两者互校可提高试验结果的精度。它与触探适用范围相同，只限于黏性土和砂类土。

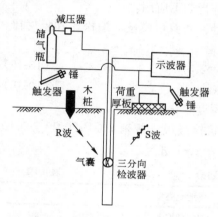

图 10-14　下孔法试验布置图

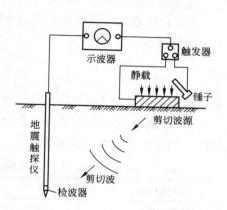

图 10-15　动力触探仪下孔试验示意图

波型识别同跨孔法，计算地层波速时，把地层当作成层体，如图 10-16 所示。各层中波速是常数，由浅至深各层厚度为 h_1，h_2，$\cdots h_i \cdots$；假设波按直线传播（即不考虑波在交界面的折射），激振板与钻孔的距离为 d。

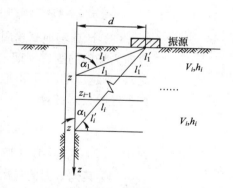

图 10-16　波速计算简图

将波传播历时 t_0 换算成垂直下行至测点的历时 t。由勾股定理：

$$t = \frac{z}{\sqrt{d^2 + z^2}} t_0 = \frac{1}{\sqrt{1 + (d/z)^2}} t_0 \qquad (10\text{-}13)$$

由上式绘制 z—t 关系曲线（称垂直时距曲线）。理想上，时距曲线上一点的切线在 t 轴的斜率（$\mathrm{d}z/\mathrm{d}t$）就是相应深度地层的波速。其计算步骤如下：

（1）由水平、垂直检波器的记录，分别得到 S 波、P 波从振源到每一测试深度的时间 $t_{0(S)}$、$t_{0(P)}$；

（2）对每一深度测得时间作斜距校正，将 $t_{0(S)}$、$t_{0(P)}$ 依次替代上式中 t_0；

（3）以深度 z 为纵坐标，以校正后的时间 t 为横坐标，绘制时距曲线图。一般比例尺为：纵坐标 1cm 相当于 1m，横坐标 1cm 相当于 10ms；

（4）结合实际地层变化并根据时距曲线上具有不同斜率段划分波速层。每一折线段斜率的倒数即为此段所在区间地层的波速：

$$V = \Delta z / \Delta t \qquad (10\text{-}14)$$

式中　Δz——相应段的地层厚度；

　　　Δt——相应段的 S 波和 P 波传播时间差；

　　　V——相应的 S 波和 P 波波速。

跨孔法和下孔法在测定 S 波时，需在地层中钻孔，甚至下套管和灌浆等，因此工期长，同时费用相对较高。另外，浅部测试中，信号易受干扰，波传播路径复杂，使测试结果不便应用。折射波和反射波法测定 S 波时虽不需钻孔，但仍有缺陷。

波速法试验得到土层的波速后，可以进行如下应用：

（1）计算地基在小应变时的动弹性模量、动剪切模量、泊松比和阻尼比，具体计算按下式进行：

$$E = c_p^2 \rho, \quad G = c_s^2 \rho \qquad (10\text{-}15)$$
$$\nu = (c_p^2 - 2c_s^2)/2(c_p^2 - c_s^2) \qquad (10\text{-}16)$$

通常将钻孔地层柱状图和各参数绘制成随深度变化的曲线。

（2）进行场地土类型划分。我国《建筑抗震设计规范》GB 50011—2010 规定，场地土类型可以根据场地土 c_s 值按表 10-1 进行划分。

场地土类型划分　　　　　　　　　　　　表 10-1

场地土类型	c_s	场地土类型	c_s
坚硬场地土	$c_{sm} > 500$	中软场地土	$250 \geqslant c_{sm} > 140$
中硬场地土	$500 \geqslant c_{sm} > 250$	软弱场地土	$c_{sm} \leqslant 140$

注：表中 c_{sm} 为土层 c_s 平均值，取地面下 15m 且不深于场地覆盖层厚度范围内各层土的 c_s 值，按照土层厚度进行加权平均值。

（3）计算场地卓越周期 T。地震信号频谱曲线上最大振幅对应的频率的倒数即为场地的固有周期，一般可用卓越周期近似取代（场地范围内无强震记录时），卓越周期 T 可由地脉动试验测定，否则可由 c_s 值估算。工程中通常按如下经验公式计算：

$$T = \sum_{i=1}^{n} \frac{4h_i}{c_s} \qquad (10\text{-}17)$$

式中　h_i——第 i 层土厚度，一般应计算至基岩（$c_s \geqslant 500\text{m/s}$）。

（4）其他方面的应用。获得土层的波速后，可以用来进行饱和土层液化势的评价、评价场地土层的物理学参数、评价地基基础加固效果和道路工程质量，此外，波速法结果在解决基岩起伏、松散覆盖土层厚度以及查明断裂构造带位置等方面也得到了一定的应用。

2. 振动衰减试验

由振源引起的振动，受到土的几何阻尼和材料阻尼的影响，振动的振幅与能量等随着离开振源的距离增大而逐渐减小的现象称为振动衰减。根据弹性半无限土体的表面竖向振动的点源研究表明，振源在周围土中可以产生 P 波、S 波和 R 波，这三种波所携带的能量分别为 7%、26% 和 67%，即大部分能量以 R 波形式传播。此外，三种波振幅的几何衰减不同（在半无限土表面），体波振幅与离开振源距离的 r^{-2} 成正比，R 波振幅则与 $r^{-0.5}$ 成正比。因此，R 波到达时地面振动最强烈，故远场中地面振动主要以 R 波为主。

振动衰减试验就是在现场设置的基础上，安装激振器作为振源，由振源出发布置几条测线，沿测线再以不同距离布置一系列测点，记录各测点上的振动波形，据以测定弹性波在土中的衰减系数。当测试振波沿深度衰减时，测点距离振源 r 处沿深度测点间距一般浅处为 1m 一个测点，6m 以下可 2m 一个测点，随深度增加测点间距可适当加大。

无论是沿地面衰减测试还是沿深度衰减测试，检波器的放置应根据需要而定，如测竖向振动衰减时应垂直放置，测水平振动衰减时应水平放置等。总之，所摆放方向应与波的传播方向以及振动方向一致。

根据振动衰减试验可进行如下测试数据处理：

（1）振幅随地面距离 r 的衰减计算。可按照国家标准《动力机器基础设计规范》GB 50040—96 中给定的衰减公式进行计算：

$$A_{rj} = A_0\beta_0\sqrt{\frac{r_d}{r_j}\left[1 - \xi_d\left(1 - \frac{r_d}{r_j}\right)\right]} \times e^{-f_0\alpha_0(r_j - r_d)} \tag{10-18}$$

式中，各符号物理意义详见规范。其中，α_0 为地基土能量吸收系数。

（2）地基土能量吸收系数的计算：

$$\alpha = \frac{1}{r - r_0}\ln\left(\frac{A_0}{A_r}\sqrt{\frac{r_0}{r}}\right) \tag{10-19}$$

式中 A_0、A_r——分别为距振源 r_0 和 r 处的振幅（m）。

通常，作振源频率 f 不同时的 α-r 曲线图，设计时应根据 r 和 f 等按照 α-r 曲线图选定 α 值，并作设计基础的底面积修正。

（3）振幅 A 随振源深度 h 衰减系数的计算：

$$\beta_1 = \frac{\lambda}{h_1}\ln\frac{A_0'}{A_1}, \quad \beta_2 = \frac{\lambda}{h_2}\ln\frac{A_0'}{A_2}, \quad \cdots, \quad \beta_n = \frac{\lambda}{h_n}\ln\frac{A_0'}{A_n} \tag{10-20}$$

式中 A_0'——离振源某一距离处的地面振幅（m）；

A_1，A_2，$\cdots$，A_n——离地面 h_1，h_2，$\cdots$，h_n 处各测点振幅（m）；

λ——实测试验波长（m）。

3. 原型观测

原型观测就是在实际建筑物上，在实际荷载条件下，在实际地基土层内直接观测建筑物的性状、动荷的波形及土层的变形—强度特性，经过分析整理，探求保留完好或轻微破坏或严重破坏的原因，建立、考察或修订计算理论和方法，这是一条很重要的途径。

原型观测有强度观测、变形位移观测、孔压—强度观测及工程事故实录分析等。目前，原型观测的资料还不够多，需要长期的积累。但在某些方面已收到良好的效果，例如在统计分析方面，判定砂土液化可能性时的统计方法，就是根据几十次地震中实测得到的液化与未液化点的分析找出了包括多种有关因素影响的统计公式。

在实录分析方面，已经结合一些工程在地震时发生的问题（如土坝滑坡等)所作的解剖,十分有益于对问题认识的深化。我国在密云水库大坝滑坡后做了深入的研究,根据实测的地震波形,对流滑的覆盖层砂砾料进行了大型振动圆筒试验,得出砂砾料在其中粗粒含量太小,不足以形成稳定骨架,其动力特性仍取决于细粒料,因而在地震作用下发生液化,流动达 800m 以上。同时,按现有方法检验其稳定性,得出了合理的结论。

10.3　土的动强度

10.3.1　概述

在静荷载作用下又受动荷载作用,在一定振动次数下,达到某一破坏应变所需的最大动应力称为动强度。土的动强度问题远比静强度复杂。首先,动力作用与静力作用是不同的。静力作用是指作用在土体上的力(外力和内力)在相对长的时段内保持不变的情况,动力作用是指作用在土体上的力随时间而变化,且变化较快的情况。在土工问题中绝对的静力作用情况是没有的,例如在土基上修造建筑物时的加载过程、开挖基坑时的卸载过程、地下水位变化引起的加载或卸载过程等,作用在土体上的力都是随时间而变化的,但一般仍作为静力问题来处理,在稳定分析中也都采用土的静力抗剪强度。在土力学中作为动力问题处理的,主要有机器基础振动、车辆路基及机场跑道振动、爆炸作用和地震运动等所引起的土动力学问题。从物理意义上说,动力作用必然涉及惯性力和波的传播行为,但在某些循环荷载下虽不计惯性作用,仍被纳为土动力问题。动力作用从它的表现形式可以分为冲击型和振动型两大类。冲击型中开始有一很大的冲击峰,然后较快地衰退下去;振动型中一般以某一振幅按一定周期重复循环进行,但还可有变振幅、变周期、变波形等不规则振动,以及长时期振动和短时期振动之别。

已有的研究结果都表明,土体的动强度特性与土的类别、所处的应力状态及加荷速度、循环次数等有关。如,当应变幅值的大小不超过 1.5% 时,即使是中等灵敏度的黏性土,在 200 次循环荷载作用下,其强度几乎等于静强度。对于一般的黏土,在地震或其他动荷载作用下,破坏时的综合应力与静强度相比较,并无太大的变化,但是对于软弱的黏性土,如淤泥和淤泥质土等,则动强度会有明显降低,所以在实际工程中遇到此类地基土时,必须考虑地震作用下的强度降低问题。

随着动荷作用的速率效应和循环效应的不同,土的动强度特性也不同。因此,欲使试样在动荷载作用下产生某一定的应变,可以采用低循环次数下高的动应力,也可以采用高循环次数下低的动应力。而土的强度总是与一定限度的应变相联系,因此动强度就应该是针对相应的振动循环次数来讨论的。循环次数愈低,动强度愈高;循环次数愈高,动强度愈低。

10.3.2　冲击荷载作用下土的动强度

早在 1948 年,美国学者卡萨格兰德就设计了多种冲击试验仪来测定冲击荷载下的动力特性，以后各国学者相继对此问题进行了研究。1946～1954年间，哈佛大学和麻省理工学院对冲击作用下土的强度特性，从试验成果的表观现象上取得了较为丰富的数据，对这些表观现象的解释提出了一些看法。其后，这方面的研究工作仍有少量出现，略有进展，但不见有更重要的突破。哈佛大学的工作，选择"加荷时间"作为标志冲击加载速率的一个物理参变量，研究了"加荷时间"对土强度的影响。麻省理工学院的工作，则以"应变速率"作为标志材料在冲击作用下变形速率的一个物理参变量，研究了"应变速率"对土强度的影响。前者较接近于加载特性，后者较着重于土的应变反应，两者间有一定的区别，也有相互联系。典型的试验结果介绍如下。

1. 砂土的动强度特性

卡萨格兰德等根据已发表的关于加荷时间对金属、木材、混凝土、岩石和土等应力—变形及强度影响的资料，选择"加荷时间"作为研究土动力强度的主要参变量。所谓"加荷时间"，即从开始加荷至试件破坏荷载达到峰值的时间，由于试验采用的是无侧限抗压强度试验和三轴压缩试验的方式，"加荷时间"就是施加轴向压力达到峰值的时间。

饱和砂土受冲击荷载作用，由于加荷时间较短，相当于不排水条件，因此密砂和松砂表现出不同的特性。密砂由于有剪胀趋势，产生负孔隙水压力，强度有较明显的提高。松砂则相反，由于剪缩趋势产生正孔隙水压力，动强度有所降低。试验曲线表明，当 $\sigma_3 = 2\text{kPa}$ 条件下，试验砂的临界孔隙比约为 0.79，当砂土的孔隙比小于该孔隙比时，冲击荷载的强度大于静荷载的强度，而大于该孔隙比时，冲击荷载的强度则小于静荷载强度。

2. 黏性土的动强度特性

与静荷载作用下的结果对比，黏性土在冲击荷载下的动强度和动模量均有很大的提高。理查德（Richart）将这类问题归结为应变速率对土的动强度的影响，并用下式表示：

$$(\tau_{\max})_\text{d} = K(\tau_{\max})_\text{s} \tag{10-21}$$

式中　$(\tau_{\max})_\text{d}$——土的动强度（kPa）；

　　　$(\tau_{\max})_\text{s}$——土的静强度（kPa）；

　　　K——应变数率系数。

K 值的大小与土的性质密切相关。对于干砂，在一般围压下，当应变速率为 0.02%～1000%时，K 值约为1.1～1.15；饱和黏性土的 K 值为 1.5～3.0；部分饱和黏性土为1.5～2.0。应变速率对砂土动强度的影响不大。

对黏性土而言，在其他条件类似的情况下，加荷时间越短，土体表现出的破坏强度就越高。图10-17是归纳了国外多人的试验结果得到的一个总

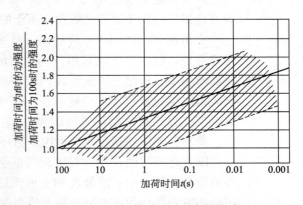

图 10-17　加荷时间对强度的影响

的趋势。如果将加荷时间为 100s 的强度作为静强度 σ_f，那么加荷时间越短，动强度 σ_t 与静强度之比 σ_t/σ_f 就越大。在半对数坐标上几乎呈直线关系。当加荷时间在 10^{-3} s 左右时，动荷载下的强度几乎比静力强度提高一倍，当然，这个结果只是在某种特定条件下得到的，且数据非常离散，只能说明加荷时间对试验结果确实有影响。

黏性土在快速试验中普遍明显反映出比静力强度提高很多，其原因可归之于试件的滞后破坏。造成滞后破坏的原因主要可能有：①土颗粒间联结力的滞后破坏；②与剪应变速率成正比的黏滞阻力的作用；③试件破坏面上土体剪胀作用引起的孔隙水压力局部下降较快，由于黏土渗透系数小，在快速加荷的短暂时间内未及在全试件中重新调整而造成了破坏面上有效压力较大和抗剪强度变大。

10.3.3 周期荷载作用下土的动强度

地震、风、海浪等自然现象引起的地面和建筑物的振动早为人们所认识。人类活动中建造的机器基础、车辆路基、机场跑道、近海采油平台基础等也都承受着不同种类的重复荷载和振动，它们都可归纳为循环作用，与一次冲击作用是不同的。

循环作用可以是周期性的，也可以是非周期性的；可以是规则的，也可以是不规则的；可以是长期不息的，也可以是短期终止的。地震荷载虽为不规则的荷载，但通常兼有冲击和振动两种性质，一般都将其视为简单的均匀周期荷载。机器振动、海浪波动以及车辆行驶等，大都作为长期循环处理。周期荷载的时间性与周期性导致土在动荷载作用下的力学性质与静荷载作用相比有很大差异。

早年研究循环作用对土抗剪强度影响的方法是把直剪仪固定在振动台上，在不同振动参数（频率、振幅、加速度及其方向）变化下进行单程（非往返）"静力"直剪试验，由此得到试件破坏时的"静力"或称"非循环部分"抗剪强度 τ_s，作为土循环作用下的抗剪强度。西特（H. Seed）等（1955 年）在研究车辆行驶重复荷载对公路路基土强度和变形影响的工作中，开始采用了应力控制或重复加荷三轴压缩试验仪进行试验，以使试件轴向积累应变达到某一定值（例如 5%），并将此时的轴向重复加荷应力值与相应的重复次数关系曲线作为评价土在重复加载作用下强度的标志。后来，西特（1960，1966）又将此试验方法推广应用于研究地震作用下土的强度问题。

中国在 20 世纪 50 年代后期，黄文熙（1959）为了改革对饱和砂土液化的研究途径，创立并建议采用三向应力的试验条件。于是，水利水电科学研究院就研制了一种把三轴试验仪固定在垂直振动台上的轴向惯性力式振动三轴试验机，也曾被用于进行地震作用下土强度的试验研究。后来，在中国逐渐推广了应力控制式循环三轴试验机（电磁、液压、气动等），另外，循环单剪仪、循环扭剪仪等新设备，也用于循环作用下土强度的研究。

随着近海石油开发，在建设采油平台等近海工程中，遇到了海底基土在海浪荷载循环作用下的强度和变形问题，并已作为一项重要研究课题开展了工作，对循环作用下近海地基土的强度问题相继取得了较为系统的研究成果。

典型的研究成果介绍如下：

1. 动荷载加荷幅值对土动强度的影响

黏性土在周期荷载作用下一般不会发生液化，但由于孔隙水压力的增长，有效应力下降，仍然会引起土体的破坏。通常以周期应变或剩余应变达到某一数值时的周期剪应力作为动强度。图 10-18 是无初始剪应力时达到不同剪应变时的周期剪应力比与加荷周数的关系曲线。图 10-18 中 S_u 是静力不排水强度，黏性土的动强度与砂土的液化剪应力一样，随加荷周数的增大而减小。在有初始剪力时，还与初始剪应力的大小有关。若取 3 个相同的试样，在静力初始剪应力作用下，以剪应力幅值分别为 τ_{d1}、τ_{d2}、τ_{d3} 的周期剪应力连续施加 5 周，如图 10-19 所示。可以看出，周期剪应力越大，加荷后的剪应变就越大，如图 10-19 中 A、B、C 三点。将这三点画在同一图上，就可得到加荷 5 周时的动应力与应变曲线，如图 10-19(d) 所示。由此可以确定在周期加荷时的抗剪强度 $\tau_0 + \tau_{df}$；若加荷周数改变，动应力与应变曲线和抗剪强度都将改变，且加荷周数愈多，抗剪强度就愈低，如图 10-19(a) 所示。周期加荷使土样受到扰动而软化，导致强度下降。但如果加荷的次数较少，扰动作用不大，则加荷速率效应会使其强度得以提高。

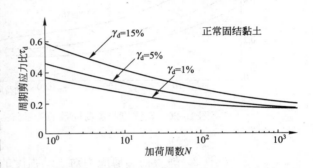

图 10-18 黏性土动强度与加荷周数关系

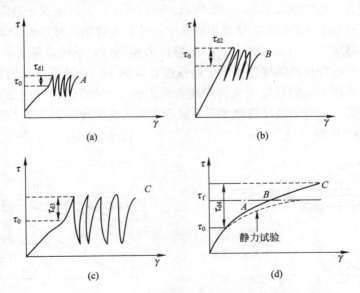

图 10-19 周期剪切时剪应力与剪应变关系

2. 动荷载加荷周数对土动强度的影响

当无初始剪应力时，土在动荷载作用下达到不同剪应变时的周期剪应力比与加荷周数的关系曲线如图 10-20 所示，图中 c_u 为静不排水强度。由图 10-20 可见，动强度随着加荷周数的增加而减少。在周期加荷试验中，如果试样等压固结后，先施加静力初始剪应力 τ_0，当控制动剪应力 τ_d 的幅值相同，改变每组试验的动力循环次数 N 时，则动应力与应变曲线和抗剪强度都有所变化，且加荷周数越多，抗剪强度就越低（如图 10-21 所示），主要原因在于周期加荷使土样受到扰动而软化，导致强度降低。

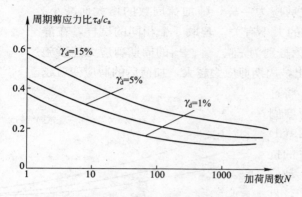

图 10-20　动强度与加荷周数的关系

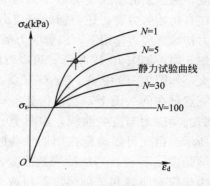

图 10-21　不同加荷周数时的动应力—应变关系

3. 静力初始剪应力对土动强度的影响

如果作用在试样上的初始剪应力改变，则动应力—应变曲线和抗剪强度也要改变。在不同组的试验中，控制动力循环次数 N 值不变，改变 σ_s 值，可得出动应力—应变曲线如图 10-22 所示。可以看出，动强度大于静强度，在周期加荷 $N=100$ 时动强度才接近于静强度。振动次数相同时，动强度的增长率随着初始静应力的增大而减小；初始静应力相同时，动强度随着振动次数的增大而减小，并且逐渐接近或小于静强度。从图 10-22 可见，在周期加荷下，增大加荷速率引起的强度增大和周期扰动引起的强度降低，与土的含水量和饱和度有关，土的动强度是增大还是减小取决于这两种因素共同作用的结果。

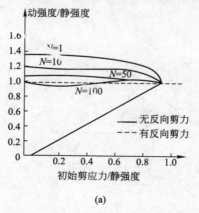

(a)

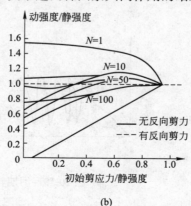

(b)

图 10-22　动强度的增长率与初始静应力的关系

(a)饱和黏性土；(b)非饱和黏性土

根据不同的初始剪应力比的周期加荷试验，可得到某一周期加荷周数的动强度，可以绘出在该周数下不同初始剪应力比时的动力抗剪强度与振前法向应力的关系，如图 10-23 所示。由图可见，若按库仑强度包线表示土的动力抗剪强度，则动力内摩擦角和动力凝聚力均将随加荷周数 N 和初始剪应力比的变化而变化。在土体动力稳定分析时，周数决定于地震震级、初始剪应力和法向应力。根据土体中沿剪切滑动面的初始剪应力和法向应力就可得到相应的动强度。

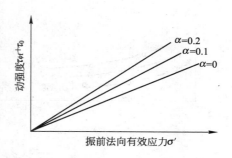

图 10-23　黏性土动强度与法向有效应力关系

总结前人对土的动强度指标的研究，得到下列一些认识：

（1）在常见的地震荷载下（振次小于 100，频率 10Hz 以内，加速度小于 0.4g），砂土的动内摩擦角可采用静有效内摩擦角之值。

（2）在加速度很大时（$g\sim8g$），砂土的动内摩擦角随加速度增加而明显下降。

（3）长期振动时（如机器基础），砂土的动内摩擦角采用静有效内摩擦角 0.85～0.9 倍。

（4）对黏性土一般可取动有效内摩擦角等于静有效内摩擦角，黏聚力亦然。

10.3.4　动强度的测试方法

地震荷载下，地基在原有应力的基础上增加了一个动应力，土的动强度与振前的应力状态是密切相关的，因此测试土的动强度必须模拟振前的静应力状态。

目前最常用土动强度的室内试验是动三轴试验。动三轴试验的试件为圆柱体，装入压力室内，先施以围压 σ_3 和轴向应力 σ_1 作用，以模拟土体振动前的应力状态。然后，通过动力加载系统对试件施加均匀的周期应力，用传感器测出试件的动应力、动应变和孔隙水压力的时程曲线。除了动三轴试验外，土的动强度还可通过振动单剪仪、振动扭剪仪等手段来测定。

动强度为一定应力往返作用次数下产生某一指定破坏应变 ε_f 所需的动应力。如果这个破坏应变的数值不同，相应的动强度也就不同，动强度与土的破坏标准密切相关。因此，合理确定破坏应变是非常重要的，常用的破坏标准有孔隙压力标准、极限平衡标准及屈服破坏标准三种。

土的动强度曲线表示达到某种破坏标准的振次 N_f 与作用动应力 σ_d 的关系，通常用 $\sigma_d-\lg N_f$ 曲线或 $\sigma_d/\sigma_{3c}-\lg N_f$ 曲线表示，如图 10-24 所示。图中 σ_{3c} 为动三轴试验时的围压，K_c 为固结应力比（$K_c=\sigma_{1c}/\sigma_{3c}$，$\sigma_{1c}$ 为动三轴试验时的大主应力）。

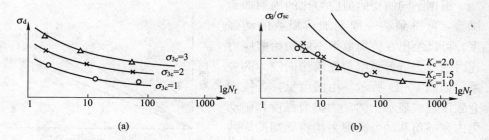

图 10-24　土的动强度曲线

(a)$\sigma_d-\lg N_f$曲线；(b)$\sigma_d/\sigma_{3c}-\lg N_f$曲线

大量试验表明：固结应力比 K_c 相同时，$\sigma_d-\lg N_f$ 曲线随平均固结主应力的增大而提高。在动三轴试验中，通常 45°坡面上的动剪应力 $\tau_d=\sigma_d/2$ 和 σ_{3c} 之比对 $\lg N_f$ 作出动抗剪强度曲线。土的密度越大，动强度越高；粒度越粗，动强度越大。动强度随相对密实度 D_r 大致是直线变化。

根据动强度可求出动强度指标 c_d 及 φ_d。通过试验结果在动强度曲线上绘制破坏应力图，破坏应力圆的公切线即动强度包线，如图 10-25 所示。由动强度曲线即可求取动强度指标。当按总应力强度指标整理成果时，以砂土为例，其步骤如下：

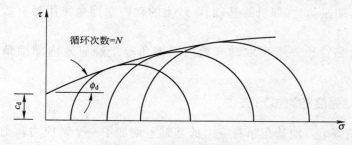

图 10-25　土的动强度包线

（1）对一定相对密实度 D_r、一定固结应力比 K_c 和一定应力循环次数的情况，由图 10-24 确定相应的动强度比 $(\sigma_d/\sigma_{3c})_N$；

（2）对于某一确定 σ_{3c}，由固结应力比 K_c 计算出相应的 σ_{1c}，再由查出的 $(\sigma_d/\sigma_{3c})_N$ 算出对应于此的 σ_{1c}、σ_{3c} 的 σ_d；

（3）得到动力破坏条件下的主应力 $\sigma_{1d}=\sigma_{1c}+\sigma_d$ 和 $\sigma_{3d}=\sigma_{3c}$；

（4）以 σ_{1d} 和 σ_{3d} 作出一个动应力莫尔圆；

（5）对不同的 σ_{3c} 作一系列的莫尔圆，即可作出它们的包线；

（6）按此包线的纵截距和斜率即可确定出动力作用下土的动抗剪强度参数，即动黏聚力 c_d 和动内摩擦角 φ_d。

10.4　砂土的振动液化

振动液化是土动强度中的一个特殊问题。在振动（主要是地震）作用下，饱和砂土内的土粒受到大小不同、方向不一的惯性力作用，从而在土粒间的接触点上引起新的应力，当该应力超过某一数值时，土粒间原有的联结被破坏，造成土体结构突然崩溃、孔隙水压力上升，致使土的强度降低乃至丧失，土处于液化状态。

振动液化是地震中经常发生的主要震害，危害很大。1964 年日本新潟发生的 7.6 级地震，由于近河岸大面积砂土地基产生液化，大量建筑物遭到破坏。1966 年我国邢台发生的 6.7 级地震，沿着漆阳河及其支流两岸的广大地区内，发生砂土液化引起的喷砂冒水现象，造成大量堤防岸坡坍滑、河道建（构）筑物破坏。1976 年我国唐山发生的 7.8 级地震时，发生液化的面积达 24000km²，在液化区域内，由于地基丧失承载力，造成建筑物大量沉陷和倒塌。

事实证明，在强震下，不仅饱和砂土会发生液化，饱和粉土（塑性指数 $I_p = 3 \sim 10$）也可能发生液化，由于黏质粉土的土粒组成和孔隙中薄膜水等引起的物理化学性质与饱和砂土有明显差异，因此，虽然黏质粉土液化机理与饱和砂土相似，但它不会产生突发性液化现象。

10.4.1　砂土振动液化的机理及影响因素

根据美国土木工程师协会岩土工程分会土动力学专业委员会（1979）对"液化"一词的定义是："液化是使任何物质转化为液体状态的行为或过程。就无黏性土而言，这种由固体状态变为液体状态的转化是孔隙水压力增大和有效应力减小的结果"。当土颗粒完全悬浮于水中，称为黏滞流体，抗剪强度 τ_f 和抗剪刚度 G 几乎等于零，土体处于流动状态，称为"完全液化"。广义的"液化"通常还包括振动时孔隙水压力升高而丧失部分强度的现象，有时也称为"部分液化"。

对于液化现象的发生，最早卡萨格兰德试图采用临界孔隙比的概念来解释，他的基本观点是砂土在受剪时，密实砂土体积膨胀，松散砂土体积缩小。因此，其间必然存在一个临界孔隙比，它在剪力作用下体积不发生变化。在地震作用下，如果砂土的孔隙比大于临界孔隙比，砂土的体积就会减小，不排水条件下孔隙水压力就会提高，可能发生液化。很多年来，大量的室内和现场试验研究集中在孔隙水压力的上升和"初始液化"上。西特和李（I. K. Lee）（1966）首先在其研究中以孔压值作为判断砂土是否液化的依据，并提出其后被广泛引用的"初始液化"的概念。之后，许多研究者在如何判断砂土液化问题上做了大量的工作。

从应力条件来分析，对于饱和松砂地基，在天然状态下，全部的上覆压力由土颗粒组成的土骨架承担，砂土颗粒处于相对稳定的位置。由于松砂具有剪缩性，在振动作用下饱和松砂地基被振实，相应的砂土层孔隙体积就会减小，孔隙水受到挤压。如果能充分排水，则孔隙水将被挤出。由于一般地震荷载作用时间都很短，仅在几十秒左右，在短暂的时间内，受挤压的孔隙水来不及排出，必然导致孔隙水压力急剧上升。在连续的振动作用下，松砂地基内的孔隙水压力就会逐渐积累增高，直至等于初始上覆有效压力。根据

10.4　砂土的振动液化

有效应力原理，当上升的孔隙水压力达到土中原先的全部有效应力时，土体中的有效应力等于零，此时砂土颗粒处于悬浮状态，不再传递应力，也就不再具有抗剪强度或剪切刚度，土体处于液化状态。这种现象不仅大量发生在饱和松砂中，而且也会出现在饱和粉土中。

就土的种类而言，总结国内外现场调查和试验研究的结果表明，中、细、粉砂是最容易发生振动液化的土。其中粉细砂、粉土较粗砂更容易液化；级配均匀的砂土较级配良好的砂土更容易发生液化；浅层土液化的可能性比深层土大。粉土和砂粒含量较高的砂砾土也属于可液化土，黏性土由于有黏聚力，振动不容易使其发生体积变化，也就不容易产生较高的孔隙水压力，进而难以发生液化。图 10-26 表示可液化土的范围，可供参考。但并非一切饱和松散砂土地基在地震时都会发生液化。砂土在地震作用下是否会发生液化与砂土本身特性和外部作用变化这两方面的因素有关。

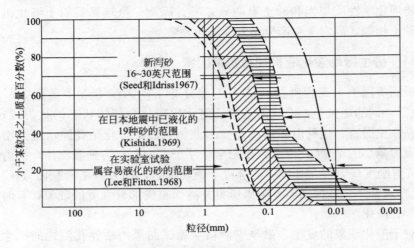

图 10-26 可液化土的范围

从现有的试验结果来看，影响砂土液化的主要因素有：土的类别、颗粒级配、密实度、土的初始应力状态、动荷载特性及排水条件等。下面将分别予以讨论。

1. 土性条件

土性条件影响主要表现在密实度和土粒级配两方面。从土的密实特征看，一般研究其相对密实度 D_r 的影响。试验表明，相对密实度 D_r 愈大，砂土的抗液化能力就越强。同时，相对密实度较大时，不同的液化破坏标准将有明显的影响。

级配均匀的砂比级配良好的砂更易于液化，一般认为不均匀系数 $C_u < 10$ 的砂易于液化。此外，颗粒形状、黏粒含量也有一定影响，如角砾砂比圆砾砂具有较大的动力稳定性。土中的黏粒含量在其增加到一定程度（例如黏粒含量大于 10% 以上）时，土的动力稳定性也有所增加。因此，粉土一般比砂土难液化，但在强震作用下仍可发生液化（如 1976 年唐山地震时天津一带粉土的

液化)。

2. 起始应力状态

振前土的起始应力状态对抗液化能力有十分显著的影响。可液化土层的起始应力状态与埋深和静止侧压力系数 K_0 的大小有关。可液化土层埋置愈深，侧限压力愈大，愈不容易液化。调查结果表明：在地面 $10\sim15$m 以下深度处，即使是松砂也难以液化。

在室内动三轴试验中，起始应力状态常用固结应力比 $K_c=\sigma_{1c}/\sigma_{3c}$ 或剪应力比 τ_d/σ_0 来表示。当 $K_c>1$ 时表示偏应力固结状态，$K_c=1$ 则表示等向固结状态。由于偏应力固结状态下会产生一定的初始剪应力，同时，剪应力可能只有大小而没有方向变化。因此，它的动强度要比等向固结土有所提高。

3. 动荷载特性

动荷载的特性是影响饱和砂土液化的主要外因，例如在冲击荷载下厚度不大的饱和砂土层，整个土层可能在同一时刻发生液化；而在稳态振动下，液化是从顶面开始逐步向下扩展的。西特(1979)曾指出：孔隙水压力在多向振动应力条件下比在单向振动应力条件下增长得快，而且在多向振动条件下产生 100% 峰值循环孔压比所需要的应力比，比在单向振动条件下约小 10%。

在一定条件下，当振动加速度超过某一界限加速度(如有液化趋势时的加速度)后，加速度愈大，饱和砂土液化的可能性也愈大。地震灾害调查表明：当地面运动加速度超过 $0.13g$，饱和砂土地基将会发生液化现象。

振动(如地震)持续时间也是影响砂土液化可能性的一个重要因素。地震的历时如果较长，即使地震强度较低也容易发生液化，反之，在很少振动次数时，就难以发生液化。这是由于长时间的振动导致饱和砂土结构破坏，孔压上升，变形增大。砂土液化室内振动试验说明，对于同一性质的土，施加同样大小的动应力时试样是否液化，还取决于振动的次数，或振动时间的长短。1960 年美国阿拉斯加地震时，安科雷奇地方由于液化引起滑坡，但滑坡是在地震活动开始以后第 90s 才发生的，说明在该地震强度下发生液化需要有足够的动应力重复次数，如地震的持续时间小于 90s，就不会有液化，土体不致失去稳定，当然也就不会发生滑坡。

4. 排水条件

地下水是砂土液化不可缺少的条件。很明显，地下水为砂土的饱和创造了条件，没有地下水也就无所谓液化。问题的关键在于动荷载作用下土层的透水程度、排渗路径、排渗的边界条件如何。由于地震时突发性剧烈振动，饱和砂土中的孔隙水来不及排出，导致了孔隙水压力上升，故室内试验按不排水条件考虑。如果振动时间较长，土的透水性好，土层较薄或土层边界条件易于排水，则振动时孔隙水压力的增长和消散几乎是同时发生，饱和砂土也就难以液化了；反之，则很可能会发生液化。

10.4.2　砂土液化的判别及工程防治措施

砂土液化易导致场地内的各种建筑物产生严重破坏，故液化可能性的判别是地基基础抗震设计的一项重要任务。近半个世纪以来，国内外学者和科技人员进行了大量的研究，提出了多种判别准则和评定方法，例如临界孔隙比法、临界振动加速度法、临界标准贯入击数法、抗液化剪应力法、静力触探法、综合指标法以及统计法等。由于振动液化影响因素甚多，因此，很难提出一个公认的统一标准，有时候同一问题采用不同的判别方法可能得出不同的结论。

目前的判别方法归纳起来主要有两种：经验方法和试验方法。经验方法是以地震现场的液化调查资料为基础，对其进行归纳、统计，得出判别液化可能性的经验公式或分界曲线，如西特(H. Seed)的临界曲线法及我国《建筑抗震设计规范》GB 50011—2010 推荐的临界标准贯入法等。试验方法是在室内模拟地震力作用于土体上，通过研究土单元体的应力—应变状况和边界条件来揭示土体液化的机理和发生、发展的条件及规律，然后用于分析现场情况。下面主要介绍目前在工程中常用的几种液化判别方法。

1. 抗液化剪应力法

西特等(1966)提出了用实际工程的地震剪应力与砂土抗液化剪应力对比的方法来判别饱和砂土是否液化。如果抗液化剪应力大于实际地震剪应力，则不可能出现液化；反之，则可能会液化。由于能综合考虑地震烈度、震级、上覆应力及剪应力随深度的变化等多种因素的影响，因此该方法适用性较强，现已成为目前国内外应用最广泛的方法之一。

抗液化剪应力法的关键在于正确确定地震剪应力和饱和砂土的抗液化剪应力。

(1) 确定地震剪应力

由于地震时的最大剪应力 τ_{max} 是不便用于对比分析的，因而常采用平均等效剪应力 τ_{av}。西特等人根据对一系列强震记录进行的分析，并结合室内试验数据，建议平均等效剪应力 τ_{av} 约为最大剪应力的 65%。τ_{max} 可用下式计算：

$$\tau_{max} = \frac{\gamma h}{g} a_{max} C_{\varphi} \tag{10-22}$$

于是有：

$$\tau_{av} = 0.65 \tau_{max} \tag{10-23}$$

式中　τ_{max}——深度为 h 的单位面积上的土柱体(视为刚体)，在地面运动最大加速度时的最大剪应力(kPa)；

γ——土的重度(kN/m^3)；

a_{max}——最大加速度(地面运动)(m/s^2)；

g——重力加速度(m/s^2)；

C_{φ}——折减系数，$C_{\varphi} < 1$。

应力循环的次数与地震的持续时间有关，即与地震震级有关，西特根据一系列强震记录的计算并参照大型振动台上饱和砂土液化试验资料，取 $1.0 \sim$ 1.5 的安全系数后得出表 10-2 所示的等效循环次数 N_{av} 值。

等效循环次数与地震震级的关系表　　　　表 10-2

地震震级	6.5	7.0	7.5	8.0
等效循环次数($0.65\tau_{max}$)	8	12	20	30

（2）确定抗液化剪应力

目前，主要采用振动三轴仪来测定土体的抗液化剪应力。其具体步骤为：先在试样上施加一定均等应力 $\sigma_1 = \sigma_3 = \sigma_0$ 使其固结，然后保持水平向 σ_3 不变，在垂直方向上增加一个动应力 σ_d，观测动孔压和动变形的发展过程，直至液化破坏，求出破坏开始时的应力循环数 N_f 和孔压 u_d。用同样的方法可测得多组对应于不同 σ_d 的 N_f 和 u_d。作出动剪应力 τ_d/σ_0 与 $\lg N_f$ 关系曲线和 u_d/σ_0 与 $\sigma_d/2\sigma_0$ 关系曲线。于是任一等效循环次数时的抗液化剪应力比即可从曲线上查得。

考虑到室内动三轴试验与现场条件存在差异，因此对于室内动三轴试验的动抗液化剪应力要乘以修正系数。目前关于修正系数的确定还没有公认较为完善的方法，关于各种修正方法的详细阐述可参考其他专著。

2. 临界标准贯入击数法

通过对历次大地震后震害的宏观调查、工程地质勘察和土性试验的分析总结，我国提出了用饱和砂土实际标准贯入击数(N)与液化时的临界标准贯入击数(N_{cr})对比的方法来判定饱和砂土是否液化。临界标准贯入击数就是饱和砂土处于液化与不液化界限状态时所具有的最小标准贯入试验击数，它与饱和砂土的埋深(d_s)、地下水位高低(d_w)以及土的密实度、地震烈度等因素有关。

我国《建筑抗震设计规范》GB 50011—2010 规定：当初步认为需要进一步进行液化判别时，应用标准贯入试验判别法，地面下 20m 深度范围内的液化土应符合下列要求：

$$N < N_{cr} \tag{10-24}$$

$$N_{cr} = N_0 \beta \left[\ln(0.6 d_s + 1.5) - 0.1 d_w \right] \sqrt{\frac{3}{\rho_c}} \quad (d_s < 1.5) \tag{10-25}$$

式中　N——液化判别标准贯入击数实测值（未经杆长修正）；

$\quad$ N_{cr}——液化判别标准贯入击数临界值；

$\quad$ N_0——液化判别标准贯入击数基准值，按表 10-3 取值；

$\quad$ d_s——饱和砂土标准贯入点深度(m)；

$\quad$ d_w——地下水位深度，宜按建筑使用期内年平均最高水位采用，也可按近期几年最高水位采用(m)；

$\quad$ ρ_c——黏粒含量百分率，当小于 3 或砂土时，均应取 3；

$\quad$ β——调整系数，设计地震分组第一组为 0.8，第二组为 0.95，第三组为 1.05。

标准贯入锤击数基准值					表 10-3
设计基本地震加速度	0.1	0.15	0.20	0.30	0.40
标准贯入击数基准值	7	10	12	16	19

该方法基本上反映了影响饱和砂土振动液化的主要因素，如饱和砂土的埋深、地下水位、黏粒含量以及地震烈度等因素，方法简便，可结合工程地质勘察同时进行，但对外荷载引起的附加应力没有考虑。此外，在现场确定标准贯入试验的钻孔数不宜少于 5 个，且应注意尽量不要对原状土扰动。

3. 综合指标法

这是一种根据地震区的实地勘察，并综合室内试验资料分析的经验值方法。国内外的工程抗震设计规范或标准中都有不同的判别饱和砂土液化的指标。尽管提出的具体数值不一致，但都考虑了土的性质（如平均粒径 d_{50}，不均匀系数 C_u，相对密实度 D_r，标准贯入击数 N 以及黏粒含量等）、应力历史（如前期固结压力）、应力状态（如埋深、地下水位等）、动荷载大小（如地震烈度、地面运动加速度等）几个主要方面。

一般认为，在以下几种情况下：①地震烈度 7 度以上；②砂土的相对密实度 $D_r < 70\%$；③砂层所受的上覆竖向压力 $< 200 \text{kPa}$；④平均粒径 $0.075 \text{mm} < d_{50} < 2 \text{mm}$；⑤不均匀系数 $C_u < 10$，饱和砂土可能液化。对于 $I_P < 7$ 的饱和黏质粉土，当含水量 $w \geqslant (0.9 \sim 1.0) w_L$（液限）或液性指数 $I_L \geqslant 0.75$ 时，也可能产生液化。

地震时土体液化造成结构物毁坏的情况是极其普遍的，因此当判明建筑物地基中存在可能液化土层时，必须采取相应的工程措施。土体液化的基本处治措施是避开、挖出和加固。

(1) 避开。在选择建筑物场地时，一般不宜将建筑物基础放在未经处理的可液化土层上。

(2) 挖除。如果可能液化的范围不大时，可采用挖除法，即将可液化的土挖除并用非液化土置换，一般当可液化土层距地表 3～5m 时，可以全部挖除，可液化土层较深时，可考虑部分挖除。

(3) 加固。如果可液化土层范围较广，则只能采用加固措施。我国目前常用的加固方法有人工加密、围封及盖重等。加密是增加砂土层的密度，这是一种广泛采用而行之有效的措施，如振冲挤密法、挤密砂桩法、直接振密法、爆破挤密法和强夯法等。围封是用板桩把有可能液化的范围包围起来，以防止砂土液化时发生侧流，从而使地基的剪切变形受到约束，避免结构物因大量沉陷而破坏。盖重是在可液化范围的地面上加载，以加大可液化土层的上覆压力，如果同时采取排水措施，则可以使砂土进一步密实，抗液化的效果更好。

10.5　动荷载下土的应力—应变关系

土的动应力—动应变关系（或称动本构关系）是表征土动态力学特性的基

本关系，也是分析土体动力失稳过程一系列特性的重要基础。利用有限元法进行土体内应力及强度—变形稳定时，土的动本构关系是必不可少的基本关系。

土的动应力—应变关系主要通过室内模拟试验进行研究。常用的方法又循环三轴试验、循环单剪试验、三轴循环扭剪试验以及动力加荷离心机模型试验等。对于特定的土体单元，可以模拟不同的边界约束条件（侧向变形条件和排水条件等）和加载条件（初始应力状态、循环应力幅值、频率、持续时间和加载应力路径等）。通过对试验数据分析和归纳，可得出土的动应力—应变关系的一般规律，进而抽象出具有普遍意义的土体动应力—动应变关系模型。

10.5.1 动荷载作用下的变形阶段

土是由土颗粒构成的土骨架和孔隙中的水及空气组成的三相体系，土颗粒间的联结较弱，土骨架结构具有不稳定性。土在受静力之外如果再承受动荷载作用，当动荷载及变形较小时（如动力机器基础下的土体振动），土颗粒之间的联结几乎没有遭到破坏，土骨架的变形能够恢复，土颗粒之间的相互移动所损耗的能量也很小，土处于理想的黏弹性状态，可以忽略其塑性变形。随着动荷载的增大，土颗粒之间的联结逐渐破坏，土骨架将产生不可恢复的变形，并且土颗粒之间相互移动所损耗的能量也将增大，土越来越明显地表现出塑性性能。当动荷载增大到一定程度时（例如地震荷载），土颗粒之间的联结几乎完全破坏，土处于流动或破坏状态。在动荷载作用下，应变与孔压随振动次数的增加而变化。动应变随作用次数变化的过程与其在静荷载作用下的变形特性相似，包括弹性变形和塑性变形。可分为三个阶段，三个阶段间的两个界限强度分别称为临界强度和极限强度，如图 10-27 所示。

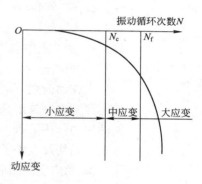

图 10-27　土的动应变与振动
循环次数的关系

（1）小应变（振动压密）阶段。当振动荷载的作用较小（幅值小或持续时间短）时，土体的结构没有或只有轻微的破坏，孔压的上升、变形的增大和强度的降低等方面都相对较小，土的变形主要表现为由土颗粒垂直位移引起的振动压密变形。土处于弹性阶段，动荷载卸载后无残余变形，应力—应变关系为线弹性。

（2）中应变（振动剪切）阶段。当动荷的作用超过临界动力强度后，则会出现孔压与变形的明显增大和强度的明显降低，剪切变形在土的总变形中所占的比例也增加较快，土处于弹塑性阶段，动荷载卸除后有残余变形，应力—应变关系为非线性。

（3）大应变（振动破坏）阶段。在动荷的作用达到极限动力强度后，土中孔隙水压力急骤上升，变形迅速增大和土体强度突然减小，最终土体完全丧失其稳定性，土的变形以塑性变形为主，处于塑性阶段，土已接近破坏。

明确区分土的动力反应三阶段，不仅有利于针对各阶段所特有的规律性而进行相应的具体问题解决，而且还可以对不同阶段的建筑物或土工构筑物的振动效果进行评价和处理。如由于在小应变阶段的变形特性控制了波在土中的传播速度，因此，小变形阶段的变形特性是确定地基及基础动力反应的主要因素。当动应变增大后，如地震爆破及压密施工等，动荷载将引起土结构的改变，从而引起土的残余变形和强度的丧失，土的动力特性将明显不同于小应变阶段。此时则应视具体建筑物的重要性和对动力反应的敏感程度从而决定是否允许其达到或进入该变形阶段。当然，大应变阶段一般是不能接受的。此外，对于饱和砂土，因结构破坏及孔隙水压力的迅速增长而出现液化现象。

10.5.2 土的动应力—应变关系基本特征

在动荷载作用下，对于饱和土，当土骨架变形、孔隙减小时，其中多余的水被挤出；对于非饱和土，先是孔隙间的气体被压缩，随后是多余的气体和孔隙水被挤出。由于固体骨架与孔隙水之间的摩擦，使得孔隙水和气体排出受到阻碍。从而使变形延迟，故土的应力变化及变形均是时间的函数。因此，土不仅具有弹塑性的特点，还有黏性的特点，可将土视为弹性、塑性和黏滞性的黏弹塑性体。此外，由于土具有明显的各向异性(结构各向异性、应力历史的各向异性)，加上土中水的影响，使得土的动应力—应变关系表现极为复杂。

1. 非线性

土在动荷载下的非线性应力—应变关系可从土的动应力—应变骨干曲线的实测资料反映出来，如图 10-28 所示。骨干曲线时受同一固结应力的土在不同动应力作用下每一周期应力—应变关系曲线滞回圈顶点的连线。骨干曲线偏离初始切线反映了土的等效动变形模量的非线性。

2. 动应变的滞后性

土的动应力—应变关系中的滞回圈表明了某一循环内剪应力与剪应变之间的相互关系，反映了应力应变关系的滞后性，表现出土的黏性特性。在动三轴试验中，通过施加轴向动应力 σ_d，同时测定轴向动应变 ε_d，可做出每一周的滞回曲线。由图 10-29 可以看出，由于阻尼的影响，动应力与应变的最大值并不是同步出现的，动应变滞后于动应力。

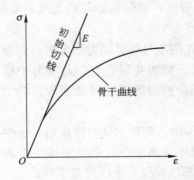

图 10-28 土的动应力—应变骨干曲线

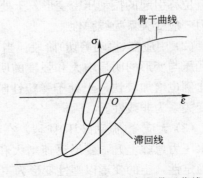

图 10-29 土的动应力—应变滞回曲线

3. 变形的积累性

由于土体在受荷过程中会产生不可恢复的塑性变形，且这一部分变形会在往返荷载的作用下逐渐积累。由图 10-30可见，即使荷载大小不变，随着荷载作用往返次数的增加，变形越来越大，滞回圈的中心不断朝一个方向移动。滞回圈中心的变化反映了土对往返荷载作用的积累效应，它产生于土的塑性即荷载作用下土的不可恢复的结构破坏。变形的积累效应也包含了动应力应变的影响。

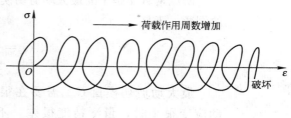

图 10-30 变形的积累效应

骨干曲线给出了动荷载下最大动应力与最大动应变的关系，而滞回圈绘出了同一周期内应力—应变曲线的形状，变形积累则给出了滞回圈中心的位置变化，一旦这三方面都被确定，就可以很容易地定出土的动应力—动应变关系。

需要指出的是，土的动应力—应变关系并不是简单地表现为以上三个特性的组合。土的各种特性之间有着特定的依赖关系。就简单问题而言，可以将三者分别加以考虑得到土的动本构关系，它可以在一定范围内取得足够精确的结果。对于复杂问题而言，必须将三者联合考虑，才能得到满意的解答。

10.5.3 土的动剪切模量和阻尼特性

影响土的动剪切模量及阻尼比等动态特性参数的因素很多，包括振幅、有效平均主应力、孔隙比、循环周数、饱和度、超固结比、八面体剪应力、有效周围压力、振动频率、时间效应、颗粒大小和形状、矿物成分、土的结构性等因素。其中以剪应变振幅、有效平均主应力、孔隙比与土的组构（包括试样制备方法）的影响最大。

在动三轴试验中，动剪应力用试件 45°面上的动剪应力表示，即 $\tau_d = \frac{1}{2} \sigma_d$。相应地，该面上的动剪应变 $\gamma_d = (1+\mu)\epsilon_d$。$\mu$ 为土的泊松比，对于饱和土来说，该值取为 0.5。动剪切模量为：

$$G_d = \frac{\tau_d}{\sigma_d} = \frac{1}{a + b\gamma_d} \tag{10-26}$$

试验常数 a、b 决定于土的性质，若以 γ_d/τ_d 为纵坐标，γ_d 为横坐标，将骨干曲线点绘在这一坐标系中，应该是一根直线。直线的斜率就是 b，直线的截距就是 a，当 $\gamma_d = 0$ 时：

$$a = \left(\frac{\gamma_d}{\tau_d}\right)_{\gamma_d=0} = \frac{1}{G_{max}} \tag{10-27}$$

G_{max} 就是骨干曲线在原点处的切线的斜率，也就是最大的动剪切模量。

当 $\gamma_d = \infty$ 时：

301

$$b = \left(\frac{1}{\tau_d}\right)_{\gamma_d = \infty} = \frac{1}{\tau_{max}} \tag{10-28}$$

所以常数 a 是土的最大动剪切模量 G_{max} 的倒数，常数 b 则是最大动剪应力的倒数。于是：

$$G_d = \frac{1}{\dfrac{1}{G_{max}} + \dfrac{\gamma_d}{\tau_{max}}} \tag{10-29}$$

最大动剪切模量 G_{max} 需要在很小动应变的条件下测定，动三轴仪在动应变很小时，量测精度很差，不适用于测定 G_{max} 值。G_{max} 值通常用波速法或共振柱法测定。当没有这类试验条件时，可以用一些经验公式来计算。

对于砂性土而言，当剪应变低于 $10^{-3}\%$ 时剪切模量会趋于一最大值，其值仅与围压及孔隙比有关，即有如下的关系式：

$$G_{max} = A \cdot F(e) \cdot (\sigma'_m)^n \tag{10-30}$$

对角状颗粒砂有：

$$F(e) = \frac{(2.97 - e)^2}{(1 + e)} \tag{10-31}$$

对圆形颗粒砂有：

$$F(e) = \frac{(2.17 - e)^2}{(1 + e)} \tag{10-32}$$

式中，A 和 n 均为常数，分别代表垂直截距和斜率，与剪应变的大小有关。

土的动剪变模量也可通过原位波速测试技术，按照弹性波的计算公式求取，即

$$G = \rho v_s^2 \tag{10-33}$$

式中 ρ——土的质量密度（t/m^3）；

v_s——剪切波（S 波）在土中的传播速度（m/s）。

随着剪应变幅值的增大，剪变模量相应减小。图 10-31（a）为西特等的统计结果，其中实线是许多砂试验资料的平均值和统计值的范围，虚线是几种砾的统计平均值。图 10-31（a）中，G 为在某一剪应变幅值时的剪变模量，γ 为工程剪应变幅值。图 10-31（b）是石原研而（Ishihara）对饱和黏土统计的 $G/G_{max}-\varepsilon$ 变化规律，其中，ε 为剪应变幅值。试验资料的统计表明，砂砾的 $G/G_{max}-\gamma$ 关系有比较好的规律，不同的砂相差不大。而黏性土则相差较大。

G_{max} 和 τ_{max} 确定后，动剪切模量就是动剪应变 γ_d 的单值函数，计算中应根据实际的 γ_d 选择相对应的动剪切模量 G_d。应当注意的是动力计算所用的模型是黏弹性模型。在试验资料的整理中，γ_d 是指弹性变形阶段的动剪应变幅，因此计算分析所得到的应变时指可恢复的动应变而不包括振动所产生的不可恢复的残留应变。

土体在动荷载作用下的行为可用一个振动体系来描述，这个振动体系的质点在运动过程中由于土颗粒之间的内摩擦而有一定的能量损失，这种现象

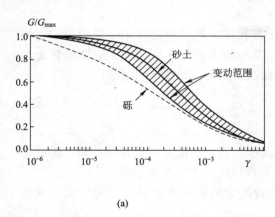

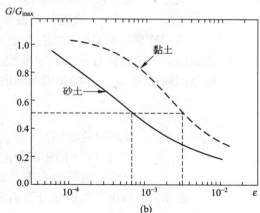

(a)　　　　　　　　　　(b)

图 10-31　剪切模量随剪应变幅的变化

(a)西特等的统计结果；(b)石原研而等的统计结果

称为阻尼。土体振动中的内摩擦，类似于黏滞液体流动中的黏滞摩擦，所以也称为黏滞阻尼。在自由振动中，阻尼表现为质点的振幅随振次而逐渐衰减，如图 10-32 所示。在强迫振动中则表现为应变滞后于应力而形成滞回圈。振幅衰减的速度或滞回圈面积的大小都表示振动中能量的损失大小，即阻尼的大小。

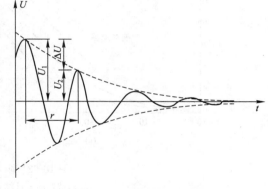

图 10-32　自由振动速度随时间衰减的曲线

一般来说，介质的黏滞阻尼力与运动的速度成正比，可表示为：

$$F = c\dot{U} \tag{10-34}$$

式中　$\dot{U}$——黏滞介质质点的运动速度；

　　　c——黏滞介质的阻尼系数。

如果阻尼力很大，以至于振动体系无法振动，这种阻尼称为超阻尼。通常情况下，体系能够振动的阻尼称为弱阻尼。弱阻尼过渡为超阻尼之间的临界值称为临界阻尼。临界阻尼时的阻尼系数称为临界阻尼系数 C_{cr}。

在土体动力反应分析中，也常用阻尼比 λ 来表示土的阻尼，即

$$\lambda = c/c_{cr} \tag{10-35}$$

阻尼比的大小也可通过试验来测定。常用的一种方法是让土样承受一个瞬时荷载的作用，引起自由振动，同时量测振幅的衰减规律，用下式求土的阻尼比：

$$\lambda = \frac{1}{2\pi} \frac{\omega_r}{\omega} \ln \frac{U_k}{U_{k+1}} \tag{10-36}$$

式中　ω_r——有阻尼时试样的自振圆频率；

　　　ω——无阻尼时试样的自振圆频率；

303

U_k——第 k 次循环的振幅；

U_{k+1}——第 $k+1$ 次循环的振幅。

另一种测定阻尼比的方法是让土样在某一扰动力的作用下强迫振动，测出动应力—应变时程曲线。取曲线上某一应力循环，在应力—应变坐标上绘制滞回圈如图 10-11，测得滞回圈的面积，用下式计算土的阻尼比

$$\lambda = \frac{1}{4\pi}\frac{A}{A_L} \tag{10-37}$$

式中　A——滞回圈的面积；

　　　A_L——图 10-11 中阴影部分的面积，它表示把土当成弹性体时，加载至应力幅值所做的功，或弹性体内所蓄存的弹性能。

图 10-33 给出了根据统计资料所得的土的阻尼比随剪应变幅值而变化的规律。

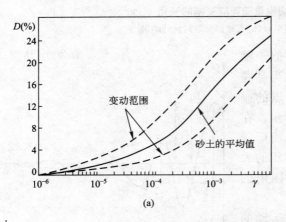
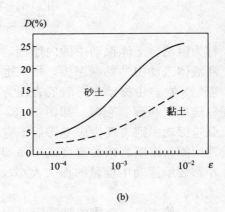

图 10-33　阻尼比随剪应变幅的变化

(a)西特等的统计结果；(b)石原研而等的统计结果

思考题

10-1　动荷载的主要类型及其特点是什么？

10-2　土体的动力特性参数包括有哪些？主要的影响因素是什么？

10-3　土体动力参数的测试方法分哪几类？优缺点是什么？

10-4　动三轴试验条件的选择包括哪几个方面？破坏标准有哪几种？

10-5　影响土体动强度特性的主要因素包括哪些？如何确定土体的动强度指标？

10-6　砂土液化的主要影响因素有哪些？主要的判定方法有哪几种？

10-7　动荷载作用下土体变形的阶段特点？其动应力—应变关系的基本特征是什么？

参 考 文 献

[1] 顾晓鲁等主编. 地基与基础 [M]. 北京：中国建筑工业出版社，1993.

[2] 华南理工大学，东南大学，浙江大学，湖南大学编. 地基及基础 [M]. 北京：中国建筑工业出版社，1990.

[3] TienHsing Wu. Soil Mechanics [M]. Ohio State University, 1977.

[4] 王成华主编. 土力学原理 [M]. 天津：天津大学出版社，2002.

[5] 黄文熙主编. 土的工程性质 [M]. 北京：水利电力出版社，1983.

[6] 李镜培，梁发云，赵春风. 土力学 [M]（第2版）. 北京：高等教育出版社，2008.

[7] 陈希哲. 土力学地基基础 [M]（第4版）. 北京：清华大学出版社，2004.

[8] 高大钊. 土力学与基础工程 [M]. 北京：中国建筑工业出版社，2006.

[9] 龚晓南. 土力学. 北京：中国建筑工业出版社，2005.

[10] 中华人民共和国国家标准. 岩土工程勘察规范 GB 50021—2001(2009年版) [S]. 北京：中国建筑工业出版社，2009.

[11] 中华人民共和国国家标准. 建筑地基基础设计规范 GB 50007—2011 [S]. 北京：中国建筑工业出版社，2011.

[12] 中华人民共和国行业标准. 公路土工试验规程 JTG E40—2007 [S]. 北京：人民交通出版社，2007.

[13] 中华人民共和国行业标准. 土的工程分类标准 GB/T 50145—2007 [S]. 北京：中国计划出版社，2007.

[14] 陈仲颐，周景星，王洪瑾. 土力学 [M]. 北京：清华大学出版社，1997.

[15] 钱家欢，殷宗泽. 土工原理与计算 [M]. 北京：中国水利水电出版社，2000.

[16] 张在明. 地下水与建筑基础工程 [M]. 北京：中国建筑工业出版社，2001.

[17] 松岗元著，罗汀，姚仰平编译. 土力学 [M]. 北京：中国水利水电出版社，2001.

[18] 陈国兴，樊良本，陈甦. 土质学与土力学 [M]. 北京：中国水利水电出版社，2006.

[19] 毛昶熙. 渗流计算分析与控制 [M]. 北京：中国水利水电出版社，2003.

[20] 苑莲菊，李振栓，武胜忠，杨展，赵志怀. 工程渗流力学及应用 [M]. 北京：中国建材工业出版社，2001.

[21] 李广信. 岩土工程50讲——岩坛漫话 [M]. 北京：人民交通出版社，2010.

[22] 李广信. 关于基坑开挖中渗透破坏的误解 [J]. 地基处理. 1998，9(3)：59.

[23] 陈津民. 土中渗透力的定义和论证 [J]. 岩土工程界. 2008，11(10)：22-24.

[24] 王秀艳，刘长礼. 对黏性土孔隙水渗流规律本质的新认识 [J]. 地球学报. 2003，24(1)：91-95.

[25] 肖红宇，黄英，孙宏波，金克盛. 考虑起始水力坡降时黏性土渗透系数的确定 [J]. 铁道科学与工程学报. 2006，3(1)：31-35.

[26] 宿青山，侯杰，段淑娟. 对饱和黏性土渗透规律的新认识及应用 [J]. 长春地质学院学报. 1994，24(1)：50-56.

［27］李广信，周晓杰. 土的渗透破坏及其工程问题［J］. 工程勘察. 2004，（5）：11-13.

［28］Alvaro Prada，Faruk Civan. Modification of Darcy's law for the threshold pressure gradient［J］，Journal of Petroleum Science and Engineering 1999，22：237-240.

［29］Florica Pascal，Henry Pascal and D. W. Murray. Consolidation with threshold gradients［J］，International journal for numerical and analytical methods in geomechanics. 1981，（5）：247-261.

［30］东南大学等. 土力学［M］（第二版）. 北京：中国建筑工业出版社，2005.

［31］李镜培，梁发云，赵春风. 土力学［M］（第2版）. 北京：高等教育出版社，2008.

［32］卢廷浩等. 高等土力学［M］. 北京：机械工业出版社，2005.

［33］夏建中. 土力学［M］. 北京：中国电力出版社，2009.

［34］赵树德. 土力学［M］. 北京：高等教育出版社，2001.

［35］莫海鸿，杨小平，刘叔灼. 土力学及基础工程学习辅导与习题精解［M］. 北京：中国建筑工业出版社，2006.

［36］陈环主编. 土力学与地基［M］. 北京：人民交通出版社，1980.

［37］陆培毅，李艳春主编. 土力学［M］. 北京：中国建材工业出版社，1999.

［38］王铁儒，陈云敏. 工程地质及土力学［M］. 武汉：武汉大学出版社，2001.

［39］陈仲颐等. 土力学［M］. 北京：清华大学出版社，2006.

［40］张向东主编. 土力学［M］. 北京：人民交通出版社，2006.

［41］李广信主编. 高等土力学［M］. 北京：清华大学出版社，2004.

［42］钱德玲. 土力学［M］. 北京：中国建筑工业出版社，2009.

［43］杨平. 土力学［M］. 北京：机械工业出版社，2005.

［44］白顺果等. 土力学［M］. 北京：中国水利水电出版社，2002.

［45］钱家欢. 土力学［M］. 南京：河海大学出版社，1995.

［46］徐东强. 土力学［M］. 北京：中国建材工业出版社，2006.

［47］洪毓康主编. 土质学与土力学［M］.（第二版）. 北京：人民交通出版社，1987.

［48］殷永安编. 土力学及基础工程［M］. 北京：中央广播电视大学出版社，1986.

［49］H. F. 温特科恩，方晓阳主编. 钱鸿缙，叶书麟等译校. 基础工程手册［M］. 北京：中国建筑工业出版社，1983.

［50］铃木音彦著. 唐业清，吴庆荪合译. 藤家禄校. 工程土力学计算实例［M］. 北京：中国铁道出版社，1982.

［51］Braja M. Das. Principles of Foundation Engineering［M］. Brooks/Cole Engineering Division，1984.

［52］交通部第二公路勘察设计院. 公路设计手册—路基［M］. 北京：人民交通出版社，1997.

［53］陈祖煜. 土质边坡稳定分析方法——原理·方法·程序［M］. 北京：中国水利水电出版社，2003.

［54］潘家铮. 建筑物的抗滑稳定和滑坡分析［M］，北京：水利出版社，1980.

［55］港口工程地基规范 JTS 147—1—2010［S］. 北京：人民交通出版社，2010.

［56］建筑边坡工程技术规范 GB 50330—2002［S］. 北京：中国建筑工业出版社，2002.

［57］谢定义. 土动力学［M］. 西安：西安交通大学出版社，1988.

［58］吴世明. 土动力学［M］. 北京：中国建筑工业出版社，2000.

[59] 沈珠江. 理论土力学 [M]. 北京：中国水利水电出版社，2000.

[60] 王成华. 土力学 [M]. 武汉：华中科技大学出版社，2010.

[61] 高广运，时刚，冯世进. 软土地基与深基础工程 [M]. 上海：同济大学出版社，2008.

[62] 刘惠珊，张在明. 地震区的场地与地基基础 [M]. 北京：中国建筑工业出版社，1994.